当代杰出青年

复合垂直流人工湿地

吴振斌 等 著

科学出版社

北京

INTEGRATED VERTICAL-FLOW CONSTRUCTED WETLAND

by

Wu Zhenbin *et al*.

Science Press

Beijing

内 容 简 介

复合垂直流人工湿地是中国科学院水生生物研究所等单位承担欧盟重大国际科技合作项目"热带与亚热带区域水质改善、回用与水生态系重建的生物工艺学对策研究"研发的生态工程技术。本书首次系统总结了有关该类人工湿地的研究成果。全书共分为8章，分别介绍了人工湿地的概念、发展概况及应用前景，复合垂直流人工湿地的工艺设计，净化效果，净化机理，系统运转管理及费用效益分析，与其他处理工艺复合净化效果等，并分类举例介绍了人工湿地应用工程。

本书可作为相关科研院所、工程设计单位及其他从事水环境工程、水体生态修复等方面研究和工程技术人员的参考书，也可供高等院校环境科学与工程、市政工程、生态工程、水产学等相关专业师生参考。

图书在版编目(CIP)数据

复合垂直流人工湿地/吴振斌等著. —北京:科学出版社,2009
（当代杰出青年科学文库）
ISBN 978-7-03-017251-8

Ⅰ. 复…　Ⅱ. 吴…　Ⅲ. 生态环境-环境工程-污水处理-研究
Ⅳ. X703

中国版本图书馆 CIP 数据核字(2006)第 050242 号

责任编辑:韩学哲　沈晓晶/责任校对:陈丽珠
责任印制:徐晓晨/封面设计:陈　敬

科 学 出 版 社 出版
北京东黄城根北街 16 号
邮政编码:100717
http://www.sciencep.com

北京虎彩文化传播有限公司 印刷
科学出版社发行　各地新华书店经销

*

2009 年 1 月第 一 版　　开本:B5(720×1000)
2021 年 1 月第四次印刷　　印张:25 1/2
字数:495 000

定价:118.00 元
(如有印装质量问题,我社负责调换〈双青〉)

《复合垂直流人工湿地》

作者名单

吴振斌	成水平	贺　锋	梁　威	周巧红
徐　栋	付贵萍	李　今	吴晓辉	雷志洪
邱东茹	詹德昊	张翔凌	肖恩荣	钟　非
于　涛	谢小龙	张　晟	马剑敏	吴　娟
赵　强	张金莲	刘爱芬	张　征	高云霓
肖惠萍	王亚芬	李　谷	张世羊	陶　敏
何启利	邓　平	陈辉蓉	赵文玉	侯燕松
刘保元等				

序 1

　　湿地是地球上非常重要的、独特的、多功能的生态系统，被称为"地球之肾"。它在全球生态平衡中扮演着极其重要的角色，蕴藏着巨大的生态、经济和社会效益的潜能。在许多重要方面，湿地的作用是不可替代的，与人类息息相关。

　　人工湿地是一种人工模仿自然湿地功能而构建的水处理生态系统。由于该工艺具有建设运行成本低、管理简便、净化效果比较稳定等优点而受到广泛的重视，已在欧洲、南北美洲以及亚洲等世界各地推广应用。

　　中国科学院水生生物研究所是国内最早开展湿地研究的科研单位之一，从20世纪50年代起就在武汉建成了我国第一座氧化塘，开展了一系列生态工程研究。1994～1995年，中国科学院水生生物研究所的吴振斌博士作为高级访问学者到欧洲从事合作研究，期间发起并成功组织了有关欧洲联盟重大国际科技合作项目的申请。1996年，中国科学院水生生物研究所、德国科隆大学、德国波恩湖沼学研究所、奥地利维也纳农业大学以及中国深圳市环境科学研究所、杭州大学（现浙江大学）等单位共同承担的欧洲联盟重大国际科技合作项目"热带与亚热带区域水质改善、回用与水生态系重建的生物工艺学对策研究"启动。经过科研人员多年的开拓创新和辛勤耕耘，创造性地研发出以复合垂直流人工湿地系统为核心的生态工程技术，并在人工湿地的工艺设计、结构与流程选择、净化功能与效果、净化机制、运行管理等方面开展了系统的研究，发表论文100多篇，先后获得了湖北省科技进步奖（2002年、2007年）和国家环境保护科学技术奖（2004年）等奖励。同时复合垂直流人工湿地技术获得国家发明专利，其知识产权主要归中国科学院水生生物研究所所有。

　　该项目相关研究成果受到国内外的高度重视，并先后成功地应用于生活污水、城镇综合污水、受污染地表水、景观用水的净化以及小流域综合治理、高新农业示范区建设等工程实践中，取得了良好的社会、经济和环境效益。该技术在立足当地的同时也向全国许多地方扩展，并辐射到国外。先后在"十五"国家重大科技专项课题"受污染城市水体修复技术与示范工程"、北京奥林匹克森林公园及武汉、深圳、上海、天津、广州、湖北、广东、浙江、海南、福建等许多地区推广应用。中国台湾高雄等地对该技术也表现出了很大的兴趣，并已达成合作意向。德国、奥地利的复合垂直流人工湿地已建成运行，澳大利亚、韩国等国家也对该项目研究成果表示出浓厚兴趣，并计划利用该技术处理污水。

我很高兴有机会参与了该项目的申请、计划制定、组织实施、成果鉴定等过程，从中受到了许多启发。看到项目取得的成绩以及该技术在全国的推广应用，感到由衷的高兴和欣慰。

《复合垂直流人工湿地》一书概括了中国科学院水生生物研究所等单位对复合垂直流人工湿地系统研究的成果。该书的出版必将极大地推动我国湿地及其生态功能等方面的研究，促进人工湿地等生态工程的推广应用，对于相关的研究与应用具有重要的借鉴和示范作用，对于我国水环境质量的改善以及环境友好型和谐社会的构建也必将产生积极而深远的影响。

陈宜瑜

中国科学院院士

国家自然科学基金委员会主任

2008 年 2 月

序 2

我国水体污染、水质恶化及水环境破坏非常严重，水生态系统严重退化。如何净化各类污水和受污染水域水质、恢复和重建受损水生态系统是水环境研究的热点和难点。中国科学院水生生物研究所是我国较早开展环境科学研究的单位之一。从 20 世纪 50 年代起就开始了水污染的治理和水环境监测等工作，一直在探索水污染控制与水环境治理的技术，取得了丰硕的成果，积累了不少的经验与教训。20 世纪 90 年代初中期，时任中国科学院水生生物研究所水污染生物学研究室副主任的吴振斌博士作为高级访问学者到英国赫尔大学从事合作研究，期间发起并成功组织了欧洲联盟重大国际科技合作项目的申请。1996 年，中国科学院水生生物研究所与中欧多家单位共同承担的欧盟项目"热带与亚热带区域水质改善、回用与水生态系重建的生物工艺学对策研究"（ERB1C18CT960059）启动。复合垂直流人工湿地是该项目研发的核心技术。

《复合垂直流人工湿地》概括了中国科学院水生生物研究所等单位对复合垂直流人工湿地这种新型生态工程的系列研究成果，其中主要是水环境工程研究中心净化与恢复生态学学科组（包括数十位硕士、博士研究生和博士后研究人员）及其前身十多年的辛勤创新研究，已在国内外重要刊物上发表 100 多篇学术论文。复合垂直流人工湿地技术申请并获得了国家发明专利（ZL00114693.9），中国科学院水生生物研究所为第一研发单位，吴振斌为第一发明人。该书对复合垂直流人工湿地的工艺设计、净化功能、净化机制、运行和管理进行了系统介绍。在"十五"国家重大科技专项课题"受污染城市水体修复技术与示范工程"（2002AA60121）等项目和在武汉、深圳、上海、北京、天津、海口等城市的数十个应用中均取得了良好的社会、经济和生态环境效益，充分显示这一工艺的强大生命力。它所具有的净化效果稳定、建设运行费用低、管理简便、与景观建设相结合等优点受到广泛重视，必将在全国得到愈来愈广泛的推广和应用。复合垂直流人工湿地的发明、系统研究及推广应用，将为环境科学理论、技术的发展与实践提供借鉴和示范。复合垂直流人工湿地技术还辐射到国外，2004 年，吴振斌等成功地主办了科学技术部首届"水环境保护与水污染治理"国际培训班，中国科学院水生生物研究所专家向来自欧洲、亚洲、非洲的科研技术人员和水环境管理官员介绍和讲授了复合垂直流人工湿地等生态工程技术。

该书的出版将为我国人工湿地的研究和利用提供理论和实践依据。适宜作为环保管理部门、科研人员、工程技术人员以及高校相关专业师生的参考用书。

王德铭

中国科学院水生生物研究所水污染生物学研究室首任主任

中国环境科学学会环境生物学专业委员会首任主任

2008 年春节

目　录

第1章 绪 论

1.1 湿 地 概 念

1.1.1 湿地的定义

湿地是地球上具有多种功能的独特生态系统，它不仅为人类提供大量食物、原料和资源，而且在维持生态平衡、保持生物多样性以及调节气候、涵养水源、蓄洪防旱、降解污染物等方面均有重要作用，被称为"地球之肾"（黄进良和蔡述明，1995；刘厚田，1995；刘红玉和赵志春，1999）。

湿地是一种复杂的自然综合体。由于认识上的差异和看问题角度的不同，不同的研究者对湿地定义有不同的表述。Mitsch 等（2000）对此进行了总结：Smith 认为湿地是陆地和水生态系统之间的过渡带，并兼有两种系统的某些特征。Mitsch 将湿地概括为有水的存在和独特的土壤，并生长着适应多水环境的水生植物的区域。Lloyd 将湿地定义为一个地面受水浸润的地区，具有自由水面，通常是四季存水，但也可以在有限的时间内没有积水，自然湿地的主要控制因子是气候、地形和地质，人工湿地还有其他控制因子。Tsujii 认为，湿地的主要特征首先是潮湿；第二是地下水位高；第三是至少在一年的某一段时间内，土壤处于水饱和状态。加拿大湿地工作组对湿地的定义是：湿地系统是水淹或地下水位接近地表，或浸润时间足够长，从而促进湿成和水成的过程，并以水成土壤、水生植被和适应潮湿环境的生物活动为标志的土地（Mitsch and Gosselink，2000）。北美湿地协会的定义为：湿地是指被浅水和有时为暂时性或间歇性积水所覆盖的低地。美国鱼类和野生动物保护协会的定义为：湿地是陆地和水生态系统之间的转换区，通常其地下水位达到或接近地表，或者处于浅水淹没状态，具有以下特征，至少是周期性以水生植物生长为优势，底层以下排水不良的水成土为主，土层为非土壤，并且在每年生长季节的部分时间被水浸或水淹。美国军人工程师协会认为，湿地是指那些地表水和地面积水浸淹的频度和持续时间很充分，能够供养那些适应于潮湿土壤的植被区域，通常包括灌丛沼泽、腐泥沼泽、苔藓泥炭沼泽以及其他类似区域（Shaw and Fredine，1956）。佟凤勤等（1995）认为，湿地是指由陆地上常年或季节性积水（水深 2m 以内，积水期达 4 个月以上）和过湿的土地，与其生长、栖息的生物种群，构成的独特生态系统。王宪礼等（1997）认为，湿地是指那些地表水和地面积水浸淹的频度和持续时间很充分，在正常环境条件下能够供养那些适应潮湿土壤的植被的区域，通常包括灌丛沼泽、腐泥沼泽、苔藓泥炭沼泽以及其他类似的区域。朱彤等（1991）认为，湿地是由水、永久性或间歇性处于水饱和状态下的基质以及水生植物和其他水生生物所组成的，是一类具有较高生产力和较大活性、处于水陆交接相的复杂生态系统。

虽然上述定义各有侧重，但也存在着共同点。目前，人们采用较多的表述是1987年Ramsar会议上的定义：湿地是指带有或静止或流动，或为淡水、半咸水水体的生态系统，包括沼泽、苔原、泥炭地或水域地带，也包括低潮时不超过6m深的沿海水域。

1.1.2　人工湿地的定义

人工湿地是在自然湿地降解污水的基础上发展起来的污水处理生态工程技术，是一种由人工建造和监督控制的，与沼泽地类似的地面，利用自然生态系统中的物理、化学和生物的三重协同作用来实现对污水的净化（Tilton *et al.*，1976；Gersberg *et al.*，1984a；Reed and Bastian，1984；国家环境保护局科技标准司，1997）。

人工湿地也叫构筑湿地、构建湿地，其英文名称也有多种说法，常见的有constructed wetland、artificial wetland、manmade wetland、treatment wetland、engineered wetland等。因为芦苇（*Phragmites australis*）是人工湿地中广泛栽培的植物，因此也称为芦苇床系统（reed bed system），其他类似称呼还有根区法（root zone method，RZM）、植被滤床（vegetated filter bed）等（Kickuth，1970；Spangler *et al.*，1976；Dale，1983；Nichols，1983；Kadlec，1994；Reed and Brown，1995）。一般认为，人工湿地是从生态学原理出发，模仿自然生态系统，人为地将土壤、沙、石等材料按一定比例组合成基质，并栽种经过选择的耐污植物，培育多种微生物，组成类似于自然湿地的新型污水净化系统。

人工湿地不仅能有效去除污水中的悬浮物、有机污染物、氮、磷等；而且能有效去除病原微生物、重金属、藻毒素等外源生物活性物质；城镇综合污水经处理后可达到二级乃至一级排放标准；受污染地表水劣Ⅴ类经处理后可达到Ⅲ～Ⅳ类，有时可以达到饮用水源水质标准；适用面广，除处理城镇生活污水外，也能广泛应用于农业、畜牧业、食品、矿山等工农业废水的处理（程树培，1989；黄淦泉等，1993；刘文祥，1997；胡焕和王桂珍，1997；Harremoes，1998；Vymazal *et al.*，1998；Simi and Mitchell，1999；毕慈芬等，2001；籍国东等，2001；许春华等，2001）。该工艺与传统的污水处理工艺相比，不仅具有建造、运行、管理费用低（投资和日常运行费用仅为常规二级污水处理厂的1/5～2/3和1/10～1/3），还具有操作简便、管理简单等特点（Gopal，1990；郑雅杰，1995；Kang *et al.*，1998；Sakadevan and Bavor，1998，1999），因此越来越受到人们的重视。

基质、高等植物、微生物是人工湿地发挥净化作用的三个主要因素（Chan et al.，1982；吴晓磊，1994，1995；沈耀良和王宝贞，1997；丁疆华和舒强，2000；王宜明，2000）。在污水通过人工湿地的过程中，基质的吸附、过滤，植物的吸收、固定、转化、代谢及湿地微生物的分解、利用、异化等过程综合作用，互相关联影响着最终的净化效果。

1.1.3 人工湿地的类型和特点

人工湿地的类型按照湿地中主要高等植物的类别可分为浮水植物系统、挺水植物系统和沉水植物系统。沉水植物系统还处于研究阶段，其主要应用领域在于初级处理和二级处理后的深度处理，更多应用于水体生态修复和受污染地表水的净化。浮水植物系统主要用于去除氮、磷和提高传统稳定塘效率。目前，一般所说的人工湿地植物系统都是指挺水植物系统。

以水流方式分，人工湿地处理系统可主要分为以下两类。

1. 表面流湿地

表面流湿地（surface flow wetland，SFW），又称自由表面流湿地（free water surface wetland，FWSW），通常由一个或者几个池体或渠道组成，池体或渠道间设隔墙分隔，有时底部亦铺设防水材料（如高密度聚乙烯膜等）以防止污水下渗，保护地下水。池中一般填有土壤、砂或者其他合适的介质材料供水生植物固定根系。水流缓慢，通常以水平流的流态流经各个处理单元。这种人工湿地在美国采用较多，它与自然湿地较为接近，绝大部分有机物的去除由长在植物水下茎、杆上的生物膜来完成。水位较浅，一般为 0.1~0.6m，水面处于土面之上，暴露于空气中。这种湿地的优点是设计简单、投资少，缺点是负荷过小、水面冬季易结冰、夏季易滋生蚊蝇且散发臭气。表面流湿地不能充分利用填料及丰富的植物根系，有时卫生条件也不好，故现在设计中较少采用。其基本结构如图 1.1 所示。

2. 潜流湿地

水在填料表面下渗流，因而可充分利用填料表面及植物根系上的生物膜及其他各种作用来处理废水，而且卫生条件较好，故被广泛采用，欧洲等地区的人工湿地就以潜流型为主（Cooper et al.，1989）。潜流湿地（subsurface flow wetland，SSFW）同样由一个或者几个池体或渠道组成，池体或渠道间设隔墙，有时需要在底部铺设防水材料以防止污水下渗。池中往往填有大量的碎石、卵石、砂或者土壤等多孔介质材料；基质表面栽种植物。污水在介质间渗流，水面低于介质表面，因此呈潜流状态；由于水流一直在湿地内部流动，避免了表面流湿地中的蚊、蝇、臭气等；潜流型人工湿地的作用位点多、微生物丰富、温度波动小、负荷较大、

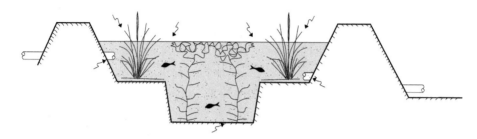

图 1.1　典型的表面流人工湿地污水处理系统

(引自 Bhamidimarri *et al.*，1991)

Fig. 1.1　Typical surface flow constructed wetland for wastewater treatment

(Cited from Bhamidimarri *et al.*，1991)

耐冲击、占地面积小、处理污水效率高（Reed and Brown，1995）。其缺点主要是建造费用比表面流湿地高，而且其维护和管理的费用也较高。

　　潜流型人工湿地又分为两种，水平流（horizontal flow）和垂直流（vertical flow）。所谓水平流就是污水从一端进入湿地，以水平流动的方式经过湿地中的基质孔隙，从另一端流出。污水在基质间流动的过程中，污染物质在植物、微生物以及基质的共同作用下，通过一系列复杂的物理、化学以及生物作用得以去除。典型的水平流人工湿地如图 1.2 所示。

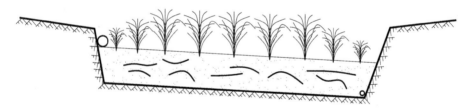

图 1.2　典型的水平流人工湿地污水处理系统

(引自 Bhamidimarri *et al.*，1991)

Fig. 1.2　Typical horizontal subsurface flow constructed wetland for wastewater treatment

(Cited from Bhamidimarri *et al.*，1991)

　　垂直流人工湿地是在水平流湿地之后发展起来的，由于其系统内部的充氧更充分，有利于好氧微生物的生长和硝化反应的进行，因此对氮、磷的去除率较高。

　　垂直流人工湿地又可分为下行流人工湿地（down flow constructed wetland）和上行流人工湿地（up flow constructed wetland）两类。其中常见的是下行流湿地，污水从湿地表面流入，从上到下流经湿地基质层，从湿地底部流出。上行流人工湿地则与之相反，污水从湿地底部流入，从顶部流出。典型的下行流人工湿地如图 1.3 所示。

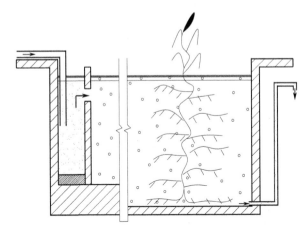

图 1.3　典型的下行流人工湿地污水处理系统

（引自 Bhamidimarri *et al.*，1991）

Fig. 1.3　Typical down flow constructed wetland for wastewater treatment

（Cited from Bhamidimarri *et al.*，1991）

　　水平流湿地与垂直流湿地的区别在于后者应用管道、斜度等特殊设计使水流在湿地内部垂直分布，布水更均匀。水平流湿地的 COD_{Cr}、BOD_5、TSS 等指标的去除效果较好，但对氮、磷等营养物质的去除率不佳，主要原因是湿地基质的水力输导差，氧气不足，不能满足去除营养物质所需要的富氧环境。如 Green 等（1996）所做的实验，其水平流和表面流湿地出水的 BOD_5、TSS 同时低于20mg/L，甚至 10mg/L 时，氮、磷的去除率却起伏剧烈，0～95％不等。在水平流湿地之后，研究者又发展了垂直流湿地，如 Seidel（1964）建立的两级湿地处理系统，每一级由几个床体组成，第一级采用串联，以垂直流为主，第二级并联，水平流为主。在这种 Seidel 类系统中，又进一步设计了以卵石代替土壤作为基质的湿地（Kadlec，1994）。与水平流相比，垂直流湿地系统内的充氧更充分，有利于好氧微生物的生长和硝化反应的进行，并在氮、磷等营养物质的去除过程中起重要作用。因此垂直流湿地在保持 COD_{Cr}、BOD_5 及 TSS 去除率的同时，对氮、磷的去除率有了很大提高。为了更好地使系统充氧，又出现了间歇进水的垂直流，间歇时间通常为 6h，进水负荷单位面积为 30～40mm^2。为了防止系统阻塞，利于排水，许多研究者还在湿地设计中加上 2％左右的倾斜度。

　　在实际应用中，水平流湿地仍然占主要地位。美国国家环境保护局（US EPA，1993）对 150 多个用于处理城市污水和工业废水人工湿地的调查表明，大部分采用潜流式系统。其他国家也有类似结论，以欧洲为例，水平流和垂直流湿地二者的比例是 4～5：1（Reed *et al.*，1995）。在这些潜流型人工湿地系统中，绝大部分是水平流人工湿地，垂直流人工湿地所占比例很小。然而垂直流系统对于有机物和氮具有更好的净化效果，因此 1990 年以后垂直流人工湿地发展极为迅速，并曾经被认为是"最好的技术"（Platzer，2000）。

1.2　人工湿地处理技术的发展概况

采用湿地改善水质并非是一个新发明。当人们开始排放污水时，湿地就开始用于净化污水。污水通常直接或间接流入洼地，若当时没有湿地，污水的排放也会很快导致湿地的形成（Cooper and Boon，1987）。人工湿地（constructed wetland）这个词出现较晚，但此概念却很古老，我们知道古代中国和埃及就已会使用此法，但最早公开的报道见诸于澳大利亚 Brian Mackey 于 1904 年发表的一篇文章（Cooper and Boon，1987）。

1.2.1　国外发展概况

1953 年，德国的 Seidel 在其研究工作中发现芦苇能去除大量有机物和无机物。Seidel（1964，1966）通过进一步实验发现，一些污水中的细菌（大肠菌、肠球菌、沙门氏菌等）在通过种植的芦苇时消失，且芦苇及其他高大植物能从水中吸收重金属和碳水化合物。进入 20 世纪 60 年代，这些实验室观察被推广至许多大规模实验，用以处理工业废水、江河水、地面径流和生活污水（Seidel et al.，1978），并由 Seidel 开发出"Max-Planck Institute-Process"，该系统由四或五级组成，每级由几个并联并栽有挺水植物的池子组成，但该系统存在堵塞和积水问题（Seidel，1964，1996；Seidel et al.，1978）。

根据 Seidel 的思路，荷兰于 1967 年还开发了一种称为 Lelystad Process 的大规模处理系统。该系统是一个占地 1hm² 的星形自由水面流湿地，水深 0.4m，由于运行问题，该系统后有一长 400m 的浅沟，随后在荷兰建成了大量的这种类型湿地。

Seidel 的工作也刺激了德国在这方面的研究。20 世纪 60 年代中期，Seidel 与 Kickuth 合作并由 Kickuth 在 20 世纪 60 年代中期开发了"根区法"（root zone method）。此根区法由一种有芦苇的矩形池子组成。土壤经选择含有钙、铁、铝添加剂，以改善土壤结构和对磷的沉淀性能。水以地下潜流水平流过芦苇根区。污水流过芦苇床时，有机物降解，N 被硝化、反硝化，P 与 Ca、Fe、Al 共沉淀积累于土壤中。水面保持在地面水平，在池子进口、出口进行布水和收集。此法的问题在于土壤渗透能力并非如 Kickuth 预测的那样随时间而增大，且芦苇传氧至根的能力也通常被认为比 Kickuth 声称的要少（Seidel，1996）。

在北美，由于观察到自然湿地的同化能力，在 20 世纪 70 年代开始对不同设计的人工湿地进行实验。大部分初期工作都使用自然湿地处理污水，不久就表现出生物种类组成、生物种群结构、功能及湿地总体价值的显著变化，预示了人工湿地具有应用的巨大潜力。

欧洲的早期工作对美国人工湿地技术产生了影响。在 20 世纪 60 年代末，美国 NASA 的国家空间技术实验室研究开发了一种"采用厌氧微生物和芦苇处理污水的复合系统"。1976 年，美国 NASA 出版了一本题为《充分利用水生植物》的书，在其中描述了欧洲系统及早期 NASA 系统。NASA 的砾石床系统在去除 BOD_5、SS、N 及大肠菌方面非常有效。北美洲的其他国家也进行了一些开拓性工作。

自德国 1974 年首先建造人工湿地以来，该工艺已在欧洲得到推广应用，在美国和加拿大等国也得到迅速发展。目前欧洲已有数以百计的人工湿地投入废水处理运行，这种人工湿地的规模差别很大，最小的仅为一家一户排放的废水处理，大的可以处理千人以上村镇排放的污水。随着研究的深入和工艺的改进，人工湿地系统独特的净化效果已不断为人们所认识，目前已成为一种较为完备和独立的污水处理技术，并在世界范围内被广泛应用，处理的对象也扩大到生活污水、矿山废水、农场废水等（Haberl and Perfler，1991；Gearheart，1992；Bouchard *et al*.，1995；Green *et al*.，1996；Goodrich，1996；Hoeppner *et al*.，1997；Manyln *et al*.，1997；Gschlöβl *et al*.，1998；Kivaisi，2001）。在欧洲、美国、加拿大等地，人工湿地的应用已达到相当规模。在北美已经建成 650 个自然的或者人工的湿地，欧洲现在已有超过 5000 个潜流型人工湿地用于污水处理（Kadlec and Knight，1996；Vymazal *et al*.，1998）。

1.2.2　国内发展概况

我国对于污水生物处理的研究从 20 世纪五六十年代就已经开始。"七五"期间对人工湿地开展了多方面的研究。1990 年在北京昌平建成人工湿地污水处理系统（国家环境保护局科技标准司，1997）。该系统采用自由水面人工湿地，处理 500t/d 的生活污水和工业废水，占地面积为 $2hm^2$，水力负荷 4.7cm/d，BOD_5 负荷为 $59kg/(hm^2 \cdot d)$，取得了较好的效果。1990 年 7 月，国家环境保护总局华南环境科学研究所与深圳东深供水局在深圳白泥坑建造了处理规模为 $3100m^3/d$ 的人工湿地示范工程，采用潜流湿地与稳定塘相结合的形式（胡康萍，1991；朱彤等，1991；国家环境保护局科技标准司，1997）。

自 20 世纪 90 年代起，深圳雁田、四川成都活水公园、天津等地也先后建立了人工湿地系统，对人工湿地处理污水规律及其机制进行了比较系统的研究；中国环境科学研究院研究了人工湿地控制农业区径流污染的效果；中国科学院沈阳应用生态研究所研究了人工湿地系统处理石油废水的效果，目前湿地处理的对象已经扩大到生活污水、农业面源污染、矿山废水、农场废水等（李辉华和朱学宝，2000；李亚治，2000；彭超英等，2000；高素勤；2000；王庆安等，2000a；陈耀元，1994；程树培，1989；胡康萍，1991；丁廷华，1992；唐运平，1992；

黄淦泉等，1993；刘文祥，1997；胡焕和王桂珍，1997；白晓慧等，1999；许春华等，2001；毕慈芬等，2001；籍国东等，2001；王薇等，2001；张毅敏和张永春，1998；廖新弟和梁敏，1997）。国内人工湿地的研究逐步从理论研究走向大规模推广应用，2003 年在山东胶南市建成一座日处理量达 6 万 t 的城市污水人工湿地处理系统，占地 1000 亩（注：1 亩 = 666.7m²），具体工艺为：格栅—沉砂池—调节池—人工湿地—排海（迟延智和陈风伦，2003）。

1.2.3　相关前期研究工作概况

中国科学院水生生物研究所是我国最早开展水污染调查监测和污水生物处理等研究的单位之一，也是国内最早开展湿地等生态工程研究的单位之一。早在 20 世纪 50 年代，黎尚豪院士等就在武汉马房山建成了我国第一座氧化塘，并就其污水处理功能进行了初步探索。自 70 年代初开始，王德铭先生组织多项全国或流域规模的重大污染调查和生态工程研究。70 年代中期，张甬元等通过系统研究，设计和主持建造了我国第一座大规模氧化塘——鸭儿湖氧化塘，面积达 3000 多亩，处理武汉葛店化工厂有机磷农药生产废水，日处理废水 7 万 t，取得了良好的环境和社会效益，为我国污水生物处理提供了科学依据、设计参数以及工程示范（张甬元等，1981，1982，1983）。　“六五”期间，丘昌强、夏宜琤、谭渝云、……、吴振斌等对北京燕山石化废水生物处理进行了可行性研究，应用生物方法处理较难降解的石化废水，取得了较好的效果（吴振斌等，1987a，1987b，1988，1990）。“七五”期间，夏宜琤、张甬元、邓家齐、陈锡涛、吴振斌等开展了国家科技攻关项目“湖北省黄州城区污水综合生物塘处理研究”，利用不同层次的生物处理单元组合系统净化污水，同时进行资源回收，这是一种低投入、高效率的城镇污水净化生态工程技术（夏宜琤等，1994；吴振斌等，1987a，1987b，1988，1990；Wu and Xia，1994；Wu et al.，1991a，1991b，1993a，1993b）；同时，丘昌强等还开展了“常德城市污水净化与资源化生态工程系统研究”，提出了与生态农业相结合的、以“基塘系统”和“垄沟系统”为核心的城市污水净化及资源化复合生态工程系统（刘剑彤等，1998，1999）。“八五”期间，夏宜琤、徐小清、吴振斌等开展了“武汉东湖污染综合治理技术研究”，吴振斌、邱东茹等开展了“湖泊水生植被恢复重建、结构优化及合理利用研究”等国家科技攻关项目研究（邱东茹等，1995；邱东茹和吴振斌，1996，1997a，1997b，1998a，1998b；Qiu et al.，1997，2001）；1994 年，成水平、夏宜琤等开展了小规模人工湿地处理污水效果及其净化机制的初步研究（成水平等，1997，1999；成水平和夏宜琤，1998a，1998b）。几十年来，中国科学院水生生物研究所（以下简称水生所）几代科研人员在水污染治理和生态工程技术方面进行了艰苦的探索，取得了突出成绩和丰硕的科研成果，先后获全国科学大会奖、中国科学院技术进步奖等奖励十多项，积累了丰厚的科研和技术资料，为后续人工湿地等生态工程系统的深入研究奠定了基础。

1994～1995 年，水生所的吴振斌博士在英国进修工作期间，成功发起并组织了欧洲联盟重大国际科技合作项目的申请。水生所联合德国科隆大学、德国波恩湖沼学研究所、奥地利维也纳农业大学以及国内的深圳市环境科学研究所、杭州大学等单位合作实施欧盟项目"热带与亚热带区域水质改善、回用与水生态系重建的生物工艺学对策研究"（ERBIC18CT960059）。该项目属于欧盟项目招标书中"第一领域：可再生自然资源的持续管理"，"第 1.1.2.b 项：可持续利用的水链：水的收集、利用、处理（含预处理）和回用"。经过多年努力，研发了以复合垂直流人工湿地（integrated vertical-flow constructed wetland，IVCW）为核心的生态工程技术，对其在中国和欧洲不同地区、不同规模的工艺可行性进行了验证，并对湿地系统的结构流程、植物选择与组合、处理效果、净化机制、运行管理等方面开展了系统研究，发表论文 100 多篇。复合垂直流人工湿地技术申请并获得了国家发明专利，水生所为第一研发单位，吴振斌为第一发明人（ZL00114693.9）。有关研究成果受到国内外的高度重视，并先后成功应用于湖泊水体生态修复、小流域综合治理、面源污染控制、城镇综合污水处理和景观用水补给、生活污水处理、池塘养殖水质调控、无公害农业灌溉用水水质改善、城市生活小区水体水质改善、公园用水水质改善等实践中，取得了良好的社会、经济、环境效益。该技术立足当地，扩展全国，并已经辐射到国外。在武汉，该技术已经在国家"十五"重大科技专项"受污染城市水体修复技术与示范工程"（2002AA60121）和武汉的大月湖、小月湖、莲花湖、三角湖、万家巷、琴断小河、东湖官桥、慈惠农场等人工湿地工程中得到应用；在湖北的洪湖、仙桃、黄石等地和深圳、上海、天津、西安、北京奥林匹克森林公园等数十个地方得到推广应用；在国外，韩国、澳大利亚等有关方面也对该项目的研究成果表示关注，并计划在各自国家的水环境、水生态治理工程中采用（Wu and Grosse，1998，Wu et al.，1999，2000，2007a，2007b，2007c，2007d；吴振斌等，2000a，2000b，2001a，2001b，2001c，2001d，2001e，2002a，2002b，2002c，2002d，2003a，2003b，2003c，2003d，2004a，2004b，2005a，2005b，2006a，2006b，2006c，2006d，2007a，2007b，2007c；成水平等，2001，2002，2003；贺锋和吴振斌，2003；贺锋等，2003，2004，2005；付贵萍等，2001a，2001b，2002，2004；梁威和吴振斌，2000；梁威等，2000，2002a，2002b，2003，2004）。

1.3 人工湿地的应用前景

1.3.1 人工湿地的适用范围

人工湿地作为一种生态工程技术，在应用的过程中，开始是作为二级生化处理、氧化塘等传统污水处理方法的补充，经常作为出水生态修饰之用，主要用于城市污水或者生活污水的处理。随着研究的深入和工艺的改进，人工湿地系统独特的净化效果不断为人们所认识，目前已发展成为一种较完备和独立的污水处理技术，并在世界范围内被广泛应用，应用范围也逐步从城市污水和生活污水处理扩展到湖泊富营养化水体修复、工业废水处理、垃圾渗滤液处理、暴雨径流控制、面源污染治理等方面。

作为一个发展中国家，人工湿地污水处理系统所具有的基建投资低、运行费用少、出水水质好、维护管理简单等明显的优点非常适合我国国情，因此我国从"七五"期间就积极开展人工湿地的研究，并在多处建成利用人工湿地处理城市污水及生活污水的示范工程。

1989～1990 年，天津市环境保护科学研究所建立了 11 个处理单元，研究芦苇湿地对城市污水的处理能力，并对水力负荷、有机负荷、停留时间及季节等与污水处理有关的主要参数进行了探讨。结果表明，出水符合二级处理的标准，有较高且稳定的脱氮除磷效果，季节性差异较小（国家环境保护局科技标准司，1997）。同时，我国学者在将人工湿地用于其他类别污水处理方面开展了大量研究。

在水生态恢复方面，同济大学对人工湿地控制暴雨径流的相关问题进行了研究（许春华等，2001）；武汉大学的杨昌凤等（1993）对人工湿地去除富营养化湖水中的藻类开展了实验室研究；中国科学院水生生物研究所较系统地开展了复合垂直流人工湿地去除污染水体、重金属、藻毒素、酞酸酯等的效果及机制研究（吴振斌等，2001，2002；Cheng *et al.*，2002），并与深圳市环境科学研究所等在深圳市洪湖公园、龙岗沙田村等地建成了规模化的应用系统，对受污染水体进行处理。

四川省环境保护科学研究院的王庆安等（2000a）利用建成的成都活水公园人工湿地塘床系统，对受严重污染的地表水进行处理，出水达到景观娱乐用水标准，回用于公园景观建设及戏水池。

中国环境科学研究院刘文祥等（1997）于 1994 开展了利用人工湿地控制农田径流污染的研究。人工湿地占地 $1257m^2$，利用低洼弃耕地改造而成。设计停留时间 1～5d，总投资 2.3 万元，仅需要一般性管理，运行费用很少。

利用人工湿地处理工业废水的实例报道涉及处理矿山酸性废水、淀粉工业废水、制糖工业废水、褐煤热解废水、造纸废水、炼油废水、食品加工废水、饲养养殖废水等方面（Bavor and Schuz，1993；Cooper and Breen，1994；Tanner *et al.*，1995，1998；诸惠昌和 Stevens，1996；唐述虞，1996；胡焕和王桂珍，1997；高素勤，2000；李辉华和朱学宝，2000；李亚治，2000；阳承胜等，2000；籍国东等，2001；王有乐等，2001），可见，人工湿地在城市生活污水处理方面已经得到了广泛的应用，最近发达国家已经开始关注应用人工湿地处理某些特殊工业废水。随着人工湿地应用的推广，其独特的净化效果不断为人们所发现，目前已经发展成为一种独立的污水处理技术，在世界范围内得到普遍认可。

1.3.2　问题与展望

经过 50 余年的发展，人工湿地已经在全世界范围内得到了比较广泛的应用；然而人工湿地也并非灵丹妙药，作为一门新型技术仍然面临许多挑战和一些难以解决的问题。澳大利亚学者总结的人工湿地所面临的主要挑战仍是当前湿地研究的重要课题（表 1.1）。

表 1.1　人工湿地的应用以及相应的挑战

Tab. 1.1　Challenges and applications of constructed wetlands

应用范围 Application Scope	面临的挑战 Facing Challenges
处理经过沉淀或者二级处理以后的城市污水	为小区或者单独住户提供整套的污水处理设施，包括去除 N 和 P
污水深度处理、出水修饰	湿地处理的长期安全性及其管理
杀灭病虫害	根据监测的要求及相关规范确定合适的指示生物
提高水体内部对营养物的同化作用	扩大湿地植物的物种多样性
面源污染控制	找到合适的位置、确定合适的进水方式
有毒物质处理	确定哪些金属或有毒物质能被降解和转化，理解该过程，并建立相应的模型
垃圾渗滤液和采矿废水处理	确定哪些金属或有毒物质能被降解和转化，理解该过程，并建立相应的模型
工业废水处理	确定哪些金属或有毒物质能被降解和转化，理解该过程，并建立相应的模型
污泥处理	剩余污泥含有大量重金属或者有毒物质，如何对其进行的长期安全处置
湿地植物的利用	确定并开发湿地植物的用途及相应的市场
地下水回灌	了解对地下水文学的影响
处理水回用	根据处理水回用的目的和当地的经济条件确定合理的处理程度

（引自 Bavor and Schuz, 1993）(Cited from Bavor and Schuz, 1993)

人工湿地虽然是一项适合我国国情、具有广阔应用前景的水处理技术，但在 10 年前我国的推广使用进程却相当缓慢，究其原因：

（1）未能对人工湿地中相关的生物学、水力学、化学过程等具有全面、细致的了解和掌握，"黑箱"现象依然存在。

（2）各种类型湿地的构建尚缺乏完整的设计资料和规范，没有统一的标准。

（3）湿地水力负荷有限，导致湿地占地面积较大，与常规污水处理工艺相比较，人工湿地占地面积至少要大一倍，使其在用地紧张或者地价较高的地方难以推广。

（4）合适湿地系统工艺的选择。人工湿地首先是在国外兴起和广泛应用的，由于湿地净化效率受气候、土壤、污水特性和植物种类等多因素的影响，若不加分析地照搬到国内是不可取的，在某些情况卜，也许能立即缓解威胁公众健康的污染问题，但却不能长期高效、合理地运转。芦苇床、水平流系统、垂直流系统中哪种更适合在国内使用？抑或需要根据热带、亚热带区域湿地处理的特点研究新型系统？热带区域水生植物的生长形态、生理生态和湿地植被结构与温带地区并不相同，目标和终级用户的要求也各异，何种系统才适合当地的特殊需要？

（5）随着湿地运行时间的延长，部分营养物质会逐渐积累，湿地中的微生物相应地繁殖，如果维护不当，很容易产生淤积、阻塞现象，使水力传导性、湿地处理效果和运行寿命降低；随着污水处理过程的不断运行，数年后基质的吸附能力会趋于饱和，也会影响湿地的处理效果。因此，有关维护、修复和管理的问题，需要进一步加强研究。

（6）水生植物和微生物的生存需要一定的水来维持，因此人工湿地难以抵抗干旱气候。

（7）一些设计建造或者维护管理不合理的潜流湿地会造成表面集水；而表面流湿地有较大的水面，会造成大量蚊蝇滋生，威胁湿地周边人群的健康。而且，由于人工湿地存在一定的缺氧区和厌氧区，某些厌氧反应产物（如 CH_4、H_2S）不可避免地会扩散到空气中，造成臭味扩散。

（8）存在湿地植物病虫害、火灾以及自身生长周期等问题。

在研究和应用过程中还会不断出现一些问题，研究解决上述课题，是人工湿地研究者的职责。

第2章　人工湿地系统工艺设计

人工湿地生态系统设计可以定义为应用生态工程的原理和方法对湿地进行构建、恢复和调整，以利于湿地正常功能的运作和生态系统服务可持续性为目标的设计。生态工程（ecological engineering）于1962年由美国生态学家 H. T. Odum 首先使用，定义为"人类通过运用少量的辅助能而对以利用自然能为主的系统进行的环境控制"；1971年，他又将生态工程定义为人对自然的管理；1983年，他修订此定义为设计和实施经济与自然的工艺技术（刘云国和李小明，2000）。此外，国外不少人还提出生态工艺（ecological technology 或 eco-technology）的概念，即在深入了解生态学原理的基础上，通过最少代价和对环境的最少损伤，将管理技术应用到生态系统中。按照我国生态学家马世骏（1990）的定义，生态工程是应用生态系统中物种共生与物质循环再生的原理及结构和功能相协调的原则，结合系统工程的最优化方法设计的分层多级利用物质的生产工艺系统（盛连喜，2002）。生态工程的目标是在促进自然界良性循环的前提下，充分发挥资源的生产潜力，防止环境污染，实现经济效益与生态效益的同步发展（国家自然科学基金委员会，1997）。

湿地构建和恢复是湿地生态系统设计的重要方面，也是一个较新的领域，国外尽管已有了这方面的实践（Mitsch，1992；USEPA，1988，1993，1999），但在生境替代、水质改善和管理监测方面的结果不尽如人意。我国人工湿地设计规范的编制工作起步较晚，为指导各地区做好城市湿地公园规划设计工作，中华人民共和国建设部2005年颁布了《城市湿地公园规划设计导则（试行）》（中华人民共和国建设部，2005），2006年由上海建设和交通委员会主编、建设部批准执行的《室外排水设计规范（GB50014—2006）》，新增"污水自然处理"一节，增补了人工湿地和土地处理的内容（中华人民共和国建设部，2006），使得人工湿地系统设计终于获得了国家统一的规范支持。由于目前对于人工湿地除污机制的研究及深度还远远不够，所建立的数学模型和定性定量模拟也很不完善，进一步的理论和实践探索将是一个长期的研究课题，鉴于规范制定的强制性与稳定性，这些规范条文说明均仅叙述人工湿地的常识性情况，缺乏规范性技术含量的内容（洪嘉年，2007），具体执行困难较大。

湿地生态系统等生态工程设计需要坚实的生态学理论基础及工程学与系统论等多学科间的联系，其中理论生态学和应用生态学为其提供了强有力的保障，所以应遵循系统保护、合理利用与协调建设相结合的原则，综合利用工程学、景观生态学、规划学、保护生物学、恢复生态学等相关原理，以专业研究人员为主，进行科学、合理的规划和设计，根据各地区人口、资源、生态和环境的特点，以维护城市湿地系统生态平衡、保护城市湿地功能和湿地生物多样性、实现资源的可持续利用为基本出发点，坚持"全面保护、生态优先、合理利用、持续发展"的方针（建设部，2005），充分发挥城市湿地在城市建设中的生态、经济和社会效益。

2.1　基本原则

设计，是一切工程实施前必须进行的重要步骤，也是工程施工过程中的主要依据，更是后期工程管理的基础。人工湿地系统工程的设计和其他工程设计一样，是保证生态工程实施成功与提高工程效益的关键步骤和依据，因此人工湿地设计应全面实施拟自然湿地的生态设计理念，即设计与生态过程相协调，在实现人工湿地初始设计目的的同时，尽量将其对环境的破坏影响降到最小。这种理念意味着设计将始终围绕着保护、更新和重建湿地生态环境这一主题，在掌握生态工程设计生态学原理的基础上力图建成以湿地水面为核心的拟自然湿地生态系统，突出人工湿地污水净化的功能性特点，构建多样的湿地植被景观，并能维持植物生境和动物栖息地的质量，形成湿地植物群落生长、演替的良性生态循环，塑造湿地生态系统的多样性和稳定性，维持生物多样性等。遵循必要的设计原则，确定具体的设计路线和实施步骤，是进行系统设计的重要途径。在具体设计过程中体现生态设计理念应遵循如下基本原则。

1. 湿地系统整体保护性原则

湿地系统与其他生态系统一样，由生物群落和无机环境组成，特定空间中生物群落与其环境相互作用的统一体组成生态系统。整体性是生态系统的基本特性，各种自然生态系统都有其自身的整体运动发展规律，人为地随意分割会给整个系统带来灾难（盛连喜，2002）。所以，湿地系统设计应坚持从系统整体分析的原理和方法出发，强调人工湿地系统设计目标与区域总体规划、发展目标的一致性，追求社会、经济和生态环境的整体最佳效益，努力创造一个文明、高效、和谐、持续性的人工复合生态系统。

人工湿地究其实质，还是对日益缩小和损失的自然湿地的一种补偿，因此贯彻湿地保护与补偿原则，就是要保护湿地环境的完整性，尽可能地恢复和营建足够大面积的人工湿地，来保持湿地水域环境和陆域环境的完整性，避免因湿地环境的过度分割而造成的环境退化，保护湿地生态的循环体系和缓冲保护地带，避免城市发展对湿地环境的过度干扰。

在设计与营建过程中，湿地系统的整体性原则首先需要通过湿地保护与补偿来实现，这是依据湿地"没有净损失"（no net loss）目标而提出的。这样一个目标最初是在美国"国家湿地政策论坛"上提出的（张蔚文，2004）。湿地调整主要是指根据"没有净损失"原则，避免或最大限度地减轻、修正、消除对湿地生境的负面影响或者通过合理的替代途径进行补偿，主要是通过构建新的湿地来达到目标。湿地调整于 20 世纪 80 年代中期被提出，目前已成为美国、加拿大及其他一些国家在湿地保护中的一项策略。1987 年，美国国家环保署署长汤姆斯·李（Thomas Lee）要求国内"保护基金会"召集一个由环境、农业、商业、研究机构、政府部门等各领域领导人组成的精英小组，讨论改良湿地管理的方法。该论坛的最终讨论结果认为，美国联邦湿地"零净损失"是一个合理的政策目标，这一目标的含义被解释为：任何地方的湿地都应该尽可能地受到保护，转换成其他用途的湿地数量必须通过开发或恢复的方式加以补偿，从而保持甚至增加湿地资源基数。随后，"零净损失"目标相继被布什和克林顿政府所采纳。美国清洁水项目条款"404"有关规定要求湿地的丧失应按照一定比率来替代，同时要求为调整而构建的湿地最重要的特征是湿地规模、植被覆盖、水文、土壤、野生生物利用、水质等。

　　人工湿地的规划设计必须建立在对人与自然之间相互作用的最大限度的理解之上。在湿地的整体设计中，应综合考虑调查研究中所掌握的各个因素，以整体和谐为宗旨，包括设计的形式、内部结构之间的和谐，以及它们与环境功能之间的和谐，才能实现生态设计。因此，进行设计的首要工作就是对场地的调查研究。

　　调查研究原有环境是进行湿地设计前必不可少的环节。对原有环境的调查，包括对当地自然资源条件、社会经济条件、生态环境环境的调查和对周围居民情况的调查，如对原有湿地环境的土壤、水、动植物等的情况，以及周围居民对该景观的影响和期望等情况的调查。这些都是做好一个湿地设计的前提，因为只有掌握原有湿地的情况，才能对整体生态现状进行评价，才能在规划和设计中充分利用现有的环境资源，弥补系统的缺陷，从而在设计中保持原有自然系统的完整，充分利用原有的自然生态；而掌握了居民的情况，则可以在设计中考虑人们的需求。这样能在满足人需求的同时，保证自然生态不受破坏，使人与自然融洽共存（王凌和罗述金，2004），真正保持湿地网络系统的完整性。

　　2. 系统结构重建与功能恢复原则

　　功能修复与强化是人工湿地结构重建的首要目标，以污水处理人工湿地为例，系统结构重建与功能恢复包括组成人工湿地系统的基质、高等植物、微生物、水体等结构单元的有机组合与对特定污染物质的强化吸收与去除，在湿地生态系统修复过程中，要完全恢复所谓"原生态"是不可行的，也是毫无意义的（陆健健和王伟，2007）。生态修复的主要目标是通过适度的调节手段（包括对系统结构的调整、对辅助能量和物质输入的控制等），修复生态系统的特有功能。

在对湿地进行功能修复时，要注意维持功能平衡，即生态系统的生产—转化—分解的代谢过程和生态系统与周边环境之间物质循环及能量流动关系保持动态平衡。结构重建是功能修复的前提，生态系统的功能是以生态系统的结构为载体的，生态系统最主要的生态功能——能量流动与物质循环，也依赖于生态系统的食物链。

而在大多数生态系统中，每一项生态功能往往都由具有相似功能的若干物种组成的群体——功能群来完成的。因此，功能群作为更有意义的生态系统结构单元，已被广泛用于生态系统健康评价、生物多样性测度等研究工作。功能群是结构重建的基本目标单元。这就要求在进行结构重建时，除了要增加生态系统的生物多样性外，还要维持和增加各功能群的多样性，使生物与生物之间、生物与环境之间、环境各组分之间保持相对稳定的合理结构，及彼此间的协调比例关系，维护与保障物质的正常循环畅通。

3. 湿地系统协调共生原则

湿地系统设计中，还需遵循系统协调共生原则，指人与环境、生物与环境、生物与生物、社会经济发展与资源环境以及生态系统之间的协调，应将人类作为协调的一个组成部分而不是独立于湿地之外。人类只能在设计和构建过程中对湿地的发展加以引导，而不是单纯强调管理，以保持系统的自然性和持续性（崔保山和刘兴土，2001）。

协调原则指湿地设计过程中要保持区域与城乡、部门与子系统各层次、各要素以及周围环境之间相互关系的协调、有序和动态平衡，保持生态规划设计与总体规划近远期目标的协调一致。例如，高速公路、城市建筑等基础设施的扩建，改变了城市的土地利用类型，对城市湿地水文和生物学特征也产生了很大的影响。湿地物种多样性与流域不可渗透地面面积、湿地水面波动情况密切相关。在湿地流域不可渗透地面的面积小于 4% 和大于 12% 的区域中，具有明显的湿地水面波动（Reinelt，1998），当研究区域不可渗透地面面积大于 10% 时，湿地生态功能逐渐下降。虽然不可渗透地面面积阈值因流域特征不同而发生变化，但最佳阈值应保持在 8%～10%，同时应保持 50% 的森林植被，用于改善湿地生境状况。因此，了解城乡土地利用类型，合理协调规划城乡湿地区域，保持湿地规划所在地的土壤渗透系数，维持不可渗透面积比例在一个比较安全的范围内，是保证人工湿地功能的重要原则（潮洛蒙和俞孔坚，2003）。

共生原则是指不同种类的子系统合作共存、互惠互利的现象，其结果是所有共生体都大大节约了原材料、能量和运输量，系统获得了多重效益。对于人工湿地系统而言，要充分利用湿地系统内各子系统之间可能存在的共生关系，根据生态系统中物种共生、物质循环再生原理，通过对基质、管道、植物的合理配置，营造适合各子单元间共生关系发展的环境。例如，Sczepanska（1971）发现香蒲、水葱、苔草等湿地植物体腐烂产生的一些物质对芦苇的生长和繁殖具有抑制作用。因此，构建人工湿地时，还要注重植物之间的合理组合，减少植物之间的拮抗作用，增强它们的共生作用，使各种植物正常生长，提高对污染物的净化能力，产生良好的观赏价值。

4. 生态系统多样性与系统性原则

人工湿地生态系统多样性来自于其特殊的水文、土壤和气候所组成的生境，湿地是陆地与水体的过渡地带，因此它同时兼具丰富的陆生和水生动植物资源，形成了其他任何单一生态系统都无法比拟的天然基因库和独特的生境，特殊的水文、土壤和气候提供了复杂且完备的动植物群落，对于保护物种、维持生物多样性具有难以替代的生态价值。

湿地系统设计建设的多样性主要指物种多样性和景观多样性（陆健健和王伟，2007）。物种多样性指多种多样的生物类型及种类，强调物种的异质性；景观多样性指与环境和植被动态相联系的景观斑块的空间分布特征。物种多样性通常被作为衡量生态系统健康状况的指标之一。一般情况下，生态系统的物种多样性越高，其稳定性就越好。在生态修复过程中逐渐增多生物种类有助于通过种间的竞争、共生关系发生生态位分化，从而提高对资源（如水、光、养分等）的利用率，使生态系统有较高的生产力和自我修复能力。可以逐步减少修复过程中加入的人工辅助能，使生态系统最终可以自己运行。当生态系统对辅助能的依赖程度开始下降时，修复工程的经济投入也随之下降，从而体现出生物多样性带来的经济效益。

景观多样性对湿地公园各功能区域的布局和总体规划具有重要意义。从景观生态学的角度讲，需要注意空间异质性、尺度（空间尺度和时间尺度）、格局与过程的关系、将干扰作为系统的组分。除多样性外，系统性也是贯穿湿地公园规划设计以及建造和运行的重要原理。上述的诸多多样性原理中均包含了对系统性的强调。可以说，湿地系统设计中没有一个功能区域是可以不考虑整个复杂系统的总体规划而孤立地设计和建设的。在湿地公园规划设计过程中，需系统地进行设计、规划、建设和管理过程的分析，以及湿地系统不同层次多样性的分析。

多样化的湿地植物形成了人工湿地系统中最显著的特征，人工湿地的多样性更多地体现在其湿地植物配置的多样性方面。在人工湿地建设过程中，植物物种的选择是决定人工湿地能否正常运行和发挥作用的重要环节。通过多种类植物的搭配，不仅在视觉效果上相互衬托，形成丰富而又错落有致的景致，对水体污染物处理的功能也能够加以补充，有利于实现生态系统的完全或半完全（配以必要的人工管理）的自我循环（王凌和罗述金，2004）。具体地说，植物的配置设计，从层次上考虑，有灌木与草本植物之分，有挺水（如芦苇）、浮水（如睡莲）和沉水植物（如金鱼草）之别，将这些各种层次上的植物进行搭配设计；从功能上考虑,可采用发达茎叶类植物,以阻挡水流、沉降泥沙,采用发达根系类植物以利于吸收等。这样,既能保持湿地系统的生态完整性,又带来良好的生态效果;而在进行精心的配置后,或摇曳生姿,或婀娜多态的多层次水生植物还能给整个湿地的景观创造一种自然的美。

为了增强人工湿地的污染物净化能力和景观效果,有利于植物的快速生长。一般在人工湿地中选择一种或几种植物作为优势种搭配栽种,根据环境条件和植物群落的特征,按一定比例在空间分布和时间分布方面进行安排,使整个生态系统高效运转,最终形成稳定可持续利用的生态系统,但也要考虑到不同种类的植物一起生长,不仅在净化污染物的能力和景观效果上差异较大,而且存在着相互作用,包括两个方面:其一是对光、水、营养等资源的竞争;其二是植物之间通过释放化学物质,影响周围植物的生长,如香蒲、芦苇等就存在这样的相互作用。另外,一些植物的枯枝落叶经雨水淋溶或微生物的作用也会释放出化感物质,抑制植株的生长,如香蒲枯枝烂叶腐烂后会阻碍其自身新芽的萌发和新苗的生长。所以,构建人工湿地选择植物时一定要重视合理搭配,使其既有利于群体的快速形成,也具有较高的污染物净化能力和观赏价值,同时对控制人工湿地杂草和减少残体对湿地植物生长抑制均具有重要意义。

5. 最小干扰与安全性原则

湿地系统在长期的演替过程中,只有生存在与限制因子上、下限相距最远的生态位中的那些物种生存机会最大,风险最小。Liebig限制因子原理认为,任何一种生态因子在数量和质量上的不足和过多都会对生态系统的功能造成损害。所以,人工湿地设计规划必须采取自然生态系统的最小干扰原则,即各项人为活动应控制在对自然生态系统干扰最小的安全范围内,提高湿地安全(包括公众安全和湿地生态安全),在系统保护城市湿地生态系统的完整性和发挥环境效益的同时,合理利用湿地具有的各种资源,充分发挥其经济效益、社会效益,以及在美化城乡环境中的作用,达到可持续利用湿地的目标。

该原则分为三个不同的侧面:第一,除非必要,不要随意破坏既有生态、景观,尽量保全其所有的生态结构与功能,并维持其多样性;第二,人为构造设施越少越好,尽量减少不必要的开发行为,也可称其为工程规模最小化原则;第三,能源、材料使用最小化原则,鼓励使用绿色材料,善用太阳能,使湿地系统接受人工能量最小。优先采用有利于保护湿地环境的生态化材料和工艺(林铁雄,2003)。

湿地安全性原则分为湿地生态安全与公众安全两个方面,常见的人工湿地外部干扰因素有暴雨、洪水、干旱、暴雪等;维护湿地生态安全是城市湿地资源可持续利用的基础。人类、自然灾害(洪水、干旱等)引起的干扰,都影响着城市湿地生态系统的生态安全。可利用地理信息系统、遥感技术和生态安全格局理论，分析干扰类型、作用机制和扩张路线，并通过科学的景观规划和设计，控制干扰的发生及扩散，达到保护城市湿地的目的（俞孔坚和李迪华，2001；潮洛蒙和俞孔坚，2003）。

湿地坡面是市民接触湿地的界面，不合理的湿地坡面设计，会增加湿地的危险系数，降低其休闲、娱乐等功能。通过结合区域土壤、植被等自然特征和城市文化特点，设计出安全系数较高的湿地坡面。在建立湿地坡面台阶时，潮洛蒙和俞孔坚（2003）认为，台阶的垂直高度与平面宽度间的比值小于 1/8 时效果最佳。

污染物与废弃物最少化原则，是安全性原则的另一体现。当人工湿地作为废水处理湿地系统设计时，由于处理污水时情况不同，防止地下水污染将是人工湿地设计时的主要考虑，必须通过具体防渗措施保护地下水。通常，大多数湿地可为蚊子等害虫提供定居、繁殖的生境条件，所以控制害虫的定居及扩散也是保护公众安全的重要组成部分。应在充分认识不同蚊子的生活特性及传播病菌能力的基础上（Russell，1999），进行合理的湿地治理，控制湿地生境传染病源害虫（Bolund and Humhammar，1999）。同时在人工湿地营建过程中还应将二次伤害控制到最小，如施工过程中产生的水、气、声、渣等。因此，人工湿地设计过程中应包含环境影响评价相关内容，必须科学地进行湿地设计，维护湿地生态安全和公众安全。

6. 设计结合自然原则

我国古代传统哲学历来注重人与自然的和谐相处，生态系统设计正是要求具备崇尚自然、遵循自然的哲学观。中国古代传统哲学思想中就有老子提出的"道法自然"，在建筑理念方面《管氏地理指蒙》提倡"工不曰人而曰天，务全其自然之势"；《园冶》提出的"虽由人作，宛自天开"，都是提倡效法自然、依靠自然的思想。麦克哈格在 1967 年出版的著作《设计结合自然》中提出了应当在规划中注重生态学的研究，并建立具有生态观念的价值体系（麦克哈格和芮经纬，1992）。"生态规划是在通盘考虑了全部或多数的因素，并在无任何有害或多数无害条件下，对土地的某种可能用途进行规划和设计，确定其最适宜的利用"，在他的规划思想与实践中，重点既不在设计方面，也不在自然本身上面，而在介词"结合"上面。他认为："如果要创造一个善良的城市，而不是一个窒息人类灵性的城市，我们需要同时选择城市和自然，缺一不可。两者虽然不同，但互相依赖，提高人类生存的条件和意义。"这些思想在当时的时代背景下是具有深远影响和现实意义的，直至今日依旧对我们的设计规划工作有着指导作用。

由于设计的湿地系统是景观或流域的一部分，因而必须将构建的湿地融入自然的景观当中，而不是独立于景观之外（崔保山和刘兴土，2001）。不要将湿地设计过分强调为矩形盆地、渠道以及规则的几何形状，要根据不同的水文地貌条件设计湿地生态系统。成都活水公园人工湿地-塘系统的建筑模拟世界自然遗址四川黄龙寺五彩池的景观，系统中部过滤塘采用鱼鳞状的构型，加上郁郁葱葱的湿地植物，自由游翔的各种鱼类、蜻蜓、蝴蝶，尽情歌唱的青蛙，涓涓流水及其一年四季的变化，形成了一个在大都市中难得见到的近似于大自然的景观，使人流连忘返，迟迟不想离开，而成为休闲、观赏、探索、研究的好场地（黄时达，2000）。

7. 湿地系统自组织及反馈调整设计

成熟的人工湿地生态系统应具备生态系统自组织自恢复能力，董哲仁（2004）认为系统的自组织功能表现为生态系统的可持续性，运用自然演替、物质循环与河流水体自净能力等，工程行为不应超过生态系统之涵容能力。生态系统的自组织功能对于生态工程学的意义是什么，Odum 认为："生态工程的本质是对自组织功能实施管理。"Mitsch（2004）认为："所谓自组织也就是自设计。"因此将自组织原理应用于人工湿地工程时，生态工程设计与传统工程设计有本质的区别。

生态设计中经常会使用设计产品的生命周期评估（将生态观点导入工程之规划、设计、施工、维护与除役等所有阶段中，并评估其外部成本）。生态系统的成长是一个过程，湿地系统的构建、完善需要时间。从长时间尺度看，自然生态系统的进化需要数百万年时间。进化的趋势是结构复杂性、生物群落多样性、系统有序性及内部稳定性都有所增加和提高，同时对外界干扰的抵抗力有所增强。从较短的时间尺度看，生态系统的演替，即一种类型的生态系统被另一种生态系统所代替也需要若干年的时间，期望湿地修复能够短期奏效往往是不现实的。

人工湿地工程设计主要是模仿成熟的湿地生态系统的结构，力求最终形成一个健康、可持续的湿地生态系统。对于人工湿地生态系统而言，当湿地度过最初一段调整期后，就进入了一个自然生态演替的动态过程。在这个过程中，要体现系统设计的主要目标，如洪水控制，废水处理、非点源污染控制、野生生物状况及种类的改进、渔业提高、土壤替代、研究和教育等，注重系统构建时的多目标性即满足主要目标与次要目标。设计系统是为了功能的发挥，而不是形式，因而在人工湿地的发展过程中，即使最初引进的动植物未能如愿，但整个湿地系统最初的目标是完整的，湿地演替也就没有失败（崔保山和刘兴土，2001）。因此应给系统一定的时间，使野生生物获得合理调整并适应新的湿地环境，同时有利于营养物的保持。

这个过程并不一定按照设计预期的目标发展，可能出现多种可能性。最顶层的理想状态应是没有外界胁迫的自然生态演进状态。但在现实当中这种情况并不会发生，这是由于人工湿地的主要设计目标是净化水质或涵养水源，系统必须不断地接纳外界提供的污水或其他污染物质。在湿地生态修复工程中，恢复到未受人类干扰的湿地原始状态往往是不可能的，可以认为这种原始状态是自然生态演进的极限状态上限。如果没有生态修复工程，在人类活动的胁迫下生态系统会进一步恶化，这种状态则是极限状态的下限。在这两种极限状态之间，生态修复存在着多种可能性。

一项具体的生态修复工程实施以后，一种理想的可能是：监测到的各生态变量是现有科学水平可能达到的最优值，表示生态演进的趋势是理想的；另一种差的情况是：监测到的各生态变量是人们可接受的最低值。在这两种极端状态形成了一个包络图，一项生态修复工程实施后的实际状态都落在这个包络图中间（董哲仁，2004）。

意识到生态系统和社会系统都不是静止的，在时间与空间上常具有不确定性。除了自然系统的演替以外，人类系统的变化及干扰也导致了生态系统的调整。这种不确定性使人工湿地工程设计不同于传统工程的确定性设计方法，而应是一种反馈调整式的设计方法，是按照"设计—执行（包括管理）—监测—评估—调整"这样一种流程以反复循环的方式进行的。在这个流程中，监测工作是基础。监测工作包括水文水质监测、生物监测。这就需要在项目初期建立完善的监测系统，进行长期观测。依靠完整的历史资料和监测数据，进行阶段性的评估。评估的内容是湿地生态系统的结构与功能的状况及发展趋势。

常用的方法是参照比较方法，一种是与自身湿地系统的历史及项目初期状况比较，一种是与自然条件类似但未进行生态修复的湿地区域比较。评估的结果不外乎以下几种可能：①生态系统大体按照预定目标演进，不需要设计变更；②需要局部调整设计，适应新的状况；③原来制定的目标需要重大调整，相应进行设计。

在湿地生境退化和丧失较为严重的区域，可通过恢复和重建湿地生境来维持其特有功能。要完全恢复功能健全的湿地一般需要 10～15 年，而且湿地系统各项功能的发育速度有所不同。如在湿地重建过程中，水文功能恢复得比较快，营养物质也可经过一段时间积累而成，但要发育成支持多种野生动物的湿地生境则需要多年的时间。对于大多数城市湿地恢复项目，当其湿地群落结构有比较合理的比例时，可认为湿地恢复得比较成功。

8. 地域性原则

不同区域具有不同的环境背景，地域的差异和特殊性要求在湿地生态系统设计中得到重视，必须要因地制宜，具体问题具体分析。做到湿地的整体风貌与当地湿地特征相协调，体现自然野趣；湿地配套建筑风格应与城市湿地的整体风貌相协调，体现地域特征，例如，尊重传统文化和乡土知识；适应湿地自然过程；使用当地的材料，遵循在地原则（做到地方特色、地方观点、地方智慧、小区参与、就地取材）。

为了保护本地生物多样性，建立及恢复湿地系统，在物种引进中应首先考虑乡土本地种，做到适地适种（王圣瑞和年跃刚，2004），最起码要使所选植物能在该地区正常生长，适合当地的土地条件，所选植物也一定要适合具体湿地，如果湿地选址位于盐沼地区，就必须考虑选择耐盐能力强的植物物种，如北方人工湿地植物选择需要强调其抗冻与适应能力，北方地区四季分明，冬季气温较低，植物生长受到一定影响，潜流型湿地多选用蒲草和芦苇（王磊和陈晓东，2007）。在美国蒙大拿州密苏拉附近黑富特废弃矿区，有关部门在 1991 年建设了一个预处理与人工湿地复合系统用于治理含银、铅、锌的废水，当地气候寒冷，最低气温达−21℃，湿地中种植了当地的优势植物莎草、蓑衣草，系统处理出水达到了设计要求（李善征和方伟，2004）。胡勇有（2006）用低浓度生活污水筛选 14 种人工湿地植物，从湿地植物的去污能力、抗逆性和观赏性等指标得出结论，9 种植物：菖蒲、象草、风车草、香蒲、薏米、水芋、春芋、梭鱼草和红蛋适宜在我国华南地区人工湿地系统中种植。张雨葵、杨扬等（2006）在华东地区的试验研究表明，人工湿地植物的平均生长期为半年，季节和突变气候等环境因素对植物的生长影响较大，风车草在生长稳定性、抗逆能力方面高于其他植物；美人蕉和香根草的生长周期较短，栽种后很快即可实现稳定生长，且污染处理能力较好，是需要快速启动的湿地优先选择的物种；纸莎草难以适应华东地区砾石床湿地的高温环境。以上植物在湿地中表现出来的生长特点，都是构建高适应性、高效能的人工湿地植物体系所必须充分注意的。若需引入外来物种，还要分析物种之间的相互作用，进行引进种的利益与风险评估，建立严格的科学监管体制及全面的检疫体系。

9. 综合利用与经济性原则

人工湿地系统设计涉及生态学、生理学、经济学、环境学等多学科，具有高度的综合性。这就要求一方面设计系统应是花费最小的系统，即由植物、动物、微生物、基质和水流组成的湿地系统应按照自我保持和自我调节来发展；另一方面，设计系统应利用自然能量，包括脉动水流以及其他的潜在能量作为系统发展的驱动力（崔保山和刘兴土，2001）。这就要求多学科的相互协作和合理配置。综合合理利用的原则包括合理利用湿地动植物的经济价值和观赏价值；合理利用湿地提供的水资源、生物资源和矿物资源；合理利用湿地开展休闲与游览；合理利用湿地开展科研与科普活动（建设部，2005）。人工湿地工程设计过程中，必须进行经济合理性分析，应遵循风险最小和效益最大原则。由于对生态演替的过程和结果事先难以把握，工程往往带有一定程度的风险。这就需要在规划设计中对方案进行比选，更要重视生态系统的长期定点监测和评估。另外，充分利用湿地生态系统自我恢复规律，是力争以最小的投入获得最大产出的合理技术路线。

10. 景观与生态美学原则

景观与生态美学是湿地多种功能和价值中的最重要体现，其中生态美学原则主要包括最大绿色原则和健康原则，体现在湿地的清洁性、独特性、愉悦性和可观赏性等方面（崔保山和刘兴土，2001），在许多湿地构建中，除考虑主要目标外，还应特别注重对景观和美学的追求，同时兼顾旅游和科研价值，许多国家对湿地公园的设计就体现了这一点。利用原有的景观因素进行设计，也是保持湿地系统完整性的一个重要手段。利用原有的景观因素，就是要利用原有的水体、植物、地形地势等（王凌和罗述金，2004），这些因素是湿地生态系统的组成部分。

位于我国四川省成都府南河的活水公园在美学设计与环保教育方面进行了有益的尝试。这是一个以水的复活为主题的生态公园，从府南河上游抽取的受污染河水，经过公园内的人工湿地净化处理，最后成为达标的"活水"，美国艺术家、水保护学者贝特西·达蒙女士提出了湿地公园"鱼"的创意，湿地-塘-床系统被设计成"鱼"状，寓意人与水、人与自然鱼水难分之情。湿地沿着净水的生态过程铺开。在府河取水处象征性地设置了木质水车和仿古的居民吊脚楼，厌氧沉淀池处于"鱼眼"处，系统中池、塘、床的连接采用水流雕塑，使水摇摆、激荡既达到曝气目的，又具备形式美感。人工湿地系统的核心部分——植物塘/植物床群设置在"鱼"的腹部，其造型模仿四川黄龙五彩钙华池群，池间架有乡土味的木栈桥。植物塘、床内放养观赏性鱼类及两栖类青蛙等，形成一个在水环境中共生的动植物群落。游人可以从水的流程中看到上游的水质较差，生物稀少，如厌氧池、兼氧池只有一些低等植物藻类和浮萍，没有鱼类。随着湿地对水的逐步净化，动植物群落等级愈高，生长愈兴旺，展示了水和生命的依存关系，为环境教育提供了生动的课堂。

湿地设计规划中，岸边环境的设计，是湿地景观设计需要精心考虑的一个方面（童宗煌和郑正，2004），岸边环境往往是湿地系统与其他环境的过渡，在有些水体景观设计中，岸线采用混凝土砌筑的方法，以避免池水漫溢。但是，这种设计破坏了天然湿地对自然环境所起的过滤、渗透等作用，还破坏了自然景观。有些设计在岸边一律铺以大片草坪，这样的做法，仅从单纯的绿化目的出发，而没有考虑到生态环境的功用。人工草坪的自我调节能力很弱，需要大量的管理，如人工浇灌、清除杂草、喷洒药剂等，残余化学物质被雨水冲刷，又流入水体。因此，草坪不仅不是一个人工湿地系统的有机组成，相反加剧了湿地的生态负荷。对湿地的岸边环境进行生态设计，可采用的科学做法是水体岸线以自然升起的湿地基质的土壤沙砾代替人工砌筑，还可建立一个水与岸自然过渡的区域，种植湿地植物。这样做，可使水面与岸呈现一种生态的交接，既能加强湿地的自然调节功能，又能为鸟类、两栖爬行类动物提供生活的环境，还能充分利用湿地的渗透及过滤作用，从而带来良好的生态效应。并且从视觉效果上来说，这种过渡区域能带来一种丰富、自然、和谐又富有生机的景观。

湿地的景观建设，要兼顾生态修复、水质改善的功能与景观、社会效益，使湿地最大限度地融入周围环境，并作为休闲游憩空间的一部分得到充分利用。

2.2　主要设计参数

通常，湿地设计参数由水文、化学、基质以及生物指标组成，详细介绍如下。

2.2.1　水文指标

在人工湿地系统设计中水文指标是最重要的变量。如果有适宜的水文状况，化学及生物要素将相应发展。水文状况依赖于气候、水流或径流的季节性以及地下水特征。常要求的水文指标有水深及进水周期、水力负荷以及水力停留时间。见表 2.1。

表 2.1　人工湿地系统设计的主要指标要求

Tab. 2.1　Indicator considerations in the design of constructed wetland system

指标类型 Index Type	要素 Element	参考值 Reference Value	数据来源 Data Source
水文指标 Hydrological Index	水深/m	0.3～0.6 0.1～0.8	Guardo 等（1995），Mitsch 等（1998）；曹向东（2000），王世和（2003c），吴振斌（2003c）
	年水力负荷/(m/a)	20～40	Mitsch 等（1998）
	天水力负荷/[cm/(m² · d)]	2～5	Wile（1985），Brown 等（1987），Fennessy 等（1989），吴振斌（2003c）
	水力停留时间/d	5～21	Wile(1985)，Watson 等（1989），付贵萍(2002a)
化学指标 Chemical Index	化学去除效率/%	90(COD、BOD) 15～35(N、P)	Verhoeven 等（1999），杨丽萍 等（1999），李爱权等（1995），肖笃宁等（1995），吴振斌（2004a，2006b），尹炜（2006）
	化学负荷率/[g/(m² · d)]	2～40(Fe)	Fennessy 等（1989），Spieles 和 Mitsch(1999)
	面积反应速率常数/(m/d)	0.3	付国楷和周琪(2007)
基质指标 Index of Substrate	有机质含量/%	15～75	Faulkner 等(1989)
	土壤结构	泥炭层＋黏土	Allen 等(1989)，Mitsch 等(1998)

续表(Continued)

指标类型 Index Type	要素 Element	参考值 Reference Value	数据来源 Data Source
生物指标 Biological Index	植被组成	芦苇、香蒲、薦草等	Mitsch 等(1989),肖笃宁、胡远满、 王宪礼等(1995)
	最大生物量/[g/(m²·d)]	100～900	Mitsch 等(1990)
	溶解氧(mg/L)等化学 指标	2～15	Mitsch 等(1990,1991,1998)
经济学指标 Economics Index	吨水投资/(元/t)	200～1200	黄时达等(1993),吴振斌等 (2003c),徐栋等(2006)
	吨水处理费用/(元/t)	0.03～0.32	崔玉波等(2002),吴振斌等(2003c)
	管理费用		徐琦(2005)

　　水深及进水周期：人工湿地系统设计中待处理水的来源主要是受污染的水体。一般情况下，如果构建的湿地离水源较远，需要用各种方法来引水进入湿地，例如用地下管道和水泵抽水等方式引水。若离水源较近，则可挖渠或沟引水。前者与自然水流的周期性不同步，后者则可以完全同步于自然径流特性。实践中，这两类情况均会出现。通常情况下，根据湿地设计内容的不同，要求的水深及水周期亦有差异，季节性应有一定的变化，主要是随着季节的降水变动而改变。水深及水周期的变化直接影响着湿地植物的生长和分布。典型的湿地物种会表现出对水浸的明显变化，特别对于缺氧的不同敏感性，在水浸条件下敏感物种能够生存仅仅是因为它们占有排水良好的微地貌生态位或者通过浅层伸根进入有氧土壤层，因此干湿交替的水周期变化非常重要。

　　水力停留时间：如果人工湿地主要用于废水处理，那么水在湿地中的停留时间就变得非常重要，会直接影响到废水的净化效果。对城市生活污水处理的最理想停留时间是5～14d (Brown et al.,1987)，Brown还研究了河岸湿地生态系统中水的停留时间，在干季是21d，湿季是7d以上，这种湿地主要用来充当非点源污染净化带。Klarer 和 Millie（1992）估算出 Erie 湖湿地水的停留时间为24～114h。

　　水的投配方式：进湿地的污水有连续和间歇两种投配方式，进水方式的差异直接影响着湿地的运行状态。一些研究者认为间歇方式有利于基质好氧作用，从而提高有机负荷的生物降解（De Vries，1972；Otis，1984，Kunst and Flasche，1995），而 Kristiansen（1982）通过他的试验提出间歇进水导致基质更快地堵塞。另外，Laak（1986）对连续流和间歇流进行比较后认为，连续的进水或土壤表面的淹水实际上比间歇进水可接纳更多的处理水量。在间歇时间上，各个研究结果也不尽相同，有人在垂直流芦苇床中采用间歇式进水，污水投配规律为2d 投配污水，4d 间歇（Morris and Herbert，1996）；而 Brix 和 Schierup（1990）的研究表明，污水投放一开始，基质中空气浓度急剧下降，因而对垂直流系统来说，短暂、经常、大量投放的投配方式是有利的，特别对于较粗粒径的基质。Bouwer 等（1974）对湿地合适的恢复期也有所报道，他们发现夏季恢复期是 10d，而冬季为 20d。

　　水力负荷：作为污水处理湿地的系统设计，水量也是需要考虑的一个重要因素，即单位时间单位面积应用水的体积需多大进入湿地才能达到理想的效果。在比较高的入流负荷情况下，水质的改善和沉积物的滞留将可能变低，因而湿地的入流负荷需要精心的设计。目前国外许多已投入运行的人工湿地的水力负荷值为 0.8~6.2cm/d，这是对单个湿地单元而言。Watson 等（1989）对来自城市的生活污水进行了研究，认为表面流湿地的负荷率应为 1.4~22cm/d，实际上，这是一个变幅较大的范围；Brown（1987）则认为，水的负荷率在 2.2cm/d 最适合；EPA 指南则将水的负荷率定在 0.7cm/d 以下。国外人工湿地所采用的水力负荷较低，原因是湿地处理的污水浓度较低，在美国、澳大利亚人工湿地被广泛用来进行生活污水三级处理，在欧洲尤其被用于出水的深度净化，以便满足排入自然环境中所需达到的日益严格的水质要求，尽管近年来人工湿地在低污染废水治理中的运用日益增加，例如，在荷兰，普遍采用人工湿地处理新建住宅和公路雨水溢流，但也仅限于净化处理过的污水（Shutes，1996）。

　　我国在运用人工湿地技术时，要使其成为二级处理的革新替代技术，就必须提高人工湿地的水力负荷、污染负荷，使人工湿地技术进一步发展成为较成熟的技术。在此方面华南环境科学研究所开展了有益的尝试，在深圳白泥坑建设的人工湿地的水力负荷达 100 cm/d（国家环境保护局华南环境科学研究所，1995）。在水力负荷方面，对非点源污染的研究非常少，设计中如何选择最理想的负荷以达到湿地的最佳净化效率仍是一个难点。目前这方面的研究尽管已有了一定的进展，但由于非点源污染的复杂性，在湿地设计中还有许多难以克服的问题有待进一步解决。

2.2.2　化学源/汇指标

　　当水流进入湿地后，其中的化学物质对湿地功能的发挥可能是有益的，也可能是有害的。

　　（1）化学去除效率及负荷率。如果人工湿地被用来滞留营养物、净化水质，其化学去除率就显得非常重要。研究表明，化学去除率不仅同湿地的大小有关，也同湿地植被以及污水本身的特性有关。Maristany 和 Bartel（1989）的研究认为，化学去除效率随着湿地规模的增加而增加，直到湿地面积达到所在流域面积的 1％。在此面积以上，化学去除率仍会慢慢提高。实际上，构建的湿地不可能太大，因而在许多情况下，湿地植被类型以及水的滞留时间必须认真研究和考虑。另一方面，湿地的化学负荷率也是设计过程中所必须考虑的。这同前面提到的水力负荷相一致。

（2）沉积作用。在滞留特定化学物质中沉积物具有特定的作用，同时为各种动植物提供了栖息环境。低流速湿地特性有助于化学物质的滞留，高流速则可能会起到相反作用。沉积物在人工湿地中的沉积对水质的提高来讲是一个特别重要的过程，但从另一方面讲，湿地中高效率的沉积作用可能会使湿地迅速发生变化，而最终使沉积变缓，影响湿地本身的生态和水文价值。

2.2.3　基质指标

基质在人工湿地的结构中占有最大体积，是人工湿地区别于自然湿地的重要方面。基质具有吸附悬浮物的表面积，同时基质为湿生植物、微生物提供了生境，自身也参与了湿地净化污水的物理化学过程，对湿地功能的正常发挥非常重要。如果设计的湿地是用于提高水质，湿地基质或土壤将会截留特定的化学物质。自然泥土是人工湿地中经常使用的基质，贫营养的泥炭质有机土由于具有酸性，而且难以支撑大型湿地植物，因而通常不宜采用。黏土由于有较好的阳离子交换能力，能够有效地吸附某些污染物，但也要注意在 pH 改变时吸附的物质可能解吸。砂质土便于湿地植物的人工种植，基质中附着的疏松、粗大的黏土聚集体（light expanded clay aggregate，LECA）会提高对营养物尤其是磷的吸附能力（Brix，1994）。为了加大水力疏导功能，更多湿地研究者选用砂石来填充湿地，粒径 0～10mm 不等。不过毛细作用较弱的砂和砾石要求对污水有一定的灌溉，特别要防止进水负荷小时植物根系的缺水。矿渣、煤灰等距多孔性材料也是基质的来源之一（Mann and Bavor，1993）。为了特殊目的，如促进磷的吸附，促进对金属的吸附，研究者在选用基质时会考虑其某一方面的特性，如含钙多的花岗岩、石灰石、贝壳，含铁、铝多的矿石（LECA）、砖红壤等（Theis and McCabe，1998，Wood and McAtamney，1994）。

基质指标包括有机质含量、基质结构、营养物组成等。

（1）有机质含量。湿地中土壤有机质含量对滞留化学物质具有重要作用。有机土壤同矿质土壤相比，有较高的离子交换能力。有机土壤 H^+ 起着重要作用，而矿质土壤则受各种金属离子所左右。因此有机土壤可以通过离子交换转化一些污染物。并且可以通过提供能源和适宜的厌氧条件加强 N 的转化。在营造人工湿地时，一些有机质诸如菌肥、泥炭或碎屑经常可以加入人工湿地的亚表层，可以大大提高化学物质的净化效果。

（2）基质结构。基质结构对人工湿地也起重要作用，由于黏土矿物有助于防止水直接渗入地下水，并且可以限制植物根和根茎穿透而将水带入更下层，因而常将黏土布置在湿地下层。对于砂土而言，一般由于营养物含量低，阻止了植物生长，同时还容易使水直接渗入地下，不宜在最下层布设砂土。

作为过滤的基质，应满足以下要求：①有足够的机械强度；②具有足够的化学稳定性；③外形接近于球状，表面比较粗糙而有棱角，这样吸附表面比较大，棱角处吸附力最强。此外，针对不同来源的污水、不同的植物及气候条件，也应结合实际选用适当的基质。

由于要避免过大的流速或霜冻情况对植物造成损伤，基质的深度也有一定的要求。通常依据植物根系发展的长度来设计。一方面要尽量加大接触面积，让污水充分通过湿地，利于净化功能的实现；另一方面不能设计太深，以免植物的根系不能到达底部（Reed and Brown，1995；成水平等，1997）。按照国内外实践的经验，对芦苇等高大植物，一般设计深度在60cm左右，对某些根系不发达的植物，深度应适当减少。有人建议0.5m厚的卵石层上铺0.1m厚粗天然砂土，总深度为0.6m，相当于芦苇根部能够抵达的深度（Shutes，1996）。影响基质深度的因素还有基质的价格、植物根伸展的深度、停留时间和气候等。基质的温度应高于环境温度3～5℃以保证硫酸盐的还原反应。在寒冷的地区基质层应更深些，以达到保温的作用。

2.2.4　生物指标

生物指标是湿地生机和活力的象征。在人工湿地系统中，生物指标特别是人工湿地中的植物，不仅在外观上最引人注目，在湿地净化污水的过程中也起重要作用。植物自身可以吸收同化污水中的营养物质及有毒有害物质，将它们转化为生物量；植物根系促进了悬浮物在基质中的物理过滤过程，可防止系统的堵塞；除此之外，植物的根系为细菌提供了多样的生境，并输送氧气至根区，有利于微生物的好氧呼吸（Koottatep and Polprasert，1987；Tanner，1996；Brix，1997）。德国学者Kickuth（1977）提出了湿地净化污水的根区法理论，认为在污水渗入湿地的过程中，在根区这一特殊的生态环境下，植物根系可对污水中的营养物质进行吸收、富集，而根区附近丰富的微生物群落更可以通过其旺盛的代谢活动将各种营养物质降解、转化。因此，植物根区是人工湿地实行净化功能的主要场所。这一理论推动了对人工湿地净化功能原理的研究。Armstrong等（1988）发现，湿地中生长的芦苇、香蒲等湿生植物根系有强大的输氧功能，将空气中的氧气通过植物体的输导组织直接输送到根部。在整个湿地低溶氧的环境下，湿地植物的根区附近能形成局部富氧区域，利于好氧菌和兼性细菌的生长代谢。因此，种植于湿地的植物，除了必须适应于当地生境，有较长生长期外，还需要生长快速、根茎发达、有较大的地下生物量。如果根系不能充分伸入整个湿地，就会造成局部区域厌氧，不利于某些净化功能的实现（Gersberg et al., 1984；Reed and Brown，1995）。不同的人工湿地系统，需要不同的植被类型，例如在构建用于污水处理的湿地和用于美学旅游的湿地时，其植被组成差别很大。同时，也要考虑到当地的气候及水文条件。需要关注的生物指标有植被组成、最大生物量、水生生物代谢和溶解氧等。

植被组成依赖于人工湿地所在区域的气候及设计特征。根据人工湿地用途的不同，应选择不同的植物组成。湿地中种植一些处理性能好、成活率高、生长周期长、根系发达、美观及具有经济价值的水生植物，构成湿地生态系统。常用的、净化效果较好的植物有挺水植物芦苇（Phragmites australis）、菖蒲（Acorus calamus）、宽叶香蒲（Typha latifolia）、灯心草（Juncus effusus）、水葱（Schoenoplectus tabernaemontani）、藨草（Scirpus triqueter）、水稻（Oryza sativa）等（严素珠，1990；Hammer，1989；唐运平，1992；Tanner，1995，1998；Vrhovsek et al., 1996；成水平等，1997）；漂浮植物凤眼莲（Eichhornia crassipes）、三叉浮萍（Lemna trisulca）、满江红属（Azolla sp.）是常用于氧化塘的植物，也可应用于表面流湿地中，有时还能取得比氧化塘中更好的效果（周泽江和杨景辉，1984；齐恩山等，1984；DeBusk et al., 1989；Mandi，1994；Zirschky and Reed，1998；Polprastrt et al., 1992；Vermaat and Hanif，1998）；沉水植物如龙须眼子菜（Potamogeton pectinatus）、穗花狐尾藻（Myriophyllum spicatum）、金鱼藻（Ceratophyllum demersum）等可应用于表面流湿地中；杨昌凤等（1991）用湿生树种池杉（Taxodium ascendenus），缪绅裕等（1999）运用红树林中的优势种秋茄（Kandelia candell）作为人工湿地的栽培植物，也取得了良好的效果。具体到各地的实践，需多结合当地的气候特征和植被分布，选择最适宜的湿生植物。在欧洲，芦苇是最常用的植物，而藨草则在美国应用得更为普遍。同时在湿地演替过程中，还常伴随着外来物种的侵入，同样对湿地的发展起着至关重要的作用。大量的实践已经证明，人工湿地系统设计初期的物种数量同一个阶段后的物种数量差别很大，可能增加也可能减少。为保证湿地功能的正常发挥，需要长期的定位监测和人为控制。另一方面，需要特别关注植物群落的最大生物量。植物生产率的估算，主要由最大生物量来决定。植物群落的最大生物量是湿地系统健康的重要指标，也代表着湿地演替的相关阶段。湿地之所以被认为是最具生产力的生态系统，其中很重要的一方面就是其生物量的表征。

通过测定湿地溶解氧日变化可估算水体生产率。在夏季，如果溶解氧不发生变化，则可能表明湿地缺少营养物，或者它已被有毒物质所影响。溶解氧的变化，不但同日变化有关，也有明显的季节变化。溶解氧的变化对水生生物提出了严格的要求，需要生物来适应这种变化的环境。设计湿地处理系统时，应尽可能使该系统足够复杂，增加水流在其中的复杂程度，保证其稳定性及对外界环境的抗性，增加湿地的处理能力，延长湿地的处理寿命。

2.3　基　本　流　程

目前，人们对不同类型人工湿地净化过程的了解多基于"黑箱"理论，关于人工湿地的设计、建设与运行还缺少统一的规范，对诸如占地面积、设计水深、基质类型、预处理方法以及植物的种类等关键因素还缺少统一的认识，对于污水在湿地系统的净化过程的了解也并不多，因此在建造人工湿地时主要借助于经验，造成各地人工湿地净化效率差异很大。

欧美地区人工湿地技术的推广和应用较早，对于人工湿地的设计，目前比较流行的方法主要有三种：根据 Wolverton 等（1987）建立的美国四号区域（EPA 对全美按区域分为若干个区域，四号区域包括佛罗里达州、亚拉巴马州等地区）人工湿地初步设计指导；由 Brix 和 Arias（2005）和 Jan Vymazal 等（2005）依据欧洲实际经验得到的一些初步设计方法；美国田纳西流域管理局（Tennessee Valley Authority，TVA）应用的 TVA 初步设计规范；以及一些专家根据实验和有关资料建立的自己的设计方法（Reed，1992；Crites，1994；Green *et al.*，1996）。不同类型人工湿地系统的设计间存在一定的差异，但都遵循着系统设计的最基本原则，即通用性原则，人工湿地系统均包括一些基本元素及参数的确定，如系统的湿地规划与选址、系统总面积的确定、处理单元尺寸的确定、不同单元设计参数的确定以及具体的工艺组合等。人工湿地通常的设计程序如图 2.1 所示。

人工湿地污水处理系统设计程序中各参数的选择如下。

2.3.1　场地的选择

1. 选择场地的原则

场地选择与评价是一个多目标决策问题（高拯民等，1991）。工程选址首先要考虑自然背景条件，包括土地面积、地形地貌、土壤、气象、水文以及动植物生态因素。原有的地形、地质和土壤化学条件，能大大影响湿地的造价和运行效能。过分复杂的场所地形，会加大土方工程量，并相应增加了湿地的基建费用。复杂的地面及地下地质条件也会增加建设成本，因为需要去除岩石，或是需要防渗衬层以减少与地下水的交换。此外，根据我国国情，经济制约和社会条件也在选择场地过程中具有举足轻重的作用。总之场地选择要使湿地处理方法在技术上可行，而且投资费用低。根据场地特征，人工湿地系统选址主要有以下几个原则：

（1）必须符合城市整体规划与区域规划的要求；同时应贯彻以近期为主、远

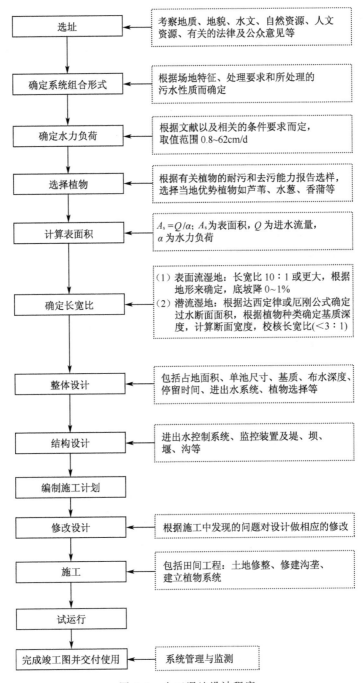

图 2.1　人工湿地设计程序

Fig. 2.1　Design procedure of constructed wetland

期发展扩建的原则，因地制宜地选择废旧河道、池塘、沟谷、沼泽、荒地、盐碱地、滩涂等闲置用地。

（2）选址宜在城镇水源下游，并宜在夏季最小风频的上风侧，与居民居住区保持适当的卫生防护距离。

（3）选址必须进行工程地质、水文地质等方面的勘测及环境影响评价，鉴于人工湿地生态系统的特殊性，评价过程中必须将其纳入整个城市生态系统范围内。

（4）系统所在位置具有良好的土质，湿地基质宜就地取材。当采用人工填料时，场地周边应具有良好的交通运输条件。

（5）选址必须考虑防洪排洪设施，当选择行（泄）洪区作为湿地构建区域时，应当持慎重态度，并应符合该地区防洪标准的规定。当系统处于滩地时，还应考虑潮汐和风浪的影响。

（6）系统总体布置应充分利用自然环境的有利条件，总体布置应紧凑合理。多单元湿地系统高程设计应尽量结合自然坡度，能够使水自流，需提升时，宜一次提升。

2. 土地面积

在缺乏场地具体数据情况下，初步设计过程中湿地系统用地面积可通过日处理污水量、水力负荷和气象资料进行估算。建议使用以下公式：

$$F = \frac{\delta Q}{LP} \tag{2.1}$$

式中，F——工程所需占地面积（hm²）；

Q——平均流量（m³/d）；

L——水力负荷（m/周）；

P——运行时间（全年运行周数，周/a）；

δ——换算系数，取值 0.0365，仅考虑处理储存用地，而不包括其他附属
设施的最小土地需求量，但实际工程占地还应包括道路、建筑物以
及缓冲带和未来发展用地。

Reed 等（1990）提出人工湿地工程用地估算公式为

$$A = KQ \tag{2.2}$$

式中，A——人工湿地面积（hm²）；

K——系数，6.67×10^{-3}；

Q——设计流量（m³/d）。

该方法假设系统为终年运行，预处理工艺为一级沉淀或 8d 停留时间的曝气塘，建议的湿地运行停留时间为 7d，水深 0.1m（冬季 0.3m），有机负荷为 23kg/（hm²·d）。出水水质一般可达到 $BOD_5 < 20mg/L$，$SS < 20mg/L$，$TN < 5mg/L$，$TP < 0.5mg/L$。

这里需要注意的是，以上估算方法仅适用于选址中的用地面积，对于工程设计中土地面积的确定则不太适用。

3. 地形地貌

不同类型的湿地处理方式对地形地貌有不同的要求，但总的要考虑以下几点：

（1）使工程费用中平整土地的费用最小。湿地系统首先要考虑其地貌是否为洼地或塘，坡度一般为 0～3%。

（2）湿地系统需要一定厚度的土层发育植物根系和处理污水，如芦苇的地下茎可深达地下 0.6m 以上。另外，地层的透水性及断面状况所受地下水的影响也应予以考虑。

（3）应选择不易受洪水危害的地区。洪水不仅会破坏处理工程设施，而且处理效果也会受到严重影响。

4. 土壤条件

对于湿地处理，土壤的物理性能至关重要。一般要求土壤质地为黏土-壤土，渗透性为慢-中等，土壤渗透率宜为 0.025～0.35cm/h。

至于对土壤化学性质的要求，不同植被有不同的要求。作为湿地处理的植物，如芦苇则要土壤 pH 为 6.5～8，对盐碱的耐受程度也有限。土体中 Cl^- 浓度 <1%；CO_3^{2-} 浓度<2%～5%（土质量比）。此外，土壤中元素 Ca 的含量过高会影响植物对元素 K 的吸收，妨碍芦苇的生长。一般情况下，K/Ca 临界值建议大于 29（高拯民等，1991）。

5. 气象条件

地区的气象数据是工程设计中计算水力负荷、系统运转天数、存储要求（雨季和冬季）等的重要参数。另外，选择不同的植物对气候条件还有不同的要求。表 2.2 提供了一般土地处理系统所需的气象数据及分析项目。

表 2.2　有关气象数据与分析一览表

Tab. 2.2　Consideration of weather in the design of constructed wetland system

参数 Parameter	数据 Data	分析 Analysis
降雨 Rainfall	年均、最大、最小	保证率
暴雨（>10mm）Rainstorm	次数，时间	频率
温度 Temperature	0℃以下天数	无霜期
风 Wind	速度，主导风向	
云 Cloud	年均总云量	蒸发、蒸腾量
日照 Sunshine	百分率、小时数 太阳总辐射	年均、月均
蒸发量 Evaporation	年均	

（引自高拯民等，1991）（Cited from Gao, 1991）

6. 水文地质

场地的水文地质情况主要有两方面：其一，保证湿地系统地表具有足够长时间的持水层；其二，为防止地下水污染，应对场地在处理污水之前和之后的地下水位和水质进行定期监测。为计算处理工程的水量平衡，还应了解场地本身及其周围有关的地表水体的水文资料，以便在工程设计中控制地面径流，特别是解决暴雨季节形成的暴雨径流问题，其中包括场地本身及附近水体的水位记录、流量、径流方式等数据的获取与分析。

7. 经济与社会条件

经济方面的制约条件有很多，其主要方面有：场地到污水源的距离，它将决定污水输送的费用；场地的地面高差将决定平整土地的费用；场地本身的基础设施条件，包括动力电源、饮用水源、道路状况以及其他附属设施等。其中最重要的是土地费用。

影响场地选择的社会因素很多，其中比较重要的除了直接与经济有关的土地所有制和公共关系外，还有城市规划、土地利用规划、地方性水管理法规、人口状况（服务人口及人口增长率）以及环境影响。目前已有资料建议建立缓冲地，如美国环境保护局建议污泥系统的缓冲带根据不同的情况远离处理系统 $15 \sim 460m$（USEPA，1999）。特别注意控制湿地系统中产生的臭味和蚊蝇滋生等公共卫生问题。

2.3.2　确定系统工艺流程

根据场地特征、处理要求和所处理的污水性质确定。主要有以下几个原则：

（1）人工湿地系统可自成系统，也可与其他污水处理设施相结合使用。

（2）用于单独处理的人工湿地，污水在进入湿地前宜进行初次沉淀处理。

（3）人工湿地可处理不同程度的污水，如原污水、经过化粪池和格栅预处理的污水，以及经过二级处理的出水；但必须具备和积累足够的设计参数。

（4）表面流系统的负荷率较低，潜流系统的负荷率较高。

（5）用多个单元串联、并联或混合连接可提高处理效率，减少占地面积，增加负荷率。各个单元的形式可以有所不同，如采用回流则处理效果更佳。

（6）对于表面流系统通常要求长宽比等于或大于 3：1，以充分保证推流条件而使短路可能性减至最小；对于潜流系统，则通常要求长宽比小于 1：1，这样便于控制进水而保证流动始终是潜没的（Kadlec and Knight，1996）。

（7）人工湿地的技术正在发展之中，对于大型工程还不能保证做到最优设计以及处理效果长期稳定，因此在设计时应偏保守，选用较小负荷率；也可将处理工程分两期，第一期采用较高的负荷率，并预留空地，如处理效果不理想，再增加面积。

（8）工艺设计应对污染源控制、污水预处理和处理、污水资源化等环境问题进行综合考虑，统筹设计，并应通过技术经济比较确定适宜的方案。

2.3.3　预处理系统的设计

预处理系统一般包括隔栅、沉砂池、沉淀池等，其设计应当符合现行的国家标准《室外排水设计规范》的规定。同时，由于湿地系统的多样性和复杂性，预处理系统也应遵守以下原则。

1. 一般原则

美国环保局对土地处理不同工艺都提出了预处理准则，结合湿地处理的特点，下述准则是应该遵守的（USEPA，1993）：

（1）初级（一级）处理。适用于禁止或限制公众通行地区。

（2）用塘或生物处理（非植物性）预处理工艺，将大肠菌数控制到少于1000MPN/100mL。

（3）在禁止或限制公众通行的市郊处理场所，可以采用氧化塘或非植物过程的生物处理。

2. 预处理要求和系统处理目标

采用预处理是为了防止污水在临时储存期间和投配场地上产生有害情况，保证处理工艺能正常进行。根据不同出水水质要求，在经济最优的条件下，选择适当的处理方法。如系统出水对氮素要求较高，且土地较多，地价不贵，可考虑采用塘系统，因为塘系统可以降低氮负荷。如果出水用于农业灌溉，采用一级沉淀就可以满足。若对出水要求高质量的水质，亦可采用二级或更高级处理。一般来说，湿地处理系统的预处理应采用一级处理，这样能使系统保持合理的有机负荷，避免局部发生厌氧状况。去除高含量的固体物可防止进水口附近累积沉淀、引起水生植物的枯萎，当自由表面湿地用稳定塘的出水净化时应注意对藻类的控制。因为这类湿地对藻类的去除作用低，而夏季出水藻类含量高，在冬季有冰覆盖的塘出水氧含量低。当系统 H_2S 浓度过高时，以去除磷为目的的小规模湿地系统可采用停留时间为 12～24h 的曝气池与沉淀池的组合工艺作为预处理手段。若湿地工程在夏季必须满足严格的氨氮要求，建议进行曝气和一部分出水的再循环，以保持氧水平，同时又应保证合理的停留时间。

总之，预处理设计的宗旨是根据系统出水目标能保证系统稳定运行的最少的预处理以及投资和运行费用。因为任何附加措施都会增加处理费用和投资。预处理技术和工艺可参考相关资料。

2.3.4　人工湿地主体工程设计

1. 人工湿地面积计算

有以下几种计算方法。

1）根据水力负荷计算

根据进水性质、出水要求以及建设条件等因素，根据文献以及相关的条件要求，参考相关工程经验，确定一个合理的水力负荷，一般取值范围为 8～620mm/d。并以此为依据来计算人工湿地的表面积。

$$A_s = \frac{Q}{\alpha} \times 1000 \tag{2.3}$$

式中，A_s——人工湿地的表面积（m^2）；

　　Q——污水的设计流量（m^3/d）；

　　α——人工湿地的水力负荷（mm/d）。

根据水力负荷确定表面积计算简单，但是确定合理的水力负荷则比较困难。虽然有实验结果表明，最大水力负荷可以到 2000 mm/d（付贵萍等，2001），但为了湿地系统长期安全运行起见，建议水力负荷不得超过 1000 mm/d（吴振斌等，2001）。

2）根据降解的 BOD_5 计算

可以采用 Kickuth（1983）推荐的设计公式计算人工湿地的表面积：

$$A_s = kQ(\ln C_0 - \ln C_t) \tag{2.4}$$

式中，A_s——人工湿地的表面积（m^2）；

　　k——污水 BOD_5 一级降解反应速率常数（$k=6.5～93.7 m/d$）；

　　Q——污水的设计流量（m^3/d）；

　　C_0——进水平均 BOD_5 质量浓度（mg/L）；

　　C_t——出水平均 BOD_5 质量浓度（mg/L）。

3）根据湿地植物输氧能力计算

处理污水的需氧量可按下式估算：

$$R_0 = 1.5 L_0 \tag{2.5}$$

式中，R_0——处理污水的需氧量（kg/d）；

　　L_0——每日需要去除的 BOD_5 量（kg/d）。

植物的供氧能力 R'_0 为

$$R'_0 = T_0 A_s / 1000$$

式中，R'_0——水生植物的供氧能力（kg/d）；

　　T_0——植物的输氧能力 [$g/(m^2 \cdot d)$]；通常人工湿地水生植物的输氧能力为 5～45 $g/(m^2 \cdot d)$，一般可以采用 20 $g/(m^2 \cdot d)$ 计算。

由上述方程可以计算出人工湿地的表面积 A_s。为安全起见，一般将求出的表面积乘以一个安全系数 2.0。

2. 人工湿地系统分区

当确定湿地系统必需的总面积和系统构造形式后，需要结合规划用地边界及现场标高合理地布设湿地系统，通常规划场地的控制边界决定于整个湿地系统的外部形状，可利用的场地面积可能会受河流、公路、铁路以及其他边界的限制，在大量工程实践中，现场条件既不允许占有额外的空地，也不可能选择最适宜地形。如仍要因循理想中的平面布置，就不可避免造成一些地形和土地面积的损失。在这种情况下，整个系统的组成单元必须适应可以利用的实际空间，可能并不是完全的规整形状，因此进行系统总平面设计时主要应考虑与场所的边界和轮廓相适应，尽量减少湿地系统内外及单元之间的土方运输量。

湿地单元的形状可以有多种，如矩形、正方形、圆形、椭圆形、梯形等，其中前三者比较常用，特别是矩形，由于具有易于串联组合和施工方便的优点，所以使用面较广，但在景观要求比较高的区域，如城市公园、绿地、滨水岸带中，过于规整的形状可能会降低湿地系统的视觉效果，留下太多的人为痕迹，因此可适当利用软质与柔性土工材料构造湿地边界，并通过景观小品及绿化植物来弱化湿地边界形状，以期达到预期的景观效果。

在湿地设计过程中，确定湿地系统的尺寸和形状后，下一步有必要对不同单元进行分区。确定湿地单元数目时要综合考虑系统运行的稳定性、易维护性和地形的特征。湿地的布置形式也需多样化，既可并联组合，也可串联组合。并联组合可以使有机负荷在各个大单元呈均匀分布；串联组合可以使流态接近于推流，获得更高的去除效果。

湿地处理系统应该至少有两个可以同时运行的单元以满足系统运行的灵活性。这是因为，在湿地实际运行中可能会发生许多不可预料的情况，如植物死亡（病虫害）、预处理失败（机械或设备故障）后续湿地污染及路边缘或其他构造的损坏。采用多条水流径流的系统能够根据进水水质的不同随时调整负荷率。此外，采用并联运行方式，也方便使一些单元将水排干，从而满足再种植湿地植物、控制啮齿类动物、收割燃烧、修补渗漏处和其他控制运行的需要；系统经过较长时间的运行后，也有必要更换构件和管道。可供选择的理论上的分区及其优缺点对比如图 2.2 所示。

所需要的单元数目必须根据单元增加的基建费用（围堤面积与湿地表面积的比值随湿地单元数目的增加而增加）和地形的限制（如有坡度的场地口能做梯田式的多个单元系统的设计）以及运行的灵活适应性（可以从整个湿地处理系统中单独分离出各个部分）来确定。比如在有两个单元的情况下，其中一个单元检修就使整个湿地系统暂时失去一半的处理能力，但是在有五个并行单元的情况下，其中一个单元检修仅使湿地暂时失去 20％ 的处理能力。为了能控制内部水流，大型的湿地系统至少需要两个以上的水流路径，但是入口和出口以及控制系统结构的增多会增加整体工程的造价。

国内外工程实践表明："沉淀塘＋湿地"模式是一种较好的组合（王宝贞和

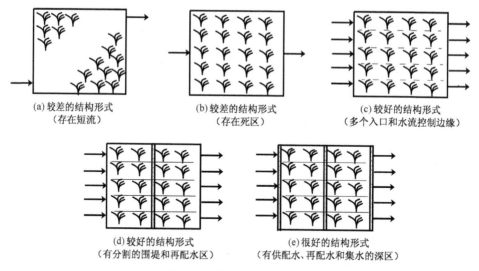

图 2.2　人工湿地单元结构

(引自 Kadlec *et al.*，1996)

Fig. 2.2　Configuration of constructed wetland system elements

(Cited　from Kadlec *et al.*，1996)

王琳，2004）。在湿地中安排适当深水区有利于收集大量的沉积物，因为它们提供了额外的收集空间，而且容易清除这些沉积物。当进水 TSS 负荷较高时，应在进入湿地前设置缓冲区（沉淀区）。浮游藻类往往会在深水区中占优势，这也会增加 TSS 负荷，因此露天水区不应该是湿地系统的最后单元。

　　在表面流湿地中交叉的深水区起到许多作用，这些较深的区域至少低于植物生长水域底部 1m 以上，因此可以排除大型根生植物的生长；不生长植物的交叉深水沟可为比较缓慢的水流提供一个低阻力路径，可以使它们在其中达到重新分配，更有利于配水均匀。这些起到再分配水流作用的深水沟，可以显著地改变湿地中的总体混合程度，水流被更有效地分配到湿地中，提高了湿地面积的总利用率。深水区内还提供额外停留时间。这些深水区经常被浮萍（*Lemna minor*）覆盖，并可以作为湿地鸟类和鱼类可靠的栖息地。

　　3. 人工湿地的单元尺寸

　　通过上述方法确定人工湿地的表面积（A_s）后，即可选择适当的长度（L）和宽度（W），即长宽比 L/W。国内外研究人员采用示踪剂法研究人工湿地水力学的结果表明，具有较大长宽比的湿地反而不具备接近推流的水力模型。TVA 建成的一座推流湿地长宽比达到 17：1，但其去除效果并不乐观。根据以往经验（Kadlec and Knight，1996）及水工构筑物通用规范（胡康萍等，1991），表面流湿地可以采用较大的长宽比，如 10：1 或更大；推流型潜流湿地较小，建议在

10∶1 与 3∶1 内选取；垂直流湿地也不宜采用过大的长宽比，否则难以保证布水均匀，一般要求单池的长宽比小于 2∶1。

在实际人工湿地污水处理系统的设计中，非常重要的是其中所涉及的水力学因素，因为这直接关系到污水在系统单元中的流速、流态、停留时间以及与植物生长关系密切的水位线控制等重要问题，尤其对于潜流型湿地，这些因素更为重要。

潜流型人工湿地中的水流实际上是一种多孔介质流，虽然这种流动与渗流有相似之处，但由于人工湿地介质多选用粒径较粗的砾石或碎石，其间水流流动的雷诺数值一般大大超过了层流的范围，因此水流流动特征很难用目前渗流研究中比较成熟的理论描述，关于表面流湿地与潜流湿地水力学的参数资料与文献虽然较多，但大多不具有实际的操作性，可用于工程设计及实践的结果就更少。

人工湿地设计水力学参数的确定是一项比较困难的工作，Kadlec（1996）曾在其著作 *Treatment Wetland* 中介绍和使用一些数学模型，力图在比较科学和规范的基础上建立和确定水力学参数。

1）自由表面流湿地

对于自由表面流湿地而言，湿地进水流量、出口溢流堰装置、长宽比、底面坡度与植被阻力等因素构成了整个湿地的水力断面，其中长宽比决定了系统的平面几何形状，底面坡度常用来描述湿地在垂直方向上的变化情况。自由表面流湿地模型如图 2.3 所示，它基本上是个简单一维渠道流模型的发展，该模型利用一些参数来描述湿地水深、流量与水流方向的位置关系，假设在最大的预期水量时湿地出现最大的水头损失，水量平衡与水头损失平衡方程构成数学算式，其中水量平衡方程式为

$$uhW = Q = Q_i + (P - \mathrm{ET})\,W\,x \tag{2.6}$$

式中，u——湿地中水的流速（m/d）；

　　　x——水流路程中的距离（m）；

　　　W——湿地中自由水面的宽度（m）；

　　　Q——湿地中自由水面的流量（m³/d）；

　　　Q_i——进入湿地的水流量（m³/d）；

　　　P——湿地区域中降雨量（m/d）；

　　　h——湿地水深（m）；

　　　ET——蒸发散失量（m/d）。

流速 u 是湿地水面平均表面流速，是体积流量除以湿地水体横断面积的数值。

水头损失平衡方程由湿地流量与基质摩擦因素决定，湿地底部摩擦方程可以类似于曼宁方程式：

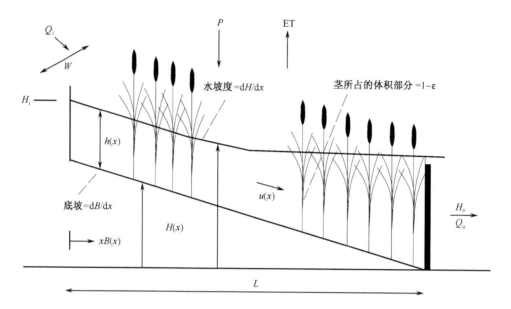

图 2.3　表面流人工湿地水力学模型

（引自 Kadlec and Knight，1996）

$B(x)$ 为湿地底面基准高度（m）；$h(x)$ 为湿地水深（m）；$H(x)$ 为湿地水面基准高度（m）；L 为湿地长度（m）；Q 为湿地的水流量（m^3/d）；$u(x)$ 为湿地中水表面流速（m/d）；W 为湿地宽度（m）；x 为水流程中到湿地进口的距离；ET 为蒸发散失水量（m/d）；P 为湿地区域中降雨量（m/d）；Q_i 为湿地进水口的水流量（m^3/d）；Q_o 为湿地出水口的水流量（m^3/d）；H_i 为湿地进口水面基准高度（m）；H_o 为湿地出口水面基准高度（m）；ε 为孔隙率（c^3/m^3）

Fig. 2.3　Hydraulic model of surface flow constructed wetlands

（Cited from Kadlec and Knight，1996）

$B(x)$ =ground elevation above datum （m）； $h(x)$ =water depth （m）； $H(x)$ =water surface elevation above datum （m）； L =wetland length （m）； Q =volumetric flow rate （m^3/d）； $u(x)$ =superficial water velocity （m/d）； W =wetland width （m）； x =distance from inlet （m）； ET =evapotranspiration rate （m/d）； P =precipitation rate （m/d）； Q_i =volumetric flow rate of wetland inlet （m^3/d）； Q_o =volumetric flow rate of wetland outlet （m^3/d）； H_i =water surface elevation above datum of wetland inlet （m）； H_o =water surface elevation above datum of wetland inlet （m）； ε=volume fraction water （m^3/m^3）

$$Q = aWh^b(dH/dx)^c \qquad (2.7)$$

式中，a，b，c——阻力系数，为常数；建议数值为：$a=1\times10^7$ m/d（密集植被）；$a=5\times10^7$ m/d（稀疏植被）；$b=3$，$c=1$；

　　H——湿地中自由水面的高度（m）。

　　对于地势平坦，使用水平底面的矩形湿地，可以假定从入口到出口水深降低约 20%，如果（qL^2/ah_o^4）<0.2，那么有 h_i/h_o<1.2；其中，h_i 为进口处地表径

流水深；h_o为出口处地表径流水深。

对于给定湿地底面坡度的计算而言，水流的正常水深分为沿流向距离变薄与沿距离变厚两种情况：

$$h_n = (Q/W)/[a(\mathrm{d}B/\mathrm{d}x)^c]　　　　　　　　(2.8)$$

式中，h_n——给定底面坡度的正常水深（m）。

如果出口溢流装置设置在高于正常水深的位置，则水流沿流动距离逐渐变深；如果低于它，则逐渐降低。因此，溢流装置出口的设计通过流量也会影响到湿地水深。

2）潜流型湿地

潜流型湿地按湿地中水流方向划分，可以粗略地分为水平流潜流湿地与垂直（竖向）流潜流湿地两种类型。潜流型湿地的设计的目的在于形成稳定的可以控制的水流及适宜的植被条件，湿地中水面线（潜水位）的确定与控制则是其中的关键。具体要求如下：

（1）当系统达到最大设计流量时，其进水端不能出现雍水现象而导致表面径流。

（2）当系统接纳最小设计流量时，其出水端不能出现淹没现象而导致表面径流。

（3）为有利于湿地内植物的生长，水面浸没植物根系的深度应尽可能均匀，不能使植物处于不正常生长状态。

（4）在湿地基质水力传导系数发生变化时，湿地过水流量可以维持在一个比较合适的范围内，不应该出现漫流。

（5）湿地系统应具有足够的排空设施和底坡坡度，能够按需要及时地排出渗滤水及积水。

（6）湿地必须满足一定的防洪要求，湿地在被淹没后可以维持运行，并逐渐恢复。

（7）湿地进出口必须安装水位调节装置，按工艺需要实时调整湿地内水位。

（8）湿地设计必须拥有一定的调整潜力，对可能存在的运行条件的变化，如最初与堵塞后基质的水力传导率的降低以及进水量的变化，系统有一定的容忍能力。

总的说来，湿地深度（δ）并无一个明确的标准，但不应超过湿地植物根系发育深度太多，通常在 30～60cm；湿地表面坡度一般无具体要求，如果仅出于管理、操作需要将湿地表面完全淹没，则不需专门设置湿地表面坡度。在寒冷地区，潜流型湿地设计需要考虑冬季冻土层的高度，冰的形成也会占据一部分水深；另外处于对湿地系统排泥的需要，湿地填料下部也建议留有足够的空间，一般以 10～15cm 为好。

3）水平推流湿地

对于水平流潜流湿地而言，湿地流量、出口溢流堰装置或溢流竖管装置、长宽比、底面坡度与基质阻力等因素构成了整个湿地的水力断面，其中长宽比决定了系统的平面几何形状，底面坡度常用来描述湿地在垂直方向上的变化情况，基质阻力可由基质水力传导系数确定。水平流湿地流湿地模型如图 2.4 所示。

决定水平推流型湿地水力断面的主要因素为：流量、出口溢流堰或竖管装置、长宽比、底面坡度和介质阻力（水力传导系数）。

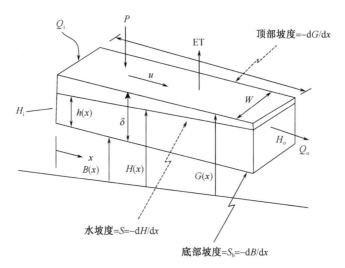

图 2.4　水平流潜流型人工湿地水力学模型

(引自 Kadlec and Knight，1996)

$B(x)$为湿地底面高度(m)；ET 为蒸发散失水量(m/d)；$G(x)$为湿地顶面高度(m)；$h(x)$为湿地水深(m)；$H(x)$为湿地水面高度(m)；L 为湿地长度(m)；P 为湿地区域中降雨量(m/d)；Q 为进入湿地的水流量(m³/d)；x 为水流路程中到湿地进口的距离(m)；δ 为湿地填料深度(m)；Q_i 为湿地进水口的水流量(m³/d)；Q_o为湿地出水口的水流量(m³/d)

Fig. 2.4　Hydraulic model of horizontal sub-surface flow constructed wetlands

(Cited from Kadlec and Knight,1996)

$B(x)$＝elevation of bed bottom(m)；ET＝evapotranspiration rate(m/d)；$G(x)$＝elevation of bed surface(m)；$h(x)$＝water depth(m)；$H(x)$＝elevation of water surface(m)；L＝bed length(m)；P＝precipitation rate(m/d)；Q＝volumetric flow rate(m³/d)；x＝distance from inlet(m)；δ＝thickness of the bed media(m)；Q_i＝volumetric flow rate of wetland inlet(m³/d)；Q_o＝volumetric flow frate of wetland outlet(m³/d)

在渗流中，水流运动一般可用达西定律（Darcy's law）描述：

$$u = ks \tag{2.9}$$

式中，u——湿地中渗流平均流速（m/d）；

s——水力坡度；

　　k——水力传导系数（m）。

公式可变形为

$$u = -k \frac{\mathrm{d}H}{\mathrm{d}x} \qquad (2.10)$$

式中，H——湿地中水面线高度（m）；

　　　　k——水力传导系数（m/d）。

　　一般认为，当渗流的雷诺数值大于 $1\sim10$ 后，该式已不再适用。此外，当介质粒径较大时，其对水流的扰动作用就不能忽略。必须考虑适当的紊流影响，因此该式需要添加紊流影响因子。

$$-\frac{\mathrm{d}H}{\mathrm{d}x} = \frac{1}{k}u + \omega u^2 \qquad (2.11)$$

式中，ω——紊流因子（$\mathrm{d}^2/\mathrm{m}^2$）。

　　水流雷诺数值可以表示为

$$Re = \frac{D\rho u}{(1-\varepsilon)\mu} \qquad (2.12)$$

式中，D——介质粒径（m）；

　　　　ρ——水的密度（$\mathrm{kg/m}^3$）；

　　　　μ——水的黏度 $[\mathrm{kg/(m \cdot d)}]$。

　　当水流流速超过层流范围，使用有效水力传导系数来表示介质渗流能力。

$$\frac{1}{k_\mathrm{e}} = \frac{1}{k} + \omega u \qquad (2.13)$$

式中，k_e——基质有效水力传导系数（m/d）。

　　一般情况下，发生在多孔介质中渗流的水力传导系数与紊流影响同介质自身水力性质有关，对于湿地而言，它取决于湿地填料的平均粒径、填料级配、颗粒形状、填料有效孔隙率以及水温等影响因子。因此由 Ergun 公式（Ergun，1952）可以近似描述规则球体堆积而成的填料中的水力传导系数。

$$-\frac{\mathrm{d}H}{\mathrm{d}x} = \frac{150(1-\varepsilon)^2\mu}{\rho g\varepsilon^3 D^2}u + \frac{1.75(1-\varepsilon)}{g\varepsilon^3 D}u^2 \qquad (2.14)$$

式中，g——重力加速度（$\mathrm{m/d}^2$）；

　　　　ε——介质孔隙率，$0.30\sim0.45$。

　　对比式（2.13）可以得到

$$\frac{1}{k} = \frac{150(1-\varepsilon)^2\mu}{\rho g\varepsilon^3 D^2}u$$

$$\omega = \frac{1.75(1-\varepsilon)}{g\varepsilon^3 D}$$

　　在实际湿地建造过程中，湿地基质如碎砾石很难满足式（2.14）对模型均匀球体的要求。胡康萍（1991）对深圳白泥坑湿地的研究结果表明，碎石填料湿地中的水流流动用 Ergun 公式描述比 Darcy 定律更为符合实际情况，特别是在流动的雷诺数较大时候。

对于湿地底坡与湿地水力坡度间有如下关系

$$S = i - \frac{dH}{dx}$$

将其代入式（2.13），经整理后得到

$$\frac{dH}{dx} = i - \frac{150Q^2(1-\varepsilon)^2\mu}{Bh\rho g\varepsilon^3 D^2} + \frac{1.75(1-\varepsilon)Q^2}{B^2h^2g\varepsilon^3 D} \tag{2.15}$$

式中，i——湿地坡度；

　　Q——进入湿地的水流量（m³/d）；

　　B——湿地断面宽度（m）；

　　ε——介质孔隙率，$0.30\sim0.45$；

　　h——湿地水深（m）；

式（2.15）的修正差分近似解为

$$h_{k+1} = h_k + 0.5\Delta x[f(h_k) + f(h_k + \Delta x f(h_k))] \tag{2.16}$$

使用该算式可以方便地求出不同底坡、填料粒径以及控制水位条件下的水面线。

由于潜流型湿地中不太可能出现急流，没有临界水深，因此湿地中的水面线只有雍水和降水两种形式，如图 2.5 所示的 N-N' 线为相应的均匀流动的水面线，无论是雍水线还是降水线，都以正常水深为渐近线。

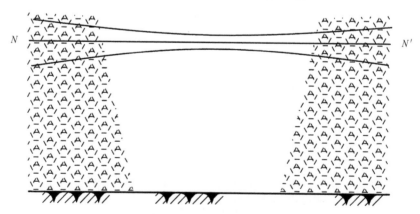

图 2.5　水平流潜流型人工湿地中的水面线形式

（转引自胡康萍，1991）

Fig. 2.5　Representation chart of water level for SSF bed systems

(Cited from Hu, 1991)

显然，对于水平潜流型人工湿地系统中最理想的流态是均匀或接近均匀的流动，因为均匀流最接近与推流模型，可以有效地减少短流，提高系统的效率，同时，从工程应用的角度来说，水面线、填料线和湿地底坡平行，也是最经济的结构，然而，这种理想状态在现实中无法达到，因为湿地进水的流量通常不会恒定。湿地的正常水深存在一个变动范围。湿地植物的生长阶段也会对水面线有不同的要求。更为重要的是，随着湿地的运行，大量颗粒物质及难降解物质在湿地基质中积累，湿地基质中的水力传导系数也会逐渐减少，并随着湿地植物的根系发育而发生变化。所以在人工湿地系统中保持水均匀流动是比较困难的。

　　一般来说，湿地系统进水水量在设计范围内是比较恒定的，为保持湿地系统内水位线合理，只能依赖湿地出水单元装置的对水位的控制，具体形式见本书湿地进出水系统部分的介绍。

　　确定较为合适的湿地底坡坡度标准，应以确保湿地能够完全通畅的排水为前提，通常，对于 30~50m 长的湿地单元，10~15cm 的坡降即可满足这一要求，在湿地设计中，应该避免把底面坡度当作水流运动，这样设计将会导致系统对水流量和水力传导系数的变化过于敏感，单元表面出现积水和死区的情况就不可避免。

　　也有资料提出以湿地基质深度的 10% 作为湿地底坡的坡降，这样做可以达到利用大部分湿地基质深度来刺激根系发育的目的，这是一个纯几何学的快速估算办法，但必须仔细结合湿地的单元长度来估算，制定出比较合理的长宽比，而这就需要比较丰富的设计施工经验。

　　湿地运行过程中会出现不同程度的堵塞问题，其根本原因在于湿地基质水力传导系数随系统运行时间降低，单位时间内通过湿地断面上水流量减少，导致湿地前部出现积水，湿地设计及刚初始运行阶段的基质水力传导系数值可通过理论计算与取样试验获得，但运行后其变化规律的差别较大，估算和实测均比较困难，因此，在具体设计中，应保持谨慎态度。全面考虑以上介绍的影响因素，仔细设计湿地出口处的溢流管道、堰板及其他出水设施来控制湿地水面，并给出适当的安全系数。

　　4) 垂直流（竖向流）湿地

　　垂直流湿地水流流态与前文介绍的人工湿地大不相同，由于水流垂直上下，长宽比不再是水力特性的决定因素，水面线的控制也相对简单，但介质的水力传导系数则变得非常重要，决定垂直流型潜流湿地水力断面的主要因素为：流量、进水布设系统、出水收集系统、长宽比、底面坡度和介质阻力（水力传导系数）。

　　研究表明，垂直流湿地较表面流和水平潜流湿地具有更高的面积负荷，其水力负荷与污染负荷都有很大的提高，这与其特殊的构造有关。首先，湿地有效过水水力面积变大，表面流和水平潜流湿地一般都受湿地长宽比、湿地深度、布水系统限制，其过水断面非常有限，湿地进水系统集中在湿地的前部，在湿地这个区域承受着最大的污染负荷，随后负荷在湿地沿程逐步降低，当然湿地表层与上层可以承受的负荷是有限的，它受到湿地有效过水断面面积的限制。其次，湿地水面线控制变得简易灵活，除湿地单元底部保持一定的坡度适应排空需要外，湿地水面线控制完全可以由湿地出水系统完成，系统管理和操作强度也有所减轻。再次，湿地富氧能力显著增强，研究表明：湿地富氧主要通过植物根系对氧的传递、释放以及投配污水中的溶氧补充，相对水平流湿地及表面流湿地而言，垂直流湿地在整个过水断面上均可栽种植物，根系的生物量/有效水力面积值增加了数倍，因此具有更好的富氧效果与氧转移能力；并且，垂直流湿地多采用间歇运行，污水被投配到湿地表面后，淹没整个表面，然后逐步垂直渗流到底部，在下一次进水间隙，允许空气填充到床体的填料间，在这种情况下，下一次投配的污水能够和空气有良好的接触条件，从而进一步提高氧转移效率，以此提高了对BOD的去除能力和氨氮硝化的能力。

（1）湿地单元长宽比确定。对于垂直流湿地而言，在保证均匀布水的前提下，即湿地布水系统可以满足的条件下，单元长宽比没有特殊规定，因为水流在重力水头的作用下，基本以渗流方式流入湿地底部，如果湿地深度没有限制，水流是理想的推流流态，是均匀或接近均匀的流动，最接近推流模型，基本上不存在短流和返混的可能。因此垂直流湿地单元可以比较自由布置，在湿地形状上也相对灵活。对于IVCW而言，因为存在前后两个结构类似的单元，为保持布水均匀，不宜采用较大的长宽比，一般要求单池长宽比小于2：1。

（2）湿地底面坡度确定。垂直流湿地底面坡度主要是为满足系统排空的需要，同时由于系统出水收集系统多集中在湿地底面上，因此需要设置一定的坡度，以便湿地积水向收集管方向运动，同时加大湿地收集管内水的流速，避免水中颗粒物淤积管道，导致管道堵塞。因此湿地底面可适当布置若干折形缓坡，底面坡向收集管方向，坡度不宜过大。

（3）湿地填料水力传导系数。湿地填料水力传导系数是垂直流湿地设计的关键所在，因为湿地填料过水能力直接决定了湿地的处理水量以及过断面上的水流流速。通常，垂直流湿地表层为渗透性良好的砂层，英国、丹麦等国也常选用渗透性较好的土壤，湿地中层为一定级配的细砾石，底层为具有较好过水能力的粗砾石，整个湿地从上到下，填料水力传导系数逐渐升高，关于湿地填料的粒径和级配，设计人员可参照过滤理论中关于双层滤料和多层滤料的介绍。几种常见填料的渗透系数见表2.3。

关于湿地填料水力传导系数的文献较多，德国研究者建议土壤作湿地填料的成熟芦苇根系湿地床应具有260m/d的水力传导速率；英国水研究中心（WRC）建议在湿地系统中使用砾石，典型尺寸为3～6mm、5～10mm、6～12mm，在欧洲使用尺寸多为8～16mm。建议在湿地设计与构建中，应预先做填料水力传导

表 2.3　不同填料的渗透系数 k 值

Tab. 2.3　Penetrability coefficients (k) of different substrates

填料种类 Substrate Types	$k/(\text{cm/s})$
密实的黏土 Compacted Clay	$10^{-7} \sim 10^{-10}$
黏土 Clay	$10^{-4} \sim 10^{-7}$
砂质黏土 Sandy Clay	$5 \times 10^{-3} \sim 5 \times 10^{-4}$
混有黏土的砂土 Sand Mixed with Clay	$0.01 \sim 5 \times 10^{-3}$
纯砂土 Pure Sand	$1.0 \sim 0.01$
单层石英砂滤料 Single Layer Quartz Sand Filter Media	$0.22 \sim 0.27$
双层石英砂滤料 Double Layer Quartz Sand Filter Media	$0.27 \sim 0.39$
砾石（粒径 2～4 mm） Gravel (Particle Size 2～4mm)	3.0
砾石（粒径 4～7 mm） Gravel (Particle Size 4～7mm)	3.5

（引自李炜和徐孝平，2001）(Cited from Li and Xu, 2001)

系数的测定实验，在条件满足的前提下，进行一定的小试和中试规模的实验。

4. 基质选择

对于自由表面流湿地来说，施工现场的表层土应适当置换与处理。通常大型水生植物如芦苇、菖蒲、香蒲根与根系需要 300～400mm 的土层，这部分土层可以优先选用原地址的表层土，也可以采用小粒径的细砂等材料构建人工土壤，基质选取时仍须贯彻经济性与实用性相统一的原则。湿地土壤构造和土壤的化学状态也影响到湿地植物的存活与生长，过多的岩石与黏土会妨碍植物生长并导致其死亡，过酸和过碱的土壤条件会限制植物对生长所需要的营养物质的摄取，常量和微营养元素不足也会导致湿地植物生长发育不够健康。因此在湿地营建前期，就必须对当地土质条件做详细调研，确定适宜的换土、购土方案。

对于潜流型湿地，基质的种类和大小丰富多样，在已建造的湿地及相关文献中，就有沸石、石灰石、砾石、页岩、油页岩、黏性矿物（蛭石）、硅灰石、高炉渣、煤灰渣、草炭、陶瓷滤料等许多种类。从颗粒极细的土壤到直径为120mm的大砾石（卵石）都可以作为备选材料。一般来说，过细的基质水力传导系数小，易堵塞形成地表漫流，但具有更大的比表面积，生物膜形成潜力大；大粒径的基质有高的水力传导系数，但对微生物而言，单位容积可利用的面积较小，大而有棱角的基质对植物根系的生长和蔓延不利，一般采用中等粒度的沙砾比较合适。使用前建议对砾石进行冲洗，因为这可以去除堵塞孔隙的细小颗粒物质，以免影响湿地的正常运行。表 2.4 为英国某地的垂直流湿地的分层填料分布。

表 2.4　英国某垂直流湿地系统中填料的分层分布

Tab. 2.4　Design parameters of gravel medias in VF pilot systems in England

层　面 Bed Plane	厚　度/mm Thickness	填　料 Substrate
表　层 Surface	80	粗砂
上　层 Up layer	150	冲洗过的直径 6mm 球形砾石
下　层 Down layer	100	冲洗过的直径 12mm 球形砾石
底　层 Bottom	150	冲洗过的直径 30~60mm 球形砾石

（引自王宝贞和王琳，2004）(Cited from Wang and Wang，2004)

至于湿地填料选择，则应从适用性、实用性、经济性及易得性等几个方面综合考虑，对于某些特殊处理目标的水体，如严格要求出水总磷标准，就要考虑采用吸附能力较强的沸石等材料，当然，该种材料的化学性质必须稳定，不能含有对湿地植物有害的成分，或者对水体使用者产生不良影响的成分，因此，在具体湿地基质选择过程中，也需做广泛调查，慎重选取。

5. 进水系统

人工湿地系统进水结构设计主要考虑有机负荷在处理单元的分布、湿地系统的安全运行以及蚊虫滋生等问题。

FWS湿地的进水系统比较简单。如图 2.6 所示，一个或数个末端开口的管道、渠道或带有闸门的管道、渠道将水排入湿地中。从进水分配形式看可分为点源排放、多源排放、带有闸门的管道、水平扩展的洼地四种形式。

每个系统的进水流量可通过闸阀或闸板调节，过多的流量或紧急变化时应有溢流、分流措施。在进水处采用多点布水对湿地有效运行和控制都是很必要的。

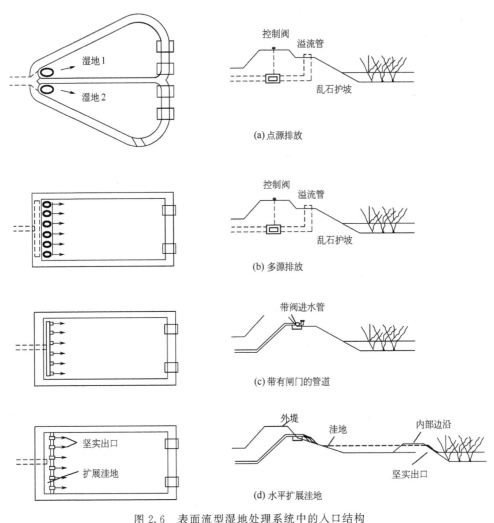

图 2.6　表面流型湿地处理系统中的入口结构
(引自 Kadlec and Knight，1996)
Fig. 2.6　Inlet configuration alternatives in SF wetlands treatment systems
(Cited from Kadlec and Knight，1996)

大型工程一般均采用线型布水，使进水能均匀进入湿地（王宝贞和王琳，2004）。为节省动力，天津某湿地系统采用沉淀出水高水位重力输水，输水管道为薄壁塑料管，埋深 0.7m，使用期在 10 年以上（高拯民等，1991）。美国加利福尼亚州的 Gustine 系统将流量的 67% 在起点处进行分布。其余 33% 在长度 1/3 处分布，这样避免了在每单元进水区附近超负荷。另外也可采用相反的分布（即起点 33%、1/3 处 67%），使前 1/3 处的污水稀释后部 2/3 处的污水（USEPA，1988）。具有出水回流系统时要增设泵站及回流管道与进水系统相连，为减少费用，也可将集水沟的出水用阴沟导流到进水口。

对于外形比较狭窄具有较大湿地 L/W 值的系统，单一进水比较合适；随着 L/W 的降低，均匀的水流分配就比较重要，尤其是面积较大的湿地往往设计进水量较大，集中出水可能会对湿地进水端区域造成较大的冲刷侵蚀，导致湿地边坡崩裂等问题，大型湿地需要多点进水以保证布水均匀。对于 L/W 小的湿地系统，进水系统应妥善设置，以便操作人员容易接近和调整进水系统。

在必要的情况下，进水系统能够很快关闭。进水管道也有水平管道与竖向管道两种，后者可利用管道内竖向水头损失达到消能与降低流速的目的，并且在出水水位的控制上比较灵活。

通常带有闸门的布水管道系统是比较方便的，因为进水管道不可避免地会被进水中的颗粒物质淤积，系统也需定期的检修和清扫。这时需要适当关闭进水闸门或调低进水流量。

进水可以是重力流或压力流，在进水水头满足的前提下，应当优先考虑重力流自流，因为它更加节能，可减少运行与管理费用；但重力流需要管径比较大的管道来分配水流和减少水头损失，这会提高湿地的整体造价。压力流往往意味着动力设施与提升设备的管理，流速也比较大，湿地布置形式比较灵活，但过大的流速也会造成湿地底部沉积物的破坏与再悬浮，对湿地植物的冲刷作用会影响其生长代谢，因此需要对进水系统流速仔细校核。

在进水系统中设置适宜的流量计量设施也是必需的，同时需要设置必要的采样装置来监测进水的水质和水量，常见的计量设施有巴氏流量槽以及电子流量仪表，对于位置比较偏远的系统，还需设置相关远程通讯设施，以便管理。

在潜流型湿地系统中，进水结构包括铺设在地面和地下的多头导管（如管径为 150mm 的穿孔管）、与水流方向垂直的敞开沟渠以及简单的单点溢流装置（图 2.7）。

地下的多头进水管可以避免藻类的黏附生长及可能发生的堵塞，但调整和维护相对困难。在寒冷环境中，必须采用地下进水和配水装置以应付霜和冰的形成。如果系统只在无冰条件下运行，可将其设置在地表面，并且安装可调节出口，为以后湿地调整和维护提供方便。通常地表面多头进水管要高出湿地水面 120～240mm 来避免背压（雍水）问题。在进水区使用较粗的砾石（80～150mm），以便能保证快速过滤，并可防止塘区的形成和藻类的生长，为了抑制藻类的生长，应该避免在出水区后收集水区存在露天水面，避免藻类因光照而大量生长，可以考虑在夏天用植物或构筑物遮阴。

北美 NAWE（North American Wetland Engineering）的 Wallace（2001）认为在亚寒带使用人工湿地技术，必须在设计的时候就将均衡地布置覆盖物作为人工湿地系统的一个主要部分。树叶、树皮、树干和木屑常被认为是比较合适的

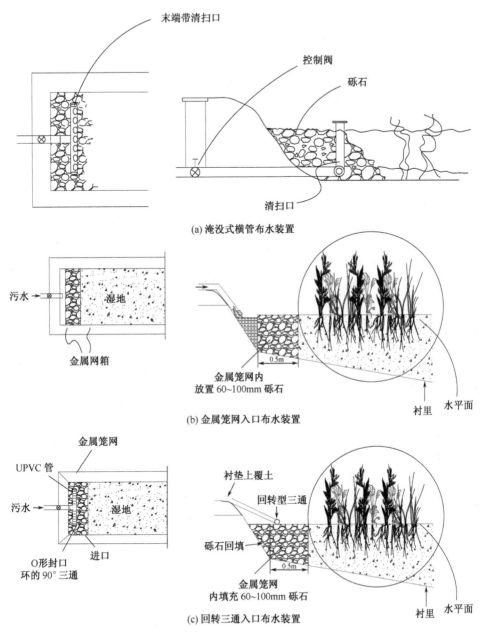

图 2.7　潜流型湿地处理系统中的入口结构

(引自 USEPA，1993)

Fig. 2.7　Inlet configuration alternatives in SSF wetlands treatment systems

(Cited from USEPA，1993)

隔离物，在解决系统冰冻问题方面具有很好的效果。被隔离的人工湿地系统的计算机模型显示：即使在−20℃的低温，适当的隔离也可有效地解决人工湿地系统的冰冻问题。

对并联运行的系统需要设置水流分配器，典型的设计包括管道、配水槽或在同一水平高度有相同尺寸平行孔的溢流装置。使用阀门来进行水量与水位调整不太可行，因为它们需要随时调整。溢流装置相对投资较少而且很容易被更换或改造，在进水悬浮固体浓度较高时，采用流水槽的配水形式能够防止堵塞，但比溢流装置的建造费用高。

垂直流湿地进水布水系统与上述进水系统相似，但存在一些特点，通常垂直流湿地具有比较大的布水面积，为避免湿地表面出现短流与过多的死区，要求系统能够快速布水，使得湿地表面迅速形成一定厚度的水层，由于自由水面的存在，湿地在整个过水断面上达到布水的均匀。在湿地组合工艺中，存在一种垂直下行流-水平流的复合潜流式湿地工艺，这种情况下，下行流湿地作为工艺的前处理单元，其面积一般比较小，布水均匀性要求不高，因此也可选用较粗的砾石（80～150mm）作为布水及配水层（Perfler *et al.*, 1999）。

复合垂直流湿地（IVCW）系统对布水系统的要求同上，对于较小面积的实验系统，建议采用聚氯乙烯（PVC）多孔管作为布水系统，这主要是借鉴化工行业填料塔液体分布器的设计原理。多孔管式液体分布器按结构可分为直管式、排管式（耙式）、同心环式等多种形式。孔管式液体分布器具有布水均匀、通道面积大、占空间小、结构简单、加工方便、易于支撑、造价低廉等特点，其中多孔直管式便于制作、清洗方便，所以应用较多，同心环管式布水均匀，但加工难度大，不便于清扫，除特殊实验装置外，很少采用。对于面积较大的人工湿地，则借鉴了农业灌溉技术，采用喷灌或滴灌的方式，具体做法：在布水管道上开取一定数量和大小的小孔，孔口可以向上，也可向下，视湿地设计需要。通常，管道开口向上可将污水喷洒至较高高度，污水经管口喷溅至湿地植物，在植物叶片、茎秆上分散附壁下流，通过此种布水方式，湿地进水可有效复氧，加大湿地进水及基质的含氧浓度，为后续生物处理创造良好条件。当然污水喷洒也可会带来一些问题，如能耗的加大，增大污水提升费用，污水喷洒会在湿地上形成一定量的气溶胶，水中有害物质与生物可能会对周边人畜构成健康方面的威胁，因此在具体使用时需结合周边情况与湿地进水水质特点以及湿地需要等多种因素做综合考虑。

通过调整布水管道上开孔孔径大小及数量，可以控制孔口出水流速，具体管道开孔计算方法可以参照农业灌溉设备及计算手册或结合现场试验确定参数。

6. 出水系统

湿地出水系统的设计可采用沟排、管排、井排等方式。合理的设计应考虑受纳水体的特点、湿地处理单元的布置以及场地原有条件。具有一定坡度的处理单元有利于系统排水。为有效地控制湿地水位，各单元的出水口应设控制结构。严寒地区进、出口建造时必须考虑防冻措施，在系统必要的部位要设关闭控制点和放空点。在湿地水力学参数计算中已经知道，表面流湿地及潜流型湿地中的水面线的控制非常关键，且难度很大，但工程设计与实际的解决办法是通过出水系统达到控制水位目的的。常用出口结构有溢流装置、可调管道及闸门等。

在表面流湿地中，水位控制由溢流装置、溢水口或可调管道控制。采用可调节高度的堰，带有可移动叠梁闸门的箱均能简单地调整水位。如果系统面积较大，则需专门设置隔浮渣板、撇渣器等设施来截留和清除漂浮物，如设置合适的格栅可以有效地控制漂浮碎叶，以避悬浮物堵塞出口（图 2.8）。

天津某示范工程出水系统采用两种方法（王宝贞和王琳，2004）。一种是多孔波纹暗管，外裹玻璃纤维布，收集各单元的出水后经二级管道由集水井排出。这种方法占地面积少，管理运行方便，适用于冬季低温的湿地运行，但建设费用高。另一种方法是明沟，特点是投资少，但运行管理麻烦，要防止杂草生长、沟边土壤冲刷及流失，特别要考虑经得住夏季暴雨冲刷和保证暴雨径流的及时排出。对于降雨特别丰富的地区，湿地可能会在短时间内接纳相当数量的雨水，因暴雨径流而增加的水量都会在较短时间内通过湿地出水口，对出水系统带来较大的冲击，因此湿地系统必须考虑设置排洪措施，雨水溢流口或排洪沟渠是常用的方法。

在潜流型湿地系统中，出水系统包括地下或收水井渠中的多头导管、溢流堰或溢流井等，有些工程采用简易的闸板结构。为方便控制水位，多头导管应放置在适宜的位置，有些湿地需要在检修或排泥时完全排空湿地积水，这就需要多头导管位置，也要满足湿地排空的需要，当然也可为湿地设置单独的排空管道系统。湿地运行初期需要湿地床处于比较高的水位，以刺激新种植物根系生长，同时抑制不需要的杂草。当湿地稳定后，则按运行及管理需要严格控制水面线，保持稳定的水力坡度对湿地运行意义重大，同时对湿地的运行和维护都有很大的好处。如图 2.8 所示的被铰链固定的可调节水位的管道或柔软的胶皮管能提供简单的水位控制，固定在一个转轴上的 PVC 弯管也能提供简单的水位控制，当然在使用管道时，应尽量使用大管径的管道，避免使用小管径管道发生堵塞。

对垂直流湿地而言，湿地出水穿孔管处于湿地床底部，在施工时极易被碎石和石屑堵塞，因此在建造过程中需要仔细对砾石进行冲洗、分级和压实，穿孔管周围选用粒径较大的砾石，其粒径应大于管穿孔孔径，同时必须提供干净的竖管。

尽管潜流湿地系统较表面流湿地具有更好的保温性，但湿地出水部分仍然需要额外的热保护。在寒冷的冬季，对湿地出水管道要进行仔细的检查，对于休作

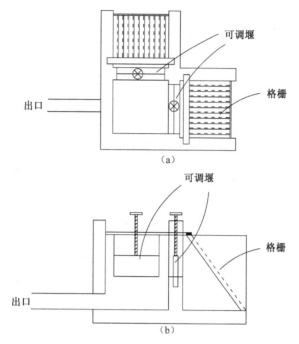

图 2.8　表面流湿地处理系统中可调出口结构

（引自 USEPA，1993）

Fig. 2.8　Outlet configuration alternatives in SSF wetlands treatment systems

（Cited from USEPA，1993）

的单元，要及时排空残水，以防管道设施损坏。

　　在湿地床底部设置穿孔管并且与可调出口相连接，这种出口装置具有较大的灵活性和可靠性，如图 2.9 及图 2.10 所示。

　　7. 湿地的防渗

　　为防止地下水受到污染或防止受污染地下水反渗湿地，人工湿地系统必须考虑防渗，干旱地区湿地防渗则具有另一重含义，大量湿地进水渗漏会造成湿地水量失去平衡，增加额外动力提升费用。用于处理污水的表面流湿地一般不需要特殊材料防渗，实践表明，湿地长期运行带来的沉积物将是不错的防渗材料。一般情况下将不会对地下水构成威胁。但对于提供污水处理的潜流型湿地而言，则必须提供防渗措施，以防止污水和地下水直接接触。

　　防渗措施往往是一笔比较大的花费，因此必须优先考虑现场地质条件并寻找适宜的天然防渗材料，如黏土、膨润土、密实土壤等，通常压实和夯实这些土壤就可满足湿地防渗的需求。现场水文地质条件也是影响湿地防渗程度的重要原因，对于含有石灰石、断裂的基岩、碎石以及砂石质土壤的场地，要酌情考虑防

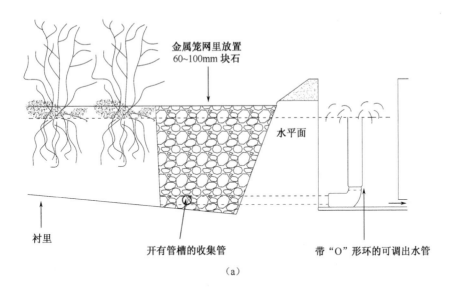

（a）

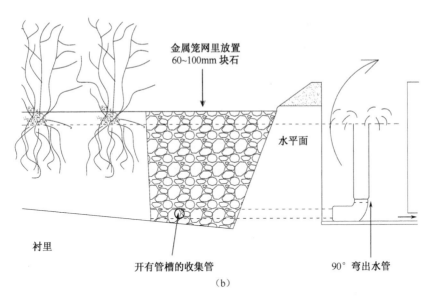

（b）

图 2.9　两种潜流型湿地出口结构
（引自 USEPA，1993）
Fig. 2. 9　Two different outlet configurations in SSF wetlands treatment systems
（Cited from USEPA. 1993）

渗。迄今为止，国内未见湿地防渗处理的国家规范，现行卫生垃圾填埋场防渗规范往往要求过高，直接套用不一定合适。

在进行防渗处理前，必须对选用的防渗材料（天然材料或人工材料）进行实验分析，防渗材料中不得含有潜在的危险性物质，并且防渗材料应具有较稳定的

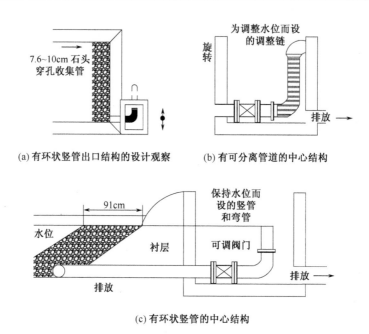

(a) 有环状竖管出口结构的设计观察　　　(b) 有可分离管道的中心结构

(c) 有环状竖管的中心结构

图 2.10　潜流型湿地处理系统中可调出口结构
(引自王宝贞和王琳, 2004)
Fig. 2.10　Outlet configuration alternatives in SSF wetlands treatment systems
(Cited from Wang and Wang, 2004)

物理化学性质，不易与湿地填料及水发生反应。人工材料常包括沥青、合成丁基橡胶和塑料膜（3～15mm 厚的高密度聚乙烯膜，HDPE）等，作为湿地衬里必须坚固、厚度均匀、密实光滑、机械强度大，以防止植物根部附着和穿刺，塑料膜内还需加入适量炭黑保持其机械加工性质，并有一定的防啮齿类动物撕咬能力；如果现场土壤或填料中棱角物较多，在衬里上下均需铺设一层细沙及土工布，以防止其刺穿防渗层。通常湿地上不应承受较大载荷，以防止衬里受压变形。对于地下水较高的区域，施工中要注意随时排水，必要时在湿地周边设置降水井和通气井，以防地下水反渗。

　　以土工膜防渗材料的铺设为例，人工防渗层施工时程序按照清理基层—土工膜铺设—接缝施工、检测（包括穿膜管、墙）—与周边连接锚固—验收—防护层施工进行。施工时应注意以下几点：

　　（1）大卷土工膜铺设宜采用机械作业，小卷土工膜量可采用人工铺设。土工膜的铺设方向应符合设计要求，并使接缝量最少，接缝位置应平行于拉应力大的方向。

　　（2）铺设时不应过紧，应留足够余幅（大约 1.5%）以便拼接和适应气温变化。土工膜与周边边坡拐角处连接应注意适当裁剪土工膜，保证与周边建筑物妥善连接，采用素土回填锚固沟法固定。

（3）焊缝检测：观察有无漏接，接缝是否无烫损，无褶皱，是否拼接均匀等。通过目测看两条焊缝是否清晰、透明，无夹渣、气泡，无漏点、熔点或焊缝跑边。使用充气法及真空检测法检查焊缝。

（4）施工人员必须穿无钉鞋或胶底鞋，禁止在土工膜上任意踩踏。铺膜后应及时进行防护层施工，防止热收缩引起土工膜变形及紫外线照射引起土工膜老化。禁止接触可引起聚烯烃性能变化的化学物质，以免土工膜发生永久变形。车辆等机械不得直接碾压土工膜表面。

2.4　人工湿地施工规范及质量验收标准

长期以来，人工湿地建设施工及质量验收在国内尚无明确规范和标准依据，但作为工程建设，仍需按照国家建筑、水利、园林景观等施工规范指导和约束施工并进行质量验收。本节以中国科学院水生生物研究所等单位负责编制的《奥林匹克森林公园人工湿地工程施工质量验收标准》为例，详细介绍人工湿地建设施工规范与质量验收标准。

2.4.1　湿地施工规范及验收标准的来由

2006～2007 年期间，为迎接举世瞩目的北京奥林匹克盛会，一大批奥运工程应运而生。其中位于“2008”奥运场馆中心区北面奥林匹克森林公园，横跨北五环路，占地面积 $7km^2$ 左右，是有山有水有森林的北京奥运工程的重要配套项目之一，公园内规划有多块功能性人工湿地（详见本书第 7 章第 7.12 节），其高低错落有序，构造复杂，截面变化多样，对建设要求很高，且缺少同类工程的施工及验收规范或标准可以借鉴，需根据该工程的特殊要求，结合国家有关标准规范的规定，为指导人工湿地工程施工，确保工程质量，统一施工全过程检验和验收，北京市“2008”工程建设指挥部办公室、北京世奥森林公园开发经营有限公司与北京市水利建设质量监督中心站组织中国科学院水生生物研究所、北京市水利规划设计研究院、山西省水利水电勘测设计研究院、北京城建道桥工程有限公司等有关设计、施工、监理单位等共同编制了该专项工程的施工及验收标准，即《奥林匹克森林公园人工湿地工程施工质量验收标准》（北京市工程建设企业技术标准，编号：JQB-125-2007）

该标准是至今为止我国第一部有关人工湿地工程施工及质量验收的标准，具有较强的指导意义与使用价值，也是人工湿地技术在国内应用推广的重要标志。

2.4.2　标准内容简介

该标准的主要内容为：总则、基本规定、工程质量检验、土方工程、填料铺设工程、水生植物种植工程、构（建）筑物、管道工程、冬季施工等。其中填料铺设工程又可分为一般规定、施工准备、滤料填筑、成品保护四个部分；水生植物种植工程分为一般规定、植物材料准备、苗木采购、种植、苗木养护、苗木成活率的技术控制点、主控项目七个部分；构（建）筑物工程可分为砌体工程、混凝土工程两个部分。

该标准是基于奥林匹克森林公园人工湿地工程中的施工总结，并广泛征求了设计、施工和监理单位的意见编制的。本标准的编写，贯彻了"人工湿地施工过程控制"的指导思想。标准用于奥林匹克森林公园人工湿地工程施工质量验收。

2.4.3 标准与其他规范关系

标准参照国家标准《砌体工程施工质量验收规范 GB50203—2002》、水利部《水利、水电工程施工质量评定规程 SL176—1996（试行）》以及地方标准（北京）《排水沟渠工程施工质量检验标准 DBJ01—13—2004》，各检测参数按相关条款执行。人工湿地工程施工质量验收除应符合本验收标准外，尚应符合国家现行相关标准以及地方专业部门的规定，如李刚明等编著的《水利水电工程施工验收评定行业标准国家标准及强制性条文》。

2.4.4 标准阐述

1. 基本规定

（1）施工单位必须具备相应的专业资质，并应建立完善的质量管理体系和质量监督检验制度。

（2）制定完善的施工组织方案。施工工艺流程，按设计及相关规范要求进行。

（3）在施工前应由设计单位进行设计技术交流。当施工单位发现施工图有错误时，应及时向设计单位提出变更设计的要求。施工单位应根据建设单位提供当地实测地形图（包括测量成果）、原有地下管线或构筑物竣工图、土石方施工图以及工程地质、设计文件等技术资料，以便编制施工组织设计（或施工方案），并应提供平面控制和水准点，作为施工测量和竣工验收依据。

2. 施工测量应严格遵照下列规定

（1）施工前应设置临时水准点和管道轴线控制桩；

（2）控制桩的设置应便于观测且必须牢固，并应采取保护措施；

（3）临时水准点、管道轴线控制桩、高程桩，应经过复核方可使用，并应经常校核；

（4）已建管道、构筑物等与本工程衔接的平面位置和高度，开工前应校测；

（5）施工测量的允许偏差，应符合表2.5的规定。

表 2.5 人工湿地施工测量项目允许误差

Tab. 2.5 Permissible error during measure of construction of CW systems

项目 Item		允许偏差 Permissible Deviation
水准测量高程 Level Height Measurement	平地 Flat Country	$\pm 20\sqrt{L}$（mm）
闭合差 Error of Closure in Leveling	山地 Hill Country	$\pm 6\sqrt{n}$（mm）
导线测量方位角闭合差 Azimuth Closure of Traverse Survey		$\pm 6\sqrt{n}$（"）
导线测量相对闭合差 Relative Error of Closure in Traverse Survey		1/3000
直接丈量测距两次较差 Twice Range of direct measurement		1/5000

注：L 为水准测量闭合线路的长度（km）；n 为水准或导线测量的测站数。

资料管理应按国家与地方相关标准或规定填写相应质量验收表格，并按要求统一编号。

2.4.5 工程质量检验

（1）工程质量检验包括中间产品与原材料质量检验，单元工程质量检验，质量事故检查及工程外观质量检验等程序。

（2）中间产品与原材料质量检验，施工单位应按《水利工程施工质量评定标准（试行）》及有关技术标准对中间产品如水泥、钢筋、砖等原材料质量进行全面检验，不合格产品严禁使用。

（3）机电产品检查。机电产品安装前，施工单位应检查是否有出厂合格证，设备安装说明书及有关技术文件；无出厂合格证或不符合质量标准的产品不得用于工程中。

（4）施工检验记录。施工单位应严格按照《水利水电工程施工验收评定行业标准国家标准及强制性条文》中检验工序进行单元工程质量及设计要求，进行单元工程质量检验，做好施工检验记录。

（5）质量事故检查。质量事故发生后，调查事故原因，研究处理措施，查明事故责任者，并根据国家有关法规处理；质量事故处理后的工程质量，应符合合格标准。

（6）数据处理。检查取样应具有代表性；实测数据是评定质量的基础资料，严禁伪造或随意舍弃检测数据；水泥、钢材及其他原材料的检测数量与数据统计方法按现行国家和水利水电行业有关标准执行。

（7）工程外观质量检验。与周围植物种类等相协调，湿地内部与周围地形衔接要流畅，突出景观效果。

2.4.6　土方工程及防渗工程

土方工程参照 GBJ201—83《土方与爆破工程施工及验收规范》进行施工质量验收。单体防渗参考渠道防渗工程技术规范（中华人民共和国水利行业标准 SL 18—2004）。当防渗工程采用钠基膨润土防水毯作为防水材料时可参照钠基膨润土防水毯（JG/T 193—2006）以及《奥林匹克森林工程涉水工程钠基膨润土材料防渗工程施工细则 GQB-119—2007》，及《验收标准执行 GBJ-120—2007》进行施工质量验收。当防渗材料选用聚乙烯丙纶卷材等建筑材料时应参照中国工程建设标准化协会批准并发布的《中国工程聚乙烯丙纶卷材复合防水工程技术规程 CECS199：2006》。

2.4.7　填料铺设工程

1. 一般规定

湿地填料采用多种材质，主要从选料、洗料、堆放、撒料四个方面加以控制。

2. 施工准备

主控项目中原材料应符合国家Ⅲ类水的指标要求。检验方法：检查出厂合格证、质量检验报告和现场抽验复验报告。材料准备及材料质量检验：

（1）湿地填料应在试验的基础上，选择出最佳组合，其指标必须满足设计要求指标。

（2）所选填料必须过筛，达到设计要求的粒径范围。保证填筑材料的含泥（砂）量和填料粉末含量小于设计要求值。

（3）机械设备准备，应选用对基地无扰动的、能均匀布料的设备。

3. 滤料填筑

（1）湿地内撒料墙体周围采用人工铺筑，避免撒料时破坏已铺设好的 UP-VC 管。在墙体附近撒料时，应加铺聚苯板，保证防渗毯的完整性。

（2）虚铺厚度应经填料放水模拟试验确定。

（3）铺料时应在料上铺设大板。

（4）隔墙填料时应两部分同时进行，两侧高差不应超过 500mm。

（5）填筑时填料的铺设厚度、坡度、高程和允许偏差应符合表 2.6 的要求。

表 2.6　人工湿地填料施工测量项目允许误差

Tab. 2.6　Permissible error during measure of medias construction of CW systems

项目 Item	允许偏差 Permissible Error	检测频率 Frequency	检验方法 Test Method
厚度 Thickness	±3cm	5 点/单元	水准仪
高程 Elevation	+3cm，−2cm	5 点/单元	水准仪

4. 成品保护

严禁人员、机械随意走动。填筑完成后应加覆盖，设专人看管。

2.4.8　水生植物种植工程

1. 一般规定

目前，水生植物行业尚无苗木生产、苗木栽植、名称使用、工程施工等多方面的参考标准，因此湿地水生植物种类符合设计要求。

2. 植物材料准备

苗木挖掘、包装应符合设计要求并参考现行行业标准《城市绿化和园林绿地用植物材料木本苗 GJ/T 34－1991》，按项目所在地区可参照该地地方标准，如北京市可参考《城市园林绿化用植物材料木本苗 DB11/T211》。

3. 苗木采购

宜由专门的水生植物基地采购。水生植物移植时应有专业技术人员指挥，把不同植物的形状和怎样出土要进行施工前的技术交底。修剪留好当年新萌生的根茎，但在修剪时对每株的根茎，必须要有 4~6 株的新芽，修剪枯萎的老根。

4. 苗木运输

必须用保温车运输，在装车运输前应将需要栽培的根苗用水洗净根部的泥土。苗木应运多少栽多少。

5. 种植

(1) 按水生植物的生长习性要求的栽培深度，分池人工栽培。

(2) 栽培植物前要有园艺工程师进行技术交底，分别对每种植物的栽培方法进行讲解。

(3) 栽培时要用专用工具，栽培后要成行、成排压实找平。管道上方不应栽植。

(4) 栽植前要先蓄水，要把水蓄至栽培池中碎石上 5cm 处，蓄水后不应立即栽培，必须要有 2d 日照过程，使水温和自然气候温度一致。

6. 苗木保护

(1) 前期（萌生新根、新芽期）宜浅水 5cm 养植。

(2) 旺盛生长期水层 20cm。

（3）生长后期宜浅水管理。

（4）全生长期适时防治蚜虫及霜霉、黑斑等，对已发生茎、叶部病害，实施整形修剪，对死苗及时移苗补栽。

（5）雨季防涝及时排水，冬季防冻水深度应在 40cm。

7. 苗木成活率的技术控制点

（1）精细带全根取苗，净土后保水，严防风干。

（2）精选大规格苗。

（3）多年生苗木要在 4～5 月萌芽时期取苗。

（4）保湿快速运输，缩短取苗到栽苗时间。

（5）严格水层管理，安全越冬越夏，综合防治病虫草害。

（6）专业规范栽种，保证成活率。

8. 主控项目

种类、株密度、景观效果应符合设计要求。检验方法采用观察和尺量检查。

2.4.9　构（建）筑物

砌体工程参照《砌体工程施工质量验收规范》GB50203—2002 进行施工质量验收。混凝土工程参照《水工混凝土施工规范》SDJ207—1982 进行施工质量验收。

2.4.10　构（建）筑物

管道工程参照《室外硬聚氯乙烯给水管道工程施工及验收规程》（CECS）进行施工质量验收。

2.4.11　冬季施工

参照《砌体工程施工质量验收规范》GB50203—2002 和《水工混凝土施工规范》SDJ207—82 中的冬季施工要求进行施工质量验收。

2.5　复合垂直流人工湿地系统设计

2.5.1　复合垂直流人工湿地系统的结构

研究已有的表面流湿地、潜流湿地、垂直流湿地的工艺特点和处理功效后发现，湿地的水流方式对处理效果有直接的影响，水流能直接改变湿地的物理化学性质，如营养的有效性、基质缺氧程度、基质盐度、沉淀性质和 pH。水的流入总是湿地营养的主要来源；水的流出经常从湿地带走生物的和非生物的物质。这些物理化学环境的改变对湿地生物反应均有直接影响。同时，通过对比发现，垂直流湿地中水流能够充分利用处理基质，尽管其对总氮的去除能力较为有限，但对 BOD、COD，尤其是氨氮的去除率高，若利用此类型湿地，并对其工艺进行合理改善和调整，在其充分发挥硝化作用的同时，加强其反硝化作用，应能提高其整体的除氮效果。国内前些年对垂直流湿地的关注较少，普遍认为其建造要求高、易滋生蚊蝇而很少采用（吴晓磊，1994）。但垂直流湿地在欧洲有些地方已投入运行，因而有必要对此类型湿地进行重新认识，为我所用。

　　为此本书作者与合作者研究设计出一种新型的具有独特下行流-上行流复合水流方式的垂直流人工湿地（downflow-upflow constructed wetland，or integrated vertical flow constructed wetland，IVCW），IVCW 系统的工艺结构如图 2.11 所示。

　　复合垂直流人工湿地的基本流程是经沉淀池预处理的污水首先流入位于第一池基质表面的多孔布水管（图 2.11），使进水均匀分布在第一池整个表面上，随后污水垂直向下流过第一池的基质层。由于整个系统底部有 0.5％ 的倾斜度，污水自流进入第二池底部；由于一池基质层比二池基质层高，水流会自动淹没第二池的基质层，被位于二池基质表面的多孔集水管均匀收集，最后从二池基质层底部流出系统。污水由此完成第 1 池下行流，第 2 池上行流的复合水流过程。该工艺独特的下行流-上行流水流方式有效地解决了其他类型湿地易出现的"短路"现象，而且形成了下行流池部分区域好氧、上行流池部分厌氧的复合净水结构，促进了硝化与反硝化作用，明显提高了系统的脱氮效果。

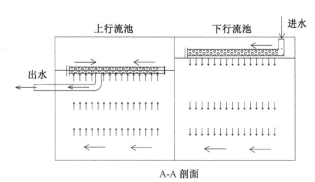

图 2.11　复合垂直流人工湿地系统示意图

Fig. 2.11　Diagram of integrated vertical flow constructed
wetland（IVCW）system

下面将对复合垂直流人工湿地系统各部分组成与参数选择作具体介绍：

1. 前处理部分

通常人工湿地的前处理设备由化粪池、格栅、沉砂池、沉淀池、厌氧塘、兼性塘组成（郑雅杰，1995），通过格栅截阻块状浮渣，沉砂池除去砂粒后，污水进入初沉池，固体物质发生自由沉淀和絮凝沉淀作用。经过这些简单工艺可有效地去除 SS 和 BOD_5，从而有利于后续处理单元的负荷、稳定水质、去除寄生虫卵和减少人工湿地的淤塞。在不设置厌氧塘的人工湿地系统中，沉淀池几乎是不可缺少的工艺。人工湿地所使用的塘系统主要是厌氧塘和兼性塘，污水进入稳定塘后被稀释，使有毒、有害物质的浓度降低，这有利于生物净化作用的正常进行。在塘系统中将进一步发生自由沉淀和絮凝沉淀作用使污水净化。塘系统净化污水的关键作用是好氧微生物和厌氧微生物的代谢作用。由于东湖茶港排污口污水中的有毒有害物质浓度不是特别高，复合垂直流人工湿地系统前处理部分采取格栅和沉淀池即可满足要求。

2. 水力负荷

参照其他类型湿地的水力负荷参数进行选择，同时通过试验研究寻求复合垂直流人工湿地的适宜水力负荷，并相应地确定系统较佳的停留时间。

在复合垂直流人工湿地中，要使一池保持好氧状态，就必须在投配污水后使其间歇复氧，确保下行流池好氧、上行流池厌氧的水处理条件，并最终促进系统的好氧硝化与厌氧反硝化作用，因而采取间歇运行的方式。

3. 基质结构

针对不同污水水质状况结合实际选用适当的基质。目前，沙、石混合仍是最常用的基质。本系统中基质的选择本着就近取材的原则，采用的是普通河砂。

在早期的实验模型和工程应用中复合垂直流人工湿地中基质一般分两层，一般上层为粒径 $0\sim4mm$ 的细砂，下层为粒径 $40\sim80mm$ 的砾石。两池的细砂层为大型水生植物的生长提供根系附着介质，并保证对污水有良好的过滤效果，同时细砂层基质低水力传导率可保持滞水状态以保证进水的均匀分布。基质底部的砾石层不仅能有力地支撑上层基质，还可构成许多大空隙单元，显著提高了水力传导性能，确保了污水的流动与底部水流的迅速排空。值得注意的是，一池与二池的基质构成相同，只是一池砂层比二池砂层高，目的是为了使一池形成不饱和水层，利于系统复氧，同时二池基本保持厌氧状态，使整个系统同时存在好氧、厌氧状态，有利于硝化与反硝化作用的发挥。随着研究的深化和工程应用的需要，湿地基质种类、材料、粒径大小、开关均有变化，基质级配也有三层或更多。

4. 植物的选择

通过水生和湿生植物的实地调查，从本地区根系发达、生物量较大、多年生的耐污植物中，选出适合人工湿地栽种的 53 种，见表 2.7。复合垂直流人工湿地有两个处理池，要充分发挥两池的处理效率，需对种植的植物种类进行合理搭配。两池的理化环境不同，下行池水流冲击较大，水中营养物浓度较高，水流渗入之后，基质含水量迅速下降；上行池水流较缓，水质较好，水流被基质表面收集管收集的过程中，基质处于淹水的状态，为此，下行池以生物量大的湿生植物为主，上行池种植较耐水淹的植物。

表 2.7　人工湿地栽培的水生植物种类
Tab. 2.7　The macrophyte species for constructed wetland

科、属名	种名
1　苋科 Amaranthaceae	
莲子草属 *Alternanthera*	喜旱莲子草 *Alternanthera philoxeroides*
	莲子草 *Alternanthera sessilis*
2　蓼科 Polygonaceae	
蓼属 *Polygonum*	旱苗蓼 *Polygonum lapathifolium*
	小毛蓼 *Polygonum barbatum*
	水蓼 *Polygonum hydropiper*
3　十字花科 Cruciferae	
豆瓣菜属 *Nasturtium*	豆瓣菜 *Nasturtium officinale*
4　千屈菜科 Lythraceae	
千屈菜属 *Lythrum*	千屈菜 *Lythrum salicaria*
5　酢浆草科 Oxalidaceae	
酢浆草属 *Oxalis*	红花酢浆草 *Oxalis corymbosa*
6　伞形科 Umbelliferae	
水芹属 *Oenanthe*	水芹 *Oenanthe javanica*
7　泽泻科 Alismataceae	
慈菇属 *Sagittaria*	慈菇 *Sagittaria sagittifolia*
	矮慈菇 *Sagittaria pygmaea*
泽泻属 *Alisma*	泽泻 *Alisma plantago-aquatica*
8　天南星科 Araceae	
菖蒲属 *Acorus*	菖蒲 *Acorus calamus*
	石菖蒲 *Acorus tatarinowii*
马蹄莲属 *Zantedeschia*	马蹄 *Zantedeschia aethiopica*
芋属 *Colocasia*	芋 *Colocasia esculenta*
9　灯心草科 Juncaceae	
灯心草属 *Juncus*	灯心草 *Juncus effusus*
10　莎草科 Cyperaceae	
藨草属 *Scirpus*	藨草 *Scirpus triqueter*

续表（Continued）

科、属名	种名
	羽状刚毛藨草 *Scirpus subulatus*
	水毛花 *Scirpus triangulatus*
	荆三棱 *Scirpus yagara*
莎草属 *Juncellus*	水莎草 *Juncellus serotinus*
	伞草 *Cyperus alternifolius*
	纸莎草 *Cyperus papyrus*
苔草属 *Carex*	苔草 *Carex* sp.
荸荠属 *Eleocharis*	野荸荠 *Eleoocharis plantagineiformis*
	牛毛毡 *Eleocharis yokoscensis*
飘拂草属 *Fimbristylis*	日照飘拂草 *Fimbristylis miliace*
水葱属 *Scipus*	水葱 *Scripus validus*
11　禾本科 Gramineae	
假稻属 *Leersia*	李氏禾 *Leersia sayanuka*
芦苇属 *Phragmites*	芦苇 *Phragmites communis*
黑麦草属 *Lolium*	黑麦草 *Lolium perenne*
荻属 *Triarrhena*	荻 *Miscanthus sacchariflorus*
菰属 *Zizania*	茭白 *Zizania caduciflora*
	菰 *Zizania latifolia*
香根草属 *Vetiveria*	香根草 *Vetiveria zizanioides*
薏苡属 *Coix*	薏苡 *Coix lacryma-jobi*
稗属 *Echinochloa*	光头稗子 *Echinochloa colonum*
	稗子 *Echinochloa crusgalli*
12　香蒲科 Typhaceae	
香蒲属 *Typha*	宽叶香蒲 *Typha latifolia*
	水烛 *Typha angustifolia*
13　姜科 Zingiberaceae	
山姜属 *Alpinia*	山姜 *Alpinia japonica*
14　美人蕉科 Cannaceae	
美人蕉属 *Canna*	美人蕉 *Canna indica*
15　竹芋科 Marantaceae	
塔利亚属 *Thalia*	再力花 *Thalia dealbata*

续表（Continued）

科、属名	种名
16　雨久花科 Pontederiaceae	
雨久花属 *Monochoria*	雨久花 *Monochoria korsakowii*
凤眼莲属 *Eichhornia*	凤眼莲 *Eichhornia crassipes*
梭鱼草属 *Pontederia*	白花梭鱼草 *Pontederia cordata*
17　百合科 Liliaceae	
萱草属 *Hemerocallis*	黄花 *Hemerocallis citrina*
18　鸢尾科 Iridaceae	
唐菖蒲属 *Gladiolus*	唐菖蒲 *Gladiolus gandavensis*
鸢尾属 *Iris*	黄菖蒲 *Iris pseudacorus*
	玉蝉花 *Iris ensata*
19　旋花科 Convolvulaceae	
番薯属 *Ipomoea*	水蕹菜 *Ipomoea aquatica*
20　三白草科 Saururaceae	
三白草属 *Saururus*	三白草 *Saururus chinensis*

2.5.2　IVCW 室外小试系统

根据对 IVCW 的设计，在东湖环湖路南侧的一池塘边选址，修建了 IVCW 小试系统（Small Scale Plot，SSP），系统中有 12 个 IVCW 池并联，各个 IVCW 池的结构均相同，下行流池与上行流池的尺寸均为 1 m×1 m×1 m。为了控制进水水量，在每个 IVCW 池前设置定量池，容积为 0.25m³。系统平面布置如图 2.13 所示。池塘中的污水首先被一台水泵提升至沉淀池中进行预处理后，分别流入各个定量池中，然后一定量的污水经 12 个进水阀流入各自控制的 IVCW 池中。污水经过 IVCW 中的下行流池、上行流池，最终流出整个 IVCW 小试系统。编号为 9、10、11、12 的 IVCW 池后设有水质修饰池，为开展水质回用与沉水植物恢复试验所用。小试系统的实景见图 2.14。

1997 年 9 月成功地将天然湿地及苗圃中生长的 22 种水生、湿生植物的根、茎移植到小试系统中，除 6 号系统不栽种植物作为对照外，其余 11 个系统的第一池、第二池各栽种不同植物（表 2.8）。植物移植时选用带芽的根茎，长度约 10cm。不同植物种植密度不同，芦苇叶面积较稀，间距相对较小，一般为 20cm。

莲子草(李敏摄)　　　　　　　　　喜旱莲子草(李强摄)

旱苗蓼(王溪光摄)　　　　　　　　水蓼(贺锋摄)

豆瓣菜(李强摄)　　　　　　　　　千屈菜(吴娟摄)

图 2.12　人工湿地栽培的水生植物图片集

Fig. 2.12　Photo album of macrophyte for constructed wetland

红花酢浆草(李敏摄)　　　　　　　　　　　　水芹(李敏摄)

慈姑(李今摄)　　　　　　　　　　　　矮慈姑(林秦文摄)

泽泻(贺锋摄)　　　　　　　　　　　　菖蒲(李强摄)

图 2.12　（续）
Fig. 2.12　（Continued）

石菖蒲(李强摄)

马蹄(李强摄)

芋(李强摄)

灯心草(李强摄)

薰草(吴娟摄)

水毛花(李强摄)

图 2.12 （续）

Fig. 2.12 （Continued）

荆三棱(佚名摄)　　　　　　　　　水莎草(刘凤摄)

伞草(徐栋摄)　　　　　　　　　　纸莎草(李强摄)

牛毛毡(金华花木摄)　　　　　　　　水葱(贺锋摄)

图 2.12　　（续）
Fig. 2.12　　（Continued）

芦苇(李强摄)　　　　　　　　　　黑麦草(刘冰摄)

荻(李强摄)　　　　　　　　　　菰(贺锋摄)

香根草(徐栋摄)　　　　　　　　　薏苡(李敏摄)

图 2.12　　（续）

Fig. 2.12　　（Continued）

宽叶香蒲(李强摄)　　　　　　　水烛(张润堂摄)

山姜(林秦文摄)　　　　　　　　美人蕉(贺锋摄)

再力花(马剑敏摄)　　　　　　　雨久花(李强摄)

图 2.12　（续）

Fig. 2.12　（Continued）

凤眼莲(李敏摄)

梭鱼草(马剑敏摄)

黄花(刘夙摄)

唐菖蒲(李敏摄)

黄菖蒲(徐栋摄)

玉蝉花(李敏摄)

图 2.12 （续）

Fig. 2.12 （Continued）

水雍菜(李敏摄)

三白草(李强摄)

图 2.12 (续)
Fig. 2.12 (Continued)

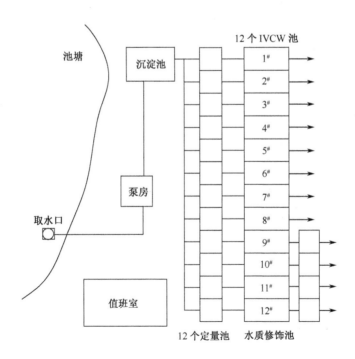

图 2.13 IVCW 小试系统示意图
Fig. 2.13 Diagram of small scale plot system of IVCW system

图 2.14　IVCW 小试系统实景

Fig. 2.14　The photograph of small scale plots of IVCW system

表 2.8　IVCW 小试系统植物组合

Tab. 2.8　The composition of macrophyte in small scale plot system of IVCW

系统 plot	下行池 Downflow Chamber	上行池 Upflow Chamber
P1	芦苇 *Phragmites communis*	水葱 *Scripus tabernaemontani*
P2	茭白 *Zizania caduciflora*	菖蒲 *Acorus calamus*
P3	荻 *Miscanthus sacchariflorus*	羽状刚毛薫草 *Scirpus subulatus*
P4	薫草 *Scirpus triqueter*	苔草 *Carex* sp.
P5	菰 *Zizania latifolia*	慈菇 *Sagittaria sagittifolia*
P6	无植物（作对照）	
P7	宽叶香蒲 *Typha latifolia*	黄菖蒲 *Acorus calamus*
P8	水烛 *Typha angustifolia*	灯心草 *Juncus effusus*
P9	伞草 *Cyperus alternifolius*	水雍菜 *Ipomoea aquatica*
P10	薏苡 *Coix lacryma-jobi*	喜旱莲子草 *Alternanthera philoxeroides*
P11	光头稗子 *Echinochloa colonum*	水芹 *Oenanthe javanica*
P12	稗子 *Echinochloa crusgalli*	水蓼 *Polygonum hydropiper*

1. 运行方式和负荷

进水方式采用间歇式，以便于较低水力负荷时布水均匀，充分利用湿地表面和体积；另外，间歇式进水可造成湿地充氧，有利于湿地中的有氧呼吸及硝化作用。系统分三个阶段进行了三种不同的水力负荷试验，分别为 200 mm/d、400 mm/d 和 800 mm/d，根据不同的水力负荷，采用日进水 2～4 次，小试进水的负荷及相应运行阶段见表 2.9。

表 2.9　IVCW 小试水力负荷与相应的运行阶段

Tab. 2.9　The hydraulic loading schedule of inflow for the small scale plots in IVCW

阶段 Phase	日期 Date	水力负荷 Hydraulic Loading /（mm/d）	每日进 水次数	每次进 水量/L	每日总 水量/L
阶段 Ⅰ Phase Ⅰ	1997.9.23～1998.6.1	200	2	100	200
阶段 Ⅱ Phase Ⅱ	1998.6.2～1998.8.19	400	3	133	400
阶段 Ⅲ Phase Ⅲ	1998.8.20～1998.10.25	800	4	200	800
	1998.10.26～1998.11.5*	400	3	133	400
	1998.11～1999.4.30	800	4	200	800
	1999.5.1～1999.11.16	800	4		

＊小试进行藻毒素去除研究，改变了水力负荷＊ Hydraulic loading of small scale pilots system has been changed for the study of the removal efficiency of microcystins

2. 水质监测

水质监测的内容有温度、pH、电导、电位、溶氧、总悬浮物等物理参数，BOD_5、COD_{Cr}、氮、磷等化学指标，藻类、细菌数、总大肠菌群、粪大肠菌数等生物指标，重金属、藻毒素、酞酸酯等有毒有害物质。IVCW 小试系统自 1997 年 10 月开始运行，每 2～4 周采集湿地系统进水及出水水样一次。通过对水样水质进行分析，监测系统进出水环节，确定进出水水质是否符合工艺要求，指导系统运行并调整水量，保障系统的处理能力。

3. 植物的管理

IVCW 小试系统植物生长状况良好：自 1997 年 9 月栽种以后，各系统中植物能正常生长；至 11 月底，大部分植物枯萎，P2 的菱白，P3 的荻，P5 的茭和慈菇，P7 和 P8 的香蒲，P12 的水蓼地上部分枯死，但地下根系仍然存活。只有P1 芦苇和水葱、P4 藨草、P8 灯心草、P11 水芹等仍长势较好。其中水葱、藨草、灯心草至 1998 年 1 月仍保持有一定量的新蘖，水芹一直生长旺盛。P10 的薏苡尽管为一年生植物，但在春天其种子能很快萌发并具有大的生物量。其他植物如刚毛藨草、水莎草、光头稗子和水雍菜因于冬季死亡而被置换。总体来说，小试运行的第一年由于栽种的时间较短，生长季节已过，大部分植物不能充分地占有整个湿地表面，盖度不大。为此，在 1998 年 4 月对小试系统中的植物进行了调整，调整后的植物组合见表 2.10。

表 2.10 调整后的 IVCW 小试系统植物组合

Tab. 2.10 The modified composition of macrophyte in small scale plots of IVCW

系统 plot	下行池 Downflow Chamber	上行池 Upflow Chamber
P1	芦苇 *Phragmites communis*	水葱 *Scripus tabernaemontani*
P2	茭白 *Zizania caduciflora*	菖蒲 *Acorus calamus*
P3	荻 *Miscanthus sacchariflorus*	凤眼莲 *Eichhornia crassipes*
P4	蘼草 *Scirpus triqueter*	苔草 *Carex* sp.
P5	菰 *Zizania latifolia*	慈菇 *Sagittaria sagittifolia*
P6	无植物（作对照）	
P7	宽叶香蒲 *Typha latifolia*	黄菖蒲 *Iris pseudacorus*
P8	水烛 *Typha angustifolia*	灯心草 *Juncus effusus*
P9	伞草 *Cyperus alternifolius*	黑麦草 *Lolium perenne*
P10	薏苡 *Coix lacryma-jobi*	喜旱莲子草 *Alternanthera philoxeroides*
P11	黄花 *Hemerocallis citrina*	水芹 *Oenanthe javanica*
P12	稗子 *Echinochloa crusgalli*	水蓼 *Polygonum hydropiper*

2.5.3 温室小试系统

为了开展微生物等相关试验时便于控制试验的条件及常年开展试验研究的需要，特建造了一玻璃外罩的温室系统，温室内有 IVCW 小试池四套，结构基本同前，只是管网中采用了不锈钢管，目的是在开展如酞酸酯研究时避免进水输送过程中有机物的污染。四组小试中下行流池中种植陆生植物美人蕉（*Canna indica*），上行流池中种植水生植物菖蒲（*Acorus calamus*），种植密度为 3×3 株/ m^3。温室试验系统的运行状况见表 2.11。

表 2.11 温室系统运行概况

Tab. 2.11 The performance of the greenhouse systems during testing period

试验池编号 System Number	时间 Date	水力负荷/（mm/d） Hydraulic Loading/ （mm/d）	备注 Remarks
1～3	2001.3.1～2002.4	420	7 月 6 日对植物进行部分收割，并除去杂草
4	2001.3.1～10.11	420	春夏季生长旺盛，冬季能维持一段时间的生长，霜降期后开始枯黄。运行第二年春季，植物重新萌发新叶且长势好

续表（Continued）

试验池编号 System Number	时间 Date	水力负荷/（mm/d） Hydraulic Loading/ （mm/d）	备注 Remarks
4	2002.1～7 月	2000	温室 3 号池水力负荷在此试验期间保持不变
	2002.7.29～8.7	1200	
	2002.8.8～8.17	1600	
	2002.9.4～9.13	2000	
	2002.10.30～12.28	420	

2.5.4　IVCW 中试系统

IVCW 系统的小试及与其他工艺相结合的试验研究结果表明，IVCW 系统无论是在污染物的去除还是在系统外观美感上都表现出明显的优越性，因而有必要对其扩大规模试验，进一步掌握其去除污染物的规律，为 IVCW 的实际工程运用提供设计参数和研究依据。

1. 中试系统的结构

中试系统（以下简称 MSPS）于 1998 年 4 月在东湖边建成，如图 2.15 所示。其结构类似于小试系统，由两个面积各为 81m² （9m×9m）、深为 1.2m 的池组成。从第一池（下行池）到第二池（上行池），底部具有 0.5% 的倾斜度。两池底部有 20cm 的空间相连，以便水可自由地从下行池进入上行池。另外，辅助系统包括一个围隔成两室的蓄水池、用于从东湖抽取水的泵站和输水系统。该系统进水直接取自东湖-子湖-水果湖，距东湖最大的排污口——茶港排污口约

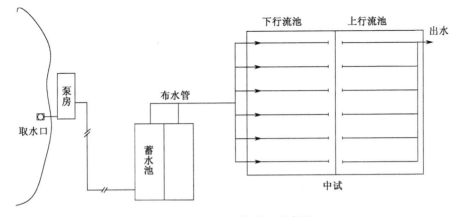

图 2.15　中试系统平面示意图

Fig. 2.15　Diagram of medium scale pilot system of integrated vertical flow constructed wetland

60m 处，经管道输送到蓄水池，在此停留 6～24h。根据小试系统的结果，选择
菰和菖蒲分别植入下行和上行池，植物组合与小试系统 2 号池相同。植物采自东
湖附近池塘，植株高度为 1.0～1.5m，每池栽种 10 行，每行约 60 株，中试系统
的实景见图 2.16。

图 2.16　IVCW 中试系统实景（1998.8）
Fig. 2.16　The photograph of medium scale pilot system of IVCW（1998.8）

2. 运行方式和负荷

　　进水方式采用与小试相同的间歇式，系统分四个阶段进行了四种不同的水力
负荷试验，分别为 200 mm/d、400 mm/d、800 mm/d 和 1200 mm/d，根据不同
的水力负荷，采用日进水 2～4 次，中试进水的负荷及相应运行阶段见表 2.12。
工程设施的管理执行操作和维护保养计划，包括每日巡检系统各部分流量、泵、
阀门、进出水系统的管道、渠道等设施的运行状况。

表 2.12　IVCW 中试的水力负荷与相应的运行阶段
Tab. 2.14　The hydraulic loading schedule of inflow for the medium scale pilot system in IVCW

日期 Date	水力负荷/（mm/d） Hydraulic Loading/ （mm/d）	备注 Remarks
1998.4～1998.6.1	200	
1998.6.2～1998.8.19	400	
1998.8.20～1999.4.30	800	
1999.5.1～1999.8.15	1200	

续表（Continued）

日期 Date	水力负荷/（mm/d） Hydraulic Loading/ (mm/d)	备注 Remarks
2001.3.1～2001.6.20	400	植物生长旺盛，6 月 20 日进行植物部分收割：下行流池保留植株约 20cm，上行流池植物全部收割
2001.6.21～2002.1.17	800	植物生长旺盛，美人蕉花期至秋季。12 月植物叶片开始出现枯黄
2002.1.18～2002.3.18	1600	植株衰败
2002.3.19～2002.4.15	2000	春季气温较往年高，植物萌发新叶且长势好
2002.5.15～2002.7.15	1600	下行流池-上行流池均运行
2002.7.29～2002.9.4	800	单独运行下行流池
2002.9.4～2002.9.13	2000	下行流池-上行流池均运行
2002.10.30～2002.12.31	2000	下行流池-上行流池均运行
2003.1.1～2007.12.31	1200	下行流池-上行流池均运行

3. 系统监测

对湿地系统进行定期监测的目的在于维护系统长期稳定运行，保证系统处理效果。监测对象包括进、出水、基质、植物等。监测的内容包括对处理水质、水量、基质和植物的各项理化及生物指标的监测。

监测的主要目标是对系统各进出水环节进行监测，确定进出水水质是否符合工艺要求，以保证系统的处理能力，指导运行管理。监测的项目有水位、水温、电导率、溶解氧、pH、氧化还原电位、COD_{Cr}、BOD_5、总氮、氨氮、总磷、TSS、藻类、浮游动物、总细菌、总大肠菌群、粪大肠菌等，取样频率根据分析项目不同各异，从每周 1 次至每月 1 次。

系统的监测可为湿地系统的操作和管理提供依据，以判断处理系统是否达标。监测内容包括：定期观察和记录各工程设施（泵、管、渠、流量计等）的运行情况，植物的生长发育情况，气象状况以及不同气候条件下对运行产生的影响因素，以便调整运行工艺。对植物的监测主要是为了监测植物对营养元素、毒物及盐分的去除效果。这是保证系统长期运行效果的手段之一。分析项目有：植株生物量、总有机氮、总磷、重金属等。分析频率是每年收获植物时并对上述项目进行测试。根据实际需要可增加基质监测项目，如基质有机质、氧化—还原电位，微量元素浓度、微团聚体或其他基质理化指标。

有时，因研究和工程的需要，在一定时间内，要实际监测不同植物条件下的基质水分蒸发蒸腾量。其他监测应视实际需要而定。当有些系统使用的污水含有较高的病毒或有机毒物时，采用喷洒布水系统往往会增加这些毒物经空气扩散传播的危险性，因此，需要对系统边缘地带一定距离内的空气进行监测。

IVCW中试系统自开始运行起，每月采集湿地系统进水及出水水样一次。通过对水样水质的分析，监视系统进出水环节，确定进出水水质是否符合工艺要求，指导系统运行并调整水量，保障系统的处理能力。

4. 植物的种植和管理

IVCW中试系统植物的生长状况是，第一池的菰在冬季过后枯萎，春季不能很好地萌发新蘖，之后改种美人蕉，生长十分旺盛。其花形大且花色艳丽，6～8月开花，花期较长，管理粗放，产生了很好的景观效果（图2.17）。湿地中的杂草主要是水花生、一年蓬等，由人工定期拔除。

图2.17　IVCW中试系统美人蕉花季实景（2001.8）

Fig. 2. 17　The photograph of *Canna indica* blooming in medium scale pilots system of IVCW（2001.8）

第3章 IVCW 系统的净化功能

3.1 去除常规污染物的效果

人工湿地污水处理系统借助于基质、微生物以及湿生植物三者对污染物质进行吸附、吸收、转化，具有较高的净化处理效果。表面流湿地和潜流湿地是人工湿地的两种主要类型，表面流人工湿地设计简单，投资少；而潜流湿地没有暴露的自由水面，污水在填料表面下渗流，高效、卫生。

复合垂直流人工湿地改变了表面流湿地、潜流湿地和单一垂直流湿地的水流方式，有效地解决了其他类型湿地易出现的"短路"现象，使得湿地中污水能够充分利用处理基质，提高了湿地的处理效果；同时好氧、厌氧的复合水处理结构，加强了硝化、反硝化作用，提高了系统整体的除氮效果；并且间歇式的进水方式也有利于系统的复氧。本节将以常规污染物为研究对象，详细地列举不同规模的实验系统的净化效果，文中水质标准采用国家颁布的《地表水环境质量评价标准》（GB3838—2002）。

3.1.1 小试系统

12 套小试系统的净化效果见表 3.1a、表 3.1b（运行时间 1997～1999 年），表 3.1a 结果显示人工湿地小试系统对常规污染物有较理想的去除效果，BOD_5 的平均去除率稳定在 84.6%～90.8%，并且出水浓度在 1.00 mg/L 左右，达到国家 I 类地表水标准。COD_{Cr} 的平均去除率在 52.1%～62.4%。12 套小试系统的 COD_{Cr} 出水浓度为 16.7～19.7 mg/L，达到国家 III 类地表水标准。除 P12 系统外，其他 11 套小试系统对 TSS 的去除率均能达到 80.4% 以上。6 号系统为无植物的对照组，但对 TSS 的去除率并不低，表明基质在发挥着过滤沉淀的作用，同样有利于污染物的去除，而且物理过滤作用被认为是去除 TSS 的主要机制。氨氮的平均去除率在 55.4%～73.8%，总氮的平均去除率则为 37.2%～58.2%。小试系统进水氨氮、总氮浓度的平均值分别为 2.12 mg/L、4.68 mg/L，为劣 V 类水体，而出水氨氮浓度为 0.44～0.79mg/L，达到了 III 类地表水体标准，出水总氮浓度为 1.55～2.64mg/L，已接近 V 类地表水体标准。12 套小试系统对氨氮的净化负荷为 0.52～0.69g/（m²·d），对总氮的净化负荷为 0.92～1.49g/（m²·d）。此外，除 6 号系统外，各套小试系统对亚硝态氮的去除率均稳定在 60% 以上。硝态氮的含量反而增加，去除率呈负值，主要原因可能是湿地系统环境比较有利于硝化作用的发生。无机磷的平均去除率在 24.6% ~ 56.5%，总磷的平均去除率则为 39.7% ~ 68.1%。系统进水无机磷、总磷含量的平均值分别为 0.12mg/L、0.30mg/L，为劣 V 类水体，而出水无机磷含量则为 0.04 ~ 0.09mg/L，总磷含量为 0.07 ~ 0.17mg/L，达到了 IV 类水体的水平。12 套小试系统对无机磷的净化负荷为 0.02 ~ 0.04g/ (m^2 · d)，对总磷的净化负荷为 0.06 ~ 0.09 g/ (m^2 · d)，12 套系统的均值差异并不明显。表 3.1b 列举了 12 套小试系统对微生物的净化效果。小试系统对异养细菌（heterotrophic bacteria）、总大肠菌（total coliform，TC）和粪大肠菌（fecal coliform，FC）的平均去除率分别为 99.4%、85.9% 和 89.7%，而各系统之间的净化作用无明显的差异（$P > 0.05$）。

表 3.1a　12 套小试系统的净化效果

Tab. 3.1a　The purification effect of the 12 SSPs［单位（Unit）：%］

系统 System	COD_{Cr}	BOD_5	NH_3-N	$NO_2^- -N$	KN	IP	TP	TSS
系统 1 P 1	58.7	85	60.8	69.3	44.1	47	65.8	82.5
系统 2 P 2	56.3	87.5	71.6	89.8	44.3	53	68.1	88.6
系统 3 P 3	61.9	86.9	55.9	76.2	37.2	32	46.4	86.4
系统 4 P 4	56.7	90.8	73.7	88.8	45.7	46.3	62.1	89
系统 5 P 5	58.3	86.5	66.8	76.1	46.7	44.3	47	80.4
系统 6 P 6	52.1	87.7	70.1	—	41.8	47.5	39.7	81.9
系统 7 P 7	62.4	89	73.8	88.3	52.8	56.5	60.5	86.9
系统 8 P 8	60.1	87.9	68.4	81.9	56	56.2	56.4	82.2
系统 9 P 9	56.4	86	61.3	79.9	56.3	24.6	41.7	83.8
系统 10 P 10	59.6	82.6	55.4	69	54.3	53.9	49.7	80.8
系统 11 P 11	62.4	88.3	70.7	64.6	58.2	40	45.3	86.6
系统 12 P 12	59.5	84.6	57.5	73.3	50.9	54.8	48.7	79.1

表 3.1b　12 套小试系统对微生物的去除率

Tab. 3.1b　The removal rates of microorganisms by the 12 SSPs

［单位（Unit）:%］

系统 System	细菌 Bacteria	总大肠菌 TC	粪大肠菌 FC
系统 1 P 1	97.8（2.7）*	93.6（6.0）	96.7（4.0）
系统 2 P 2	99.4（0.5）	97.3（1.9）	96.0（3.6）
系统 3 P 3	99.6（0.2）	90.5（7.2）	94.9（3.8）
系统 4 P 4	99.1（0.8）	94.5（7.6）	92.3（9.5）
系统 5 P 5	99.4（0.4）	76.8（20.5）	95.6（4.0）
系统 6 P 6	99.6（0.3）	92.5（7.5）	93.1（6.8）
系统 7 P 7	99.3（0.6）	73.2（19.6）	88.4（7.8）
系统 8 P 8	99.7（0.2）	63.5（15.8）	78.2（13.5）
系统 9 P 9	99.8（0.2）	85.3（14.9）	81.1（17.3）
系统 10 P 10	99.6（0.3）	81.8（13.8）	81.6（16.6）
系统 11 P 11	99.9（0.1）	93.3（7.6）	94.4（7.5）
系统 12 P 12	99.5（0.3）	88.7（9.3）	84.4（17.6）

* 括号内为标准差 * Standard deviation in brackets

3.1.2　中试系统

中试系统（Medium Scale Pilot System，MSPS）从 1998 年建成起运行至今（数据截止到 2007 年 12 月），表 3.2 所列为中试系统的平均净化效果。BOD_5 的平均去除率高达 89.1%，出水平均浓度为 1.47mg/L，达到国家Ⅰ类地表水体标准。COD_{Cr} 的平均去除率达到 66.5%，出水平均浓度为 8.77mg/L，达到国家Ⅰ类地表水体标准，较小试系统效果更好。中试系统对 TSS 的平均去除率达到 75.2%。系统对氨氮、总氮的平均去除率分别为 70.9% 和 53.2%。系统进水氨氮和总氮浓度平均为 3.23mg/L、5.34mg/L，为劣Ⅴ类水体，而出水氨氮平均浓度为 0.26mg/L，达到了Ⅱ类地表水体标准，出水总氮含量为 1.67mg/L，也达到Ⅴ类地表水体标准。中试系统对氨氮的平均净化负荷为 2.12g/（$m^2 \cdot$ d），对总氮的平均净化负荷为 2.80g/ (m² • d)，达到了小试系统的 2～3 倍。系统对无机磷的平均去除率为 45.8％，而对总磷的平均去除率则在 43.2％。进水无机磷、总磷平均浓度分别为 0.22mg/L、0.31mg/L，为 V 类水体，而出水无机磷浓度平均为 0.10mg/L，出水总磷含量均值为 0.17mg/L，达到了 Ⅲ 类水体的标准。中试对无机磷、总磷的净化负荷分别为 0.12 g/ (m² • d) 和 0.15g/ (m² • d)，均要高于小试系统。中试系统对污水中总大肠菌、粪大肠菌以及细菌去除率的平均值分别为 91.5％、96.1％以及 80.7％。

表 3.2　中试系统的净化效果（1998.4～2007.12）

Tab. 3. 2　The purification effect of the MSPS（1998.4～2007.12）

指标 Parameters	CODcr	BOD5	NH3-N	NO2⁻-N	TN	TP	IP	TSS	FC	TC	细菌 Bacteria
平均去除率/% Average Removal Rates/%	66.5	89.1	70.9	80.8	53.2	43.2	45.8	75.2	96.1	91.5	80.7

图 3.1 列举了系统在运行阶段前期部分进出水水质情况，可以明显地看出系统对污染物有较好的净化效果。表 3.3 为 IVCW 中试系统进出水物理参数的情况（1998～1999 年），从表中可看到进出水水温变化不大。氧化还原电位在进水呈正值的情况下，经 IVCW 处理后的出水电位均有所下降，有的甚至呈现负值，表明污水中的氧化物质被还原、降解。这一结果与出水的溶解氧下降相对应，另外出水的 pH 低于进水，也与小试系统相类似。

表 3.3　IVCW 中试系统进出水物理参数

Tab. 3. 3　Physical parameters of the influent and effluent in the MSPS of IVCW

水质指标 Parameters	进水 Influent	出水 Effluent
温度/℃ Temperature/℃	21.2(8.0)*	21.1(7.6)
pH	7.9(0.7)	7.7(0.7)
电导/(μs/cm) Electric conductivity/(μs/cm)	347.0(52.0)	329.0(36.0)
电位/mV ORP(Oxidation-reduction potential)/mV	18.2(40.6)	−10.5(30.1)
溶氧/(mg/L) DO(Dissolved oxygen)/(mg/L)	3.4(1.6)	2.3(1.4)

* 括号内为标准差 * Standard deviation in brackets

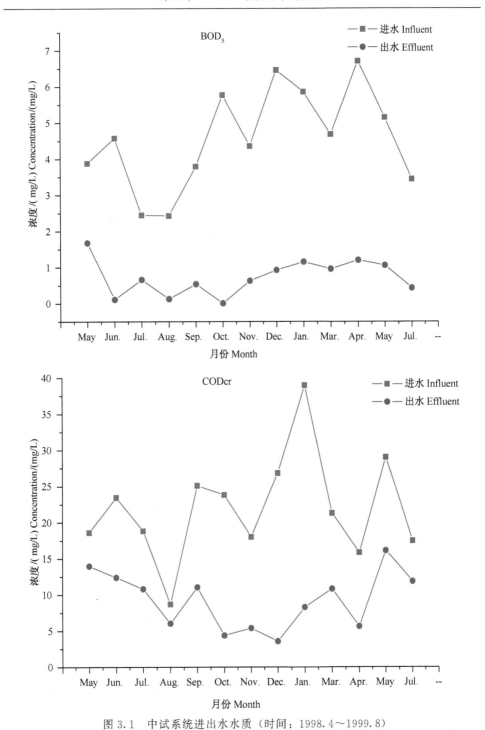

图 3.1　中试系统进出水水质（时间：1998.4～1999.8）

Fig. 3.1　The influent quality and effluent quality of MSPS（Time：1998.4～1999.8）

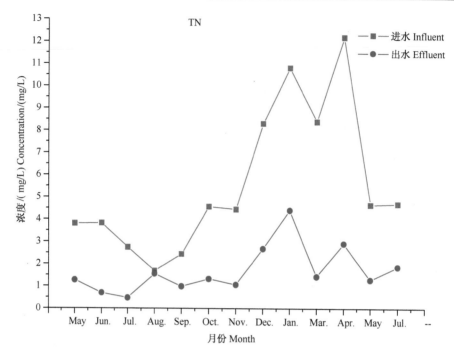

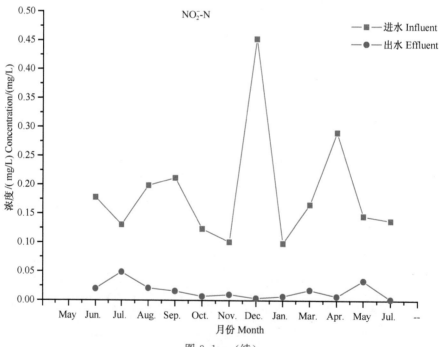

图 3.1　（续）
Fig. 3.1　（Continued）

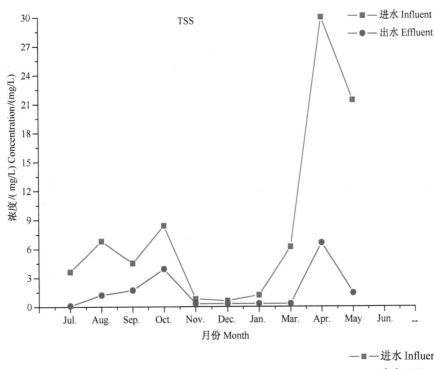

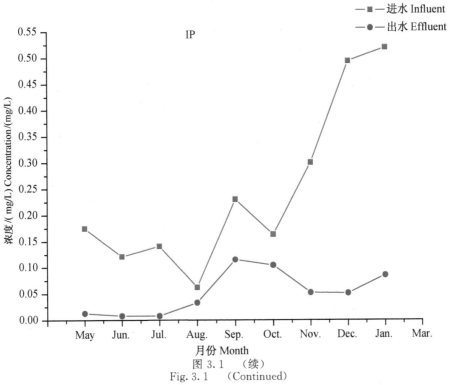

图 3.1　（续）
Fig. 3.1　（Continued）

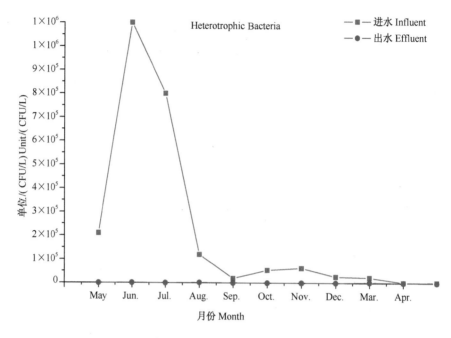

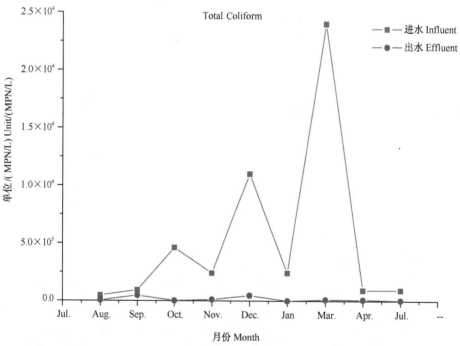

图 3.1 （续）

Fig. 3.1 （Continued）

3.1.3　工程规模系统

目前，人工湿地因其良好的除污效果，以及操作简单方便、运行成本低等特点，已在全世界得到了广泛运用。我国深圳、成都、武汉、上海、天津等地也陆续新建了一批示范工程。但大量的工作局限在较小时空尺度上，对大型湿地工程的跟踪研究则非常缺乏。现在越来越多的人希望了解大型人工湿地工程在污水处理上的有效性与持续性，发现其中存在的问题并加以解决，以便加快人工湿地工程在我国的推广。刘春常等（2005）对深圳石岩河工程规模人工湿地污水净化效果进行跟踪观测。石岩河人工湿地位于深圳市宝安区石岩水库旁，占地面积达 35 000 m²，湿地面积 24 000 m²，日处理设计量为 15 000 m³，实际处理量平均为 9000 m³。工程主要用来处理石岩河附近居民生活污水，2003 年 7 月建成并开始运行。该工程共有 8 个污水处理池，每个池面积在 3000 m² 左右，均为垂直下行流方式。各池填料从上到下依次是 10cm 粒径 4～8 mm 的碎石、70 cm 粒径 0～4 mm 的细砂、20 cm 粒径 4～8 mm 的碎石、20 cm 粒径 16～32 mm 的碎石和 30 cm 压实黏土防渗层，在第 1 层和第 4 层填料里分别铺设了配水和集水管道。各个池里分别混种了风车草、纸莎草、美人蕉、水竹芋、香根草和芦苇等植物。工程进水和配水均采用自动控制系统。植物于 2003 年 7 月种下，2004 年 2 月第 1 次收割。结果表明，湿地运行 7 个月，污水处理量达 1.8×10^6 m³，对污水中 COD_{Cr}、BOD_5、TSS、TP、TN 和 NH_3-N 的去除率分别为 87.1%、94.1%、57.5%、91.4%、47.8% 和 74.8%。表 3.4 为该系统水质分析结果。

表 3.4　水质分析结果
Tab. 3.4　The analysis of water quality

指标 Parameters	进水/（mg/L） Influent/（mg/L）	出水/（mg/L） Effluent/（mg/L）	去除率/% Removal Rate/%
COD_{Cr}	214.9 ± 56.9	25.2 ± 6.8	87.1
BOD_5	122.3 ± 38.8	6.7 ± 4.3	94.1
TSS	32.8 ± 6.9	14.1 ± 5.6	57.5
TP	3.88 ± 1.3	0.22 ± 0.2	91.4
TN	18.4 ± 1.5	9.8 ± 4.6	47.8
NH_3-N	15.2 ± 3.3	3.6 ± 2.4	74.8

（引自刘春常等，2005）（Cited from Liu *et al.*，2005）

3.2　对重金属的去除

由于工业化进程，对金属的需求不断增加，也导致大量的重金属进入生物圈。水体中的重金属污染是一个严重的环境问题，危害到水生态系统，直接威胁饮用水的安全生产和人类健康。与有机污染物不同的是，重金属不能被降解，只能被转移。植物修复（phytoremediation），通过植物摄取，转移、降低或固定有毒重金属，从而达到清洁水体和土壤的目的（Rai *et al.*，1995；Salt *et al.*，1995；Sharma and Gaur，1995）。人工湿地是一种廉价有效的水处理系统，不仅可降解城市污水、暴雨径流和农业溢流中的有机物和营养物质（Rodgers and Dunn，1992；Lakatos *et al.*，1997），还可去除矿渣水和特殊行业污水中的金属（Crites *et al.*，1997；Tang，1993）。

本节以建立在科隆大学温室中的垂直下行-上行流人工湿地为试验模型，应用种植热带、亚热带植物的人工湿地去除污水中低浓度的重金属，改善水质，保证饮用水的安全生产，并研究湿地植物去除重金属的功能和重金属在湿地中的归趋（Cheng *et al.*，2002）。

3.2.1　对重金属的去除效果

人工湿地去除污水中重金属的效果见表 3.5 和表 3.6。

表 3.5　人工湿地对污水中重金属的去除率

Tab. 3.5　The removal rates of heavy metals by IVCW

［单位（Unit）：%］

重金属	时间 Date*			
Heavy Metals	36d	79d	120d	150d
Al	—	>92.2	>95.9	>95.6
Cd	>99.8	>98.6	>99.1	>99.1
Cu	>97.2	>97.9	>98.4	>98.4
Mn	—	>99.5	—	42.2
Pb	>95.2	>94.4	>95.7	>95.0
Zn	>99.4	>99.4	>99.6	>99.7

（引自 Cheng *et al.*，2002）(Cited from Cheng *et al.*，2002)

* 试验开始后的天数 * The days after the beginning of treatment

表 3.6　系统运行 150d 时出水重金属浓度

Tab. 3.6　The concentrations of heavy metals in the effluent of IVCW after 150 days operation

[单位（Unit）：mg/L]

水样 Sample	Al	Cd	Cu	Mn	Pb	Zn
进水 Influent	0.90	0.0113	1.26	0.364	0.0099	5.45
两池间水样 Drainage Water	<0.04	<0.0001	<0.02	0.363	<0.0005	<0.02
出水 Effluent	<0.04	<0.0001	<0.02	0.211	<0.0005	<0.02
WHO 标准 WHO Standard	0.2	0.003	1.0	0.1	0.01	3.0

（引自 Cheng et al., 2002）（Cited from Cheng et al., 2002）

由表 3.5 可知，Mn 的去除率在运行 79d 后为 99.5%，在 5 个月后为 42.2%，而其他重金属的去除率接近 100%，两池间水和系统出水中未检出 Al、Cd、Cu、Pb 和 Zn（表 3.6），表明系统具有很好的重金属去除能力，或可用于矿区和工业污水的处理。

3.2.2　植物对重金属的富集

植物各器官富集重金属的情况见表 3.7。除 Cd 最高含量在根外，其他金属的最高含量均发生在须根。须根富集的 Cu 是枝条的 2000 倍，Al、Mn、Pb、Zn 和 Cd 分别为 120、70、60、60 和 30 倍。

表 3.7　下行池风车草器官中重金属含量

Tab. 3.7　The contents of heavy metals in the organ of *Cyperus alternifolius* in the downflow chamber of IVCW　[单位（Unit）：mg/kg]

器官 Organ	Al	Cd	Cu	Mn	Pb	Zn
叶 Leaf	27.0	0.3	7.1	68.9	1.2	77.3
	(2.6)	(<0.1)	(0.3)	(0.9)	(0.4)	(2.4)
枝 Shoot	9.8	<0.1	7.6	62.7	0.7	35.5
	(0.2)	(<0.1)	(0.1)	(2.7)	(0.1)	(0.8)
根状茎 Rhizome	192.2	1.6	308.9	35.4	3.1	749.6
	(2.0)	(0.1)	(16.3)	(1.6)	(0.3)	(30.4)
主根 Main Root	595.6	9.2	2608.6	120.8	6.2	2491.6
	(4.9)	(0.7)	(380.4)	(5.1)	(0.3)	(220.6)
须根 Lateral Root	3237.9	8.4	15601.9	4850.3	74.0	4565.4
	(72.4)	(0.4)	(238.1)	(505.5)	(1.3)	(12.9)

（引自 Cheng et al., 2002）（Cited from Cheng et al., 2002）

括号内为标准差 Standard deviation in brackets

通过分析植物不同器官富集重金属占系统接纳的百分比发现，30％以上的铜和锰被下行池中的风车草摄取，其他金属为 5％～15％。湿地植物在去除污水重金属起了重要的摄取作用。植物地下部分是摄取重金属的主要器官，特别是生长在基质表层如地毯式的须根，起着重要作用。由此，表层的须根可通过铲除基质表层而获得，从而将吸附的重金属转移回收。该研究显示风车草对 Cu 和 Mn 污染的修复具有巨大潜力。

3.2.3　基质吸附重金属的状况

除锰外，水体中其他金属主要在下行池被清除，因此调查了下行池基质吸附重金属的情况（表 3.8）。从剖面分析结果来看，除铝和铅外，表层基质比底层吸附了更多的重金属。表层 Zn 和 Cu 含量是底层的 10 倍以上。

表 3.8　垂直流人工湿地下行池基质重金属含量
Tab. 3.8　The contents of heavy metals in the media of the downflow chamber of IVCW

[单位（Unit）：mg/kg]

基质深度/cm Depth of Substrate/cm	Al	Cd	Cu	Mn	Pb	Zn
0～5	3407 (61)	1.14 (0.12)	58.9 (0.6)	229	7.75 (1.65)	248 (8.5)
25～30	3255 (191)	0.64	4.3 (0.8)	167 (29.7)	8.38	137 (12.5)
50～55	3205 (379)	0.49	5.7 (0.2)	121 (56.3)	10.14 (0.82)	37.5 (3.5)

（引自 Cheng *et al.*，2002）（Cited from Cheng *et al.*，2002）

括号内为标准差 Standard deviation in brackets

结果表明，种植热带、亚热带植物风车草的垂直下行-上行流人工湿地具有很好的去除污水中重金属的能力。由此可知，该处理单元适合于处理工业污水，保护水生态系统；在以地下水为饮用水源的富重金属地段，可作为饮用水的预处理，保证饮用水生产的安全。尽管风车草富集重金属的器官主要集中在地下，但因其生长和富集特征，仍不失为植物修复的一种好的植物。风车草须根富集了大量的重金属，且在湿地氧化表层形成稠密的生长层，这样，吸附的重金属便可以较容易地从湿地中转移。在处理阶段性结束时，挖除湿地表层几厘米的基质，带出富含重金属的须根，从而转移了重金属。结合风车草人工湿地单元循环处理冲淋水进行受污染土壤的冲淋，预期将成为植物修复有利的手段。

3.3　对藻类和藻毒素的净化

藻类过度生长及藻毒素问题越来越成为湖泊治理的关注热点，但关于人工湿地系统去除藻类和藻毒素的研究目前尚不多见。本节研究了人工湿地小试系统和中试系统对藻类的去除效果及其影响因素，并应用小试系统探讨了人工湿地技术对藻毒素的净化作用，为解决富营养化水体中的过量藻类或藻类水华造成的毒素残留问题探索一条新途径。

3.3.1　IVCW 小试系统对藻类的去除研究

1. 人工湿地小试系统的除藻效果及其月变化

表 3.9～表 3.11 分别列举了 1997 年 10 月至 1998 年 10 月人工湿地小试系统中的 6 套处理系统运转一周年的藻类细胞数量及其去除率。纵向比较各处理组的除藻率发现，不同水生植物组合之间，10～12 月的除藻率无明显差异，为 95.3%～99.6%；1 月最高最低除藻率相差 2 倍左右；4～5 月，除 4 号组的除藻率不足 80% 以外，其余均达 85% 以上；到了 6 月，全系统的除藻率亦稳定在 94% 以上的水平。表中对照 P6 为无植物系统。

表 3.9　人工湿地小试系统秋季除藻效果的月变化（1997.10～1997.12）

Tab. 3.9　Monthly changes of algal removal rates by the SSPs（1997.10～1997.12）

小试系统 SSP	月份 Month								
	10	11	10	11	12	10	11	12
	藻种类数 Algae Species		细胞密度/(万个/L) Cell Density /(10⁴cell/L)			去除率/% Removal Rate/%		
进水1 Influent 1*	43	>40	50 160	46 135	38 148			
进水2 Influent 2	43	>40	46 863	42 169	33 580	6.6	8.6	12.0
出水 Effluent P1	15	12	834	650	639	98.2	98.5	98.1
出水 Effluent P2	8	11	444	573	610	99.1	98.6	98.2
出水 Effluent P3	10	15	234	1046	886	99.5	97.5	97.4
出水 Effluent P4	24	14	2202	1300	1022	95.3	96.9	97.0
出水 Effluent P5	8	19	184	1815	891	99.6	95.7	97.4
出水 Effluent P6（对照 Control）	13	19	576	995	914	98.8	97.6	97.3
平均 Average						98.4	97.5	97.5

* 进水 1：进入蓄水池的东湖水；进水 2：进入蓄水池后注入人工湿地的进水

* Influent 1：Water from Donghu Lake to the tank，Influent 2：The effluent to constructed wetland from the tank

表 3.10　人工湿地小试系统冬春季除藻效果的月变化（1998.1～1998.5）

Tab. 3. 10　Monthly changes of algal removal rates by the SSPs (1998. 1～1998. 5)

小试系统 SSP	细胞密度/（万个/L）Cell Density / (10⁴cell/L)				去除率/% Removal Rate/%			
	1月	2月	4月	5月	1月	2月	4月	5月
进水 1 Influent 1	1722	538	22 842	22 080				
进水 2 Influent 2	1653	4935	5313	3669	4.0	7.4	76.7	83.4
出水 Effluent P1	1032	1443	426	171	37.6	70.8	92.0	95.3
出水 Effluent P2	316	639	765	231	80.9	87.1	85.6	93.7
出水 Effluent P3	253	357	546	207	84.7	92.8	89.7	94.4
出水 Effluent P4	790	361	1518	99	52.2	92.3	71.4	97.3
出水 Effluent P5	911	1266	57	327	44.9	74.4	89.1	91.1
出水 Effluent P6（对照 Control）	231	714	474	183	86.0	85.5	91.1	95.0
平均 Average					64.4	83.8	87.5	94.5

表 3.11　人工湿地小试系统夏秋季除藻效果的月变化（1998.6～1998.10）

Tab. 3. 11　Monthly changes of algal removal rates by the SSPs (1998. 6～1998. 10)

小试系统 SSP	细胞密度/（万个/L）Cell Density / (10⁴cell/L)				去除率/% Removal Rate/%			
	6月	8月	9月	10月	6月	8月	9月	10月
进水 1 Influent 1	46 284	11 907	20 811	38 254				
进水 2 Influent 2	8752	1749	5949	5307	81.1	85.3	71.4	73.8
出水 Effluent P1	522	252	438	531	94.0	85.6	92.6	90.0
出水 Effluent P2	306	372	285	525	96.5	78.8	95.2	90.1
出水 Effluent P3	120	213	198	417	98.6	97.8	96.7	92.1
出水 Effluent P4	162	351	249	198	98.2	79.9	95.8	96.3
出水 Effluent P5	753	165	426	354	91.4	90.7	92.8	93.3
出水 Effluent P6（对照 Control）	288	654	282	612	96.7	62.6	95.3	88.5
平均 Average					95.9	80.9	94.7	91.7

对原进水（进水 1）、蓄水池出水（进水 2）和各处理池出水中藻类进行定性鉴定，结果显示：两种进水中藻类的种类组成无差异，共计 40 余种，涉及 6 门 34 属，盘星藻（*Pediastrum* sp.）、裸藻（*Euglena* sp.）、隐藻（*Cryptomonas* sp.）、颗粒直链藻（*Melosira granulata*）和实球藻（*Pandorina morum*）等个体较大的种类占有相当比例；而出水中上述种群几乎完全消失，仅剩下直径为

1.5～12μm 的小型种类，如小球藻（*Chlorella* sp.）、平裂藻（*Merismopedia* sp.）、栅藻（*Scenedesmus* sp.）和色球藻（*Chroococcus* sp.）等，仅 20 种左右，总数减少了 50%。

对 6 个处理池的表层和 10～15 cm 深处基质中藻类的定性镜检发现，各处理池之间在藻类的种类组成方面无差异，但两层基质之间差异明显。表层基质中共鉴定出藻类 26 种，藻细胞个体较大，以硅藻为主，曲壳藻（*Achnanthes* sp.）、圆筛藻（*Coscinodiscus* sp.）、小环藻（*Cyclotella* sp.）、桥弯藻（*Cymbella* sp.）、肋缝藻（*Frustulia* sp.）、异极藻（*Gomphonema* sp.）、舟形藻（*Navicula* sp.）、菱形藻（*Nitzschia* sp.）、羽纹藻（*Pinnularia* sp.）和双菱藻（*Surirella* sp.）等均有出现，另外还有 9 种绿藻和 5 种蓝藻（名录略）。在 10～15cm 深处基质中则只发现 10 种绿藻和蓝藻中的小型种类，如小球藻、栅藻、色球藻和平裂藻，与系统出水中的藻类情况完全一致。此外，小个体裸藻和隐藻仅在 P2 系统的基质样中发现。

比较表 3.9～表 3.11 所列天然水源（进水 1）和蓄水池出水（即系统进水，进水 2）一周年的藻类细胞密度发现，蓄水池对先期沉降部分藻类细胞起到不可低估的作用（年均减少率为 46%）。蓄水池中藻类细胞密度的减少程度，与抽水时的周边环境条件、水温的高低、存放时间的长短（1～2d）以及原水样中藻类种类组成的变化等诸多因素有关。

自 6 月开始，P1 和 P5 两个处理组的浓缩水样中出现了肉眼可见的褐色絮状沉淀物，镜检观察为菌丝体与藻类细胞黏合在一起的胶状物，这表明湿地系统在运转 10 个月后，上述处理组的基质中已形成藻菌生物膜，生物膜的形成无疑对系统的基质结构和除藻效果造成影响。从对照系统 P6 的结果来看，虽未种植水草，但其除藻率较某些种植水草的处理组还高，可见，基质及基质中微生物的代谢作用对藻类数量的减少起着不可低估的作用。

2. 水力负荷和藻类含量对除藻效果的影响

在湿地系统运转正常和除藻率趋于稳定的前提下，从 1998 年 8 月开始，增加了污水的冲击负荷，将进水力负荷由原来的 400 mm/d 增加至 800 mm/d，水的停留时间由 18h 缩短到 9h，结果在改变冲击负荷后的第一个月，除藻率明显下降，尤其是对照组 P6，除藻率不足 70%（表 3.9）。到 9 月，即改变冲击负荷后的第二个月，各处理组的除藻率均较 8 月份有所上升，说明湿地系统对冲击负荷的增加在一个月后已基本适应并恢复原有处理水平。与 9 月相比，10 月各处理池的处理效果虽有些波动，但总体无明显差异，两个月的平均除藻率几乎完全一样。此外，曾在 P1 和 P5 系统中出现的褐色絮状沉淀物，自 10 月起，在其他几个处理组的水样中亦同样出现，只是在数量上较前两组的少一些。

10 月取样以后，改用含高密度水华微囊藻的富营养水体为进水，以确定人工湿地系统对富营养化水体中高密度藻类或藻类水华的去除效果，11月的取样结果显示，总体除藻百分率有所下降，但运转一个月后，除藻率趋于稳定，全系统平均除藻率达90%以上，这同8月增加冲击负荷和缩短停留时间时的情况完全一致，进一步证明，整个湿地系统对运转参数的改变有一个适应的过程。

另外，取自养鱼塘中的含高浓度水华微囊藻的塘水，在试验蓄水池中存放24h后，水层表面漂浮的藻类水华较前一天更为明显，一层厚厚的绒状物，鲜蓝绿色，肉眼可见，手感黏、软，其生物量和细胞数量明显多于原水。定量计数结果表明，原水样中的藻类总细胞数为6680万个/L，于蓄水池中存放一天后增至20 410万个/L，为原水的3倍。与此同时，卵形隐藻和一些浮游动物的数量亦明显增多。说明在水体营养条件等同的情况下，储水池的生态环境比天然鱼塘更有利于水华微囊藻的繁殖，当然，不排除天然鱼塘中鱼对藻类的摄食作用。

在获得了表3.9～表3.11周年调查结果的基础上，对小试系统的除藻效果又进行了运转第二周年的季节性采样分析，结果与运转第一周年逐月采样的结果基本一致，除藻率始终保持在90%左右的水平（表3.12）。四个季节之间，冬季的除藻率略低一些，但仍能达到80%以上。冬季的除藻率不如其他三季，无疑与冬季水温较低、进水中的藻细胞数量本身较少和湿地植物长势欠佳有关。到了春季，随着水温的升高，藻类大量繁殖，湿地植物长势良好，各处理组对藻类的去除率也随之升高。

表 3.12　人工湿地小试系统除藻效果的季节变化（1998.11～1999.8）

Tab. 3. 12　Seasonal changes of algal removal rates by the SSPs（1998.11～1999.8）

小试系统 SSP	细胞密度/（万个/L） Cell Density /（10⁴cell/L）				去除率/% Removal Rate/%			
	春 Spring	夏 Summer	秋 Autumn	冬 Winter	春 Spring	夏 Summer	秋 Autumn	冬 Winter
进水 2 Influent 2	9141	3480	6300	6477				
P1	813	781	342	425	91.1	77.6	94.6	93.4
P2	510	420	293	219	94.4	87.9	95.4	96.6
P3	1086	335	399	315	88.1	90.4	93.7	95.1
P4	855	494	435	309	90.7	85.8	93.3	95.2
P5	1056	632	676	435	88.5	81.8	89.3	93.3
P6（对照 Control）	2052	422	676	180	77.6	87.9	89.3	97.2
平均 Average					88.4	85.2	92.6	95.2

人工湿地生态系统对去除水体中的藻类效果显著，即使是在冬季温度低、植物长势欠佳、冲击负荷加大或进水藻细胞密度增加等情况下，其除藻率仍能维持

在 80％左右的水平。因此，人工湿地系统无论是在污水深度处理或者在减免下游接纳水体富营养化因子方面，均能发挥独特的作用。特别是在中国多数水体富营养化和自来水厂水源受到藻类疯长危害的情况下，人工湿地除藻具有广泛的应用前景。

3.3.2　IVCW 中试系统的除藻效果

中试系统除藻率随季节变化的情况见表 3.13，中试系统的除藻效果与小试系统差别不大，最高除藻率可达 98.0％（9 月），最低时亦可达 72.7％（3 月），春、夏、秋季的除藻率基本相近，分别为 86.8％、89.2％和 85.1％，冬季略低一些为 74.1％，虽然年均除藻率略低于小试系统，但总趋势完全一致。

表 3.13　IVCW 中试系统除藻率的季节变化

Tab. 3. 13　Seasonal changes of removal rates on algae by the medium scale pilot system of IVCW

月份 Month	细胞密度/(万个/L) Cell Density/(10^4 Cell/L) 进水 Influent	出水 Effluent	去除率/％ Removal Rate /％	月份 Month	细胞密度/(万个/L) Cell Density/(10^4 Cell/L) 进水 Influent	出水 Effluent	去除率/％ Removal Rate /％
4	3021	228	92.5	7	3036	204	93.3
5	4362	474	89.1	8	456	108	76.3
6	711	150	78.9	9	3972	81	98.0
春季平均 Mean			86.8	夏季平均 Mean			89.2
10	2925	339	88.5	1	589	145	75.4
11	1132	208	81.6	3	516	141	72.7
秋季平均 Mean			85.1	冬季平均 Mean			74.1

（引自况琪军等，2000）(Cited from Kuang *et al.*, 2000)

3.3.3　人工湿地小试系统对藻毒素的去除

随着城市工业化进程加快，环境污染日益加剧，自然界的许多水体趋向富营养化，部分出现了水华。构成水华的藻类主要为蓝藻（Cyanophyceae），在其过度繁殖时，不仅会造成水味腥臭，透明度下降，水生生物生长，消耗水体溶解氧，影响水体美观，而且蓝藻中的微囊藻属（*Microcystis* sp.）、颤藻属（*Oscillatoria* sp.）、鱼腥藻属（*Anabaena* sp.）、念珠藻属（*Nostoc* sp.）等许多藻类能释放微囊藻毒素（microcystin，MC），危害人体健康。许多大中型城市的湖泊、水库为居民饮用水的主要来源，水体的富营养化使自来水厂处理成本上升，也日益严重地影响着城镇居民饮用水的质量。

对于水中藻毒素的去除，传统的处理方法为絮凝—过滤—漂白氯化，不仅达不到较好的去除效果且不够稳定。国外研究者试用了其他多种方法，如活性炭法、漂白粉法、臭氧氧化法等，以臭氧和活性炭相结合的方法去除效果最好，但在具体操作上存在一些实际问题，如活性炭的来源及形态（颗粒状或粉状）、用量的多少难以确定，大量活性炭的使用造成处理成本的提高，需要对原有的污水处理厂进行较大改造等。考虑到目前多数用作饮用水水源的城市水体中仅含有少量的微囊藻毒素（<0.1μg/L），降低水中的 COD_{Cr}、BOD_5 及氮磷等营养元素仍为污水处理的主要任务。切实可行的措施是在已有的污水处理系统中选择去除藻毒素效果好的系统，或在已有系统的基础上作一定的技术改进，以达到去除水中少量藻毒素的目的。

人工湿地中的基质具有类似于活性炭的吸附作用，植物根区附近形成的生物膜有絮凝作用，湿地中丰富的微生物可将藻毒素降解。因此对城镇富营养化水体中含有的少量藻毒素，在经过人工湿地处理后，可以使出水中的藻毒素水平大大降低，不至于对居民的身体健康造成危害。

本试验于 1998 年夏天进行，以含蓝藻水华的城郊鱼塘水为进水，通过人工湿地小试系统中的两套系统进行处理，检测进出水中藻毒素含量的变化，了解人工湿地对水体中藻毒素的去除效应。藻毒素含量采用 HPLC 测定（表 3.14）。

表 3.14　人工湿地系统进出水藻毒素含量

Tab. 3.14　Microcystin levels in the inflow and outflow of the constructed wetland systems

藻毒素含量/（μg/L） Microcystin Concentration/（μg/L）	进水 Influent	P1	P2
RR	0.0656	0.0310	0.065
YR	0.0290	痕量	痕量
LR	0.0227	0.0059	0.0115
总含量 Total	0.117	0.0369	0.0764

（引自吴振斌等，2002a）（Cited from Wu et al., 2002a）

从表 3.14 的结果可以看出，进水水样中，三种藻毒素均有存在，总含量达到 0.117μg/L。经过人工湿地系统处理，出水中的藻毒素大大降低，1 号、2 号系统出水藻毒素总含量分别为 0.0369μg/L 和 0.0764μg/L，去除率为 68.5% 和 34.6%。三种藻毒素中，以 RR 含量最高，为主要组分。YR 在进水中的含量为 0.029μg/L，约为 RR 含量的一半，高于 LR 的含量（0.0227μg/L），但在出水中含量降低到检测限以下。LR 在 1 号和 2 号系统出水中仍有检出，含量分别为 0.0059μg/L 和 0.0115μg/L，见表 3.14。藻毒素在不同的湿地系统中以及不同的藻毒素在湿地系统中的去除效果均显示了一定的差异。

进水水华水样中，主要类群为绿球藻目种类，集星藻、栅藻、球藻、盘藻、角星藻等；蓝藻有微囊藻、螺旋藻、束丝藻等。其他种类有卵隐藻、裸藻等。

微囊藻毒素为环状多肽，结构通式：环（D-丙氨酸-L-X-D-赤-β-甲基天冬氨酸-L-Z-Adda-D-异谷氨酸-N-甲基脱氢丙氨酸），其中 Adda 为一特殊的 20 个碳原子的氨基酸。藻毒素主要的结构特征为 N-甲基脱氢丙氨酸及两个 L-氨基酸残基 X 和 Z，根据 1988 年制定的微囊藻毒素定名法规定，X、Z 二残基的不同组合由代表氨基酸的字母后缀区分。常见的 LR、RR、YR 三种毒素，L、R、Y 分别代表亮氨酸、精氨酸、酪氨酸。已证实微囊藻毒素是一种肝毒素，能抑制蛋白质磷酸酯酶活性，从而帮助解除对细胞增殖的正常的制动作用，促进肿瘤的发育。微囊藻毒素虽然主要存在于藻细胞中，但研究表明藻细胞死亡解体后，不断有藻毒素释放到水体，对人类的饮用水源造成污染，已证明某些地区的肝癌高发率与饮用水源中的水华大量发生有关。这一情况给现有的城镇污水处理系统提出了新的要求。

上述利用人工湿地作为促使水体藻毒素降解潜在手段的实验取得较好结果，经湿地处理后，出水中各种藻毒素含量均有不同程度的下降。出水藻类总数较少的 P2 号系统，藻毒素含量高于 P1 号，藻类数目的多少不代表毒素含量的高低，这是因为进水中藻类的种类和数目虽多，但分泌藻毒素的类群有限。从细菌的检测结果可以看出，P2 号出水中大肠杆菌数和粪大肠杆菌数均高于 P1 号，但高溶氧和电位抑制了厌氧细菌的活动，细菌总数较少，细菌对藻毒素的降解作用不如 P1 号系统，从而造成出水藻毒素浓度较高。细菌的种类和活性直接影响着对藻毒素的降解作用，是去除藻毒素的主要机制。对于藻毒素在湿地中的分解去向，湿地中植物根系微环境和基质在去除藻毒素过程中的作用等具体问题还需要进一步试验和探讨。

人工湿地对于城镇污水中的有机污染物的去除效果，已为大量的试验及实践所证实，但将人工湿地应用于处理含微囊藻毒素的富营养化水体，此前还未见报道。我们在这方面做了初步尝试，以含水华的城郊鱼塘水作为人工湿地进水，经一周的连续灌溉，湿地系统出水的藻毒素含量与进水相比有较大降低，显示了较好的去除效果。人工湿地对藻毒素的去除效应如能得到进一步研究和应用，将对城镇污水处理提供新的途径和思路。

3.4　对酞酸酯的净化

酞酸二丁酯（Di-n-butyl phthalate ester，DBP）和酞酸二辛酯（Di-n-octyl phthalate ester，DOP）是目前世界上主要采用的增塑剂品种，也是我国使用最多的增塑剂，在我国及其他许多国家的一些地区都不同程度地检测到它的存在。作为优先控制污染物，已有许多关于 DBP 和 DOP 对动物生理、生殖影响的报道。处理含酞酸酯的废水方法主要为生物处理方法，如活性污泥法和膨胀床颗粒活性炭厌氧反应器等，但处理容量不大，运行条件要求严格，且去除率不够理想，一般出水中均含不同浓度的酞酸酯，这些污染物已直接进入作为饮用水源的水体中。DBP 和 DOP 是典型的短链（DBP）与长链（DOP）酞酸酯，化学性质有着明显的差别，所以二者在相同的环境或者处理方法中的表现不同。DBP 较容易被降解，半衰期较短；而 DOP 由于长链造成的位阻效应使得它很难在短时间内被降解，半衰期较长。

人工湿地系统对污水中特殊有机污染物的去除有很大潜力。我们将人工配制含 DBP 和 DOP 的污水流过 IVCW，一套小试系统投加 9.84 mg/L的 DBP 处理（系统 1），一套投加 3.0 mg/LDOP 处理（系统 2），对照系统进东湖水，未投加酞酸酯。在为期 210d 的时间段内，监测系统出水酞酸酯浓度（用 HPLC 检测）。通过监测进出水中 DBP 和 DOP 含量的变化，研究人工湿地对两种不同水溶度和不同碳链长度酞酸酯的净化效果（吴振斌等，2002d；赵文玉等，2002；Zhao *et al.*，2004）。

3.4.1　IVCW 小试系统对酞酸酯的净化效果

根据自然界及工厂废水中酞酸酯含量范围（Cawley，1980）确定湿地系统中的 DBP 污染负荷。在本实验中，湿地处理系统进水 DBP 浓度不低于 9.84 mg/L，DOP 浓度不低于 3 mg/L。

DBP 和 DOP 均难溶于水，自然界及工厂排放污水中所存在的酞酸酯并不全是溶解态，还包括油滴状态、悬浮颗粒上的吸附态等（Cawley，1980）。为模拟自然状态下酞酸酯的净化过程，在储水池中直接投加酞酸酯，充分搅拌使其成为微小油滴，又由于进水为东湖水体，湖水中存在的腐殖酸等物质可将酞酸酯吸附带入湿地系统中，因此可认为在进水水体中，已将溶解态和非溶解态的酞酸酯作为总的进水污染负荷加入到由储水池、两反应池组成的系统中去。

在 IVCW 中加入酞酸酯，待湿地系统运行一段时间后开始定期对出水中酞酸酯含量进行检测，结果见表 3.15。在本次实验负荷下，湿地系统出水的酞酸酯平均浓度极低（μg/L 级）。湿地系统对 DBP 和 DOP 的平均去除率分别为

99.9%和99.8%。对照系统在东湖进水酞酸酯浓度极低的状况下，对 DOP 和 DBP 的平均去除率分别为 77.3% 和 51.1%。可见，DOP 的净化效果略高于 DBP。

表 3.15　小试系统进出水酞酸酯平均浓度及平均去除率

Tab. 3.15　Average concentrations and removal rates of phthalic acid esters in influent and effluent of SSPs

系统 System	指标 Parameters	DOP	SD	DBP	SD
处理系统 Treatment System	进水/(μg/L) Influent/(μg/L)	3680	28.2	9841	1.86
	出水(μg/L) Effluent/(μg/L)	7.36	9.70	8.04	10.0
	去除率/% Removal Rate/%	99.8	—	99.9	—
对照系统 Control System	进水(μg/L) Influent/(μg/L)	27.8	28.2	1.72	2.40
	出水(μg/L) Effluent/(μg/L)	6.32	19.1	0.84	1.51
	去除率/% Removal Rate/%	77.3	—	51.1	—

1. DBP 浓度在 IVCW 小试系统中随时间变化

将对照系统和处理系统出水中 DBP 浓度随时间变化作图，得图 3.2 和图 3.3。

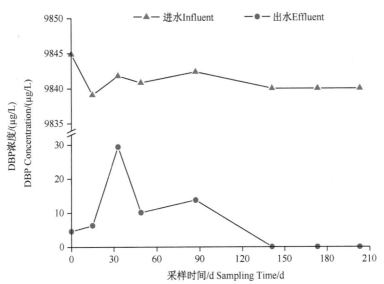

图 3.2　复合垂直流人工湿地处理系统进出水中的 DBP

Fig. 3.2　Concentrations of DBP in the influents and the effluents of the IVCW

由图 3.2 可知，投加 DBP 的 IVCW 系统出水中，在试验初期浓度较稳定，水样中 DBP 浓度有所升高，可能与植物收割有关。之后趋于稳定下降，即使在冬季 11 月及 12 月，系统出水 DBP 浓度也均处于检测限以下。出水的 DBP 浓度仅为 $\mu g/L$ 级，浓度随时间变化不大，出水浓度最高为 $29.43\mu g/L$，最低处于检测限以下，去除率达到 99％以上。

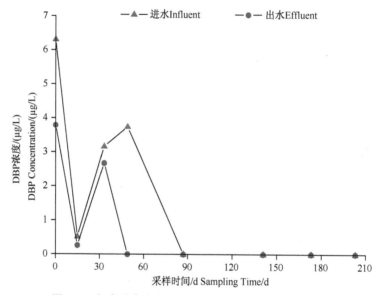

图 3.3　复合垂直流人工湿地对照系统进出水中的 DBP

Fig. 3. 3　Concentrations of DBP in the influents and the effluents of
the control IVCW

由图 3.3 可知，对照系统出水中 DBP 浓度随进水浓度变化而波动，进水中的 DBP 平均含量为 $1.72\mu g/L$，DBP 去除率约为 51.1％。

2. DOP 在 IVCW 小试系统中的去除

将对照系统和处理系统出水中 DOP 浓度随时间变化作图，得图 3.4 和图 3.5。

由图 3.4 可知，与投加 DBP 的试验系统相似，投加 DOP 的 IVCW 系统出水中，在试验初期 DOP 浓度较稳定，与 DBP 不同的是，DOP 出水浓度峰值出现在割除植物后，比投加 DBP 系统出水 DBP 浓度峰值滞后。之后的水样中 DOP 浓度稳定下降。说明 DOP 的净化过程受环境影响较慢。在冬季 11 月及 12 月（180d 和 210d）系统出水 DOP 浓度均处于检测限以下。出水的 DOP 浓度仅为 $\mu g/L$ 级，浓度随时间变化不大，出水浓度最高为 $24.39\mu g/L$，最低处于检测限以下，去除率达到 99％以上，但较 DBP 净化效率低，可能与 DOP 难溶于水有关；且冬季系统对 DOP 的去除效果仍然很好。

由图 3.5 可知，对照系统出水中 DOP 浓度随进水浓度变化波动较小，基本处于检测限以下，其出水浓度峰值仅在进水浓度突然很高时出现。进水中的

DOP 平均含量为 27.82μg/L，远高于 DBP 浓度，其去除率约为 77.3%。

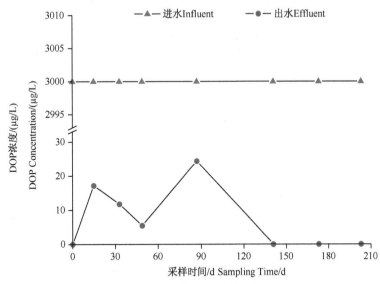

图 3.4 复合垂直流人工湿地处理系统进出水中的 DOP

Fig. 3.4 Concentrations of DOP in the influents and the effluents of the IVCW

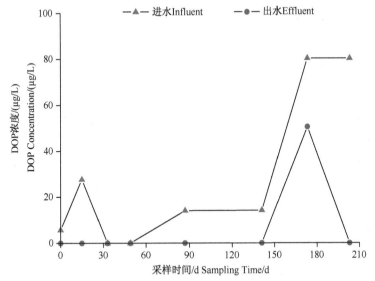

图 3.5 复合垂直流人工湿地对照系统进出水中的 DOP

Fig. 3.5 Concentrations of DOP in the influents and the effluents of
the control IVCW

3.4.2　混合酞酸酯的净化效果

在 IVCW 开始加入酞酸酯 DBP 和 DEHP [酞酸双（2-乙基己基）酯，英文名称为 Bis（2-ethylhexyl）phthalate ester] 后，待湿地系统运行一段时间，定期对出水中酞酸酯含量进行检测，结果见表 3.16。在本次实验负荷下，1、2 号湿地系统出水的酞酸酯平均浓度极低（$\mu g/L$ 级）。湿地系统对酞酸酯的平均去除率不低于 99.95%。总的去除效果与单独投加无明显差异。对照系统也有一定的去除率，DBP 和 DEHP 的去除率分别为 99.3% 和 70.5%。

表 3.16　湿地系统进出水酞酸酯平均质量浓度及平均去除率

Tab. 3.16　**Average concentrations and removal rates of phthalic acid esters in influent and effluent of systems**

系统编号 System Number	酞酸酯 Phthalic Acid Esters	进水/($\mu g/L$) Influentρ/($\mu g/L$)	出水/($\mu g/L$) Effulentρ/($\mu g/L$)	平均去除率/% r_D%
1	DBP	19 860	0.21(0.43)	99.99
	DEHP	3160	0.56(0.43)	99.98
2	DBP	9840	1.19(2.38)	99.99
	DEHP	1580	0.81(0.62)	99.95
CK	DBP	6.02	0.04(0.07)	99.34
	DEHP	5.70	1.68(2.25)	70.53

括号内为标准差 Standard deviation in bracket

3.4.3　DEHP 在湿地系统中的去除

1. IVCW 系统出水中 DEHP 浓度与时间变化的关系

3 套湿地系统的出水 DEHP 浓度随运行时间变化见图 3.6。1，2 号及对照系统的出水中酞酸酯的浓度随时间变化的趋势相一致，刚开始浓度较低，然后升高，接着缓慢下降；同样，去除率的趋势与之相对应，经历了一个先下降后缓慢上升的过程，但变化幅度不大，总的去除效果很好。

与 DOP 一样，DEHP 属于高脂溶性、低水溶性的有机化合物，首先易于吸附到颗粒物表面并与土壤中的腐殖质缔合，所以 DEHP 开始加入到系统中去时，可能由于这种吸附作用使得开始时 DEHP 不易检测出；DEHP 难以降解，当吸附作用达到饱和后，吸附量逐渐减少，而基质中的微生物群落可能还处于延缓期，从而造成 DEHP 出水浓度稍许升高的过程；但由于基质是微生物的重要载体，当吸附在基质上的 DEHP 处在由生长旺盛的植物根系形成的好氧环境中时，待降解 DEHP 的微生物的延缓期过后，诱导作用促使微生物突变、诱导、繁殖

（朱金城，1989），从而使得湿地降解 DEHP 的效率大大提高，即出水浓度逐渐降低。

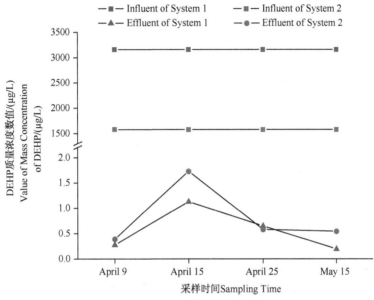

图 3.6　IVCW 系统进出水中 DEHP 浓度

Fig. 3.6　Concentrations of DEHP in the influents and effluents of IVCW

2. IVCW 系统出水中 DEHP 浓度与投加量的关系

投加酞酸酯期间三套湿地系统中出水 DEHP 浓度大小顺序为：1＜2＜对照，正好与 DEHP 投加量多寡相反（图 3.6），与报道活性污泥法去除 DOP 的结果一致：DOP 起始浓度为 28.2mg/L 时，去除率大于 83%，出水浓度低于 4.79mg/L；起始浓度为 46.4mg/L 时，去除率大于 97%，出水浓度低于 1.39mg/L；而起始浓度为 4mg/L 时，去除率仅为 36%，出水浓度为 2.96mg/L（Cawley，1980）。可看出，起始浓度较高的反而出水浓度较低，去除率较高；而当起始浓度极低时，出水去除率也较低。可能与投加量这个诱导因子的大小有关，投加量越大，以此种酞酸酯为能量来源的微生物群落增殖越快，造成去除效果越明显。

3.4.4　DBP 在 IVCW 系统中的去除

1. IVCW 系统出水中 DBP 浓度与时间变化的关系

将湿地系统的出水 DBP 浓度随运行时间变化的情况作图，得图 3.7。除与 DEHP 相同的有基质的吸附作用外，又因为酞酸酯的水溶性是限制其降解的主要因素（Ejlertsson et al.，1997），水溶性较好的 DBP 比水溶性较差的 DEHP 更容易降解，因此刚开始时 DEHP 即可检测到，而 DBP 在投加初期出水中的 DBP

浓度一直低于检测限，随着吸附达到饱和，微生物群体尚处于延缓期，出水DBP浓度才慢慢升高。可以看出湿地系统对两种酞酸酯的净化作用随时间变化的总趋势基本一致。

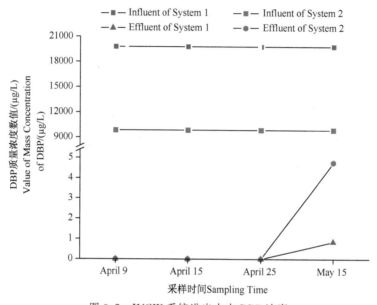

图 3.7　IVCW 系统进出水中 DBP 浓度

Fig. 3. 7　Concentrations of DBP in the influents and effluents of IVCW

2. IVCW 系统出水中 DBP 浓度与投加量的关系

负荷较高的 1 号湿地系统出水中的 DBP 浓度较负荷较低的 2 号湿地系统低。这与有关报道一致：DBP 起始浓度为 43.8mg/L 时，去除率大于 94%，出水浓度低于 2.63mg/L；而起始浓度为 6mg/L，去除率仅为 44%，出水浓度为 3.36mg/L（Cawley，1980）。同样可能是由于负荷较大的投加量对湿地微生物群落产生更强的诱导作用，造成 1 号湿地系统对 DBP 的去除率高于 2 号。而两系统间的 DBP 去除率之差大于 1 号和 2 号系统间 DEHP 的去除率之差，说明DBP 在湿地系统的去除机制中，微生物的降解作用大于吸附作用。所以在对照系统中的 DBP 去除也能被降解得较为完全。

从以上资料可以看出，IVCW 小试系统对含 DBP 和 DOP 污水有很好的净化效果，不受季节限制。两种酞酸酯的出水浓度随时间的变化都经历了升高和下降的过程。根据酞酸酯的特性，推测其在湿地中的降解主要是由于酞酸酯易于吸附到基质表面以及基质中微生物的降解作用造成的。

DBP 为短链酞酸酯，在适合的环境中，较易于被微生物包括某些细菌和真菌降解；同时也由于其水溶性低而脂溶性高，使之易于吸附在有机颗粒物的表面

(Sullivan *et al.*，1982)。DOP 为长链酞酸酯，较难被微生物降解（曾锋等，1999，2000)。但在本试验中，湿地系统对 DOP 的净化效果也很显著，可能和基质的吸附作用有关。

IVCW 对人工配置污水中的混合酞酸酯净化效果也很好，平均去除率达到 99.94％以上，出水酞酸酯浓度为 $\mu g/L$ 级，均低于国家排放标准，与单独投加无明显差异。

3.5　不同水力负荷和运行阶段下净化效果的比较

人工湿地处理的效果受到多方面因素的制约。季节更替、不同的水力负荷条件和湿地发育阶段都将影响其效果。例如，季节的更替导致温度的变化，相应的会影响以生物处理为主的污染物的去除效率。作为一类生态工程，人工湿地也有其最佳的运行环境、最佳水力负荷值。人工湿地在系统运行初期，系统尚处于未成熟期，植物生长不够旺盛，生物量不大，根系微生物种群尚未稳定，某些依赖生物处理的污染物的去除效率并不高，而随着系统净化污染物环境的逐渐形成，去除率逐渐升高。在本章节中将探讨不同水力负荷和运行阶段下复合垂直流人工湿地的处理效果，为湿地在更广泛的范围运用提供翔实的数据支持。

3.5.1　不同水力负荷条件下 IVCW 对污水的净化效果

1. 不同水力负荷条件下中试系统对污水的净化效果

比较不同水力负荷条件对中试系统净化效果（图 3.8）发现，在大部分水力负荷条件下，IVCW 对污水的净化都显示了较好的效果，BOD_5、TSS 和 COD_{Cr} 等的处理效率分别稳定在 80％、70％和 65％以上；但是也应看到，随着水力负荷的增加，一些污染物的去除效果也在相应的下降。这在磷的去除效果上表现得尤为明显，这可能与磷的去除机制有关。磷的去除机制是沉积吸附，由于水力负荷过大，停留时间短使得磷在 IVCW 中来不及处理就随着水流出来；也有可能由于水力负荷大，使得本来已经沉积下来的磷又重新悬浮而增加了出水磷的浓度。

2. 不同水力负荷条件下 12 套小试系统对污水的净化效果

对 12 套小试系统进行比较（图 3.9）可以看出，在不同的水力负荷条件下，12 套小试系统对污水中污染物都有一定的去除；但是系统在不同水力负荷条件下，对不同污染物的去除效果区别较大。就 BOD_5 和 TSS 而言，三种水力负荷条件下，去除率都稳定在 70％以上。对 COD_{cr} 来说，三种水力负荷条件下，去除率都稳定在 40％以上，但是当水力负荷为 800mm/d 时，去除率最高。$NH_3\text{-}N$

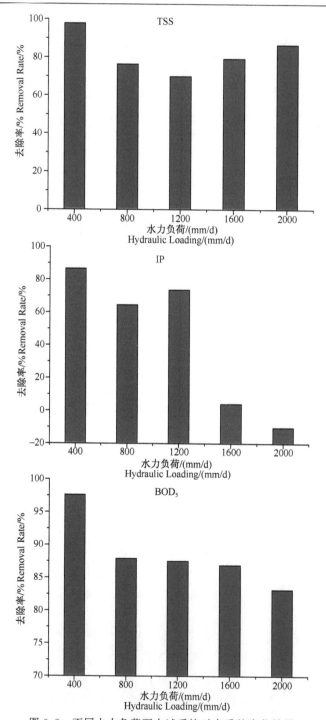

图 3.8　不同水力负荷下中试系统对水质的净化效果

Fig. 3.8　The purification effect of MSPS under different hydraulic loadings

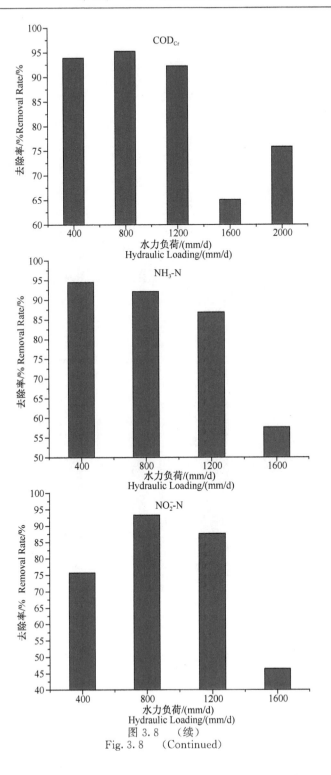

图 3.8　（续）

Fig. 3.8　（Continued）

当水力负荷在 400mm/d 时去除率较高。而对 TP 而言，当水力负荷在 200mm/d 时去除率较高。

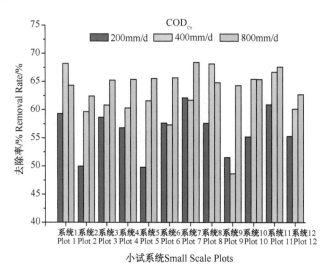

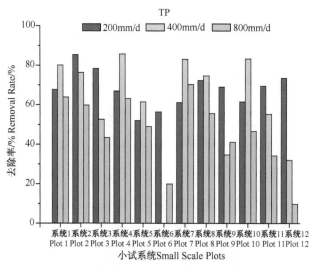

图 3.9　不同水力负荷下小试系统对污染物的去除率

Fig. 3.9　The removal rates of pollutants by SSPs under different hydraulic loadings

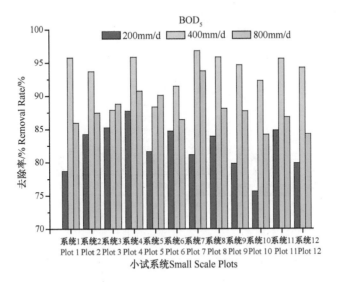

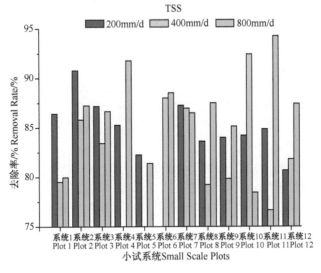

图 3.9　（续）

Fig. 3.9　（Continued）

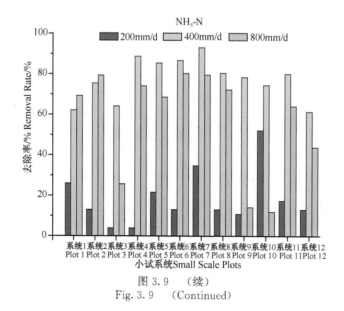

图 3.9 （续）
Fig. 3.9 （Continued）

3.5.2 不同运行阶段的运行效果

人工湿地从建成到稳定需要一个过程。在建成初期，湿地中植物和微生物的生长需要一定的适应过程，所以净化效果波动较大。随着污水中营养物质的不断供给，基质中的各种生物群落逐渐形成并日趋稳定，此时系统对污染物的净化效果较好，湿地的出水水质相对稳定。IVCW 中试系统从建成初期至今部分污染物的净化效果如图 3.10 所示。由于该系统主要作为实验系统在运转，在运行期间如采样等人为扰动、植物变更以及水力负荷变化等因素，所以可能会对净化效果产生一定的影响。

1. TSS

IVCW 对 TSS 的去除率常年都比较高，1998~1999 年 TSS 的去除率不是很稳定；2001~2002 年湿地对 TSS 的去除率都在 60% 以上，此时湿地运行正常；2005 年去除率变动很大，可能与系统进行堵塞机制实验研究有关。

2. COD_{Cr}

IVCW 系统建成初期 1998~1999 年对 COD_{Cr} 去除效果较好，运行到 2002 年 COD_{Cr} 去除率最低值也在 40% 以上。但是随着时间的推移，系统对 COD_{Cr} 的去除效果不是很稳定，并且去除率有所下降。

3. NH_3-N、NO_2^--N 和 TN

由图可知 IVCW 中试系统在运行期间，对 NO_2^--N 有较好的去除效果，去除率大多在 50% 以上。就 NH_3-N 而言，除个别时间点以外，2002 年以前的去除率最低也在 40% 以上，大部分在 70%~90%，2002 年后系统对氨氮有一定的去除，但效果不是很稳定。TN 去除率的趋势与 NH_3-N 类似。

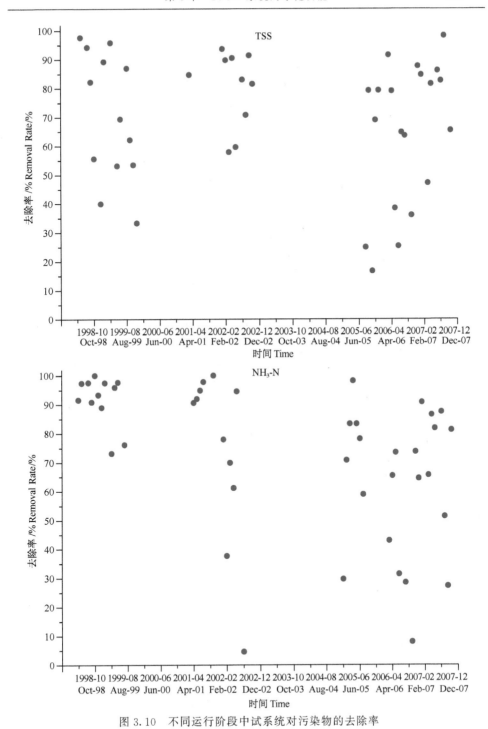

图 3.10　不同运行阶段中试系统对污染物的去除率

Fig. 3.10　The removal rates of pollutants by the MSPS under different stages

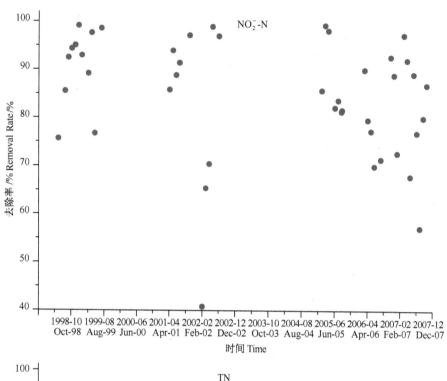

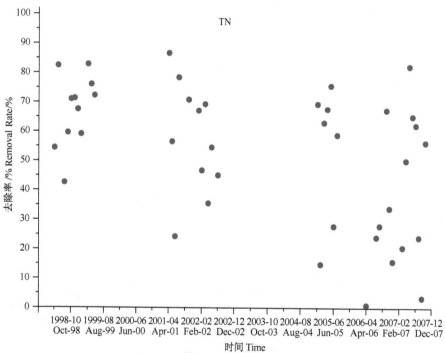

图 3.10 　（续）

Fig. 3.10 　（Continued）

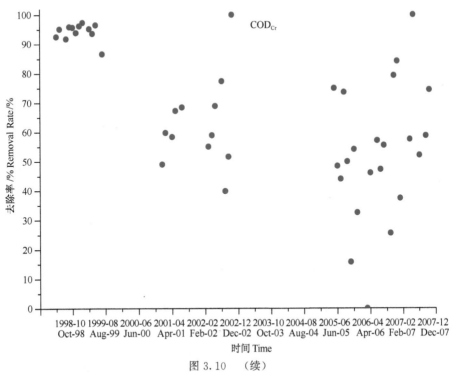

图 3.10　（续）

Fig. 3.10　（Continued）

第4章 IVCW系统的净化机制

4.1 去除污染物的一般途径

人工湿地系统主要由湿地植物、基质和微生物三部分组成，其对污染物的去除和水质净化功能也主要由这三部分共同来完成。下面分别叙述。

4.1.1 湿地植物

1977年德国学者Kickuth提出了湿地净化污水的根区法理论，认为在污水渗过湿地的过程中，经过植物根区这一特殊的生态环境时，植物根系可对污水中的营养物质进行吸收、富集，而根区附近丰富的微生物群落更可以通过其旺盛的代谢活动将各种营养物质降解、转化。因此植物根区成为人工湿地实行净化功能的主要场所。这一理论推动了对人工湿地净化功能原理的研究。

1. 湿地植物对氮的净化机制

湿地植物重要的功能之一就是将氧气从上部输送至根部，在根区或根际形成一种好氧环境，这一环境能刺激有机物质的分解和硝化细菌的生长，从而达到去除污水中氮的目的（Armstrong W，1967；Conway，1937；Gersberg et al.，1986；Grosse and Mevi-Schutz，1987；Moorhead and Keddy，1988；Teal and Kanwisher，1966）。水生植物净化污水的效果主要取决于植物运送氧气到根区的能力，因此选择合适的水生植物种类至关重要。Reddy等研究了凤眼莲等八种水生植物净化污水的能力，结果发现，夏季水生植物去除氮的效果顺序依次为：凤眼莲＞水浮莲（Pistia stratiotes）＞水鳖（Hydrocotyle umbellata）＞浮萍＞槐叶萍（Salvinia rotundifolia）＞紫萍（Spirodela polyrhiza）＞水筛（Egeria densa），而在冬季其去除效果依次为：水鳖＞凤眼莲＞浮萍＞水浮莲＞紫萍＞槐叶萍＞水筛（Reddy and Debusk，1985）。

植物摄取营养物的潜在速度受到其净生长量和植物组织中营养物浓度的限制，营养物储存同样取决于植物组织营养物浓度和最大生物量。因此，作为营养物消化和储存的植物特征应包括快速生长、高组织营养物含量以及达到高生物量的能力。对复合垂直流人工湿地中试系统美人蕉、菖蒲的研究表明，美人蕉和菖蒲的收获所能去除的氮量每年分别为151 kgN/hm² 和662 gN/hm²（表4.1）。相关报道挺水植物收获所能去除的量为每年440～2500 kgN/hm²，试验取得的植物去除量偏低与当地土壤条件、气候及植物种类有关。植物吸收氮量与去除总量对比，一般情况下，用于二级处理植物吸收氮量约占去除量的 8%～16%。本次试验期间内的植物吸收量占去除总量的 10.2%。因此，依靠植物吸收作用去除氮的作用是不明显的。

表 4.1　两种湿地植物摄取氮

Tab. 4.1　Uptake of nitrogen in the wetland plants

植物种类 Plant species	湿重/(kg/m²) Wet Weight /(kg/m²)	干湿比 Dry/Wet Ratio	干物质全氮含量/% Nitrogen in Dry Weight/%	收割次数/a Harvest Times/a	摄取量 /[kg/(hm²·a)] Uptake /[kg/(hm²·a)]
美人蕉 *Canna indica*	6.66	0.0789	0.718	4	151
菖蒲 *Acorus calamus*	7.75	0.183	1.14	4	662

试验还分析了不同龄期美人蕉各器官的全氮含量，如图 4.1 所示。结果表明，不同龄期（不同株高）美人蕉的含氮量有所不同：幼龄＞中龄＞高龄；各龄期的根茎叶氮含量都有叶＞根＞茎的规律。

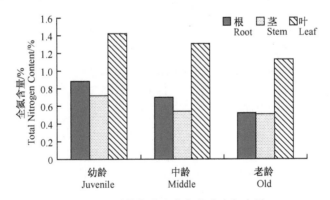

图 4.1　不同龄期美人蕉各部分全氮含量

Fig. 4.1　Contents of nitrogen of *Canna indica* in different growth periods

2. 湿地植物对磷的净化机制

湿地中的磷化合物可分为有机磷和无机磷酸盐两部分，每部分又有可溶性和颗粒性两种形态。有机磷占总磷的一大部分，磷与有机物以酯键（C—O—P）相连接，不易为生物所利用，只有在磷酸酶作用下水解后才能变为磷酸盐形式而被生物吸收（Harrison，1983；Reddy and Dangelo *et al.*，1996）。无机正磷酸盐（inorganic phosphorus，IP）是最易被生物吸收利用的形态。湿地中磷的去除可分为生物过程和非生物过程，前者包括植物、周丛生物、微生物的吸收和有机磷的矿化，后者则包括磷的沉积、固定，土壤的吸收及水-土界面上磷的交换等（Froelich，1988；高红武，1998）。在人工湿地应用于污水处理的实践过程中，常常出现磷的去除率不够理想，甚至出现负去除率的现象（Nichols，1983；Rogser et al.，1987）。由于磷循环的复杂性和湿地的"黑箱"特性，有许多环节至今未知，尚待深入研究。

湿地植物吸收在整个磷去除过程中也不占重要地位，以往的植物收割实验中也证明磷在植物干重中只占很小的比例（Mann and Bavor，1993；Owusu-Ben-noah and Acquaye，1989；Haberl and Perfler，1991；Reed and Brown，1995；缪绅裕等，1999），但并不意味着湿生植物在人工湿地去除磷的过程中不起作用。水生植物在人工湿地污水净化中起着十分重要的作用，一方面水生植物自身能吸收一部分营养物质，另一方面，它的根区为微生物的生存和营养物质的降解提供了必要的场所和好氧厌氧条件（Reddy，1981）。人工湿地植物根系常形成一个网络状结构，在这个网络中根系不仅能直接吸附和沉降污水中的氮、磷等营养物质，而且还为微生物的吸附和代谢提供了良好的生物理化环境。因此，有植物的人工湿地系统往往比仅由基质构成的湿地系统具有更好及更稳定的净化效果（Gersberg et al.，1986；Ariyawathie et al.，1987）。

水生植物去除磷的机制之一是植物本身的吸收作用。研究发现，不同的植物种类以及植物体不同的部位其吸收能力都不相同（黄时达等，1995）。缪绅裕等研究发现，人工湿地经过一段时间运行以后，植物体各器官含磷量均不相同，依次为叶＞根＞茎＞胚轴，且都随污水浓度的升高而升高。此外，在植物体的不同生长期其磷含量也不相同（缪绅裕等，1999；林鹏和林光辉，1985）。

湿地成熟状况和水力负荷、气候、管理等也间接影响对磷的去除效果（Richardson，1985；Freeman et al.，1993；Bouchard et al.，1995）。在人工湿地运行初期，常会因基质磷的释放造成出水磷含量升高。系统稳定后，可以达到较理想的去除效果，但1~3年后，基质沉降结束，对磷的吸收吸附位点饱和，磷在湿地内的积累减少，又可能出现磷释放的现象（Barrow and Shaw，1975；Barrow，1983；Reuter et al.，1992；Craft，1997）。通过中试湿地系统植物收割实验发现，植物收割的当天，系统对无机磷总磷的去除效率高达60%左右，而在植物收割后一周，系统出水中无论总磷还是无机磷都出现了大量的释放，其中出水总磷浓度几乎达到进水的两倍。当湿地植物再次生长茂密后，系统对磷的去除效果才恢复到了植物收割当天的水平。由此可见，虽然植物本身固定及去除磷的能力十分有限，但是因为其可以维持植物根系及改善根区生物活性，使根区处在一个比较好的充氧的状态，因此湿地植物的收割对湿地系统的运行效能影响很大。

3. 湿地植物的化感作用

化感作用的英文为 allelopathy，该词源于希腊语中 allelon 和 pathos 两词，前者原意为"相互"，后者为"妨碍、损害"（孙文浩和余淑文，1992）。该词最早由 Molisch（1937）提出，它涵盖了不同初级生产者之间、初级生产者与微生物之间的一切生化相互作用，包括促进和抑制作用。现在最常用的是 Rice（1974）重新修改后的定义：化感作用是指植物通过向外界环境释放化合物，对其他植物、微生物产生促进或抑制作用，其中抑制现象更为普遍。在中文中也称他感作用、相生相克作用或生化干预作用等。其中，植物分泌到环境中的用于传递信息或作为媒介的植物代谢物或次生代谢产物被称为化感物质（allelochemical）或化学信息物质。

植物的根、茎、叶、花、果实或种子等均可分泌化感物质。根据化感物质的性质，大体上可将它们分为四类：①脂肪族化合物：指水溶性的醇和酸，如草酸、乙酸等；②脂肪酸、类酯以及不饱和内酯：如苹果酸、柠檬酸等；③萜类化合物：如单萜烯、桉树脑等；④芳香族化合物：如酚、单宁等。植物化感物质的释放途径大致可归纳为以下四类：①从植物的叶面溢出，被雨水冲洗到下层植物的植株上或进一步渗入土壤；②从植物根部溢出，直接表现出化感作用；③一些挥发性化感物质通过植物体表（茎、叶、花）进入环境而发挥作用；④植物残株或凋落物被微生物分解而释放出某些化合物，对周围其他生物起作用（王海燕和蒋展鹏，2002；何池全和叶居新，1999）。

湿地植物通过淋溶、根部分泌等作用向基质中释放的化感物质，对湿地系统的污水净化功能产生的影响主要体现在以下两个方面：一是影响基质微生物的特性，进而影响系统的处理效果；二是化感物质对藻类的抑制作用。

1）湿地植物化感作用对基质生物的影响

植物分泌的化感物质在进入基质后经历一些动态变化过程，诸如滞留、迁移和转化（梁文举等，2005），最终到达靶生物对其产生影响。在人工湿地系统中，湿地植物化感物质的主要作用对象即为湿地基质中的微生物。微生物是系统中有机污染物和氮分解去除的主要执行者，系统中微生物的数量与其净化效果显著相关（项学敏等，2004）。不同植物分泌的化感物质不同，对微生物种类、种属、品种及其生理特性产生的影响也不尽相同。人工湿地中植物产生的化感物质可对基质微生物产生直接和间接两方面的作用。

（1）植物化感物质对基质微生物的直接影响。马瑞霞（1999）的研究表明，小麦秸秆腐解过程中产生的化感物质（阿魏酸、苯甲酸）在不同 pH 条件下（pH6、pH7、pH8）对硝酸还原酶活性均产生不同程度的抑制作用，阿魏酸、苯甲酸、对羟基苯甲酸的混合液则在碱性条件下（pH8）表现出对硝酸还原酶活性的显著抑制，在酸性条件下（pH6）则表现出明显的促进作用。该研究还发现，化感物质的作用存在一定的浓度效应关系，即低浓度时促进酶活性，高浓度时抑制酶活性。黄益宗等（1999）对苯甲酸、对羟基苯甲酸、对叔丁基苯甲酸和阿魏酸四种化感物质的研究结果表明，植物的化感物质能减少 NH_4^+ 向 NO_3^- 转化，且高浓度比低浓度效果显著，不同温度和氮的形态可影响化感物质的硝化抑制作用，推测该抑制作用可能缘于化感物质对硝化微生物生长的抑制。袁光林（1998）研究了阿魏酸、4-叔丁基苯甲酸、苯甲醛对土壤脲酶活性的影响，结果表明，化感物质进入土壤后，对微生物区系变化产生影响，导致土壤微生物胞内酶与胞外酶比例失调或改变酶的构象，增强了脲酶的活性。

此外，对大豆、水稻、小麦等作物根分泌的化感物质的研究表明，香草酸、对羟基苯乙酸、黄酮、双萜、异羟肟酸等化感物质分别对大豆胞囊线虫、青霉菌、镰刀菌和立枯丝核菌的数量，甲烷菌的活性，好气性纤维素黏菌和木霉的繁殖等产生影响。

迄今为止，关于湿地植物对湿地基质中微生物直接的化感作用尚未见报道，但根据土壤微生物和作物研究的结果可以推测，在人工湿地系统中，湿地植物的化感作用对微生物的作用是不可忽视的。

（2）植物化感物质对基质微生物的间接影响。化感物质对基质微生物的间接影响是指化感物质对群落组成和基质环境产生的影响，群落组成和基质环境的变化势必影响基质微生物的结构组成和活性（梁文举等，2005）。

植物根区分泌的化感物质对基质中的微生态环境产生了一定的影响。植物根系周围的基质明显不同于无植物的基质，研究表明，根际土壤的酸度比非根际土大 10 倍，其无机离子的状态发生了较大变化（Bertin *et al.*，2003；Inderjit，2001），这些变化均与植物根系等器官分泌的化感物质有关。基质微生态环境的改变对植物根区附近微生物的间接影响比较显著。项学敏（2004）对芦苇和香蒲的根际微生物的研究表明，芦苇和香蒲根际土壤微生物活性明显强于非根际土壤微生物活性；植物根际细菌、真菌和放线菌的数量均大于非根际相应项的数量；芦苇和香蒲对亚硝酸细菌的数量也有明显的根际效应，其中芦苇的根际环境更适合于亚硝酸细菌的生长。

2）湿地植物化感作用对藻类的抑制作用

在人工湿地系统中，植物化感作用的另一效应主要表现为对藻类的抑制作用。大量研究表明，水生植物可通过分泌或植物腐烂等途径释放克藻化感物质。不同植物分泌的化感克藻物质不同，作用的藻类也不相同。

Van Aller 等（1985）从莎草科植物小果荸荠（*Eleocharis microcarpa*）的根系中分离到一组氧化脂肪酸（OFA），高浓度抑制藻类生长，低浓度（＜1mg/L）则有促进作用，最后得到的有效成分为 20 碳的三羟基环戊基脂肪酸和 18 碳的三羟基环戊烯酮脂肪酸。Aliotta 等（1990）对宽叶香蒲的乙醚提取物进行分析，得到三种具有抑藻活性的脂肪酸类物质（α-亚麻酸、α-亚油酸及一种未知的不饱和 18 碳脂肪酸）和一组醇类物质 [（20s）24-甲撑苯酚、β-甾醇和豆甾-4-烯-3,6-二酮等]，其中 α-亚麻酸和豆甾-4-烯-3,6-二酮的抑藻效果最好（特别是对蓝绿藻）。戴树桂等（1997）对长苞香蒲（*Typha angustata*）、窄叶香蒲（*Typha minima*）和宽叶香蒲的混合物分别用丙酮、乙酸乙酯、乙醚进行提取，在乙酸乙酯的提取物中分离、鉴定到棕榈酸具有较高的抑藻活性。Dellagreca 等（2004）从灯心草的根系分泌物乙酸乙酯提取物中分离到多种菲的二聚物，其中的五种对羊角月牙藻（*Selenastrum capricornutum*）表现出显著的抑制作用。对石菖蒲克藻效应的研究结果表明，石菖蒲可分泌化学物质，伤害和清除藻类，石菖蒲的种植水可破坏藻类的叶绿素 a，使其光合速率、细胞还原 TTC 能力显著下降（何池全和叶居新，1999）。

虽然目前关于人工湿地中植物化感作用的直接研究成果较少，但湿地植物的化感作用作为人工湿地系统净化功能的重要方面已得到广泛的认同。若能充分利用湿地植物对微生物、藻类等的化感作用进一步提高人工湿地的处理功能，将促使人工湿地的功能和机制研究获得较大提高。

4. 湿地植物的筛选

除了去除氮、磷之外，水生植物及其枯枝落叶层还是一个自然生物滤器，有助于控制臭味；它们还能阻碍杂草的生长，并使昆虫不至于在水面上过多繁殖；植物自身可以吸收同化污水中的营养物质及有毒有害物质，将它们转化为生物量；植物根系促进了悬浮物在基质中的物理过滤过程，可防止系统的堵塞；植物在冬季形成一个绝热层，使底下的基质免受霜冻（阳承胜等，2000；Mars *et al.*，1999；Brix，1997）。

由于湿地植物在净化过程中起到十分重要的作用，因此选择合适的湿地植物十分重要。研究者多结合当地的气候特征和植被分布，选择最适宜的湿生植物（刘超翔等，2002；Armstrong J *et al.*，1996；王庆安等，2000b）。在欧洲，芦苇是最常用的植物，而蔍草则在美国应用得更为普遍。一般来说，选择湿地植物尤为要注意以下几个原则（郑雅杰，1995）：

(1) 耐污能力和抗寒能力强，对不同的污染物采用相应的植物种类；

(2) 选择在本地适应性好的植物，最好是本地的原有植物；

(3) 植物根系发达，生物量大；

(4) 抗病虫害能力强；

(5) 所选的植物最好有广泛用途或经济价值高。

4.1.2　湿地基质

1. 湿地基质对磷的净化机制

一般认为，与人工湿地去除磷过程相关的因素有三个：基质、湿地微生物、高等湿生植物。这三个部分中，基质对磷的吸附是湿地去除磷的首要因素，并具备符合动力学方程的速度和容量，如 Moustafa（1997）推导出以进水 TP、水力负荷为参数的 P 在湿地的停留模型，许多研究也证明，水力负荷及磷的进水浓度直接与出水浓度相关。基质和根系周围的电子活跃元素如 Fe、Al、Ca 等可与磷酸生成不溶性磷酸盐而使磷在系统中固定下来。系统的电位和 pH 等条件影响着这一过程，如 Fe 元素在氧化还原电位为 $200\sim400mV$ 时，以 Fe^{3+} 的形式存在，可以与磷形成 Fe-P 复合物或络合物。但当电位下降时，Fe^{3+} 离子变为 Fe^{2+} 离子，P 从络合物中释放。土壤为酸性时磷易与 Fe、Ca 结合，而在碱性土壤中磷则被 $CaCO_3$ 吸收。

缪绅裕等（1999）在研究人工污水中的磷在模拟秋茄湿地系统中的分配与循环时发现，加入系统中的磷主要存留在土壤中，留存于植物体和凋落叶中的很少，与林鹏和林光辉（1985）的结论一致。Reddy 等（1983）在研究中也发现，在人工湿地中 7%～87% 的磷可能通过沉淀或吸附反应被去除，其中 pH 将起到十分重要的作用。研究发现，可溶性的无机磷化物很容易与土壤中的 Al^{3+}、Fe^{3+}、Ca^{2+} 等发生吸附和沉淀反应，其中土壤与 Ca^{2+} 易于在碱性条件下发生作用，而与 Al^{3+}、Fe^{3+} 主要是在中性或酸性环境条件下发生反应。一般认为，磷酸根离子主要通过配位体交换而被吸附到 Fe^{3+} 和 Al^{3+} 离子的表面（Hingston *et al.*，1972；Breeuwsma and Lyklema，1973；Rajan，1975；Parfitt *et al.*，1975；Ryden *et al.*，1977；Taylor and Ellis，1978）。与此同时，大量的研究还发现，废水中的磷只是被吸附停留在土壤的表面，且这种吸附沉淀也不是永久地沉积在土壤里，至少部分是可逆的。如果污水中磷的浓度较低，土壤里就会有部分磷被重新释放到水中。土壤的作用在某种程度上是作为一个"磷缓冲器"来调节水中磷的浓度，那些吸附磷最少的土壤最容易释放磷（Syers，1973；Harter，1968；Williams *et al.*，1970）。

不同的基质对磷的吸收影响很大，Drizo（1999）、Theis（1998）、Mann 和 Bavor（1993）、Yamada 等（1987）、Sakadevan and Bavor（1998）等均报道，选用合适的基质，如页岩、石灰、矿渣、LECA 等，可以增加磷的吸收容量，并减缓磷的释放过程。Roques 等（1991）试用未充分燃烧的白云石作基质，对磷也有吸收作用。但当湿地对磷的吸收达到饱和时，磷就有可能从湿地出水中释放。

表 4.2　湿地基质各层磷含量变化
Tab. 4.2　Contents of phosphorus in the different layers in the IVCW

基质 Layer of Medium	TP /(mg/g)	OP /(mg/g)	Al-P /(mg/g)	Fe-P /(mg/g)	Ca-P /(mg/g)	O-P /(mg/g)
D0~10cm	1.09(0.097)	0.240(0.037)	0.253(0.016)	0.076(0.010)	0.030(0.007)	0.216(0.026)
D10~20cm	0.565(0.109)	0.080(0.036)	0.076(0.006)	0.114(0.011)	0.101(0.010)	0.057(0.017)
D20~30cm	1.01(0.151)	0.115(0.043)	0.131(0.010)	0.061(0.004)	0.120(0.005)	0.087(0.023)
D30~40cm	0.868(0.098)	0.034(0.006)	0.040(0.002)	0.076(0.007)	0.057(0.005)	0.063(0.025)
U30~40cm	0.620(0.082)	0.049(0.042)	0.049(0.009)	0.093(0.031)	0.106(0.030)	0.043(0.011)
U20~30cm	0.602(0.093)	0.037(0.021)	0.059(0.025)	0.132(0.034)	0.088(0.023)	0.063(0.030)
U10~20cm	0.390(0.015)	0.026(0.011)	0.045(0.026)	0.117(0.034)	0.100(0.018)	0.042(0.024)
U0~10cm	0.423(0.031)	0.065(0.045)	0.043(0.005)	0.112(0.024)	0.113(0.028)	0.042(0.002)

注：括号内的数值为标准差，D 为下行流池，U 为上行流池。

Note：Standard deviation in the bracket，D：downflow chamber，U：upflow chamber.

对武汉 IVCW 中试系统分层采样的结果（表 4.2）进行相关性分析，发现不同层次出水中总磷的含量与基质中总有机磷含量（OP）呈极显著相关（$r=0.915$，$P<0.01$），同时也与铝磷（Al-P）（$r=0.936$，$P<0.01$），蓄闭态磷（O-P）含量（$r=0.881$，$P<0.01$）极显著相关；另外，出水总磷与钙磷（Ca-P）（$r=-0.175$）和铁磷（Fe-P）（$r=-1.00$）的含量相关。由此可见，磷释放最主要的来源还是来自于有机磷和铝磷，正是由于大量的此类形态磷的积累导致了出水磷的释放。而钙磷和铁磷虽然也是磷释放的原因，但是释放的强度显然不及铝磷及有机磷，因此，经常去除湿地植物中的残败部分，并选用含钙及含铁量较高的湿地填料，是减少 IVCW 系统磷释放的有效手段，对系统长期稳定地运行十分必要。

2005 年底，对复合垂直流人工湿地进行了分层的基质含磷量（图 4.2）及水样磷浓度（图 4.3）分析，发现湿地系统在上行流池的出水磷含量随着水流的方向自下而上逐步升高，这与我们对基质中总磷的分层分析结果相一致，正是因为上行池表层总磷的积累，造成了出水质量在上行池中的下降。因此，当 IVCW 出现了磷的释放导致出水水质无法达到预期指标时，及时更换上行池表层的基质是较为妥善的方法。

2. 影响湿地基质净化磷的主要因素

在生物除磷系统中，许多因素都对除磷效率有很大影响，在各种工艺的运行过程中，都必须注意对这些因子的控制。

1）碳源的浓度和种类

碳源的浓度是影响生物除磷效果的一个重要因素。有机物浓度越高，系统释

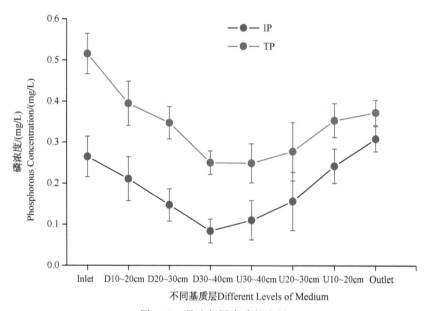

图 4.2　湿地各层中磷的含量

Fig. 4.2　Contents of phosphorus in substrate in IVCW

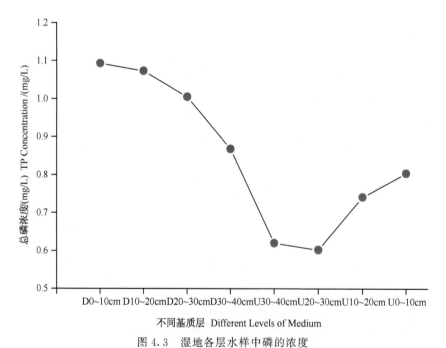

图 4.3　湿地各层水样中磷的浓度

Fig. 4.3　Concentrations of phosphorus in different layers of water in IVCW

放磷越早、越快。这是由于有机物浓度提高后诱发了反硝化作用，并迅速耗去了硝酸盐；其次可为发酵产酸菌提供了足够的养料，从而为积磷菌提供放磷所需要的溶解性基质。许多研究者都观察到磷的释放与厌氧区内溶解性的可快速生物降解的有机质含量密切相关。Hascoet 等（1985）提出，磷的释放基本上取决于进水中碳源的性质，而不是厌氧状态本身。

2）溶解氧

研究表明，溶解氧是影响微生物除磷的重要因子之一。厌氧区溶解氧的存在对系统的磷释放不利，因为微生物的好氧呼吸消耗了一部分可生物降解的有机基质，使产酸菌可利用的有机基质减少，结果积磷菌所需的溶解性可快速生物降解的有机基质大大减少。

经试验，厌氧放磷池的溶解氧应小于 0.2mg/L，好氧池中的溶解氧应大于 2mg/L，以保证积磷菌利用好氧代谢释放出来的大量能量以充分地吸磷。如果有可能的话，应将好氧池的溶解氧控制在 3～4mg/L。

3）硝酸盐和亚硝酸盐

与溶解氧相似，厌氧区中存在硝酸盐和亚硝酸盐时，反硝化细菌以它们为最终电子受体而氧化有机基质，使厌氧区中厌氧发酵受到抑制而不产生挥发性脂肪酸。试验表明，当存在硝酸盐时，磷浓度缓慢地减少（吸磷），只有当硝酸盐经反硝化作用全部耗完后才开始释放磷。

4）温度

温度对微生物除磷的影响较小，主要表现在发酵产酸速率的下降。虽然积磷菌在低温时的生长速率会减慢，但在池温降至 8～9℃时，出水磷仍低于 2mg/L。

5）pH

生物除磷系统合适的 pH 范围与常规生物处理相同，为中性和略碱性，生活污水的 pH 通常在此范围内。对 pH 不合适的工业废水，处理前需先行调节，并设置监测和旁流装置（Gerritse，1993）。

3. 湿地基质中氮的积累分布

对 IVCW 中试系统上行流、下行流基质样选用梅花点采样 5 个，每个点采 3 个样，具体为 0～5cm、20～25cm 和 40～45cm。用减重法准确称取已挑除细根并通过 0.25mm 筛的砂土样 0.2～0.6g，测量氮的含量。

湿地系统经过近 5 年的运行，IVCW 中基质氮的分布呈现明显的规律，由图 4.4 和图 4.5 可以看出，下行流基质氮含量高于上行池基质氮含量，同一池中表层高于中层高于底层。

基质对氮的吸附是一个复杂的过程，其具体机制还有待进一步研究。为了探明基质对氮的累积规律，系统运行在间隔近 1 年的时间内两次取系统下行池上、中、下各层土样，分析其全氮含量，分别为上层 0.482%、0.592%，中层 0.041%、0.049%，下层 0.04%、0.029%；上行池上、中、下各层土样全氮含

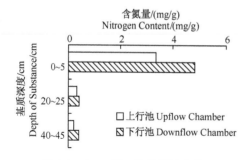

图 4.4　2003 年 7 月基质氮含量

Fig. 4.4　Contents of nitrogen in substrate
in July 2003

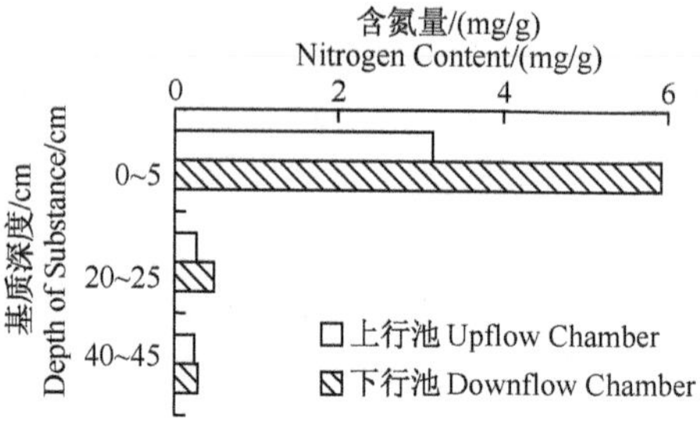

图 4.5　2004 年 4 月基质氮含量

Fig. 4.5　Contents of nitrogen in substrate
in April 2004

量分别为上层 0.335%、0.314%，中层 0.032%、0.027%，下层 0.021%、
0.025%。由此可以看出，系统在运行一年后基质表层氮的含量增加，而中层和
底层氮基本没有变化，因此可以认为系统基质对氮的积累主要发生在表层。

4. 湿地基质中有机物的分布

IVCW 中试系统自 1998 年投入实验以来，除因冲击实验造成一定程度堵塞
外，一直运行良好。经过 5 年的运行，大量有机物积累在基质中。MSPS 基质层
中有机物的分布如图 4.6 所示。由图 4.6 可知，从表层到底层，每层基质中有机
物的含量差别明显。

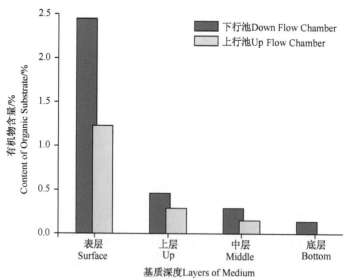

图 4.6　复合垂直流人工湿地中试系统有机物分布图

Fig. 4.6　Organic matter distribution in IVCW MSPS

　　实验结果表明，经过将近 5 年的运行，复合垂直流人工湿地中有机物的积累呈现出明显的规律，主要表现为：下行池中的有机物比上行池中的有机物含量高，同一池中上层有机物含量比下层多。经过分析，IVCW 中试系统及小试系统下行池有机物的含量均明显高于上行池有机物的含量，差异达到显著水平（$F=6.651$，$P=0.032<0.05$）。IVCW 中有机物含量随基质深度不断变化。基质表层的有机物含量最高，随着基质深度增加，有机物含量逐渐减少。同时，表层有机物的含量远远高于其他各层，差异达到极显著的水平（$F=16.8$，$P=0.003<0.01$）。

　　下行池基质中有机物含量与基质深度的关系如图 4.7 和图 4.8 所示。

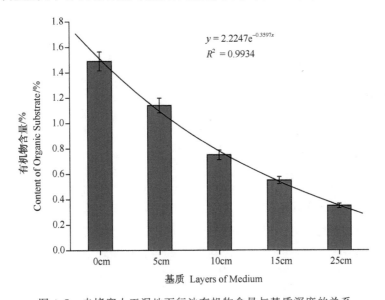

$$y = 2.2247e^{-0.3597x}$$
$$R^2 = 0.9934$$

图 4.7　未堵塞人工湿地下行池有机物含量与基质深度的关系

Fig. 4.7　The relationship between substrate depth and organic matter in IVCW down flow chamber before clogged

　　由图 4.7 和图 4.8 可知，下行池中有机物的含量随基质深度呈指数关系递减。

　　对于未堵塞人工湿地，有机物含量与基质深度关系为

$$y = 2.2247e^{-0.3597x}$$

式中，y——有机物含量（%）；

　　　　x——基质深度（cm）。

　　人工湿地堵塞后，有机物含量与基质深度关系为

$$y = 5.6409e^{-0.6431x}$$

复合垂直流人工湿地中有机物的积累与分布规律与其特有的水流方式有很大

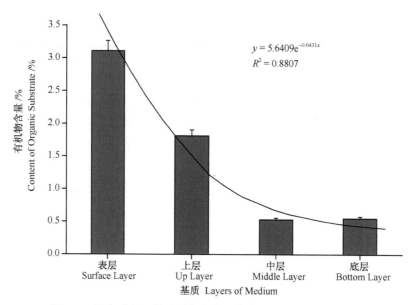

图 4.8　堵塞后人工湿地下行池有机物含量与基质深度的关系

Fig. 4.8　The relationship between substrate depth and organic matter in IVCW

downflow chamber after clogged

的关系。由于污水首先被投配到下行池，在下行池由上至下流动的过程中，大部分悬浮的颗粒状有机物由于沉淀、过滤作用而被截留下来，而一些胶体物质也会由于絮凝、沉淀、离子交换等作用而滞留在下行池基质中。穿过下行池进入上行池中的有机物主要是一些可溶解的有机物，极易被微生物所降解，或者随水流出系统，不容易积累在基质中，因此呈现出下行池有机物的含量明显高于上行池的规律。

同时，进入下行池中的污水有机物含量高，在从上而下流动的过程中，有机物逐渐被截留，因而出现有机物自上而下逐渐减少的趋势。

上行池中，由于表面植物衰败产生的有机物远远大于来自污水中的有机物，因此也呈现由上至下有机物逐渐减少的趋势。

5. 湿地基质氧化还原电位特征

湿地中 C、N 的净化通常需要在不同的环境条件下经过一系列的氧化还原反应才能完成，因而在很大程度上受人工湿地系统氧化还原特征的影响（Richardson and Vepraskas, 2001）。一般的潜流型人工湿地充氧能力较低，氧化还原电位 Eh 为 $-200 \sim -300 \text{mV}$，系统处于厌氧环境，不利于硝化作用的充分进行（张甲耀，1998）。复合垂直流人工湿地系统独特的下行流-上行流结构以及间歇式进水方式，形成了系统特有的、不断变化的氧化还原特征，有利于 C、N 净化过程的顺利完成，从而具有很好的净化效果。

研究表明，湿地系统下行流池表层、两池底层、上行流池表层 Eh 的变化范围分别为 402～585mV、－130～－87mV、308～432mV，沿水流方向依次形成了好氧 I 区、缺氧厌氧区、好氧 II 区三个功能区。系统各功能区中氧的分布状态及氧化还原环境的不同为好氧、兼性和厌氧微生物提供了不同的适宜小生境，从而促进污染物的分区域降解转化，使不同功能区对污染物具有不同的净化作用。小试系统研究表明，好氧 I 区是污染物去除的主要区域，BOD_5、COD_{Cr}、$NH_3\text{-}N$ 的去除率分别为 43.0%、48.4%、54.1%，特别是 $NH_3\text{-}N$ 去除率占系统总去除率的 79%。另外，$NH_3\text{-}N$ 的去除率与系统不同功能区 Eh 呈极显著线性相关关系（$P<0.01$），而 $NO_3^-\text{-}N$ 的去除率与系统不同功能区 Eh 的相关性不显著，表明硝化作用受系统氧化还原环境的影响显著，而反硝化作用并不要求严格的厌氧环境，这与贺锋等（2005）对 IVCW 系统硝化与反硝化作用的研究结果一致。

6. IVCW 中有机物的降解与积累

如果不考虑外界的影响（如落入灰尘），人工湿地中的有机物主要来源于污水和植物的生长，同时湿地表面积水导致藻类生长、植物根系分泌物、微生物分泌物也是湿地中有机物的部分来源。

湿地中有机物的最终出路主要是以下几个方面：随出水流出系统、湿地植物吸收、微生物降解以及植物收割。

在人工湿地这样一个营养极其丰富的系统中，植物的生物量非常大。根据 Tanner（1999）的研究，每年植物的生产量可以达到 2.8～3.5 kg/m^2。因此要减少湿地有机物的积累，必须及时清除枯死的湿地植物，并且根据植物的生长规律适时加以收割。

随污水进入人工湿地系统中的有机物，一部分在微生物的作用下分解为 H_2O 和 CO_2 以及其他一些小分子物质（CH_4、NH_3 等）逸出系统，一部分随系统出水流出，另外一部分生物难降解的有机物则被截留下来，形成湿地中有机物的积累。根据测量，实验过程中系统进水 TSS 为 19.9±12.8 mg/L，其中有机物（LOI）约占 40%，TSS 的去除率为 72.4%。根据付贵萍等（2001b）的研究，IVCW 系统对 COD_{Cr} 的去除可以用一级反应速率方程加以描述

$$-\frac{d(COD_{Cr})}{dt} = 1.2576(COD_{Cr})$$

可见经过长期运行，污水中生物不能降解的有机物会逐渐积累在人工湿地中，最终形成基质堵塞。

4.1.3　湿地微生物

1. 湿地微生物对氮的净化机制

一般认为，与人工湿地去除氮过程相关的因素主要有两个：湿地微生物和湿

地植物。其中，湿地微生物对氮的去除是湿地去除氮的首要因素，而湿地植物的作用相对较小（Bachand and Horne，2000；Rodgers and Dunn，1992；Rogers et al.，1993；Lund et al.，2000；Knight，1990；Reilly et al.，2000；Braun，1991）。

水生植物通过通气组织的运输，将氧气输送到根区，从而导致根表面及附近区域处于氧化状态，废水中大部分有机物质在这一区域被好氧微生物分解成为CO_2和H_2O；有机氮化物等则被这一区域的硝化细菌所硝化（Bachand and Horne，2000；Debusk and Reddy，1987；Reddy et al.，1989）。而在湿地中的还原状态区域，有机物则是经过厌氧细菌的发酵作用被分解（张甲耀，1999；Brix，1987；Breen，1990；Coneley et al.，1991；Rogers et al.，1993）。其中湿地中氮的去除需分两步进行，第一步氨氧化成硝酸，即硝化作用；第二步使硝酸还原成N_2O或氮气，即反硝化作用。硝化作用是好氧过程，主要由亚硝化细菌和硝化细菌来完成；而反硝化过程则在缺氧条件下由反硝化细菌来完成。研究发现，植物根区好氧微生物的活动有利于硝化作用，并加强了湿地对重金属的吸附和富集作用（杨秀山等，1995）。

由于人工湿地脱氮系统对氮的去除主要是通过硝化作用和反硝化作用实现的，因而影响这两个过程的一些环境因子都将对整个系统的氮去除产生影响。研究表明，影响微生物脱氮的主要因素有以下几个方面。

1）pH

硝化作用要消耗碱，因此，如果污水中没有足够的碱度，则随着硝化反应的进行，pH会急剧下降。而硝化细菌对pH十分敏感，亚硝酸细菌和硝酸细菌分别在pH7.0～7.8和pH7.7～8.1时活性最强，这个范围以外，其活性便急剧下降。可见，pH是影响硝化速度的重要因素。

pH也影响反硝化的速率。大多数学者认为，反硝化的最佳pH范围在中性和微碱性。由于反硝化作用是在各种非专业的反硝化细菌共同参与下进行的，所以水系中pH的影响并不明显。

环境pH可影响反硝化的最终产物。当pH低于6.0～6.5时，最终产物以N_2O占优势；当pH大于8时，会出现NO_2^-的积累，且pH越高，NO_2^-积累越多。经深入研究发现，这是因为高pH抑制了亚硝酸盐还原酶的活性而对硝酸盐还原酶的活性影响不大所致。生物脱氮过程中，通常把硝化段运行的pH控制在7.2～8.0，反硝化段pH控制在7.5～9.2。

2）温度

硝化反应速度受温度影响很大，其原因在于温度对硝化细菌的增殖速度和活性影响很大（Crites，1994；Knight et al.，1987；Gearheart，1992；Herskowitz et al.，1987）。

杨昌凤等（1991）在模拟人工湿地处理污水的实验研究中也发现，气温为22～32℃时，两种系统对 K、N 的去除率随着温度的升高而增大。不过，也有人发现，短期的温度变化对氮磷的去除率影响不大；但长期的温度变化将会导致营养物质的去除率发生改变。可能是因为，短期温度变化并未使湿地中微生物的种群发生改变，但是如果温度变化的时间相对长一些，如几个星期，则人工湿地中的微生物群落将会由于适应新的环境而发生数目和种类的改变，从而影响人工湿地对污水中营养物质的去除效果（Brdjanovic et al.，1998）。

3）溶解氧

溶解氧浓度影响硝化反应速度和硝化细菌的生长速度。硝化过程的溶解氧浓度，一般建议应维持在 1.0～2.0mg/L。

溶解氧对反硝化脱氮有抑制作用，其机制为阻抑硝酸盐还原酶的形成或者仅仅充当电子受体从而竞争性地阻碍了硝酸盐的还原。虽然氧对反硝化脱氮有抑制作用，但氧的存在对能进行反硝化作用的反硝化菌却是有利的，因为这类菌为兼性厌氧菌，菌体内的某些酶系统组分只有在有氧条件下才能合成，因而在工艺上最好使这些反硝化细菌交替处于好氧、厌氧的环境条件下。

4）碳源

碳源物质主要通过影响反硝化细菌的活性来影响处理系统的脱氮速率。能为反硝化细菌所利用的碳源是多种多样的，主要可分为三类：①废水中所含的有机碳源；②外加碳源；③内源碳。

5）有毒物质

某些重金属、络合阴离子和有毒有机物对硝化细菌有毒害作用；另外，氨态氮和亚硝态氮对硝化细菌也有影响。

6）CO_2

虽然有些研究发现，CO_2 浓度升高对根际细菌的数量没有影响（Whipps，1985），但大多数实验研究表明，CO_2 浓度升高对根际、根外土壤中的微生物生物量以及总的微生物数量有促进作用。一些和植物去除氮密切相关的微生物生理类群，如硝化细菌的数量也有所增加（Marilly et al.，1999）。

研究还发现，CO_2 浓度升高有利于反硝化作用。在厌氧条件下，反硝化细菌的反硝化作用会大大加强，从而在一定程度上有利于氮的去除（杨秀山等，1995）。

2. 湿地微生物对磷的净化机制

尽管磷的去除与湿地微生物的数量之间不存在显著相关，但微生物在基质磷循环过程中还是发挥了重要的作用，主要包括：

（1）改变无机磷化合物的溶解性；

（2）分解有机磷化合物并释放无机磷酸盐；

（3）变无机可利用的磷酸阴离子成为细胞组分；

（4）促使无机磷化合物的氧化或还原。

微生物的作用主要是对有机磷化物进行分解，产生无机磷化物，从而通过植物和部分微生物的吸收利用，以及湿地基质的吸附，达到有效去除磷的效果。

3. 湿地微生物的生态学特征及对有机物的净化机制

人工湿地中微生物的活动是湿地净化污水的最主要机制，现有研究已经发现在 BOD_5、COD_{Cr} 以及氮等的降解过程中，微生物都发挥了重要作用（吴晓磊，1994；梁威等，2002a；张鸿等，1999）。

1）湿地微生物的数量、种类、功能及分布

人工湿地中的微生物是极其丰富的，这为人工湿地污水处理系统提供了足够的分解者。有关研究表明，在天然环境条件下，各类微生物的数量都比较少；而人工湿地在处理废水之前，其基质中各类微生物的数量与天然条件下基本接近。但随着湿地对废水的处理，微生物的数量逐渐增加，在一定时间内达到最大值并趋于稳定。李科德等（1995）比较了芦苇床系统与天然芦苇场中根面和根际土的细菌、真菌、放线菌等的数量，结果发现，人工芦苇床系统中各类微生物的数量明显地高于天然芦苇场；芦苇床系统的根表面根际土的细菌数量可达 10^8 个/g 干重，且趋于稳定，季节变化不大。

人工湿地中不同区域内微生物的数量、种类及特性也不相同。研究发现，人工湿地内存在明显的好氧菌和厌氧菌群体，在植物的根、茎上好氧微生物占优势；而在湿地植物的根系区则既有好氧微生物的活动，也有兼性厌氧微生物的活动（梁威等，2002a）。即使在冬季，虽然湿地植物的地上部分要枯萎，但湿地中各类微生物的数量则基本保持在较高水平，不过好氧微生物和兼性厌氧微生物数量的比值有所减少。

人工湿地中的微生物主要包括细菌、真菌和放线菌等。其中，细菌是湿地微生物中数量最多的类群，每克基质中所含的细菌数可达几亿乃至几十亿，占基质微生物总数量的 70%～90%，其干重约占基质有机质的 1%。细菌里又常包括好氧菌、厌氧菌、兼性厌氧菌、硝化细菌、反硝化细菌、硫细菌和磷细菌等种类。

细菌在污水净化过程中起到巨大作用，它能使复杂的含氮有机物转化成可供植物和微生物利用的无机氮化合物。真菌是参与基质中有机质分解过程中的主要成员之一，具有强大的酶系统，能促进纤维素、木质素、果胶等的分解，并能将蛋白质最终分解释放出氨。放线菌在基质中的分布也很广泛，每克基质中有几万到几十万，仅次于细菌。放线菌是基质中不含氮和含氮有机化合物分解的积极参与者，能比真菌更强烈地分解氨基酸等蛋白类物质，还能形成抗生物质，维持湿地生物群落的动态平衡；原生动物因摄食一些微生物和碎屑，故起到调节微生物群落的动态平衡和清洁水体的作用。它们共同协作构成了互利共生的有机系统，共同承担污水净化的任务（成水平和夏宜珺，1998b）。

　　研究发现，人工湿地中微生物的垂直分布呈现一定的规律，即微生物的数量随着基质层的加深逐渐减少，但不同的季节细菌、真菌和放线菌在各土层的分布存在一定的差异。成水平和夏宜珺（1998a）研究发现，在各月份中细菌在各土层的分布均大于真菌和放线菌。从微生物数量在不同时间里在各基质中的垂直分布来看，5、6、10 月在各土层中的比例相似，变化幅度较小，微生物多分布在 0~10cm 的基质层内；7、8、9 月 0~10cm 的基质层内的微生物数量明显增加，约占总数量的 60% 以上；20~30cm 基质层内微生物数量的减少幅度较大，仅占总数量的 12%~14%。研究还发现，不同的季节，水生植物吸附微生物的数量有很大的变化。一般来说，春季微生物数目较少，夏季微生物数目有所增加，秋季微生物数目达到最高，冬季微生物数目又有所下降（成水平和夏宜珺，1998a；梁威等，2002b）。

　　2）湿地微生物对有机物的降解作用

　　人工湿地处理污水时，有机物的降解和氮化合物的脱氮作用、磷化合物的转化等主要是由湿地植物根区微生物活动来完成的，人工湿地中微生物的活动是废水中有机物降解的基础。植物根系将氧气输送到根区，形成了根表面的氧化状态，废水中大部分的有机物质在这一区域被好氧微生物利用氧这一终端电子受体而分解成为 CO_2 和水；氨则被这一区域的硝化细菌硝化；离根表面较远的区域氧气浓度降低，属于兼性厌氧区，硝化作用仍然存在，但主要是靠反硝化细菌将有机物降解，并使氮素物质以氮气的形式释放到大气中。在根区的还原状态区域，则是经过厌氧细菌的发酵作用，将有机物分解成二氧化碳和甲烷释放到大气中。由于人工湿地存在着这样一些氧化区、兼性区和还原区，通过不同区域微生物的相互配合作用而将有机物以及氮素化合物等去除（Brix，1987；Breen，1990；Coneley et al.，1991）。

　　至于废水中的磷化合物，有机磷及溶解性较差的无机磷酸盐都不能直接被湿地植物吸收利用，必须经过磷细菌的代谢活动，将有机磷化合物转变成磷酸盐，将溶解性差的磷化合物溶解，才能被湿地植物或基质吸附利用，从而通过湿地植物的收割以及基质的吸附而将磷从废水中带走。尽管磷的去除与湿地微生物的数量之间不存在显著相关性，但微生物在基质磷循环过程中还是发挥了重要的作用，主要包括：①改变无机磷化合物的溶解性；②矿质化有机磷化合物并释放无机磷酸盐；③转变无机可利用的磷酸根离子成为细胞组分；④引起无机磷化合物的氧化或还原。总的来说，微生物的作用主要是对有机磷化物进行分解，产生无机磷化物，从而通过植物和部分微生物的吸收利用，以及湿地基质的吸附，达到有效去磷的目的。

　　同时，现有研究发现湿地中的微生物与其净化功能之间存在显著相关关系，微生物数量越多则去除率越高；其中污水中 BOD$_5$ 的去除率与湿地细菌总数显著正相关；氨氮的去除率与硝化细菌和反硝化细菌的数量密切相关；污水中总大肠杆菌的去除率与湿地原生动物和放线菌数量也存在显著正相关（李科德和胡正嘉，1995；沈耀良和杨铨大，1996）。这也从一个方面说明湿地微生物在污染物降解中起到了重要作用。

4. 湿地酶

湿地酶是指湿地系统内湿地植物、湿地微生物和基质等各个组成成分酶的总称，包括胞内酶以及游离于细胞外的各种酶（梁威等，2003）。湿地酶是一种生物催化剂，它能加速湿地基质中有机物质的化学反应，从而促进湿地净化功能的发挥。湿地酶同生活着的微生物一起推动物质的转化，各种酶在基质中的积累，是基质微生物、基质动物和植物根系生命活动的结果。它们参与了许多重要的生物化学过程，如腐殖质的合成和分解，有机化合物、高等植物和微生物残体的水解及其转化，以及氧化还原反应等（许光辉和郑洪元，1986；中国科学院南京土壤研究所微生物室，1985；哈兹耶夫，1990）。

湿地酶在人工湿地净化污水过程中起到极其重要的作用，其中纤维素酶能酶促纤维素中的 β-1,4-葡聚键的水解，可将纤维素分解成为葡萄糖分子；磷酸酶能酶促磷酸酯的水解，并释放出正磷酸盐；蛋白酶能酶解蛋白质和肽类等大分子氮化物，生成氨基酸；脲酶是一种酰胺酶，能酶促有机质分子中肽键的水解，研究发现基质中脲酶的活性与基质的微生物数量、有机物质含量、全氮和速效氮含量呈正相关；过氧化氢酶几乎存在于所有生物体内，在某些细菌里，其数量约为细胞干重的 1%。它能促进过氧化氢对各种化合物的氧化。湿地的过氧化氢酶活性与湿地呼吸强度和湿地微生物活动有关，在一定程度上反映了湿地微生物学过程的强度（许光辉和郑洪元，1986；中国科学院南京土壤研究所微生物室，1985；Koottatep and Polprasert，1997）。

虽然关于人工湿地净化污水机制的研究已经有不少报道，但主要集中于湿地植物的气体代谢、微生物学、植物生理生态、水力动力学等方面，人工湿地酶学方面的研究国内外尚未见系统报道。近十年来，这种研究状况已有了一定程度的改变（Kang et al.，1998；成水平和夏宜玲，1998b；张甲耀等，1998；Shackle et al.，2000）。成水平和夏宜玲（1998a，1998b）对香蒲系统人工湿地及其对照系统中的磷酸酶、纤维素酶和蛋白酶活性进行了调查，结果发现香蒲型人工湿地中磷酸酶、纤维素酶、蛋白酶活性在数值上高于对照，但差异不显著。香蒲型人工湿地中 5~10cm 深处的酶活性稍高于 20cm 深处的酶活性，但二者之间无显著性差异。Kang 等（1998）研究发现，湿地酶活性的提高可以改善湿地系统对污水的净化效果。Shackle 等（2000）研究发现，通过对人工湿地系统中碳源数量和质量的调控，可以调节湿地胞外酶的活性，从而达到最佳的污水净化效果。吴振斌等（2002c）研究了复合垂直流人工湿地基质酶活性，发现不同月份、不同深度湿地基质中的酶活性不相同；不同湿地类型其酶活性也不相同；脲酶活性与湿地系统凯氏氮的去除率之间存在显著相关。

此外，梁永超等（1989）对水稻土壤中的铁还原酶进行了研究；张甲耀等（1998）对潜流型人工湿地中对芦苇光合作用有正效应的乙醇酸氧化酶、硝酸还原酶以及超氧化物歧化酶进行了研究；刘应迪等（2001）初步研究了高温胁迫下湿地葡灯藓（*Plagiomnium acutum*）和大羽藓（*Thuidium cymbifolium*）的过氧化物酶（POD）活性及其与处理时间和处理温度的关系；边银丙等（1996）对湿地松（*Pinus elliottii*）感染松色二孢菌后的过氧化物酶及其同功酶与其致病力的关系进行了初步研究；李淑娴（1996）等对湿地松种子活力进行了相关研究，发现其电导率、丙二醛含量、硝酸还原酶活性与田间成苗率呈显著负相关，超氧化物歧化酶活性、蛋白质含量、发芽指数、峰值、发芽值、壮苗率等指标与田间成苗率呈显著正相关。按照 Perl 等的平均生化指数法将上述指标进行处理，所形成的活力综合值与田间成苗率呈显著相关（$r=0.982$）。总的来说，湿地酶学方面的研究刚刚兴起，还有待于进一步的深入研究。

总之，人工湿地作为一种高效廉价的污水处理生态工程技术，近年来得到了很大的发展。大量研究证实，在湿地净化过程中生物因素发挥了重要作用；但至今其净化机制尚未研究清楚，湿地生物因素方面的研究仍需进一步加强。

4.2　基质生物膜

自然界中大多数微生物组织是以附着状态，而不是以游离状态存在于生长环境中（White *et al.*，1996），这些附生微生物往往包埋在浓稠的细胞外化合物基质中，构成一个结构和功能的整体，称之为生物膜（biofilm），生物膜在天然水环境中和工程处理过程中起着重要的作用（Peys *et al.*，1997；Akiyoshi and Hideki，1996；Karamanev and Samson，1998）。

人工湿地是在长期应用天然湿地净化功能基础上于 20 世纪 70~80 年代发展起来的一种水净化资源化生态工程技术（Hammer，1989）。其设计和建造是通过对湿地自然生态系统中的物理、化学和生物作用的优化组合来进行的，一般利用这三者的协同作用来处理污水。该技术工艺出水水质好，具有较强的氮、磷处理能力，运行维护管理方便，投资及运行费用低。与传统生物处理工艺相比，其作用机制及处理系统中物质的变化过程有较大的差异（吴晓磊，1995）。

生物膜作为微生物的载体，具有大的表面积，能大量吸附废水中多种状态的有机物，并具有非常强的氧化能力，在人工湿地的净化功能中起着重要的作用，生物膜的发育程度直接影响着湿地系统的处理效率（Mantovi *et al.*，2003）。成熟的人工湿地基质表面及湿地植物根系为生物膜提供了巨大的附着表面，也为微生物提供了良好的生长表面（Schorer and Eisele，1997）。废水流经湿地床时，不溶性的有机物被填料及根系阻挡，通过沉积、过滤作用可以很快地被截留，进而被分解或利用；可溶性有机物则可通过生物膜的吸附、吸收及生物代谢作用而被降解去除（Comin，1997）。

　　人工湿地的高效去污能力基于其独特而复杂的作用机制，生物膜在污染物的去除过程中有其特殊的作用，其发育程度直接影响着湿地系统的处理效率（Schorer and Eisele，1997）。目前对人工湿地净化效果和机制的研究很多，而对人工湿地中生物膜的特性和功能的研究则少有报道。本研究以复合垂直流人工湿地为实验场，对基质生物膜的空间分布、代谢特性、发育周期、降解性能和对持久性有机污染物的去除进行了研究，其结果将有助于对污染物的净化机制和人工湿地系统发育的理解，并为人工湿地的建设、管理和评价提供科学依据，具有较强的理论和实际意义。

4.2.1　基质生物膜的空间分布

　　在污染物的吸附和降解转化过程中，生物膜中的有机相是重要的功能部位，挥发性固体 VSS 反映了生物膜中的有机相，可作为反映生物膜生物量的指标（俞琉馨等，1990）。将与 IVCW 基质完全相同的材料置于表层以下 10cm 处，进行基质生物膜培养，测定各项指标。基质中 VSS 的分布如图 4.9 所示。

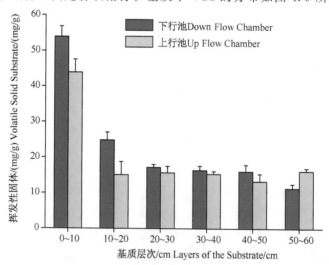

图 4.9　IVCW 基质生物膜的空间分布
Fig. 4.9　Spatial distribution in biofilms of the substrate in IVCW

　　在 IVCW 中，采用直接显微法（刘雨等，2000）测定不同层次基质生物膜的厚度，结果如图 4.10 所示。

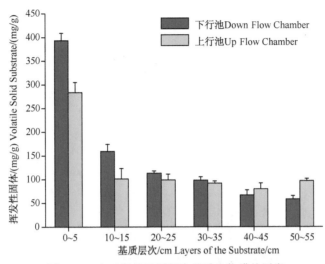

图 4.10　人工湿地不同层次基质生物膜的厚度

Fig. 4.10　Thickness of biofilms in different layers of the substrate in IVCW

　　不同层次基质中生物膜的生物量和厚度差异显著，生物膜主要积累在表层 0~10cm，其生物膜量和厚度 2~3 倍于 10cm 以下层次。基质生物膜平均厚度和 VSS 较大，下行池平均厚度 148.2μm，VSS 23.3mg/g；上行池平均厚度 125.5μm，VSS 20.2mg/g；表层以下各层分布均匀，说明生物膜广泛分布于湿地系统中，而下行池生物膜整体较上行池高。

　　下行池与上行池的这种差异与布水方式有关，污水中有机颗粒首先被下行池表层基质拦截；同时与湿地中基质表层供氧充分、生物膜发育程度高等因素有关。上行池则表现出与自下往上的水流方向相反的分布，湿地植物根系及其附生物主要分布在表层。基质生物膜的这种分布表明，生物膜的空间分布与湿地植物根系分布、植物分泌物的积累等因素也有关，与微生物，特别是好氧微生物的空间分布规律有着一致性（成水平和夏宜琤，1998a）。

　　生物膜的空间分布可反映湿地中污染物去除的净化空间和净化效能。IVCW 基质中 VSS 均值达到 21.8 mg/g，对人工湿地而言，其生物膜的发育程度是非常高的。

4.2.2 基质生物膜的活性

1. IVCW 基质生物膜脱氢酶活性

污染物在人工湿地中被去除的过程，就是生物膜中微生物所产生的多种酶催化一系列生物氧化还原反应的过程。其中，脱氢酶能使被氧化有机物的氢原子活化并传递给特定的受氢体。因而，脱氢酶的活性可以反映生物膜中活性微生物的量及其对有机物的降解活性，可以用于评价其降解性能。采用三苯基四氮唑氯化物（TTC）比色法测定基质生物膜的脱氢酶活性，结果如图 4.11 所示。

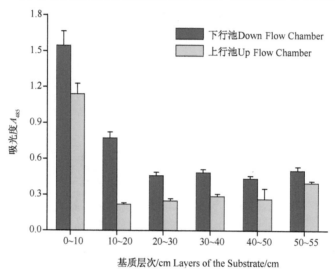

图 4.11　IVCW 不同层次基质生物膜的脱氢酶活性

Fig. 4.11　Activity of dehydrogenase in biofilms of the
substrate among different layers in IVCW

　　基质脱氢酶活性空间分布规律与生物膜生物量的积累趋势有一致性。不同层次的基质酶活性存在差异，表层 0～10cm 基质酶活性明显高于其他各层次，说明该层次是污水有机物的主要降解区间。

　　2. 不同发育程度生物膜的活性

　　生物膜的附着积累过程就是基质颗粒表面的生物膜厚度不断增加的过程。利用载玻片这种人工载体附着形成生物膜时发现，不同发育程度的生物膜厚度是不同的，相应的脱氢酶活性变化如图 4.12 所示。

　　结果显示，不同发育程度的生物膜表现出的活性不相同。在生物膜形成的初期，亦即生物膜厚度较低时，随着厚度的增加，生物膜的活性增加；但厚度增加到一定程度后，再继续增大时，生物膜的活性反而降低，生物膜厚度在 $150\mu m$ 时其活性最大。

　　这主要是受到养分和氧传质的限制。当生物膜厚度较小时，所有的生物膜都是有活性的，这时生物膜发育程度的增加当然会使活性增加，处理效率增大。当膜厚增加到大于最佳膜厚时，尽管生物膜的总量仍在增大，但活性却降低很快。有研究表明（Andrews and Trapasso，1995，Huang and Liu，1993），当载体表面所生长的生物膜厚度增加到一定程度，即生物膜靠近载体表面的部分——惰性生物层时，这部分微生物由于难以获得养分，活性差，基本不参与生化反应；包

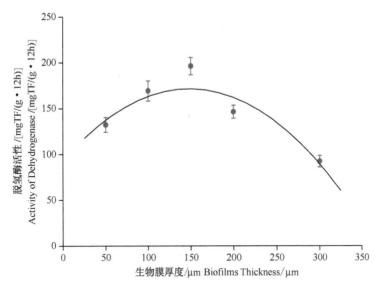

图 4.12　不同发育程度生物膜的活性

Fig. 4.12　Activity of biofilm in different development state

裹于惰性层外的活性生物层则具有较强的活性，污染物的去除主要依靠这一层中的微生物。可见，生物膜厚度过大反而造成处理效率下降。

人工湿地基质最表层的生物膜厚度为最佳厚度的 3～4 倍，表层生物膜的总量很大，而处理效率却不高。大量生物膜的积累不仅不利于处理效率的提高，反而在湿地表面形成阻隔层，易造成人工湿地的堵塞。

3. 不同培养水质的生物膜的活性

在两处人工湿地进水处，分别进行基质生物膜培养和人工载体（采用自制的生物膜挂片器，挂片器大小为 76.2 mm×25.4 mm×0.8 mm）培养，两处的进水分别为武汉东湖（进水 1）和小莲花湖（进水 2），水质有较大差异（表 4.3）。东湖进水水质为劣 V 类；而莲花湖进水水质较好，为 IV 类。

表 4.3　人工湿地进水水质

Tab. 4.3　Chemical parameters of influent in different constructed wetlands

[单位（Unit）：mg/L]

项目 Item	总氮 TN	亚硝酸盐 NO_2^--N	总磷 TP	COD_{Cr}	BOD_5
东湖进水 Influent of Donghu Lake	4.72	0.300	0.279	78.5	20.5
莲花湖进水 Influent of The Lotus Lake	1.31	0.003	0.080	21.6	5.3

选取生物膜厚度 100μm 的样品测定其生物膜的脱氢酶活性，结果如图 4.13

所示。

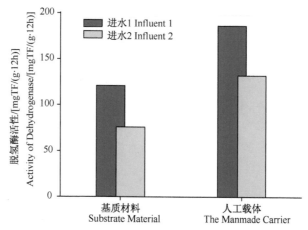

图 4.13　不同培养水质的生物膜的活性

Fig. 4.13　Activity of biofilms in different water quality

　　无论是基质材料还是载玻片载体，其生物膜活性都表现出一致的趋势，水体营养水平较高时，形成的生物膜活性较大，进水 1 的生物膜活性平均为进水 2 的1.5 倍。图 4.13 中测定人工载体生物膜时将生物膜从载体上刮取下来，而测定基质生物膜时则是直接测定具有生物膜的基质，在相同样品量的情况下，两者实际生物膜量是不一致的，因而其生物膜活性的测定值不同。

　　人工湿地中，生物膜的培养时间、水体营养状态等环境条件直接影响着生物膜的生长速度、生物膜量、厚度和活性，不同培养水质形成的生物膜的呼吸强度相差 5 倍以上。在水体营养水平较高的情况下，微生物数量多，黏附物发生的频率高，生物膜生长速度快。不同水体营养水平下基质中稳定的生物膜厚度和活性的差异说明其生物膜的结构及膜内生物的生理活动存在差异。在一定范围内，提高人工湿地进水中的污染负荷可促进湿地基质生物膜的良好发育，从而促进湿地本身的成熟，提高系统处理效率。

4.2.3　基质生物膜的呼吸强度

　　呼吸作用代表生物膜代谢的旺盛程度，利用德国 WTW 的气体测定仪，通过样品瓶中的气体变化感应装置测定样品培养过程中 CO_2 的变化，作为生物膜呼吸强度的指标。基质生物膜的呼吸强度如图 4.14 所示。

　　表层 0~10cm 呼吸强度较高，下行池表层生物膜呼吸强度明显高于其他层，是上行池表层的 1.85 倍，这与生物膜的生物量和脱氢酶活性的空间分布一致。

　　将污水中的培养生物膜和 IVCW 基质生物膜的平均呼吸强度对比，可以看出培养水体的水质对生物膜的代谢旺盛程度有重要影响。培养生物膜 1.0g 的呼

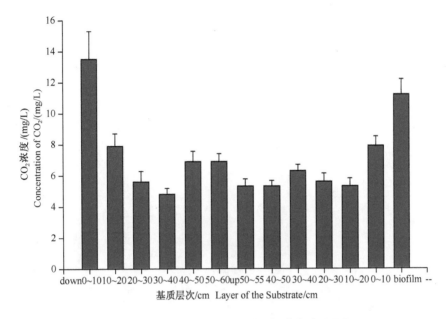

图 4.14　IVCW 不同层次基质生物膜的呼吸强度

Fig. 4.14　Respiration of biofilms of the substrate among the different layers in IVCW

吸强度按 CO_2 量计为 11.2 mg/L，其 VSS 平均含量经测定为 3.5%。基质 10g 的平均呼吸强度按 CO_2 量计为 7.0 mg/L，含水量经测定平均为 10%。据此推算，培养生物膜和基质生物膜单位生物量的呼吸强度相差 5 倍以上。而两者的主要差别在于培养水体的水质不同，污水中的大量悬浮颗粒物经过沉淀沉降，到进水水质均为劣 V 类，而经过 IVCW 后出水为 III 类。下行池与进水直接接触的 0～10cm 表层基质呼吸强度为 13.5 mg/L，其他层次平均呼吸强度为 6.41 mg/L，相差 2 倍以上。培养水体中的悬浮颗粒物可能是重要的影响因素之一，还需进一步研究。

　　污水中的有机物组分是生物膜所含微生物食物与能量的主要来源，其中大部分有机物和无机物都可作为微生物的营养源而加以利用。培养水体中污染物的含量对生物膜的发育程度有重要影响。对人工湿地，特别在建成初期，在一定范围内，提高进水中的污染负荷可促进湿地基质生物膜的良好发育，从而促进湿地本身的成熟，提高系统的处理效力。

4.2.4　基质间隙水中的有机物

　　IVCW 下行池的布水方式是自上而下。在下行池的基质中，从表层到底层，基质间隙水中总有机碳（TOC）值呈下降趋势，总体下降 62.7%（图 4.15），下行池为有机物的主要降解区域。污水中的有机物在各层次中得到逐级降解,不同层次的贡献率不同,从表层到底层分别为 26.9%、6.19%、11.3%、8.25%、9.96%,表层贡献率最大。

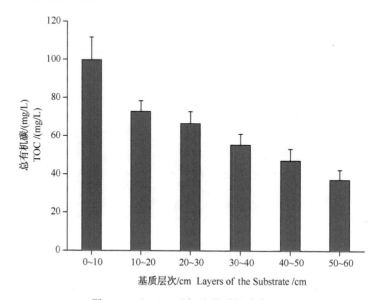

图 4.15　IVCW 下行池基质间隙水 TOC

Fig. 4.15　TOC in the interstitial water of the substrate in down

flow chamber in IVCW

4.2.5　基质生物膜的降解性能

1. 不同发育时间生物膜对有机碳的降解

生物膜对葡萄糖营养液中有机碳的降解状况,可以直接反映生物膜的活力,进而反映生物膜对污染物的去除能力。IVCW 系统中不同发育时间生物膜对有机碳的降解情况如图 4.16 所示。

结果显示,不同发育时间的生物膜对葡萄糖的降解性能有明显差异。10~70d,与空白对比,葡萄糖的降解率分别为 6.78%、7.43%、23.5%、38.2%、40.9%。发育时间直接影响生物膜对有机碳的降解性能,10~70d,生物膜对葡萄糖的降解率提高了 5 倍。

生物膜的发育时间直接影响到系统的运行效果,特别是湿地建成初期。如何促进生物膜的发育,提高生物膜的降解性能,是提高人工湿地系统处理效力的关键。

2. 生物膜对持续性有机污染物五氯酚的去除

五氯酚(PCP)作为一种有毒有害有机物,被许多国家列为优先控制污染

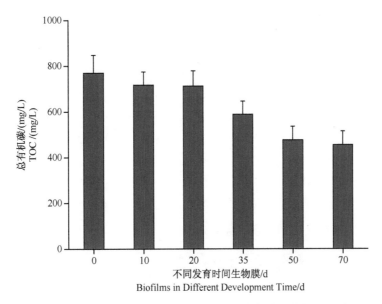

图 4.16　不同发育时间生物膜对葡萄糖的降解

Fig. 4.16　Degradation of glucose by the biofilms in different development time

物。IVCW 基质对 PCP 的去除能力如图 4.17 所示，五氯酚的测定使用 Agilent1100 型 HPLC。

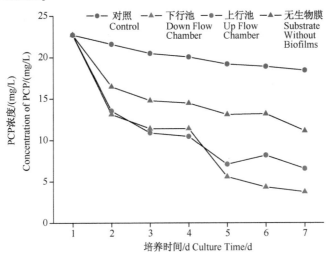

图 4.17　IVCW 基质对 PCP 的去除

Fig. 4.17　Degradation of PCP by the substrate of IVCW

　　IVCW 基质对 PCP 有良好的去除效果，总去除率和去除速率都很大。一周内，上行池平均去除率 71.2%，下行池更高，平均为 83.5%。下行池和上行池水的流态、栽种的植物等不同，使得其生物膜的分布和活性有差异，由此造成两处基质在 PCP 去除率上的差异。

作为对比，无生物膜的基质对 PCP 的去除率为 51%，而 IVCW 基质平均为 77.3%，是无生物膜基质的 1.52 倍，生物膜对 PCP 去除的贡献率为 26.3%。生物膜的生长显著提高了 IVCW 基质系统对 PCP 的去除能力。

生物膜广泛地存在于 IVCW 基质中。从以上各指标看，生物膜生物量、脱氢酶活性、呼吸强度等指标在变化趋势上存在明显的一致性。基质生物膜对有机污染物有很强的去除能力。在一定范围内，生物膜的发育时间对其处理效力有着重要影响（吴振斌等，2005b）。作为结合了微生物组织、有机物和无机物的综合体，生物膜有其自有的特征和性能，可以作为衡量人工湿地发育程度的关键指标。

4.2.6　金属与营养元素对基质生物膜影响

1. 营养元素对人工湿地基质生物膜的影响

生物膜上的微生物十分丰富，包括细菌、真菌和藻类（在有光条件下）、原生动物和后生动物，这些微生物聚集在一起形成了一种复杂稳定的生态体系。生物膜上的不同微生物在其生长繁殖过程中对营养元素的要求是有差别的。碳源、氮源、矿物质元素、生长素等均影响生物膜的形成。

微量矿物盐溶液的无机盐组成（mg/L）为：$MgSO_4$，10；$CaCl_2 \cdot 2H_2O$，10；$NaCl$，10；$FeCl_3 \cdot 6H_2O$，0.4。按照正交实验设计的浓度条件，在微量矿物盐溶液中加入不同浓度的营养元素，培养生物膜 7d（生物膜酶活性比较稳定且有利于多糖生成的时间）所得结果及直观分析见表 4.4。脱氢酶活性采用三苯

表 4.4　正交实验结果

Tab. 4.4　Results of the orthogonal array design

编号 Number	$C_6H_{12}O_6$ /(g/L)	KNO_3 /(g/L)	NaH_2PO_4 /(g/L)	脱氢酶活性 /[μgTF/(g·12h)] Dehydrogenase Activity /[μg TF/(g·12h)]	多糖含量/($\mu g/g$) Polysaccharide Content /($\mu g/g$)
1	0.2	0.4	0.05	4.24	2901.6
2	0.2	0.8	0.1	3.52	2571.2
3	0.2	1.6	0.2	4.50	1164.7
4	0.4	0.4	0.1	3.61	2350.9
5	0.4	0.8	0.2	4.06	1963.2
6	0.4	1.6	0.05	3.79	1536.4
7	0.8	0.4	0.2	3.08	3257.3
8	0.8	0.8	0.05	3.70	1100.4

续表（Continued）

编号 Number		$C_6H_{12}O_6$ /(g/L)	KNO_3 /(g/L)	NaH_2PO_4 /(g/L)	脱氢酶活性 /[μgTF/(g·12h)] Dehydrogenase Activity /[μg TF/(g·12h)]	多糖含量/(μg/g) Polysaccharide Content /(μg/g)
9		0.8	1.6	0.1	2.63	1183.0
10		0	0	0	3.34	1476.7
脱氢酶活性	T_1^*	4.09	3.64	3.91	
/[μg TF/(g·12h)]	T_2^*	3.82	3.76	3.25	
Dehydrogenase Activity	T_3^*	3.14	3.64	3.88	
/[μg TF/(g·12h)]	R^*	0.95	0.12	0.66	
多糖含量	T_1	2212.5	2836.6	1846.1	
/(μg/g)	T_2	1950.2	1878.3	2035.0	
Polysaccharide Content	T_3	1846.9	1294.7	2128.4	
/(μg/g)	R	365.6	1541.9	282.3	

T_1，T_2，T_3 分别代表了不同因素同一水平之结果的平均值，R 是其极值

T_1，T_2 and T_3 represent the average values of different factors under the same level respectivly, and R represents limit value.

基四氮唑氯化物（TTC）比色法测定（朱南文等，1996），多糖根据苯酚-硫酸法测定（刘雨等，2000）。

结果表明，加入营养元素的生物膜培养液中，其脱氢酶活性及多糖含量并不是全部高于只加微量矿物盐溶液的结果，说明营养元素在生物膜培养过程中的作用有着优化组合。表中 T_1、T_2 和 T_3 分别代表了不同因素同一水平之结果的平均值，R 是其极值。

比较极差 R 的大小可知，影响脱氢酶活性及多糖含量的三种营养元素的主次顺序分别为 $C_6H_{12}O_6$＞NaH_2PO_4＞KNO_3 和 KNO_3＞$C_6H_{12}O_6$＞NaH_2PO_4。说明营养元素对生物膜酶活性及多糖含量的影响是不相同的，葡萄糖是影响脱氢酶活性主要因素，硝酸钾是影响多糖含量的主要因素。此外，三种营养元素不同的浓度组合对生物膜酶活性及多糖含量的影响也不一样，分别存在着最佳组合方式。比较 T_1、T_2 和 T_3 可知，获得最大生物膜酶活性的营养元素优化组合为：$C_6H_{12}O_6$，0.2 g/L；KNO_3，0.8 g/L；NaH_2PO_4，0.05 g/L。获得最大多糖含量的营养元素优化组合为：$C_6H_{12}O_6$，0.2 g/L；KNO_3，0.4 g/L；NaH_2PO_4，0.2 g/L。

上述优化条件并没有直接出现在实验所设计的正交方案中，故按上述优化组合在同一培养条件下进一步实验，测得的脱氢酶活性和多糖含量分别为 5.40 μg TF/（g·12h）和 3454.6 μg/g，分别高于表中正交实验直接得到的 4.50 μg TF/（g·12h）和 3257.3μg/g。

　　根据表 4.4 可得出，三种营养元素的浓度与生物膜脱氢酶活性和多糖含量的效应关系。由 T_1、T_2 和 T_3 的值可知，随着葡萄糖浓度的增加，脱氢酶活性逐渐降低，多糖含量也表现出相同的趋势，说明在培养液中添加 C 源不利于生物膜酶活性的提高以及多糖的积累。然而，李久义等（2002）考察了有机 C 源（滤池 A 中以葡萄糖作为唯一的溶解性有机 C 源，而滤池 B 分别以淀粉和葡萄糖作为胶体态和溶解态有机 C 源，两种物质分别构成废水中一半的 COD）对生物膜多糖含量的影响，发现两个滤池中生物膜的多糖含量均随有机物浓度的降低逐渐下降，并且溶解态有机物的生物膜胞外聚合物中多糖的含量要高于胶体态有机物的生物膜。说明单一 C 源或者 C 源组合对生物膜生长的影响不同于 C 源、N 源和 P 源同时存在时的影响，可能和生物膜在不同生长环境下不同的代谢途径有关。硝酸钾和磷酸二氢钠对生物膜酶活性的影响是相似的，分别在浓度为 0.8 g/L 和 0.05 g/L 的条件下显示了最佳值。说明在培养液中适当地添加 N 源和 P 源对提高生物膜酶活性是有利的。然而，对多糖含量来说，硝酸钾和磷酸二氢钠表现出相反的效应。随着硝酸钾浓度的增加，生物膜的多糖含量逐渐降低，而随着磷酸二氢钠浓度的增加，生物膜多糖含量逐渐升高，说明在培养液中添加 P 源对生物膜生物量的积累是有利的。

　　一般来讲，生物膜上的微生物所需要的营养物质应包括组成细胞的各种元素和产生能量的物质，主要是 C 源、N 源，还有作为无机营养物质的 P 源。污水中含有的淀粉、纤维素、糖、有机酸、酚等都可以作为 C 源供微生物利用。有机态的蛋白质、蛋白胨、氨基酸和尿素与无机态的气态氨、铵盐、硝酸盐和亚硝酸盐等均可作为微生物的 N 源，不同的微生物对以上氮素的要求也不同。要了解添加不同营养元素所引起的生物膜酶活性和多糖含量的变化，必须要考虑培养液中这些营养元素之间的平衡。不同营养元素在生物膜生长过程中所起的作用是不一样的，因为它们涉及了不同的代谢途径，合成和积累着不同的代谢产物。

　　营养元素在以生物膜为主要去除机制的污水处理工艺中起着重要的作用（桑军强等，2003；黄民生和邱立俊，2002）。本实验利用正交设计研究一定浓度范围内 C、N 和 P 营养元素对人工湿地基质生物膜的影响，得出了影响生物膜酶活性和多糖含量的主要因素以及获得最高生物膜酶活性和多糖含量的三种营养元素的优化组合，此结果将为提高人工湿地去除污染物的效率提供一条新的思路。在实际的废水处理过程中，由于废水来源不同，可根据废水中的污染物状况补充相应的 C 源、N 源或 P 源。

　　2. Zn^{2+}、Co^{2+} 和 Mn^{2+} 对人工湿地基质生物膜的影响

　　微量金属（如 Zn、Fe 和 Mn 等）与碳源、氮源等营养源一样，在细胞的生命活动中起重要作用。它们主要是作为维持微生物酶系统活性的关键物质，或者作为酶的激活剂来提高酶促反应效率（许保玖和龙腾锐，2000）。

生物膜培养液由葡萄糖和一些盐组成（mg/L）：葡萄糖，100；$(NH_4)_2SO_4$，20；$K_2HPO_4 \cdot 3H_2O$，10；$MgSO_4$，10；$CaCl_2 \cdot 2H_2O$，10；NaCl，10；$FeCl_3 \cdot 6H_2O$，0.4。金属离子以 $ZnCl_2$、$CoCl_2 \cdot 6H_2O$ 和 $MnCl_2 \cdot 4H_2O$ 的形式加入，分别换算成 Zn^{2+}、Co^{2+} 和 Mn^{2+} 的浓度。所加 3 种金属离子浓度梯度均为 0.5 mg/L、1 mg/L、2 mg/L、4 mg/L。分别于实验开始后 6 h、24 h 和 72 h 取样，测定混合液中生物膜的脱氢酶活性和多糖含量。

1）Zn^{2+}、Co^{2+} 和 Mn^{2+} 对生物膜脱氢酶活性的影响

由图 4.18 可见，6 h 时，3 种金属离子对生物膜脱氢酶活性的影响表现出同

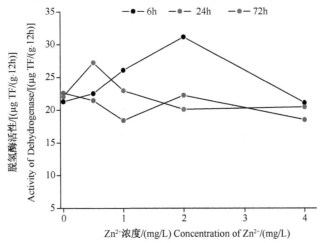

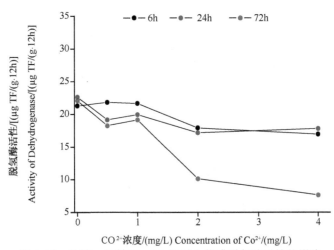

图 4.18　Zn^{2+}、Co^{2+} 和　Mn^{2+} 对生物膜脱氢酶活性的影响

Fig. 4.18　Effects of Zn^{2+}, Co^{2+} and Mn^{2+} on the activity of dehydrogenase of biofilms

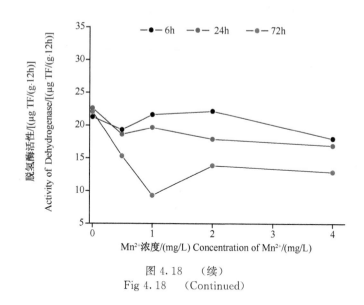

图 4.18 （续）

Fig 4.18 （Continued）

样的规律，即低浓度表现为促进作用；当浓度继续升高时，促进作用降低并逐渐呈现抑制作用。其中，Zn^{2+} 对脱氢酶活性的影响最为明显，当浓度增至 2 mg/L 时，脱氢酶活性达到最大，比空白增加 46.5%；而当 Zn^{2+} 浓度为 4 mg/L 时，脱氢酶活性迅速降低至空白以下，呈现抑制作用。确定 6 h 时 Zn^{2+} 对生物膜酶活性的最佳促进浓度为 2 mg/L。Co^{2+} 和 Mn^{2+} 对生物膜脱氢酶活性的影响则较为平缓。Co^{2+} 在浓度分别为 0.5 mg/L 和 1 mg/L 时的脱氢酶活性值相差不大，均略高于空白，呈现轻微的促进作用；而浓度大于 1 mg/L 后生物膜的脱氢酶活性逐渐下降，表现为抑制作用，当 Co^{2+} 浓度为 4 mg/L 时，酶活性值比空白降低了 20.6%。Mn^{2+} 浓度小于 2 mg/L 时，脱氢酶活性值在波动中缓慢增加，表现为一定的促进作用；当 Mn^{2+} 浓度增至 4 mg/L 时，脱氢酶活性比空白降低 15.5%，表现为抑制作用。

总体上看，Co^{2+} 和 Mn^{2+} 对脱氢酶活性的影响较为相似，即随着时间的延长和金属离子浓度的增加而降低，但略有波动。Co^{2+} 有明显的抑制生物膜酶活性的作用，72 h 时，在所研究的浓度范围内，Co^{2+} 浓度大于 1 mg/L 时脱氢酶活性下降明显。其中，Co^{2+} 浓度为 4 mg/L 时，脱氢酶活性比空白降低 65.5%。虽然 Co 也是微生物生长所需的营养元素，但需求量极低，生物膜混合液中 Co^{2+} 浓度因超过生物膜微生物所能够耐受的范围而使其活性受到抑制。锰是 Mn-超氧化物歧化酶、丙酮酸羧化酶、精氨酸酶等的辅助因子，是腺嘌呤核苷酸酶和一些水解酶的激活剂（高俊发和乔华，2000），因而向生物膜混合液中加入 Mn^{2+} 后会对酶的活性产生影响。实验结果显示，6 h 时，Mn^{2+} 浓度小于 2mg/L 时对脱氢酶活性表现为一定的促进作用，之后酶活性降低，表现为抑制作用。随着时间的延长，抑制作用越来越明显，72 h 时，Mn^{2+} 浓度为 4 mg/L 时，酶活性比空白降低了 41.6%。对 Zn^{2+} 来说，6 h 时，其对生物膜酶活性的最佳促进浓度为 2 mg/L；24 h 时，Zn^{2+} 浓度小于 2 mg/L 时脱氢酶活性基本与空白相近；72 h 时，虽然 Zn^{2+} 浓度为 1 mg/L 时脱氢酶的活性比浓度为 0.5mg/L 时降低了 15.7%，但仍比空白高出 4.1%，说明 Zn^{2+} 浓度小于 1 mg/L 时对生物膜酶活性仍然表现为促进作用。当 Zn^{2+} 浓度为 2 mg/L 时，脱氢酶活性仅比空白降低了 8.8%，可以近似认为当生物膜混合液中 Zn^{2+} 浓度为 2 mg/L 时，能够在 72 h 内保持生物膜的酶活性。

脱氢酶活性与微生物对底物的代谢水平直接相关，可以反映微生物对有机物的氧化分解能力。尹军等（1995）研究表明，脱氢酶活性与底物去除负荷之间具有良好的相关性，可通过检测载体生物膜脱氢酶活性对相应废水中有机物的处理效能进行预测。本实验中，尽管 6 h 时 Co^{2+} 和 Mn^{2+} 分别对脱氢酶活性呈现了不同程度的促进作用，但随着这两种金属离子浓度的增加，Co^{2+} 和 Mn^{2+} 对脱氢酶活性的影响继而表现为抑制作用，并且随着时间的延长，抑制作用越来越明显。然而，相比于 Co^{2+} 和 Mn^{2+}，Zn^{2+} 却能在短时间内（6 h）迅速提高生物膜的酶活性，并且浓度为 2 mg/L 的 Zn^{2+} 能够在较长的时间内（72 h）保持生物膜的酶活性。这些结果表明，在用人工湿地处理污水时，投加一定浓度的 Zn^{2+} 对于提高湿地去除各种污染物的能力，特别是去除有机污染物的能力是有利的。

2）Zn^{2+}、Co^{2+} 和 Mn^{2+} 对生物膜多糖含量的影响

多糖在细胞固定、生物膜的形成及生物膜吸附溶解态离子等方面起重要作用，它在细胞的分泌、积累与细胞活性及数量有关。从图 4.19 可以看出，6 h、

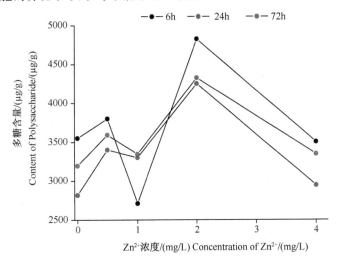

图 4.19　Zn^{2+}、Co^{2+} 和 Mn^{2+} 对生物膜多糖含量的影响
Fig. 4.19　Effects of Zn^{2+}, Co^{2+} and Mn^{2+} on content of polysaccharide of biofilms

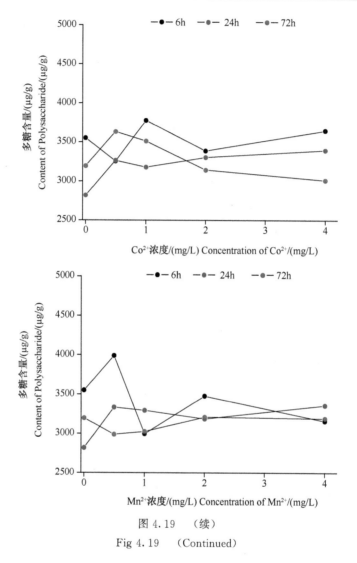

图 4.19　（续）

Fig 4.19　（Continued）

24 h 以及 72 h 时，Zn^{2+} 对生物膜多糖含量影响的变化趋势非常一致，多糖含量均在所加 Zn^{2+} 浓度为 2 mg/L 时达到最大值，这与 Zn^{2+} 在同样浓度条件下促进（6 h）并保持（72 h）生物膜脱氢酶活性的结果相符。说明在生物膜混合液中添加 2 mg/L Zn^{2+} 不仅能提高生物膜酶活性，而且还有利于多糖的积累。Zn 是乙醇脱氢酶的辅助因子，广泛存在于一系列涉及糖、蛋白质和核酸代谢的水解酶中（杨频和高飞，2000）。Zn^{2+} 加入生物膜混合液后，通过影响酶的活性使生物膜中的多糖含量发生了变化。

多糖含量在不同取样时间表现出的大体趋势为 6 h＞72 h＞24 h，说明在混合液中添加 Zn^{2+}，生物膜经过一段时间的适应期后，其多糖能维持增长的趋势。

然而，Co^{2+} 和 Mn^{2+} 对生物膜多糖含量的影响不同于 Zn^{2+}。实验发现，6 h、24 h 以及 72 h 时，在不同浓度的 Co^{2+} 和 Mn^{2+} 条件下，生物膜的多糖含量均在空白附近波动。说明在所研究的浓度和时间范围内，Co^{2+} 和 Mn^{2+} 对生物膜多糖含量没有明显影响。

Jefferson 等（2001）在 N/P 受限的灰水处理中，向合成非厕所生活污水中添加微量营养元素 Cu、Mo、Zn 和 Al，促进了微生物生物量的增长，其 COD_{Cr} 去除率分别达到对照系统的 124%、117%、132% 和 115%。同时，向 N/P 平衡的实际非厕所污水中投加一定剂量的 Co、Cu、Mo、Fe 和 Zn，其 COD_{Cr} 去除分别达到对照系统的 130%、240%、150%、185% 和 290%。高效生物膜处理的关键是积累足够的生物膜量。生物膜一般由微生物细胞和胞外聚合物组成。Jahn 等（1998）对 3 种不同重力下水管道生物膜的生物量组成进行了研究，结果表明，细胞生物量仅仅是生物膜中有机物质的微小部分，70%～90% 的总有机碳存在于细胞外。而多糖是胞外聚合物的主要成分，占 40%～95%（Flemming and Wingender，2001）。因此，多糖含量在很大程度上影响着生物膜的生物量，进而影响生物膜去除污染物的效率。结合不同时间、不同浓度金属离子对生物膜多糖含量的影响可知，对于所选取的 3 种金属离子，Co^{2+} 和 Mn^{2+} 对生物膜多糖含量没有明显影响，而 Zn^{2+} 在促进多糖积累方面比 Co^{2+} 和 Mn^{2+} 具有明显的优势，在生物膜混合液中添加 2 mg/L 的 Zn^{2+} 能在较长时间内维持多糖的增长趋势。此结果进一步说明，在用人工湿地处理污水时，投加一定浓度的 Zn^{2+} 对于改善出水水质、提高湿地净化效果是有利的。

3. Cd^{2+} 和 Pb^{2+} 单一及复合作用对人工湿地基质生物膜的影响

随着现代化工业的发展，世界各国特别是发展中国家对重金属的需求量逐年增加，导致大量的金属释放到环境中。人工湿地是一种高效低耗的污水处理系统，应用人工湿地技术处理工业污水，尤其是含金属离子的污水，已引起了越来越广泛的关注。重金属不像有机污染物，进入湿地系统后不能被生物降解，因而会对生物膜产生一定的影响。

生物膜培养液由葡萄糖和一些盐组成（mg/L）：葡萄糖，100；$(NH_4)_2SO_4$，20；$K_2HPO_4 \cdot 3H_2O$，10；$MgSO_4$，10；$CaCl_2 \cdot 2H_2O$，10；NaCl，10；$FeCl_3 \cdot 6H_2O$，0.4。单一作用时，Cd^{2+} 的浓度梯度为 2.5 $\mu mol/L$、5 $\mu mol/L$、10 $\mu mol/L$、20 $\mu mol/L$、40 $\mu mol/L$，Pb^{2+} 的浓度梯度为 10 $\mu mol/L$、20 $\mu mol/L$、40 $\mu mol/L$、80 $\mu mol/L$、160 $\mu mol/L$。Cd^{2+} 和 Pb^{2+} 复合作用时，其浓度由 Cd^{2+} 与 Pb^{2+} 单一作用时浓度的一半相叠加，即 1.25 $\mu mol/L$ Cd^{2+} ＋5$\mu mol/L$ Pb^{2+}、2.5 $\mu mol/L$ Cd^{2+} ＋10 $\mu mol/L$ Pb^{2+}、5 $\mu mol/L$ Cd^{2+} ＋20 $\mu mol/L$ Pb^{2+}、10 $\mu mol/L$ Cd^{2+} ＋40 $\mu mol/L$ Pb^{2+}、20 $\mu mol/L$ Cd^{2+} ＋80 $\mu mol/L$ Pb^{2+}。预实验显示，24 h 内 Cd^{2+} 和 Pb^{2+} 的加入对生物膜产生了明显的影响。在较长时间条

件下，由于生物膜处于不同的生长期，微生物自身的活性将发生变化。因此实验测定6 h和24 h时生物膜的脱氢酶活性和多糖含量。

1）Cd^{2+}和Pb^{2+}单一及复合作用对生物膜脱氢酶活性的影响

总体上看，无论是Cd^{2+}、Pb^{2+}的单一作用还是复合作用，生物膜脱氢酶活性均随着金属离子浓度的增加和实验时间的延长而下降，但略有波动（图4.20）。重金属通过占据酶的活性中心，或与酶分子的巯基、胺基和羧基结合，形成较稳定的络合物，对底物产生竞争性抑制作用；或者通过抑制生物膜中微生物的生长和繁殖，减少体内酶的合成和分泌，导致酶活性降低。如图4.20所示，Cd^{2+}和Pb^{2+}单一作用时，不同取样时间脱氢酶活性表现出来的趋势是6 h＞24 h，而复合作用条件下则变为24 h＞6 h。单一或复合作用条件下，Cd^{2+}和Pb^{2+}在24 h内对生物膜酶活性表现出明显的抑制作用。复合作用下，24 h时的脱氢酶活性相比于6 h时有所增加，可能是因为复合作用对脱氢酶活性的影响不同于单一作用，Cd^{2+}和Pb^{2+}复合作用促进了某些活细菌的增加或者出现。

单一或复合作用时，不同取样时间脱氢酶活性和金属离子浓度之间的关系通过线性回归进行分析。结果表明，6 h和24 h时脱氢酶活性均与Cd^{2+}浓度呈显著线性相关（6 h时，$R^2 = 0.706$，$P < 0.05$；24 h时，$R^2 = 0.916$，$P < 0.01$）。同样地，对Pb^{2+}来说，脱氢酶活性随着Pb^{2+}浓度的增加而呈线性下降，并且6 h时生物膜酶活性和Pb^{2+}浓度之间存在极显著相关关系（$R^2 = 0.974$，$P < 0.001$）。Cd^{2+}和Pb^{2+}复合作用条件下，6 h和24 h时的脱氢酶活性均与两种金属离子复合浓度表现出一定的线性正相关关系，其中24 h时达显著线性相关（$R^2 = 0.746$，$P < 0.05$）。

6 h和24 h时，脱氢酶活性在浓度为40 $\mu mol/L$的Cd^{2+}单一作用下分别比空白下降了43.0％和54.2％；在浓度为160 $\mu mol/L$的Pb^{2+}单一作用下分别比空白下降了50.1％和46.7％；在10 $\mu mol/L$ Cd^{2+}和40 $\mu mol/L$ Pb^{2+}的复合作用下分别比空白下降了54.9％和49.0％。值得注意的是，在单一和复合作用条件下相同取样时间的脱氢酶数值非常接近，同一取样时间脱氢酶活性下降相同的量时，Cd^{2+}浓度约为Pb^{2+}的1/4。因此，Cd^{2+}对脱氢酶活性的抑制比Pb^{2+}强得多，在相同的浓度条件下，Cd^{2+}对脱氢酶活性的抑制效应强于Pb^{2+} 4倍。Cd^{2+}和Pb^{2+}的复合作用对脱氢酶活性的影响要比相同浓度条件下这两种金属离子单一作用之和严重得多，即有协同效应。

Cd^{2+}和Pb^{2+}单一作用时，浓度分别超过20 $\mu mol/L$和80 $\mu mol/L$（相当于2.24 mg/L Cd^{2+}和16.56 mg/L Pb^{2+}）时显著抑制脱氢酶活性。此结果与聂国朝（2003）的报道一致，2 mg/L Cd^{2+}对整个藻菌生物膜有一定的毒性作用，并且在一定程度上抑制了生物膜的活力和生物量的增长。Cd^{2+}对脱氢酶活性的抑制作用强于Pb^{2+}，其抑制效果约为Pb^{2+}的4倍。这可能是由两种重金属离子自身

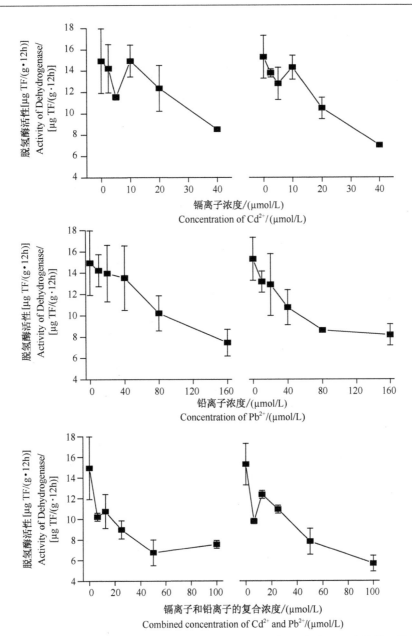

图 4.20　Cd²⁺、Pb²⁺ 的单一及复合作用对生物膜脱氢酶活性的影响（无论是单一作用还是复合作用，从左至右分别为 6 h 和 24 h 时的酶活性）

Fig. 4.20　Single and combined effects of Cd²⁺，Pb²⁺ on activity of dehydrogenase of biofilms（the activities from the left to the right were at 6 h and 24 h，whether single or in combination）

特性上的差别（如标准电极电位、原子半径等）导致的。此外，Cd²⁺ 和 Pb²⁺ 复合作用时，5 个浓度水平下均显著抑制脱氢酶活性，其中最低抑制浓度为 1.25 μmol/L Cd^{2+} ＋ 5 μmol/L Pb^{2+}（相当于 0.14 mg/L Cd^{2+} 和 1.04 mg/L Pb^{2+}）。Cd^{2+} 和 Pb^{2+} 的协同效应将增加 Cd^{2+} 或 Pb^{2+} 单独作用时产生的毒性，因而在某种程度上也增加了 Cd^{2+} 和 Pb^{2+} 对生物膜的毒性。以上结果表明，进入湿地的 Cd^{2+} 和 Pb^{2+} 超过一定限度以后，生物膜的活性会被显著抑制。生物膜是湿地基质微生物的主要活性部分（周巧红等，2003），有助于去除其他污染物，特别是可生物降解的有机污染物。

2）Cd^{2+} 和 Pb^{2+} 的单一和复合作用对生物膜多糖含量的影响

脱氢酶活性标志着取样时微生物的活力，而多糖的含量则代表着生物膜生长过程中生物量的积累。Ragusa 等（2004）报道，生长在生物膜上的微生物产生胞外聚合物，以帮助它们附着在载体表面，紧紧束缚在一起，并保护它们不受外界环境的干扰。Cd^{2+} 和 Pb^{2+} 的单一和复合作用对生物膜多糖含量的影响如图 4.21 所示。统计分析显示，单一和复合作用时，不同金属离子浓度以及实验时间均对生物膜多糖含量没有显著影响，说明短期内生物膜没有适应周围环境的变化。

综上所述：

（1）结合不同营养元素对人工湿地基质生物膜脱氢酶活性和多糖含量的影响可知，葡萄糖是影响脱氢酶活性的主要因素，硝酸钾是影响多糖含量的主要因素。获得最大生物膜酶活性的营养元素优化组合为：$C_6H_{12}O_6$，0.2 g/L；KNO_3，0.8 g/L；NaH_2PO_4，0.05 g/L。获得最大多糖含量的营养元素优化组合为：$C_6H_{12}O_6$，0.2 g/L；KNO_3，0.4 g/L；NaH_2PO_4，0.2 g/L。与之对应的酶活性和多糖含量分别为 5.40 μg TF/（g·12h）和 3454.6 μg/g。这些结果暗示，可以通过生物膜酶活性和多糖含量的优化来提高湿地系统的净化效率。

（2）在生物膜混合液中添加 Zn^{2+}，能在短时间内（6 h）迅速提高生物膜的酶活性，增加多糖含量。浓度为 2 mg/L 的 Zn^{2+} 可以在较长时间（72 h）内保持生物膜的酶活性并且促进多糖的积累。Co^{2+} 和 Mn^{2+} 对生物膜脱氢酶活性及多糖含量的影响较为相似。6 h 时，Co^{2+} 和 Mn^{2+} 分别在浓度小于 1 mg/L 和＜2 mg/L 时对脱氢酶活性呈现了不同程度的促进作用，但随着这两种金属离子浓度的增加，Co^{2+} 和 Mn^{2+} 对脱氢酶活性的影响继而表现为抑制作用，并且随着时间的延长，抑制作用越来越明显。此外，在所研究的浓度和时间范围内，Co^{2+} 和 Mn^{2+} 对多糖含量没有明显影响。

（3）在所研究的浓度和时间范围内，Cd^{2+}、Pb^{2+} 的单一和复合作用均显著影响了人工湿地基质生物膜的脱氢酶活性，应当避免湿地进水中出现高浓度的 Cd^{2+} 和 Pb^{2+}。

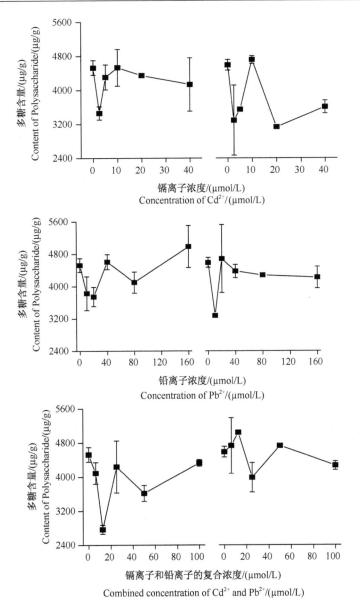

图 4.21　Cd²⁺、Pb²⁺ 单一及复合作用对生物膜多糖含量的影响（无论是单一作用还是复合作用，从左至右分别为 6h 和 24h 时的多糖含量）

Fig. 4.21　Single and combined Effects of Cd²⁺，Pb²⁺ on content of polysaccharide of biofilms（the contents of polysaccharide from the left to the right were at 6 h and 24 h，whether singly or in combination）

4.3 微 生 物

人工湿地生态系统以其低成本、高效率、易管理的特点而得到广泛应用。微生物是该系统的重要组成部分，它主要黏附在系统中重要的营养聚集场所——基质（土壤）中。在污水处理过程中，高分子量的有机污染物被降解成相对分子质量低的营养物，主要是由微生物代谢以及土壤酶完成。在人工湿地中，微生物是营养物质和有机质转化、矿化的主要执行者，丰富的微生物资源为系统提供了足够的分解者，它们的种群组成以及数量直接影响着系统的净化容量和效果。本节以复合垂直流人工湿地为研究对象，探讨中试规模系统基质中基质酶和细菌生理类群的时空动态特征，以及二者与污水净化效果之间的关系，以期揭示人工湿地中微生物活动的空间分布规律，丰富湿地微生物生理生化等方面的信息，有助于了解湿地内部污水生物净化过程，阐明人工湿地的净化机制。

4.3.1 人工湿地基质中细菌生理群的时空动态特征

1. 基质剖面微生物的数量

人工湿地处理污水时，有机物的降解和转化主要是由基质和植物根区微生物活动来完成的，所以微生物类群和数量的多寡直接影响着系统处理污水的效率。人工湿地基质不同层面中营养物含量、氧化还原电位、氧气含量以及污水流动的先后顺序等诸多环境因素都对系统中微生物空间分布规律的形成产生影响。从复合垂直流人工湿地中试系统下行流和上行流池分别采集距地面 $0 \sim 10cm$、$10 \sim 20cm$、$20 \sim 30cm$、$30 \sim 40cm$ 和 $40 \sim 55cm$ 处基质，测定微生物的数量。结果表明（表 4.5），湿地细菌数量最多，真菌和放线菌在同一个数量级，并且真菌数量要高于放线菌数量。一般说来，土壤微生物数量中细菌最多，放线菌次之，真菌最少。湿地中真菌数量的增加可能是由于其自身能较有效地利用污水中的营养物。对于好氧微生物而言，下行流池和上行流池在 $0 \sim 10cm$ 基质层中微生物的数量高出 $30 \sim 55cm$ 层面 $1 \sim 2$ 个数量级，两层面之间存在显著性差异（$P < 0.05$）；而整个系统中兼性厌氧性细菌如反硝化细菌除在下行流池 $0 \sim 10cm$ 层面外，数量都在 10^7 个$/g$ 干土以上。好氧菌表现出表层多于底层的空间分布规律与成水平等（1998a）的研究结果一致，其主要原因是 $0 \sim 10cm$ 的基质极易获得大气中的氧气，并且湿地系统中的水生植物也会输送氧气至根区，使得人工湿地植物根区形成了氧化态的微环境，有利于好氧微生物的生长。对于反硝化细菌而言，基质中氧气的含量是其主要的限制因素。本系统下行流池中基质比上行流池高出 $10cm$，从湿地结构以及水流运行情况可知，下行流池的中下层以及上行流池常年被水淹没，所以除下行流池 $0 \sim 10cm$ 表层氧气充裕不适合反硝化细菌的

生长外，反硝化细菌广泛存在于湿地系统中。

表 4.5　复合垂直流人工湿地系统基质不同深度微生物的数量（单位：个/g 土）

Tab. 4.5　The microorganism amounts of different depths in the IVCW （Unit：per gram soil）

微生物 Microorganism	0～10 cm		10～20 cm		30～40 cm		40～55 cm	
	下行 Down Flow	上行 Up Flow	下行 Down Flow	上行 Up Flow	下行 Down Flow	上行 Up Flow	下行 Down Flow	上行 Up Flow
细菌/$\times 10^6$ Bacteria/$\times 10^6$	21	18.4	8	9.7	3	0.2	1.2	0.3
真菌/$\times 10^5$ Fungi/$\times 10^5$	15.2	10	3.1	0.3	2.2	1.5	1.5	0.1
放线菌/$\times 10^5$ Actinomyces/$\times 10^5$	8.1	2	0.9	0.1	0.3	0.1	0.2	0.1
有机磷细菌/$\times 10^4$ Organic Phosphobacteria/$\times 10^4$	138	114	4	6	10	12	7	6
无机磷细菌/$\times 10^5$ Inorganic Phosphobacteria/$\times 10^5$	56	11.2	15.5	10	1.9	13	0.9	26
硝化细菌/$\times 10^3$ Nitrifying Bacteria/$\times 10^3$	115	45	2.5	1	1	1	2.5	1
反硝化细菌/$\times 10^5$ Denitrifying Bacteria/$\times 10^5$	4	140	140	140	140	140	140	140

（引自 吴振斌等，2003d）（Cited from Wu *et al.*，2003d）

2. 细菌生理类群的时空规律

为了考察系统不同月份中细菌数量的变化，对湿地系统下行流池 0～5cm 和 20～25cm 的基质进行无菌收集并测定细菌数量。表 4.6 结果表明，6 月和 9 月各细菌生理类群数量均高于 3 月和 12 月。这主要是由基质温度、含水量、有机质、水解氮和速效钾等综合生态因子的影响所致（张崇邦和施时迪，2001）。细菌生理类群数量所反映出来的空间分布规律与后面讨论的酶活性结果有一致性，主要是由于细菌等是土壤酶的重要来源（张咏梅等，2004）。值得注意的是，包括反硝化细菌和兼性厌氧性纤维素分解菌在内的兼性厌氧菌的数量，在 0～5cm 层面和 20～25cm 的层面上表现出和好氧细菌如氨化细菌、硝化细菌以及纤维素分解菌等一样的规律，即 0～5cm 层面的细菌数量要高于 20～25cm 的数量。兼性厌氧菌并没有随着深度的加深而增多，这主要是因为所测的下层深度在 20～25cm，属于根际区，氧含量与表层土壤基本上没有明显的差别。

表 4.6　复合垂直流人工湿地系统不同月份细菌生理类群的数量（MPN/g 土）

Tab. 4. 6　**Bacteria physiological groups numbers of different months in the IVCW**

（MPN per gram soil）

细菌类群 Bacteria Physiological Groups	3月 Mar.		6月 Jun.		9月 Sep.		12月 Dec.	
	上层 Top	下层 Bottom	上层 Top	下层 Bottom	上层 Top	下层 Bottom	上层 Top	下层 Bottom
氨化细菌/×10⁶ Ammonifiers/$\times 10^6$	5.5	1.6	2000	200	1600	200	450	11
硝化细菌/×10 Nitrifying Bacteria/$\times 10$	100	4	150	90	30	30	30	10
反硝化细菌/×10⁵ Denitrifying Bacteria/$\times 10^5$	3.5	16	110	3.5	14	3	3	0.4
纤维素分解菌/×10³ Cellulolytic Bacteria/$\times 10^3$	0.85	0.35	110	25	110	9.5	110	1.5
厌氧性纤维素分解/×10³ Anaerobic Cellulolytic Bacteria/$\times 10^3$	1.7	14	110	25	140	9.5	30	3.5

（引自 周巧红等 2005）（Cited from Zhou *et al.*, 2005）

4.3.2　人工湿地基质中基质酶的时空动态特征

1. 基质酶的时间动态

选择了广泛存在于基质土壤中的磷酸酶、蛋白酶、β-葡萄糖苷酶、纤维素酶、脲酶和脱氢酶进行测定，因为这些酶对基质土壤中 C、N、P 等主要营养物质以及有机质的转化起着重要作用。分别于 2003 年的 3 月、6 月、9 月和 12 月中旬测定湿地系统下行流池距地面 0～5cm 基质的酶活性，从结果（表 4.7）可知，各种基质酶活性表现不同的规律。

表 4.7　复合垂直流人工湿地系统不同月份基质酶活性

Tab. 4. 7　**Enzyme activities of the medium of different months in the IVCW**

酶 Enzyme	3月 Mar.	6月 Jun.	9月 Sep.	12月 Dec.
磷酸酶 Phosphatase/（μg/g）	378.19 (14.14)	989.31 (42.42)	1000.12 (46.63)	1052.49 (41.82)
蛋白酶 Protease/（mg/g）	1.24 (0.14)	1.04 (0.27)	1.05 (0.02)	1.35 (0.02)
β-葡萄糖苷酶 β-glucosidase /（μg/g）	34.37 (1.41)	104.23 (5.66)	21.29 (2.41)	16.46 (1.61)

续表（Continued）

酶 Enzyme	3 月 Mar.	6 月 Jun.	9 月 Sep.	12 月 Dec.
纤维素酶 Cellulase / (μg/g)	20.55 (4.07)	52.31 (13.84)	40.00 (8.23)	38.27 (8.88)
脲酶 Urease/ (μg/g)	117.11 (19.61)	51.39 (6.67)	212.78 (29.42)	526.29 (38.27)
脱氢酶 Dehydrogenase (μL/g)	66.22 (8.49)	570.22 (56.57)	12.31 (4.26)	361.22 (42.43)

（引自 周巧红等 2005）（Cited from Zhou et al., 2005）

1）纤维素酶、蛋白酶、磷酸酶

纤维素酶、蛋白酶、磷酸酶分别涉及基质土壤的速效成分 C、N、P，纤维素酶能水解纤维素为纤维二糖分子；蛋白酶能酶解蛋白质及其初步分解产物肽，最终生成氨基酸；磷酸酶的活性与有机磷的转化有关，它能酶促磷酸酯水解而释放出磷酸根（许光辉和郑洪元，1986）。它们在 6 月、9 月和 12 月都表现出较高的酶活性，并且都显著地高于 3 月的酶活性（$P<0.05$），3 个月之间不存在显著差异（$P>0.05$）。其主要原因可能是人工湿地系统的运行保证了营养物的供应，并且美人蕉和石菖蒲的根系在 6～12 月一直维持较强的生命活动，消耗了 C、N、P 等速效成分，促使这几种酶一直发挥作用。而刚刚经过寒冬的 3 月，生命活动相对减缓，所以酶活性显著降低。

2）β-葡萄糖苷酶

β-葡萄糖苷酶是一种参与基质土壤有机物降解的胞外酶，能裂解二聚糖和多聚糖以及 β-葡萄糖苷键，在它的作用下，葡萄糖苷裂解为葡萄糖。从 3 月、6 月、9 月和 12 月酶活性之间的比较发现，6 月酶活性显著地高于其他月份（$P<0.05$），3 月次之，9 月和 12 月酶活性最低，二者之间不存在显著性差异（$P>0.05$）。Miller 和 Dick（1995）的研究也表明，β-葡萄糖苷酶活性随着时间的变化而变化。推测主要是因为在本湿地系统中，6 月时环境温度最高，系统中生物的生命活动最旺盛，将消耗大量的葡萄糖来为生命活动提供能源，β-葡萄糖苷酶作为微生物所需能源主要的供应者（Turner et al., 2002），将源源不断的为系统补充葡萄糖，而在 3 月，它需要为即将开始的生命活动做能量储备。

3）脲酶

脲酶活性在 9 月和 12 月显著地高于 3 月和 6 月（$P<0.01$），这种趋势与其反应方式有关。脲酶以尿素为作用底物，水解生成氨和二氧化碳，而尿素是以植物残体或以氮肥的形式进入土壤的。由于季节的更替和生命规律的循环，9～12 月美人蕉和菖蒲枯败的叶子逐渐进入系统，为系统提供了大量的尿素，脲酶活性随之增强。

4）脱氢酶

脱氢酶是与上述酶类不同的一种与土壤有机质转化有关的酶，它能酶促碳水化合物、有机酸等有机质发生脱氢反应，起着氢的中间传递体的作用（郭明等，2000）。它在 3 月和 9 月时的活性差异不明显，6 月和 12 月明显高于前面两个时间段（$P<0.05$）。在 Rogers 和 Tate 等（2001）的研究中也同样发现了脱氢酶活性显著的季节性差异。因为有机质是土壤速效 N、P 的源泉，在生命活动旺盛的 6 月，它需要不断转化有机质为系统提供生命元素，而在 12 月，由于系统中植物枯落物的大量加入，导致腐殖质的增加，脱氢酶活性提高，加快腐殖质的转化。

5）过氧化物酶

过氧化物酶能利用过氧化氢和其他有机过氧化物中的氧，氧化土壤中的有机物质。研究表明，酶活性最高在夏季，秋季次之，最低在冬季。春、夏、秋三季之间酶活性的差异不显著（$P>0.05$），但显著地高于冬季时的酶活性（$P<0.05$）。原因可能是因为夏、秋季温度较高，有利于湿地基质中各种微生物的生长和繁殖，同时植物的凋落物增加，酶活性亦相应的较高；而在冬季，系统的温度较低，微生物的活动受到抑制，因而酶活性相应较低（何起利等，2008）。

6）多酚氧化酶

多酚氧化酶活性能够反映土壤腐殖质化状况，它参与土壤有机组分中芳香族化合物的转化，能进行去甲基化反应，对于木质素降解具有重要作用。多酚氧化酶酶活性最高在秋季，春、夏季居中，最低在冬季。春、夏之间酶活性相差不大，春、夏季、秋季及冬季三者之间酶活性存在显著性差异（$P<0.05$）（何起利等，2008）。这对于促进秋季凋落物产生高峰时大量凋落物中木质素的降解和有机物质的腐殖质化具有重要作用。熊浩仲（2004）、高雪峰（2006）等的研究也表明，土壤多酚氧化酶活性具有季节性变化。

7）过氧化氢酶

过氧化氢酶参与生物呼吸过程中各种有机物生物化学氧化反应，促进过氧化氢分解，防止它对生物体的毒害作用。研究发现（何起利等，2008），在复合垂直流人工湿地基质中，过氧化氢酶在春季时活性最低，夏季略有升高，秋季达到最高值后开始回落，冬季时酶活性居中。秋季时酶活性显著的高于春、夏、冬三季（$P<0.05$），且后三者之间不存在显著性差异（$P>0.05$）。从秋季到冬季，气温逐渐降低，系统中大部分生物化学作用逐渐减弱，因而酶活性逐渐降低，而在气温刚刚回升的春季，酶活性依然保持在较低的水平，甚至在湿地的下层几乎检测不到过氧化氢酶的存在，原因可能是系统内发生生物化学作用的酶促反应底物含量极低。过氧化氢酶基本上以湿地植物生长初期较低，最高值出现在湿地植物生长的高峰期，到生长末期又下降至最低。过氧化氢酶所表现出的季节性变化

规律与何斌 (2004)、鲁萍 (2002) 等的研究结果类似。

8) 硝酸盐还原酶

硝酸盐还原酶是土壤中非增殖的反硝化细菌活性的一部分。通常认为，兼性厌氧条件下土壤硝酸盐还原酶活性更强。本系统中硝酸盐还原酶在冬季和春季都表现出较高的活性，并且显著高于夏、秋季 ($P<0.01$)，但冬季与春季、夏季与秋季节之间的差异性不显著 ($P>0.05$)。人工湿地进行污水处理时，湿地植物的一个重要作用就是根系具有强大的输氧功能，将空气中的氧气通过植物的输导组织直接输送到根部。然而溶解氧对于反硝化脱氮具有抑制作用，其机制为阻抑硝酸盐还原酶的形成或者仅仅充当电子受体，从而竞争性地阻碍了硝酸盐的还原。在本系统中，夏、秋季时湿地中的植物比冬、春季时生长更旺盛，输氧能力更强，导致湿地基质中溶氧浓度较高，致使硝酸盐还原酶活性表现出以上规律 (何起利等，2008)。

由上述结果可知，各种酶活性在不同的月份存在着显著的差异，这与 Ebersberger (2003) 和 Ross (1995) 等的研究结论一致。但是基质酶对基质微环境 (温度、植物根系的分泌物、土壤水化学、pH) 的变化非常敏感 (Shackle *et al.*, 2000)，不同的基质条件以及系统运行方式，导致酶活性的时间规律有所不同。可以通过外部调节营养物、温度和湿度等因素来提高系统的运转效率，达到理想的净化效果。

2. 基质酶的空间分布

除少数位点外，下行流池酶活性显著高于上行流池，并且随着基质层深度的增加，酶活性亦相对递减。此结论与 Tam (1998) 的研究结果一致。对水解酶而言，把下行流池酶活性 (EA) 与深度 (Depth) 做相关分析，得下列方程，下行流池酶活性与深度呈负相关：

EA (磷酸酶) $=512.6\mathrm{e}^{-0.4829\,\mathrm{Depth}}$ ($R^2=0.8995$)；

EA (蛋白酶) $=2.0506\mathrm{e}^{-0.2746\,\mathrm{Depth}}$ ($R^2=0.8309$)；

EA (β-葡萄糖苷酶) $=29.015\mathrm{e}^{-0.4228\,\mathrm{Depth}}$ ($R^2=0.6779$)；

EA (纤维素酶) $=15.299\mathrm{e}^{-0.4343\,\mathrm{Depth}}$ ($R^2=0.8854$)；

EA (脲酶) $=197.56\mathrm{e}^{-0.5041\,\mathrm{Depth}}$ ($R^2=0.7233$)。

就不同层面基质氧化还原酶的活性来看 (表 4.8)，除过氧化物酶外，下行流池基质的多酚氧化酶、过氧化氢酶、脱氢酶等氧化酶的活性均显著高于上行流池，并且随着基质层深度的增加，酶活性也相对递减。在下行流池表层 0～10 cm 层酶活性最高，两池底层酶活性最低。而过氧化物酶活性在上行流池总体大于下行流池，且在上行流池随着深度的增加酶活性变化不明显。硝酸盐还原酶除在下行流池 0～10 cm 基质层活性稍低外，在上行池各基质层酶活性都较高，而且各层面之间酶活性差异不显著 ($P>0.05$)。

表 4.8　人工湿地不同层次基质氧化还原酶活性

Tab. 4. 8　Substrate oxidoreductases activities of different layers in the IVCW

酶种类 Enzyme Species	下行池 Down Flow Chamber			上行池 Up Flow Chamber		
	表层 Surface Layer 0～10cm	中层 Middle Layer 20～30cm	下层 Lower Layer 40～50cm	下层 Lower Layer 40～50cm	中层 Middle Layer 20～30cm	表层 Surface Layer 0～10cm
过氧化物酶活性/[mg/(g·2h)] Peroxidases Activity /[mg/(g·2h)]	3.14	1.26	1.09	2.36	2.77	2.35
多酚氧化酶活性/[mg/(g·2h)] Polyphenol Oxidase Activity /[mg/(g·2h)]	0.21	0.12	0.09	0.07	0.07	0.12
过氧化氢酶 (0.1mol/L KMnO$_4$)/(mL/g)] Catalase Activity (0.1mol/L KMnO$_4$)/(mL/g)]	0.20	0.05	0.03	0.03	0.04	0.18
脱氢酶活性/[μgTPF/(g·h)] Dehydrogenase Activity /[μgTPF/(g·h)]	7.09	1.32	0.30	0.16	0.31	3.13
硝酸盐还原酶活性 /[μgNO$_3^-$-N/(10g·24h)] Nitrate Reductase Activity /[μgNO$_3^-$-N/(10g·24h)]	100.92	107.59	117.10	119.54	120.03	112.27

（引自何起利等，2008）

（Ctited from He *et al.*, 2008）

　　在本系统中，系统结构及其运行的特殊性是导致上行流池和下行流池酶活性差别的主要原因。因为下行流池高出上行流池 10cm，致使两池的水位、氧含量等都有所不同，而且系统营养丰富的原水先经过下行流池，使得两池土壤理化性质不同。表层酶活性高的结论与成水平等（1998）、谢德体等（1994）的研究结论相符，因为湿地系统植物根系主要分布在距地面 0～25cm 的空间内，使得此区间形成一个根系密集区，具有独特的物理、化学和生物学特性，其中的 O$_2$ 浓度、Eh、微生物、根系分泌物以及 pH 等都与非根际区不同，有其独特的根际效应（陈能场和童庆宣，1994），这些因素直接或间接的影响着基质土壤酶的活性。对于硝酸盐还原酶而言，溶解氧浓度因为表层好氧微生物的活动和缺少氧气输入等而迅速降低，污水中的氮素也因为硝化作用的进行产生了更多的硝酸盐，促进了基质层反硝化酶的活性。土壤中反硝化酶的活性与土壤中反硝化作用的强度密切相关，还原酶活性变化与贺锋等（2005）的研究结果相类似。

4.3.3　磷脂脂肪酸图谱在人工湿地中的应用

分别采集中试系统上行流池和下行流池距表层 0～5cm、15～20cm、30～35cm 和 45～50cm 的基质，每个层次对称采集五个点，并把基质进行等量混合，共得到基质样品 8 个，样品编号如下：S1～S4 代表下行流池距表层 0～5cm、15～20cm、30～35cm 和 45～50cm 四个位点，S5～S8 代表上行流池距表层 0～5cm、15～20cm、30～35cm 和 45～50cm 四个位点。

1. 基质中的磷脂脂肪酸

样品中的磷脂脂肪酸（phospholipid fatty acid，PLFA）经甲酯化后，成为脂肪酸甲酯（fatty acid methyl ester，FAME）。用正己烷定容细菌酸甲酯混合物标准溶液，用 GC-MS 进行定性分析，混合标样的总离子流色谱图如图 4.22 所示，可以看出 26 种物质达到了基线分离，并且在标准谱库上检索进行定性，匹配度都较高。

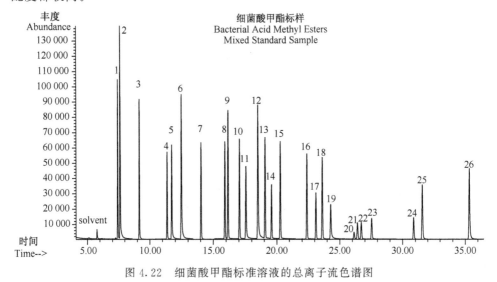

图 4.22　细菌酸甲酯标准溶液的总离子流色谱图

（引自周巧红等，2005）

Fig. 4.22　The total ion chromatogram of bacterial acid methyl esters mixed standard sample

(Cited from Zhou *et al.*, 2005)

从实验结果可以得知，从人工湿地 0～50cm 的基质层中提取到一系列的磷脂脂肪酸，包括饱和的、不饱和的、带分支结构的、带环丙烷的和带羟基的 PL-FA。通过外标法定量得出每克土壤不同磷脂脂肪酸的含量，可以看出，在人工湿地基质这种复杂的环境中，不同类型的脂肪酸含量是不一样的，基质中带羟基的 PLFA（2-OH 10：0,2-OH 12：0,3-OH 12：0,2-OH 14：0,3-OH 14：0和2-OH 16：0）的含量要低于带环丙烷的 PLFA（cy17：0 和 cy19：0）的含量；直链 PLFA 中 16：0 的含量最高；代表革兰氏阳性细菌的带分支的 PLFA 的含量明显高于带羟基的 PLFA 的含量。Ibekwe 等（2002）用 PLFA 分析了美国华盛顿州不同管理和耕种措施下土壤微生物的多样性,也发现土壤中含有饱和的、不饱和的、带分支结构的、带环丙烷的和带羟基的 PLFA,并且认为不同类型的脂肪酸可以代表不同的代谢种群。Bossio 等（1998）在确认生物量的增加是否伴随着微生物种群组成变化时,也采用了 PLFA 方法。所以,成功有效的分离出土壤微生物中的磷脂脂肪酸,有助于微生物生物量以及种群组成的分析。

2. 基质不同位点中磷脂脂肪酸含量

对不同位点的细菌磷脂脂肪酸含量以及革兰氏阳性和阴性细菌的磷脂脂肪酸含量进行单因子方差分析得知,bactPLFA、G^- PLFA 和 G^+ PLFA 表现相同的规律,即表层 0～5cm（S1 和 S5）的含量最高,并且显著（$P<0.05$）高于其他位点（S2～S4 和 S6～S8）,下行流 15～20cm（S2）其次,S3、S4 和 S6～S8 等位点间的差异不显著（$P>0.05$）。分别把下行流池和上行流池的 bactPLFA、G^- PLFA 和 G^+ PLFA 含量与基质深度（Depth）做相关分析,结果表明,磷脂脂肪酸含量与基质深度呈负相关,相关方程如下:

bactPLFA$=-25.85$Depth$+1304$（$R^2=0.8869$）;

G^+ PLFA$=-12.739$Depth$+671.46$（$R^2=0.8935$）;

G^- PLFA$=-5.2867$Depth$+257.65$（$R^2=0.8741$）;

bactPLFA$=-30.17$Depth$+1297.4$（$R^2=0.8869$）;

G^+ PLFA$=-15.803$Depth$+680.11$（$R^2=0.6619$）;

G^- PLFA$=-5.3078$Depth$+232.22$（$R^2=0.6615$）。

磷脂脂肪酸含量能够用来定量描述微生物的生物量（Ibekwe *et al.*,2002;Abaye *et al.*,2004）。在本研究中,随着深度的增加,细菌的磷脂脂肪酸含量下降,这说明基质上层的细菌生物量要大于中下层,与平板计数法结论一致。与传统的微生物生物量结果相比较而言,微生物的 PLFA 的含量不仅能够代表微生物生物量,并且能够揭示微生物种群结构的细微变化,如相关微生物种群的比例（Ibekwe *et al.*,2002）。从不同位点的革兰氏阳性和革兰氏阴性细菌磷脂脂肪酸含量的比值来看,前者要高于后者 2.46～3.45 倍,但是沿污水净化方向比例并没有变化。而在 Kamaludeen 等（2003）的研究中,在被 Cr 重度污染的土壤中,革兰氏阴性细菌的 PLFA 所占的比例与本研究相比在所有的层面均有显著的增加（$P<0.05$）。主要原因可能是人工湿地的进水来源于被污染的湖水,虽然各个层面水质污染情况不一样,但是毕竟有别于行业废水的重度污染,所以不足以引起细菌内部组成的差别。

从真菌的磷脂脂肪酸含量来看，各位点的 fungiPLFA 含量要极显著低于 bactPLFA 的含量，并且也随深度的增加而减少。将真菌的 PLFA 与细菌的 PLFA 的比值与传统的平板计数所得到的真菌和细菌数量的比值相比较，对两组数据进行 T 检验，发现二者之间没有显著性差异（$P=0.104$），进一步说明用 PLFA 的含量来揭示微生物的种群是可行的。Grayston 等（2004）研究了不同管理强度的草地中的微生物种群的变化，结果是 fungiPLFA/bactPLFA 的数值范围为 $0.035\sim0.07$，与本研究的结果相近。比较本系统不同位点的 fungiPLFA/bactPLFA，发现除在上行流池表层外，其余各层内的该比值均沿着水流方向增大，真菌在营养较贫瘠的位点所占份额有所增加，Ohtonen 等（1999）也发现真菌生物量在贫瘠的土壤上有所增加，Kamaludeen 等（2003）发现细菌特异的 PLFA 随着污染程度的增加而显著的降低，细菌的 PLFAs（如 15：0、i16：0 和 a17：0）与污染程度呈显著的负相关，说明在污染和营养贫瘠条件下真菌所占比例会增加。

3. 基质磷脂脂肪酸的主成分分析

选择主成分分析方法得到表 4.9 和图 4.23。主成分的特征根和贡献率是选择主成分的依据，表 4.9 的数据表明，第一主成分的特征根为 22.59，方差贡献率为 86.90%，即代表全部信息量的 86.90%，是最重要的成分；第二个主成分的特征根为 2.15，方差贡献率为 8.29%，是次主要的成分。前两个主成分的特征根之和为 24.75，前两个主成分的累积方差贡献率为 95.19%，即前两个主成分可以表达全部信息的 95.19%，可以作为不同位点的磷脂脂肪酸的综合指标来分析人工湿地中不同位点间的关系。人工湿地基质样品的因子坐标图反映的是样品之间的亲疏关系，由图 4.23 可以看出，沿着横向坐标轴方位，S1 与 S5 距离最短，紧接着是 S2，其次是 S3、S4 以及 S6～S8，这说明代表基质表层的 S1 和 S5（0～5cm）最为相似，因为表层内的氧气、温度等条件较为一致；而代表下行流池中上层（15～20cm）的 S2 点与其他位点相比，在空间上比较接近表层，并且是被处理污水所经过的第二个层面，所以结果也与表层关系比较接近；而其他位点在物理、化学以及生物条件上都与表层都相差较大，从而聚为一簇，此结论与单因子方差分析结论一致。Kamaludeen 等（2003）调查被皮革制品厂废水污染的土壤时，按照铬污染的程度把土壤分成轻度、中度和重污染三种类型，对土壤的 PLFA 进行主成分分析发现，相同类型的土壤聚为一簇。Hackl 等（2005）用 PLFA 描述 12 种自然森林，PCA 结果表明，以漫滩-松树森林为代表的泛域带（azonal）微生物种群组成显著不同，而以橡树、山毛榉树、云杉-冷杉-山毛榉树等为代表的带状（zonal）森林的微生物种群组成非常类似，从而聚在一起。所以，可以根据微生物磷脂脂肪酸的含量对其生境进行归类。

表 4.9　主成分的特征值

Tab. 4.9　Eigenvalue of the principle components

主成分 Principle Component	特征根 Eigenvalue	方差贡献率/% Total Variance/%	累积特征根 Cumulative Eigenvalue	累积方差贡献率/% Cumulative Variance /%
1	22.59468	86.90260	22.59468	86.9026
2	2.15659	8.29456	24.75126	95.1972
3	0.67117	2.58143	25.42243	97.7786
4	0.29555	1.13672	25.71798	98.9153
5	0.14213	0.54664	25.86011	99.4619
6	0.09413	0.36204	25.95424	99.8240
7	0.04576	0.17602	26.00000	100.0000

（引自周巧红等，2005）（Cited from Zhou *et al.*，2005）

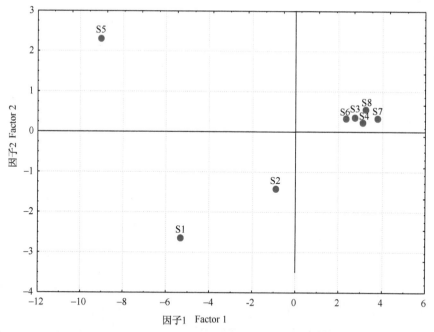

图 4.23　人工湿地基质样品的因子坐标图

（引自周巧红，2005）

Fig. 4.23　Coordinates of factors in substrate samples in the IVCW

(Cited from Zhou，2005)

4. 特征脂肪酸的比值分布及意义

特征脂肪酸通常作为不同微生物类群的生物标志物。通用生物标志物，如饱和脂肪酸 16：0，在微生物各类群中广泛存在，常被作为评价微生物种群总生物量的指标（Salomonová *et al.*，2003）。特殊生物标志物，如环丙基支链脂肪酸 cy17：0 和 cy19：0，只来源于细菌，且在厌氧细菌及硫酸盐还原细菌（SRB）中相对含量较高，在好氧细菌中相对含量很低（Rajendran *et al.*，1997），因此其相对含量可以指示某一微生物类群的相对优势。

（i15：0＋a15：0）/16：0 反映了采样点细菌所占的比例（Rajendran *et al.*，1992；Vestal and white，1989）。在下行池，该比值随基质深度增加而增大，而在上行池则相反，且低于下行池。这表明下行池中细菌丰度高于上行池。脂肪酸的顺式/反式指示微生物在环境中受饥饿或胁迫（Vestal and White，1989），18：1ω9c/18：1ω9t 顺着水流流动距离的增加逐渐增大，但在上行池表层最小，反映微生物的胁迫主要来自于缺氧胁迫，而不是营养限制。由于本湿地系统已运行多年，基质中已积累大量有机物，在污水流经系统过程中，溶解氧含量和有机负荷逐渐降低，在远离植物根区的基质中下层，缺氧胁迫明显；在氧气相对充足的基质表层，污水出口处该比值较进水口低，表明湿地出水口的有机负荷胁迫有所减轻。

单不饱和脂肪酸/支链脂肪酸反映了好氧细菌与厌氧细菌的相对优势（Rajendran *et al.*，1997）。在上行池和下行池中，该比值均随基质深度的增加而下降；除 S4 样点外，该比值均大于 1，最大达到 2.10，从某种程度上说明好氧细菌在湿地基质中占有一定的优势。

5. 人工湿地不同基质粒径的微生物群落结构解析

目前广泛应用的人工湿地主要以沙粒、砂土、土壤、石块为基质，这些基质为植物生长和微生物膜的形成提供支撑界面（梁威和吴振斌，2000）。基质的异质性和复杂性，为湿地微生物提供了多样的生境。基质粒径的差异可能引起营养源可利用性、摄食压力以及微生物种群分布的不同。已有研究表明，不同粒径的土壤颗粒上真菌和细菌的相对比例不同，在较大的土壤团粒上，细菌与真菌的比值较低（Singh and Singh，1995；Monreal and Kodama，1997）。细菌与较小的土壤团粒的结合更紧密，因为黏土粒与细菌细胞的多聚糖外衣黏合，而真菌菌丝则将较小的土壤团粒缠绕以形成较大的颗粒（Tisdall and Oades，1982）。此外，微生物的生物量与活性也随土壤粒径大小而变化。Miller 和 Dick（1995）曾报道，在粒径小于 0.25mm 的土壤团粒上，微生物的生物量与在粒径为 0.5～1.0mm 的大团粒上相比较低。粒径稳定的较大土壤团粒（0.25～1.0mm）更适合微生物的葡萄糖同化过程，因此微生物生物量增加（Aoyama *et al.*，2000）。我们对复合垂直流人工湿地中不同位点的基质进行粒径分析，通过 PLFA 分析，比较不同粒径上微生物群落结构的分布特征。

统计不同粒径级下革兰氏阳性细菌（GP）、革兰氏阴性细菌（GN）及真菌的脂肪酸的绝对丰度和相对丰度，结果显示，下行池表层各微生物类群的脂肪酸相对含量在不同粒径间差别很小；上行流池表层结果显示，GP 细菌和 GN 细菌的绝对丰度随粒径级的增加而减小，且在 0.25～0.5mm 粒径级处的含量明显高于其他两个级别。真菌的绝对丰度在 0.5～1.0mm 级最低，从 0.5～1.0mm 到 1.0～2.0mm，真菌的绝对丰度有所增加。GN 细菌和真菌的相对丰度随粒径级的增加而显著上升，GP 细菌的相对丰度在不同粒径间没有显著差别。

基质理化指标、总 PLFA 及 PCA 主成分相关分析结果表明，反映微生物群落组成的 PCA 主成分与不同粒径上基质理化指标和总 PLFA 间没有相关性。虽然有机质含量在不同粒径级上差异显著，全氮和全磷含量也呈现一定的分布特征，但整体上基质粒径对微生物群落 PLFA 的组成影响较小。与此相对，基质位点间 PLFA 组成的差异要远大于基质粒径间的差异。PCA 分析中，需要四个主成分（累计贡献率达到 96.2%）才能将不同粒径的 PLFA 图谱完全分开。Lupwayi 等（2001）的研究也表明，基质粒径对微生物群落的生物底物利用多样性没有影响。但是 Winding（1994）发现，在农耕沙质土壤中，微粒径（<0.002mm）和大粒径（>0.25mm）的颗粒组分间微生物群落存在明显差别。本研究中土壤粒径范围为 0.25～2.0mm，没有涉及微粒径。

Zelles 等（1992）的研究表明，细菌往往不含有带多个不饱和键的脂肪酸，以及链长是奇数、带支链的、主链上含有环丙基或羟基的脂肪酸。真菌的脂肪酸大多含有多个不饱和键。GP 细菌含有较大比例的带支链的脂肪酸，GN 细菌在其类脂多糖类 A 中有较大比例的 β-羟基脂肪酸。本研究发现，与各 PCA 主成分间有较大相关系数的脂肪酸组群，正与特殊微生物类群的生物标志脂肪酸相对应。比如，与 PC1 有较大相关系数的支链脂肪酸（i15：0，a15：0，i17：0）是 GP 细菌的特征脂肪酸；而与 PC2 有较大相关系数的单不饱和脂肪酸中 18：1ω9c 和环丙基脂肪酸 cy17：0 是 GN 细菌的特征脂肪酸，多不饱和脂肪酸 18：2ω9 则是真菌的特征脂肪酸。由此，不同位点或不同粒径间 PLFA 图谱的差异可以由微生物类群的组成差异来解释。根据 PCA 结果，在上行流池表层，不同粒径间的样点的差异主要表现为 GN 和真菌相对含量的差异。上行流池表层不同粒径间微生物类群脂肪酸的分布结果显示，GN 和真菌的相对含量随基质粒径的增大而增加，而 GP 的相对含量没有较大变化，与 PCA 的结果一致。虽然下行流池表层，不同粒径间的样点能在 PCA 图大致分开，但是统计 GP、GN 和真菌的相对含量没有显著性差异。

结果还表明，尽管土壤粒径对微生物群落 PLFA 组成的影响较小，PCA 分析还是反映出某些 PLFA 组群的相对含量随不同粒径而变化。Schutter 等

(2002) 的研究表明, 16∶12·OH, 10Me16∶0 和 cy19∶0 的相对含量随粒径级增大而增加, 而小于 0.1mm 的组分中 18∶2ω6 极少。cy19∶0 与 cy17∶0 类似, 都是 GN 细菌的标志物, 其变化规律与本实验结果相同。真菌标志物 18∶2ω6/9 的相对含量随粒径减小而明显降低, 说明真菌往往出现在粒径较大的土壤团粒中, 并能通过真菌丝稳定土壤团粒结构。由 PCA 分析可知, 16∶1ω9 与不同粒径间的差异显著相关。在两池表层, 16∶1ω9 的相对含量都在 0.5～1.0mm 级最大, 在大于 1.0mm 或小于 0.5mm 的组分中含量较小。16∶1ω9 常作为 AM 真菌的典型标志物, 在湿地中, AM 真菌的相对含量与磷的可利用性呈负相关 (Cornwell *et al.*, 2001)。

基质不同粒径上微生物群落结构的分布, 在不同位点表现出不同规律, 说明粒径的分布特征可能受各种因素的影响, 如温度、湿度和营养水平。在复合垂直流人工湿地系统中, 上行池和下行池的水力学特征以及内部积累的有机质和营养物质含量存在明显差异。湿地系统中, 有机质的积累主要发生在下行池 (詹德昊等, 2003)。按照污水流经系统的方向, 下行池中基质营养水平应高于上行池。因此, 下行池中微生物的生长条件优于上行池, 故在不同粒径基质上没有表现出明显的微生物群落分化。其他相关研究发现, 采样时间也会影响不同粒径土壤团粒上微生物生物量的分布, 可能是因为不同季节条件下不同粒径土壤团粒上的营养供给水平不同 (Schutter and Dick, 2002)。

研究结果表明, 随着粒径级增大, 基质有机质和全氮含量呈递减趋势, 不同粒径级基质全磷的分布表现为在小于 0.5mm 或大于 1.0mm 的基质团粒中较高。基质粒径 (0.25～2.0mm) 对微生物群落的 PLFA 组成影响较小, 且样点间的差异会影响基质粒径上 PLFA 组成的分布规律。GN 细菌和真菌的特征 PLFA 的相对含量与基质粒径大小显著相关, 而 GP 细菌特征 PLFA 的相对含量在不同粒径级间没有显著差异。

6. 冬季微生物群落结构的季节变化

有关冬季湿地微生物群落结构及活性的动态变化, 微生物群落对温度变化的响应机制等还没有相关的报道。我们用 PLFA 表征微生物群落结构, 以期揭示微生物群落在冬季的动态变化, 探讨湿地系统中微生物群落对低温的适应机制。

冬季微生物群落, 在 2 月和 3 月间表现出明显的差异, PLFA 组成中优势组群的更替表明微生物群落结构发生很大变化。在 3 月, 总 PLFA 含量显著降低, 单不饱和脂肪酸 (MUFA) 成为绝对优势组群, 真菌的特征 PLFA C18∶2ω9 已检测不到。这种变化出现在冬春季更替时, 与温度和底物的可利用性有较大的关系。

在冬季, MUFA 的相对含量不断升高, 使总 PLFA 的不饱和度升高。这可能是微生物对低温环境的一种适应机制。Wada 等 (1990) 研究发现, 随着水温的降低，微型藻细胞中脂肪酸的不饱和度增加。这种不饱和度可以增强细胞膜的流动性，使其在较寒冷的条件下仍保持一定的功能。湿地中 PLFA 组成的变化，反映湿地微生物群落对环境变化的快速适应。另外，MUFA 和支链脂肪酸分别是 GN 细菌和 GP 细菌的特征脂肪酸，而在 2 月以后，大量增加的羟基脂肪酸也常作为 GN 细菌的指示物（Zelles，1999；Kozdroj and Van Elsas，2001）。研究结果显示，在冬季，GN 细菌成为基质微生物群落的优势种群，且微生物群落的多样性显著降低。与 GP 细菌相比，GN 细菌对低温有更强的适应能力。在 2 月，下行池中 GP 细菌的支链脂肪酸含量突然增加，与脲酶活性的变化相对应，可能是由于植物残体为其提供了可利用的碳源。在较低温度下，GP 细菌对温度和环境因子的变化更为敏感，其具体的响应机制还需要进一步的探讨。

关注 3 月上行池表层 PLFA 的组成，16：1ω9 水平显著高于其他脂肪酸组群。许多研究认为，16：1ωSc 与 AM 真菌较为相关（Olsson，1999；Madan et al.，2002）。C16：1ωSc 对环境因子的变化非常敏感，常与重金属污染（Baath et al.，1992）、土壤耕作（Drijbera et al.，2000）和 pH（Frostegard et al.，1993）直接相关。由 RDA 分析可知，上行池表层位点丰富的 16：1ω9 可能与较高的 pH 有关，而其指示的 AM 真菌的大量出现，说明植物根区短缺磷元素。这种情况在上行池表层最为明显，可能是因为在上行池，菖蒲 3 月已经开始发芽，植物的生长需要吸收大量的营养元素，导致表层磷缺乏，从而形成菌根共生关系。

4.3.4　基质微生物类群与污水净化效果及其相关分析

人工湿地基质中微生物类群在人工湿地净化污水过程中起到极其重要的作用。本研究报道了复合垂直流人工湿地基质微生物类群数目的季节变化以及它们与污水净化效果的相关性，为进一步研究利用人工湿地来处理污水提供依据。

把微生物类群数目同 BOD_5 去除率进行相关分析发现，它们之间的相关性都不显著。这与李科得等对芦苇床系统的研究结论有所不同。可能是因为实验偏差造成的，6 月在测定 BOD_5 去除率的前几天下了一场大雨，导致湿地内积聚了部分雨水，造成 6 月的 BOD_5 去除率过高。

把微生物类群数目同 COD_{Cr} 去除率进行比较，发现基质中细菌的数目与 COD_{Cr} 去除率之间呈极显著相关（$r=0.9170$，$P<0.01$）；真菌数目与 COD_{Cr} 去除率之间也存在显著性相关（$r=0.8384$，$P<0.05$）；但 COD_{Cr} 去除率与基质中的放线菌数目之间相关性不显著。这可能说明在人工湿地净化污水的过程中，细菌和真菌发挥了主要作用，而放线菌的作用相对较小。

把微生物类群数目同 TSS 去除率进行比较，发现基质中细菌（$r=0.5921$，$P>0.05$）、真菌（$r=0.5436$，$P>0.05$）和放线菌（$r=0.0340$，$P>0.05$）的

数目与 TSS 去除率之间的相关性都不显著。说明在人工湿地去除 TSS 的过程中，微生物的作用不大，基质的过滤、吸附以及湿地植物的吸附是污水中 TSS 去除的主要机制。

把微生物类群数目同 KN 去除率进行比较，发现基质中细菌（$r=0.8590$，$P<0.05$）、真菌（$r=0.9137$，$P<0.01$）和放线菌（$r=0.8085$，$P<0.05$）的数目与 KN 去除率之间均显著相关。说明在人工湿地去除污水中 KN 的过程中，微生物类群的活动发挥了主要作用，特别是真菌。这一结论与李科得等人的研究结果相似。

把微生物类群数目同 TP 去除率进行比较发现，基质中细菌（$r=0.7694$，$P>0.05$）、真菌（$r=0.7230$，$P>0.05$）和放线菌（$r=0.7702$，$P>0.05$）的数目与 TP 去除率之间的相关性都不显著。这与其他作者关于基质进行的物理化学反应可能是复合垂直流人工湿地去除污水中总磷含量的主要途径的结论相吻合。

综上所述，不同月份复合垂直流人工湿地基质中的微生物类群数目不相同；人工湿地净化污水的过程中，下行流池发挥了主要作用；人工湿地基质中微生物类群数目与污水中的 KN 以及 COD 的去除率显著相关，说明微生物类群的活动是它们去除的主要途径；人工湿地基质中的微生物类群数目与 TSS、TP 的去除率没有明显的相关性，说明 TSS 以及 TP 的去除有其他途径。

4.3.5　基质酶活性与污水净化效果及相关分析

在人工湿地净化污水过程中湿地基质酶起了重要作用。在基质酶中，磷酸酶和脲酶在物质转化过程中起着非常重要的作用。研究发现，基质的脲酶活性与基质的微生物数量、有机物质含量、全氮和速效氮含量呈正相关。

通过对复合垂直流人工湿地基质中磷酸酶和脲酶活性的测定及其与污水中 KN、TP、IP、TSS、BOD$_5$ 及 COD 去除率的相关性分析，研究利用酶活性作为评价净化效果和挑选合适湿地植物的指标的可能性。

1. 不同植物根区基质中磷酸酶和脲酶的活性

实验分别测定了复合垂直流人工湿地下行流池中的美人蕉和上行流池中的菖蒲的根区基质中的磷酸酶和脲酶活性。发现复合垂直流人工湿地中不同植物根区基质的磷酸酶和脲酶活性是不同的，说明不同的湿地植物其净化能力是不相同的，而且同一种植物对于不同污染物的净化效果也不相同。同时，同种植物不同月份的基质酶活性也不相同，特别是脲酶的活性，月与月之间最高相差 20 余倍。说明湿地植物的净化能力可能受到湿地其他条件的影响，如何优化湿地的运行条件十分重要。

此外还发现，在复合垂直流人工湿地基质中，不仅不同植物其基质酶活性不相同，甚至不同深度基质的酶活性也是不相同的。除美人蕉基质中的磷酸酶外，总的来说离基质表层越近,基质酶的活性越强。有的上下层之间相差甚至近 10 倍。说明湿地对污水的净化主要集中在湿地的近表层,下层由于缺少氧气、阳光以及其他营养物质而导致其酶活性很小,微生物的活动相应较少。

2. 基质磷酸酶活性与磷的去除率

复合垂直流人工湿地中磷酸酶活性及其对磷的去除率在 4～7 月之间变化很大。相关性分析发现,磷酸酶活性与 TP ($r=0.8923$) 存在显著相关。这说明在复合垂直流人工湿地净化污水的过程中,基质微生物和酶对磷的去除发挥了重要作用。这与其他作者关于基质进行的物理化学反应可能是复合垂直流人工湿地去除污水中总磷含量的主要途径的结论相吻合。

3. 基质磷酸酶活性与 BOD_5、COD_{Cr} 及 TSS 的去除率

相关性分析发现,复合垂直流人工湿地中磷酸酶活性与 COD_{Cr} 的去除率呈极显著相关,相关系数 r 为 0.9472。但基质磷酸酶活性与 BOD_5 ($r=-0.0521$) 及 TSS ($r=-0.1959$) 的去除率不存在显著相关。故可以把湿地基质磷酸酶的活性作为评价其净化 COD_{Cr} 效果的一个重要指标,从而有可能建立一套准确快捷的评价系统。

4. 基质脲酶活性与污水中氮的去除率

相关性分析发现,复合垂直流人工湿地中脲酶活性与 KN 的去除率呈极显著相关,相关系数 r 高达 0.9634。这说明在复合垂直流人工湿地净化污水的过程中,TN 的去除主要依赖于基质中相关微生物和酶的降解,故脲酶可以作为判定复合垂直流人工湿地净化污水效能的一个重要指标。同时,IVCW 中试系统美人蕉和菖蒲基质中的脲酶活性差别很大。美人蕉基质的脲酶活性较高,而菖蒲基质的脲酶活性较低,说明不同的湿地植物去除污水中氮的能力是不同的,这为将脲酶的活性作为挑选合适湿地植物的一项重要指标以及湿地植物的优化组合,提供了重要的科学依据。

虽然基质脲酶的活性与湿地对 KN 的去除率呈显著正相关,但相关性分析发现,基质脲酶活性与 NH_3-N($r=-0.0782$)、NO_3^--N($r=0.0564$)以及 NO_2^--N($r=-0.2837$)的去除率的相关性并不明显。

5. 基质脲酶活性与 BOD_5、COD_{Cr} 及 SS 的去除率

相关性分析发现,复合垂直流人工湿地中脲酶活性与人工湿地对污水中的 BOD_5 ($r=-0.9366$)、COD_{Cr} ($r=0.4498$) 及 TSS ($r=0.6731$) 的去除率均不呈现显著的相关。其主要原因可能是,进入复合垂直流人工湿地污水中氮的含量都不很高。从测定的数据看,进水中总氮的含量最高只有 19.2 mg/L,最低只有 3.12 mg/L。进水中 NH_3-N、NO_3^--N 以及 NO_2^--N 的含量就更低了。我们推测,可能是因为在复合垂直流人工湿地处理的污水中含氮有机污染物在总有机污染物中所占比例不大,所以导致脲酶活性与 BOD_5、COD_{Cr} 以及 TSS 去除率的相

关性都不明显。

研究发现，复合垂直流人工湿地在处理污水时，起主要作用的因素是基质微生物的活动及其酶的活性，特别是植物根区附近的微生物和酶。本试验研究了复合垂直流人工湿地基质中磷酸酶和脲酶的活性，以及同期湿地的污水净化效果，为研究利用酶活性强度作为评价净化效果和挑选合适湿地植物的指标提供了理论依据。研究发现，湿地基质磷酸酶的活性与污水中 TP、IP 以及 COD_{Cr} 的去除率呈现显著相关，说明了基质酶在含磷化合物降解过程中起到重要作用。这也意味着基质磷酸酶的活性可以作为评价湿地去除 TP、IP 以及 COD_{Cr} 效果的重要指标。脲酶活性与 TN 的去除率具有极显著的正相关，但与 BOD_5、COD_{Cr} 以及 TSS 的去除率的相关性不太明显，这可能是由总污染物中含氮有机物的百分比相对较低造成的。由于脲酶的活性与基质的微生物含量、有机物质含量、全氮和速效氮含量呈正相关，在研究中又发现脲酶的活性与复合垂直流人工湿地污水中 TN 的去除率具有较明显的正相关，所以我们认为，可以把复合垂直流人工湿地基质中脲酶的活性作为复合垂直流人工湿地去除污水中含氮污染物效果的一个主要指标。又由于不同的湿地植物其根区基质中磷酸酶和脲酶的活性相差很大，故选择种植合适的湿地植物时可以把基质酶的活性作为一个重要的参考因素，通过对它们根区基质酶的测定，挑选出去除污染物能力强的植物，从而有可能建立起快速高效的衡量湿地去除效果和湿地植物优化组合的模式体系。

4.3.6　基质微生物对邻苯二甲酸二丁酯的响应

人工湿地是一种建设费和维护费低且行之有效的污水处理生态系统。研究表明，人工湿地能去除污水中的悬浮物、N、P、重金属以及 PAH、TNT 和苯酸等有机污染物（Zachritz et al.，1996）。赵文玉等（2002）的研究表明，在复合垂直流人工湿地系统中，DBP 的去除率达到 99%。然而有关人工湿地基质对这些污染物的应答却鲜有报道。人工湿地中的基质酶活性是很重要的，并且对基质这种微环境（温度、pH、植物分泌物和土壤水化学）的变化很敏感。本实验试图探讨投加的 DBP 对人工湿地中基质酶活性的影响以及人工湿地基质中的微生物对酞酸酯的降解效果。

1. 基质酶活性对邻苯二甲酸二丁酯的响应

就酶活性的空间分布而言，无论是实验池还是对照池，表层基质的酶活性均极显著地高于中层的酶活性（$P<0.001$）；在同一套系统中，下行流池表层基质中几乎所有的酶的活性要显著地高于对应的上行流池，由于中层酶活性相对较低，所以区别不是很明显。

比较实验池和对照池中的酶活性，结果发现，实验池中不同位点的过氧化氢酶、蛋白酶、磷酸酶和脱氢酶酶的活性显著地高于对照池中的相应位点，其中磷酸酶和脱氢酶酶活性的差别达极显著水平（$P<0.001$）；然而脲酶、β-葡萄糖苷酶和纤维素酶却表现出完全不同的结果，实验池中的这些酶的活性在大多数位点较显著地低于对照池（$P<0.01$）。

比较 6 月（连续投加 DBP 两个月）和 7 月（当停止投加 DBP 一个月后）的酶活性，发现下行流池表层基质表现出一些规律。7 月对照池中的脲酶和纤维素酶活性较 6 月分别增加 367% 和 310%，而实验池中下降 63% 和 72%；对照池中的 β-葡萄糖苷酶的活性在两个月份保持不变，而在实验池中下降了 77%；相反的，7 月实验池中的磷酸酶较 6 月增加 106%，而对照池却下降了 73.6%；而比较 6 月和 7 月的过氧化氢酶、蛋白酶和脱氢酶酶活性发现，对照池和实验池中呈现相同的趋势。

微生物、湿生植物和基质是人工湿地系统组成的三要素。在污水处理过程中，相对分子质量大的有机污染物被微生物降解成能利用的相对分子质量低的营养物（Shackle et al.，2000）；同时，有机污染物也影响着基质中的微生物，酶活性是描述基质土壤微生物种群基本情况的一个重要指标（Margesin and Schinner，1997；Margesin et al.，2000a，2000b）。许多因素都能影响湿地中酶的活性，如季节、地理条件、深度和人为的干扰因素等。在本研究中，不同深度的酶活性存在着显著的差异，主要的影响因素是 O_2 的可利用性和基质的肥力，这两个因素直接影响着微生物的活性。基质的肥力也能解释上行流池和下行流池表层酶活性的差异，因为在本湿地中，原水先流经下行流池，因此表层基质首先接触营养丰富的污水，而流到上行流池的是被处理过的营养物浓度相对较低的污水。

土壤酶活性是评价土壤质量的一个决定性因子，并且对污染物的变化极为敏感。就土壤微生物活性而言，脱氢酶酶活性是一个非常有用的指标（Tam，1998；Megharaj et al.，1999）；磷酸酶负责将有机磷化合物转化为无机磷化合物（Marcote et al.，2001）；β-葡萄糖苷酶和纤维素酶是涉及碳元素循环的酶，脲酶和蛋白酶是涉及氮元素循环的酶（Megharaj et al.，1999；Marcote et al.，2001）；过氧化氢酶是与需氧微生物的活性相关联的氧化还原酶。在人工湿地中调查上述土壤酶对 DBP 的响应，比较对照池和实验池，结果表明，在本实验条件下，DBP 能够促进脱氢酶和过氧化氢酶的活性，同时抑制 β-葡萄糖苷酶、脲酶和纤维素酶的酶活性。停止投加 DBP 一个月后发现，基质中 β-葡萄糖苷酶、脲酶和纤维素酶酶的活性尚未得到恢复。投加 DBP 没有促进涉及碳元素循环的 β-葡萄糖苷酶和纤维素酶酶的活性。本实验中脱氢酶和过氧化氢酶活性的增加说明，湿地生态系统能够较好的应对污染物 DBP 的侵入，因为脱氢酶是微生物降解有机污染物获得能量的必需酶，它能够激活某些特殊的氢原子，从而使这些氢原子可以被适当的氢受体移去而将原来的物质氧化；而过氧化氢酶可以分解土壤中过多的过氧化氢，防止其对生物体的毒害作用。当然，关于湿地基质酶对 DBP 的响应，例如蛋白酶和磷酸酶表现出较高的酶活性等结果还需进一步的实验来证实。当土壤被重金属、杀虫剂和多环芳烃（PAH）等污染物污染时，酶活性有不同的响应（Song and Bartha，1990；Boopathy，2000）。Megharaj 等（1999）发现，阿拉特津等杀虫剂能够促进脱氢酶的活性；而 Margesin（2000a）等发现，萘（aphthalene）和菲（henanthrene）对蛋白酶和脲酶有正效应。对照池中酶活性的改变主要是由温度和原水水质的影响引起的。

2. 基质微生物对 DBP 的降解

DBP 的降解实验结果如图 4.24 所示，可以看出，灭菌表层基质和中层基质中没有发现 DBP 明显的降解，而没有进行灭菌处理的基质中的 DBP 显著减少，并且表层基质的降解速率要大于中层基质的降解速率。在第 10 天，表层基质中就只剩下 35％的 DBP，而中层基质中还有 62％的 DBP；实验进行了 30d 后，表层基质中 95.7％的 DBP 被降解，而中层基质中降解 DBP 64.2％。将 DBP 的浓度与时间变化的测定数据进行对数转换，用降解动力学曲线 $\ln C = Kbt + A$ 进行拟合，得降解速率常数和降解半衰期，结果见表 4.10。

表 4.10　人工湿地基质降解 DBP 的动力学参数

Tab. 4.10　Degradation kinetic parameters of DBP in the medium of the IVCW

基质 Substrate	拟合曲线方程 Reaction Equation $\ln C = Kbt + A$	复相关系数 Coefficient $r2$	降解速率常数 Degradation Constant K	半衰期 Half Life $t_{1/2}$
表层基质 Surface Layer Medium	$\ln C = -0.0994t + 6.2178$	0.9902	-0.0994	6.9733
表层基质（灭菌） Surface Layer Medium (Disinfected)	$\ln C = -0.001t + 6.2141$	0.9844	-0.001	693.147
中层基质 Middle Layer Medium	$\ln C = -0.0345 + 6.1731$	0.9829	-0.0345	20.0912
中层基质（灭菌） Middle Layer Medium (Disinfected)	$\ln C = -0.001t + 6.2149$	0.9988	-0.001	693.147

（引自 Zhou *et al.*，2005）（Cited from Zhou，2005）

已有部分研究结果表明，能降解酞酸酯的微生物包括需氧的、厌氧的和兼性厌氧等许多种类（Wang *et al.*，1997）。在本研究中，灭菌处理的基质和没有进行灭菌处理的基质对 DBP 的降解有很大差别，说明在这里 DBP 降解主要依靠微生物。DBP 的降解动力学方程符合一级动力学模式，与许多报道的结果一致（Zhang and Reardon，1990；Wang and Liu，1995；Wang *et al.*，2000）。人工湿地中微生物对 DBP 的降解实验结果表明，在投加 DBP 一段时间后，微生物已经

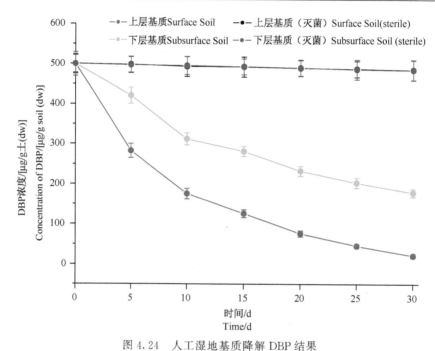

图 4.24　人工湿地基质降解 DBP 结果
(引自 Zhou *et al.*, 2005)
Fig. 4.24　DBP degradation in the medium of the IVCW
(Cited from Zhou *et al.*, 2005)

得到驯化，适应了 DBP 这种污染物。表层土和中层基质对 DBP 有不同的降解速率，是因为表层微生物首先接触污水中的酞酸酯，被驯化时的污染物浓度相对较高，所以较中层微生物的降解活性高，并且由前面讨论的微生物数量和酶活性的空间差异性可知，上层基质中微生物的活性大于中层基质，从一个侧面可能对酞酸酯有促进作用。Wang 等（1997）用土著的和外来的微生物降解起始浓度为 $100\ \mu g/g$ 的 DBP，发现降解速率最快的一组在 30d 的时间段内，92％的 DBP 被降解。在我们的研究，DBP 的起始浓度为 $500\ \mu g/g$，同样在 30d 的时间段内，表层基质中 95.7％的 DBP 被降解。这些结果说明，具有丰富营养和微生物种群的人工湿地能够适应酞酸酯类特殊污染物，并且在去除方面有较大的潜力。

　　综上所述，酞酸酯的生物积累以及高的致畸行为已经严重威胁到人类的健康。本研究以两套复合垂直流人工湿地小试系统为研究对象，研究一种常见的酞酸酯 DBP 对基质酶活性的影响以及受驯化人工湿地基质微生物对 DBP 的降解。结果表明，无论对照池还是实验池，表层的酶活性要显著地高于中层的酶活性（$P<0.001$），并且下行流池酶活性要高于上行流池（$P<0.05$）。不同的基质酶对特殊污染物的响应是不一样的，比较实验池和对照池的酶活性，发现在此项实验条件下 DBP 能够增强脱氢酶和过氧化氢酶活性，抑制脲酶、纤维素酶和 β-葡

萄糖苷酶的活性。当停止投加 DBP 后一个月，脲酶、纤维素酶和 β-葡萄糖苷酶的活性尚未得到恢复。基质中的 DBP 降解实验结果表明，DBP 降解符合一级动力学模式，并且这个过程主要是由好氧微生物完成的，说明人工湿地中的微生物不仅以硝化作用、反硝化作用以及各种转化作用和生物固定方式参与常规污染物的转化去除过程，并且是去除酞酸酯类特殊污染物的首要功臣。

4.3.7　基质氧化还原酶活性对五氯苯酚的响应

酚类化合物是焦化工业和石油化工业排放的主要有机污染物，特别是氯代酚类化合物，曾被广泛应用于木材防腐剂、金属防锈剂和杀菌剂等，对环境造成重大的污染（陈勇生等，1997）。其中五氯苯酚（pentachlorophenol，PCP）的毒性在所有酚类中最大，具有很强的"三致"效应，并且能够在生物体中累积富集。PCP 的广泛使用已经造成了世界范围内土壤和水体的污染（夏柳荫等，2006）。因此，如何有效而经济地降解环境中残留的 PCP 已成为众多研究者感兴趣的研究课题，其中生物修复方法受到了的关注最广泛（沈德中，2002）。

人工湿地在去除污染物的同时具有一定的美学价值（徐栋等，2006；Nelson et al.，2003），对 PCP 等有机污染物也具有很好的去除效果（Victor Matamorosa et al.，2007）。

在污染酶学修复研究中，氧化还原酶是有机污染物去除的关键（张丽莉等，2003）。作者研究了 PCP 对人工湿地基质氧化还原酶活性的影响，力求为人工湿地处理酚类废水提供科学的理论依据。

采用广口瓶为容器，每个广口瓶装基质土样 200 g，各样品分别设 3 个平行。分别加入不同剂量的五氯苯酚，使之在土样中的浓度分别为 0 $\mu g/g$、1 $\mu g/g$、10 $\mu g/g$、50 $\mu g/g$、100 $\mu g/g$，混匀。调节试样的含水量为最大含水量的 60%，置于 25 ℃恒温箱中培养，分别在实验开始后 1d、5d、10d、15d、20d、25d、30d 取样，测定基质中过氧化氢酶、脱氢酶、多酚氧化酶、过氧化物酶的活性。

1. PCP 对人工湿地基质过氧化氢酶活性的影响

PCP 对人工湿地基质过氧化氢酶活性的影响见图 4.25。施药后 1 d，除了低浓度（1 $\mu g/g$）处理对过氧化氢酶活性有轻微激活作用外，其他浓度处理均对过氧化氢酶活性表现为抑制作用，5d 后抑制作用达到最大，最大抑制率为 18.4%。随后从第 10 天开始，各处理与对照相比，均表现为强烈的激活作用，激活作用一直持续到实验结束，最大激活率发生在施药后的第 15 天，且浓度越高激活作用越强。PCP 对人工湿地基质过氧化氢酶活性的影响大体上表现为"抑制-激活"的过程。

2. PCP 对人工湿地基质脱氢酶活性的影响

由图 4.26 可见，随着培养时间的延长，脱氢酶活性逐渐降低，这可能与微

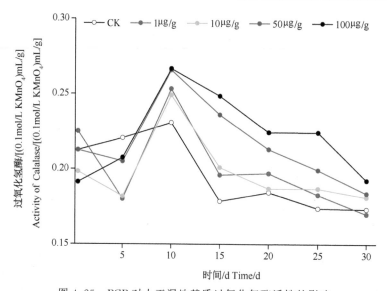

图 4.25　PCP 对人工湿地基质过氧化氢酶活性的影响

Fig. 4.25　Influence of PCP on the activity of catalase of the
substrate in the IVCW

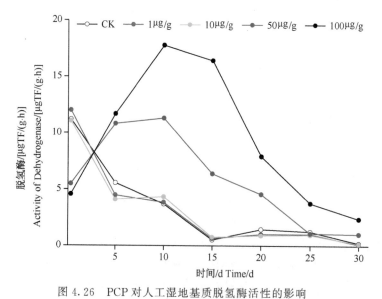

图 4.26　PCP 对人工湿地基质脱氢酶活性的影响

Fig. 4.26　Influence of PCP on the activity of dehydrogenase of the
substrate in the IVCW

生物的生长环境有关。中低浓度（1 μg/g、10 μg/g）处理在培养的前 5 天基本表现为抑制作用，到第 10 天，与对照相比，则表现为激活作用，激活率分别为

17.1%、36.0%，随后逐渐恢复到对照水平。

高浓度（50 μg/g、100 μg/g）处理，在施药后的第 1 天，对基质脱氢酶活性表现为明显的抑制作用，浓度越高，抑制作用越强烈，最大抑制率为 59.3%。到培养的第 5 天，则对脱氢酶活性表现为强烈的激活作用，浓度越高，激活作用越大；第 10 天，激活作用达到最大值，激活率分别为 207.4%、382.2%，随后这种激活作用逐渐减弱，但仍表现为强烈的激活作用，并达到显著水平。

PCP 对人工湿地基质脱氢酶活性的影响大体上是中低浓度（1μg/g、10μg/g）处理表现为"抑制-激活-恢复"的变化过程，高浓度（50 μg /g、100 μg/g）处理表现为"抑制-激活"的变化过程。

过氧化氢酶能促过氧化氢分解，防止它对生物体的毒害作用。在该研究中，过氧化氢酶活性在 PCP 的作用下，基本表现为"抑制-激活"的变化过程，与苯噻草胺及氰戊菊酯对土壤过氧化氢酶活性影响的研究结果类似（黄智等，2002；李时银等，2002）。

脱氢酶是土壤生态系统一个很好的"传感器"，反映了土壤微生物的生存状况（Wilke，1991）。在该研究中，脱氢酶活性在 PCP 的作用下，中低浓度（1 μg/g、10 μg/g）处理表现为"抑制-激活-恢复"的变化过程，高浓度（50 μg/g、100 μg/g）处理表现为"抑制-激活"的变化过程。该现象与异丙甲草胺及邻苯二甲酸二（2-乙基己基）酯（DEHP）对土壤脱氢酶活性影响的研究结论类似（陈波等，2006；秦华等，2005）。

3. PCP 对人工湿地基质过氧化物酶活性的影响

由图 4.27 可见，中低浓度（1 μg/g、10 μg/g）处理，除了低浓度（1μg/g）处理在第 5 天表现为抑制作用外，在前 25 d 一直表现为激活作用，激活率基本维持在一定的水平；高浓度（50 μg/g、100 μg/g）处理的前 25 d，与对照相比，基本上表现为强烈的抑制作用，且浓度越高，抑制作用越强，在 10～20d 时抑制作用最强，最大抑制率高达 47.2%（100 μg/g），达到显著水平；随后，各处理在第 30 天时基本恢复到对照水平。PCP 对人工湿地基质过氧化物酶活性影响的表现规律基本上是，中低等浓度（1 μg/g、10 μg/g）处理表现为"激活-恢复"的变化过程，高浓度（50 μg/g、100 μg/g）处理表现为"抑制-恢复"的变化过程。

高浓度（50 μg/g、100 μg/g）处理过氧化氢酶及脱氢酶表现出"抑制-激活"变化规律，原因可能是在实验初期，受到毒性负荷的冲击，基质中大量微生物死亡，且浓度越大，微生物受到的抑制越大，因而过氧化氢酶、脱氢酶在初期表现为受抑制；随着培养的进行，有机物的加入给湿地基质带来了新的碳源和能源，且基质中逐渐形成了新的微生物优势种群，而这些优势微生物种群能够利用 PCP 作为碳源和能源刺激自身的生长，因而过氧化氢酶、脱氢酶活性提高。研

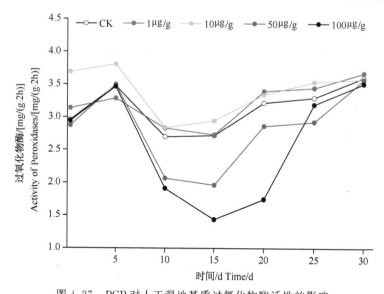

图 4.27　PCP 对人工湿地基质过氧化物酶活性的影响

Fig. 4.27　Influence of PCP on the activity of peroxidases of the
substrate in the IVCW

究还发现，脱氢酶对 PCP 最为敏感。对于中低浓度（1 μg/g、10 μg/g）处理，脱氢酶活性最后恢复到对照水平，原因可能是随着降解的进行，可利用的碳源和能源逐渐减少，因而酶活性逐渐恢复到对照值。

4. PCP 对人工湿地基质多酚氧化酶活性的影响

PCP 对人工湿地基质多酚氧化酶活性的影响见图 4.28。在施药后的第 1 天，与对照相比，中低浓度（1 μg/g、10 μg/g）处理对人工湿地基质多酚氧化酶活性呈现激活作用，最大激活率为 27.9%（10 μg/g），随后，两种处理与对照相比不大，且最后基本恢复到对照水平，最大抑制率只有 8.6%（第 15 天）。

而高浓度（50 μg/g、100 μg/g）处理，对人工湿地基质多酚氧化酶活性的影响在前 20 天表现为抑制作用，最大抑制作用发生在第 5 天，最大抑制率为 55.6%（100 μg/g），20 d 后基本恢复到对照水平。PCP 对人工湿地基质多酚氧化酶活性的影响规律基本上是，中低浓度（1 μg/g、10 μg/g）处理表现为"激活-恢复"的变化过程，高浓度（50 μg/g、100 μg/g）处理表现为"抑制-恢复"的变化过程。

过氧化物酶能利用过氧化氢和其他有机过氧化物中的氧；多酚氧化酶能够反映土壤腐殖质化状况（中国科学院南京土壤研究所微生物室，1985）。在本研究中，过氧化物酶、多酚氧化酶活性在 PCP 的作用下，中低浓度（1 μg/g、10 μg/g）处理基本表现为"激活-恢复"的变化过程，原因可能是：在实验前

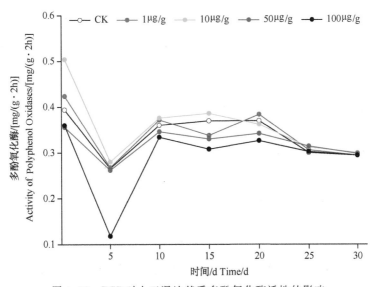

图 4.28 PCP 对人工湿地基质多酚氧化酶活性的影响

Fig. 4.28 Influence of PCP on the activity of polyphenol oxidase of the substrate in the IVCW

期，低浓度的 PCP 作为碳源和能源，促进了基质微生物的生长，所以对过氧化物酶、多酚氧化酶活性有一定的激活作用；随着时间延长，PCP 逐渐被降解，激活作用越来越弱，酶活性逐渐恢复到对照值。而对于高浓度起初的抑制作用，可能是高浓度的 PCP 超过了微生物的耐受程度，进而降低了酶活性。

4.4　植物气体输导

植物在污水控制方面有以下优势：①通过光合作用为净化作用提供能量来源；②具有美观可欣赏性，能改善景观生态环境；③可以收割回收资源；④可作为介质所受污染程度的指示物；⑤能固定土壤中的水分，圈定污染区，防止污染源的进一步扩散；⑥植物庞大的根系为细菌提供了多样的生境，根区的细菌群落可降解许多种污染物；⑦还能输送氧气至根区，有利于微生物的好氧呼吸 (Shimp *et al.*, 1993)。水生大型植物的有无通常是定义湿地的特征之一，是该类人工湿地一个不可分割的组分，其作用可以归纳为三个重要方面：①吸收利用污水中营养物质，吸附和富集重金属和一些有毒有害物质；②为根区好氧微生物输送氧气；③增强和维持介质的水力传输。成水平等 (2002) 综述了水生植物气体交换与输导代谢及其在污水处理中的作用与研究展望，本节结合开展的水生植物根尖氧扩散研究，阐述大型水生植物气体交换与输导代谢，及湿地中植物凤眼莲、慈菇、菖蒲、香蒲、菰等根系氧扩散与系统净化的关系。

4.4.1　　气体交换与输导代谢的类型及其影响因素

气体在植物体内的运动以及植物与外界之间的气体交换，包括气体在大气与植物体之间的交换，在植物体内的传输，经由根系向底泥、土壤中的释放，底泥土壤中微生物产生的气体通过植物体向大气的释放，以及植物体本身产生的痕量气体的释放等。目前，气体交换与输导代谢的研究主要集中在探讨气体运动机制，O_2 和 CO_2 的交换和传输途径，CH_4、C_2H_6、N_2O 等痕量气体的释放等方面。

水生植物具有光合放氧的作用。白天，暴露在空气或水体中的植株部分能固定 CO_2 放出氧气，一部分氧气直接释放到空气或水中，一部分则供自身呼吸作用消耗，还有一部分通过植物的通气组织向下输送到地下器官，经由根系向底泥中释放，这是水生植物根系呼吸作用和维持根区氧化状态所必需的；夜间或植株枯死部分，光合作用无法进行，大气中的氧气也可以通过植物叶表面、茎秆等的孔隙进入植物体内，供植株呼吸或输送释放到底泥，维持根区的氧化状态（Armstrong，1979；Grosse *et al.*，1991；Brix *et al.*，1992）。随着 O_2 自大气扩散到植物体内以及根系向底泥中的释放，水生植物呼吸作用产生的 CO_2 沿着相反的方向自植物体向大气释放，底泥中经微生物呼吸、降解作用产生的 CO_2 则自底泥向植物体和大气扩散。在大气、植物体内的通气组织和枝条组织之间进行着高速的 CO_2 交换（Li and Jones，1995）。

甲烷、乙烷是厌氧底泥中有机物降解的主要产物，大约有一半或更多的有机碳是被产甲烷细菌降解的（Rudd and Hamilton，1978）。一般地，对于一个富营养化湖泊而言，底泥 CH_4 的释放速率为 $50\sim300\text{mL}/(\text{m}^2 \cdot \text{d})$（Cicerone and Shetter，1981）。底泥中产生的 CH_4、C_2H_6 等气体可以直接通过水体向大气释放，也能通过水生植物通气组织，经由根系到枝条、叶面，释放到大气中。试验证明，种植萍蓬草的底泥中的 CH_4，有四分之三是通过萍蓬草枝条释放的；白天，根系内的 CH_4 浓度达 10%，而伸出水面的幼枝条内的浓度大为减少（Dacey and Klug，1979）。不仅活的植株是痕量气体的主要释放通道，枯死的植株也是 CH_4 等气体从底泥释放的通道（Brix，1989）；大豆、小麦、谷子、水稻和玉米等农作物释放 N_2O（陈冠雄等，1990）。此外，从大气到水生植物通气组织之间也存在着 N_2 的扩散梯度（Dacey，1981）。

水生植物的气体输导代谢容量除主要受光照、温度和湿度的影响外，还受地理因素和生存状况等的外响。

光照能加强水生植物的气体对流作用。在光照下，水生植物枝条内的温度升幅远远高于环境温度的升幅，形成了一种"温室效应"（Armstrong J and Armstrong W，1990），由此导致了以下几种效应，增强了植物体的气体交换和传输。首先，增强了水生植物体内水汽的蒸发，维持了内部的高湿度，加大了湿度诱导的压强梯度，加快气体从大气进入植物体内（Armstrong J and Armstrong W，1990）。其次，增加了植物体内的温度，提高了热力学诱导渗透，加快气体对流（Grosse *et al.*，1991）。再次，周围大气更加干燥，湿度降低，减少了植物枝条表面湿地诱导对流的阻力（Knapp and Yavitt，1995）。

温度是影响气体交换的一个重要因子。热力学诱导对流的机制便是水生植物体内外的温度差，形成了内外的热力学压强差，促使气体从低温处向高温处渗透。前面提及的光照因子中有一项便是光照引起植物体内的温度升幅大于外界空气温度的升幅，形成更大的热力学压强差，加强气体向植物体内的对流。周围环境温度的升高，也有利于植物体气体的对流。

湿度对水生植物的气体传输有重要意义。湿度诱导机制表明，水生植物的内部湿度与外界环境湿度存在一定差异时，气体对流作用便发生了。周围环境湿度越大，与植物体内的湿度相差就可能越少，湿度诱导的气体对流便越弱。反之，当环境湿度越小，与植物体内的湿度存在较大差异时，湿度诱导的气体对流会使气体大量进入植物体内。

不同的地理位置，水生植物叶龄，环境迫胁等都影响植物的气体交换速率（Jensen *et al.*，2000；De Herralde *et al.*，1998；Zhang *et al.*，2001）。

4.4.2　气体代谢与水生植物生长、分布及污水净化功能

Den Hartog 等（1989）认为，植物内部的气体交换容量和供给根系的氧气是否充足是水生植物能否在水中生存与生长的主要因素。一般的，植物根系能吸收土壤中的氧气进行呼吸。但当土壤淹水，氧气耗尽时，植物根系的呼吸作用和根区的好氧作用、脱毒作用便不能顺利进行，还原态的某些元素和有机物的浓度可达到有毒的水平。处于缺氧状态的植物根系和根区只有通过其他途径获得氧气才能正常地生长发育和脱毒。Armstrong W（1967）的研究发现，三种湿地植物根区氧衰减半径直接与其能耐受的还原条件有关。水生植物的生长分布与其气体交换和输导容量密切相关。Ashraf（2001）的研究表明，四倍体芸薹属植物（*Brassica* sp.）的生长（鲜重）与气孔输导速率、CO_2 通量呈显著相关。植物通气量的大小直接关系到其生长的水深和根系在底泥中的扩展程度。Yamasaki（1984）调查了两种挺水植物芦苇和菰的通气量、植株茎秆腔内氧气的浓度和生态分布。结果表明，菰生长在较深的水域，芦苇则较浅，在其各自占优势的生境和同样水深的生境中，菰的通气量都大于芦苇植株，因而菰比芦苇能耐受更深的水体环境；随着水深的增加，菰植株茎秆腔内的氧气浓度将达到最低值，表明氧气是其向深水域扩展生长的限制性因子。Bendix（1994）和 Tornbjerg 等（1994）对宽叶香蒲和狭叶香蒲内部气体输导规律进行了对比研究，结果表明，在相同的环境条件下，狭叶香蒲的气体交换容量是宽叶香蒲的两倍，狭叶香蒲的

根系输氧作用更为有效,能生长在较深的水体中。这样也解释了为什么狭叶香蒲的生长水域比宽叶香蒲深、种群分布比宽叶香蒲广。植物根尖氧气扩散速率的比较研究结果也与植物自然生长状况相吻合(吴振斌等,2000b)。香蒲是一种挺水植物,普遍生长在浅水池塘或湖泊中,根部深入泥内,长期处于缺氧或无氧环境,其根部的各项生理生化活动都需要植株向下输氧才能完成,且其根系发达,所需氧气量较根系小的植物更大,相应其氧气扩散速率也大。而凤眼莲是一种漂浮植物,根系生长在水中,该介质本身就含有氧气,可供植物生长需要,故凤眼莲植株向下输导氧气的量小,氧气扩散速率也小。水生植物气体代谢不畅也是植株衰退的主要原因之一。直接的机械损伤、擦伤,水质和底泥的状态,水位的高低,以及富营养化等都将导致芦苇的衰退(Den Hartog et al.,1989)。有研究表明,植物残体的腐烂、超负荷有机物的冲击或富营养化等产生的植物毒素(有机酸、硫化物等)在芦苇组织中的富集是引起芦苇衰退的原因之一(Armstrong J et al.,1996)。这些植物毒素使植株愈伤组织分裂的细胞不断增加、堆积,淤积在植物的通气组织中,削弱乃至阻止植物体内气体的对流,芦苇因此而慢慢衰退(Armstrong J and Armstrong W,2001)。

水生植物能通过根系从污水中吸收营养物质,吸附和富集重金属和一些有毒有害物质,直接去除污水中的污染物质,改善水质。水生植物在污水处理过程中还有一个重要的作用,即通过植株枝条和根系的气体传输和释放作用,能将光合作用产生的氧气或大气中的氧气输送至根区,改变根区的氧化还原状况,在还原性的底泥中形成了氧化态的微环境,这种有氧区域和无氧区域的共同存在为微生物提供了不同的适宜生境,有利于根区微生物的生长和繁殖,增强了微生物的降解作用。试验表明,人工湿地中香蒲和灯心草的存在促进了湿地微生物的生长和繁殖,水生植物根系在人工湿地底部的扩展有利于微生物特别是好氧细菌向湿地深处的分布(成水平和夏宜玲,1998a);凤眼莲根区的异养细菌数量也存在着根系>根面>水体的规律,而细菌活性表现为新鲜根系>嫩根系>枯根系(詹发萃等,1993),体现了不同根系输氧作用的不同导致根系异养细菌活性的不同。芦苇是一种常见湿生植物,广泛用于污水处理。在欧洲建立了大量的芦苇床以处理小城镇和村庄的综合污水,但目前芦苇存在着普遍衰退现象(Den Hartog et al.,1989),植物毒素对芦苇的伤害(Yamasaki,1984),影响了芦苇枝条气体传输作用,降低了其污水处理的效率和容量。一些污水处理系统中的植物,由于根系不能如自然状态向下扩展(Edwards,1992),根系对根区的输氧作用没有充分地发挥,从而使整个系统的污水净化能力受到影响。因此,水生植物的气体交换与输导作用对以水生植物为主体的生态工程处理系统的正常和高效运行具有重要意义。水生植物的气流通畅不仅为其自身的生存提供保障,也为根区微生物的生长繁殖提供了有利条件,加强了根区的氧化作用,提高了根区生物群落对有机物的降解能力。

4.4.3　水生植物根系氧扩散

采用极谱法研究了湿地中凤眼莲、慈菇、菖蒲、香蒲、菰等植物根系气体传导及其与系统净化的关系（吴振斌等，2000b）。结果表明，植物气体代谢与根长、根壁厚、根直径等因素有关，不同龄期植物的气体传导量不一样，不同种类植物有其不同的气体传导特性等。

1. 根长与根尖区氧气扩散速率关系

研究了同种植物不同根长的植株，结果表明，根系的氧气扩散速率与根直径、根壁厚度、根长等因素密切相关（Armstrong W，1967）。氧气扩散速率（oxygen diffusing rate，ODR）测定结果与解剖结果均发现，除根尖区外，氧气扩散速率与直径呈正相关。氧气扩散速率小的部位，其细胞壁较扩散速率大的部位厚。对同一植株不同根长的根进行研究，发现根长不同，其根尖区氧气扩散速率不同，表明各根之间存在着个体差异。另外，长根由于其气体传输路径长，传输阻力增大，沿途对外扩散氧气机会增多，其根尖区氧气 ODR 值会有所减少。再者，粗根由于体内传输腔隙较细根大，根尖区 ODR 值也较大（图 4.29）（吴振斌等，2000b）。

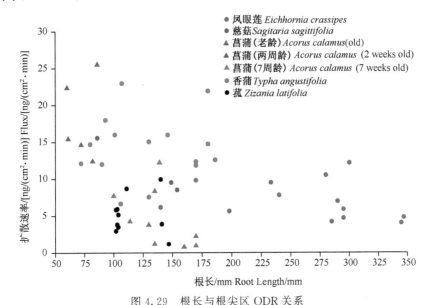

图 4.29　根长与根尖区 ODR 关系

（引自吴振斌等，2000b）

Fig. 4.29　ODR of different root length in apical region

(Cite from Wu *et al.*, 2000b)

2. 根系不同部位 ODR 的比较

通过对 5 种植物根系不同部位 ODR 的测定发现，氧气扩散速率最大的区域在根尖区，愈往上部愈小，在根的基部，氧气扩散速率几乎为零（图 4.30）（吴振斌等，2000b）。这一结果与有关报告相符（Armstrong W，1967）。

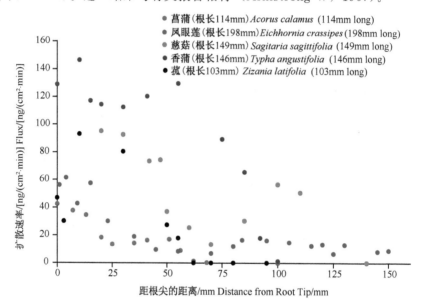

图 4.30　根系不同部位 ODR 的比较

（引自吴振斌等，2000b）

Fig. 4.30　ODR in different root parts

(Cited from Wu et al., 2000b)

3. 根长相近的不同植物根尖区氧气扩散速率的比较

比较 5 种植物相近根长根尖区的 ODR 值，其氧气对外扩散速率依次为：香蒲、菰、菖蒲、野慈菇、凤眼莲（表 4.11）（吴振斌等，2000b）。这一结果与植物自然生长状况相吻合。香蒲是一种挺水植物，普遍生长在浅水池塘或湖泊中，

表 4.11　根长相近的不同植物根尖区氧气扩散速率的比较

Tab. 4.11　Oxygen diffusion rate of apical region in different species

植物 Plant	香蒲 Typha angustifolia	菰 Zizania latifolia	菖蒲 Acrous calamus	野慈菇 Sagittaria sagittifolia	凤眼莲 Eichhornia crassipes
根长/mm Length of Root/mm	146	140	140	149	140
扩散速率/[ng/(cm² · min)] ODR/[ng/(cm² · min)]	159.6±0.48	129.9±1.52	122.2±0.95	95.1±0.36	69.3±0.33

（引自吴振斌等，2000b）(Cited from Wu et al., 2000b)

根部深入泥内，长期处于缺氧或无氧环境之下，其根部的各项生理生化活动都依赖植株向下输氧，且其根系发达，所需氧气量较根系小的植物更大，相应其 ODR 也大。而凤眼莲是一种漂浮植物，根系生长在水中，该介质本身就含有氧气，可供植物生长需要，故凤眼莲植株向下的输导氧气量小，ODR 也小。

4. 不同龄期根系氧气扩散速率

选取菖蒲不同生长时期的根系进行研究，实验发现新生根颜色乳白，根上无细小侧根再生，氧气扩散速率较大，氧化活力较强。而老根则呈褐色或绿色，侧根丛生，氧气扩散速率相对较小，氧化活力较弱（图 4.31）（吴振斌等，2000b）。

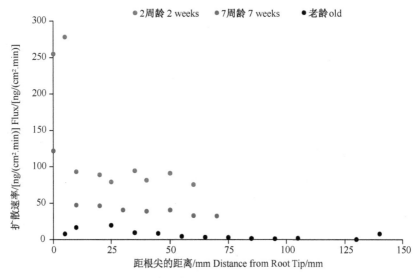

图 4.31　菖蒲不同龄期根系氧气扩散速率

（引自吴振斌等，2000b）

Fig. 4.31　Oxygen diffusion rate of different age roots of *Acorus calamus*

(Cited from Wu *et al.*, 2000b)

5. 氧气扩散速率与根系微生物数量及系统净化效果关系

包埋在湿地基质中的植物的茎和根可以为微生物，特别是好氧微生物的生长和繁衍提供良好的生境。而这些丰富的微生物群落形成了湿地系统中强大的生物膜系统，它们承担了湿地污染物降解的主要部分，即微生物降解。选取了对照、菰和香蒲三系统为实验对象，探讨了根系氧气扩散速率与根区细菌、真菌、放线菌等微生物数量的关系。结果表明，有植物系统的微生物数量高于对照系统；在有植物系统中，根面微生物数量高于根际；在根面中，氧气扩散速率大的根系微生物数量高于氧气扩散速率小的。

植物根系氧气输导由根内向外进行扩散，根面的氧气相对较多，距离越远则越小。在根面，一方面由于它为有机活体，相对基质无机体而言，能给微生物提供更舒适的依附位点；另一方面，它可以给微生物源源不断提供氧气，比基质的生境优越。因此不难验证上述氧气扩散速率与根系微生物数量关系的结论。

有关研究已有报道，微生物数量及相关酶活性与污染物质，尤其是营养元素氮的净化呈显著正相关。而本研究发现，根系氧气对外扩散与根系微生物数量呈正相关，因此，可认为植物根系氧气对外扩散与系统净化效果之间存在着相关性，即植物根系氧气对外输导能力越强，系统净化效果越好。

4.5　水 力 特 性

湿地水力学条件是湿地类型和湿地过程建立和维持的最重要的决定因子。正是水力学条件赋予了湿地生态系统区别于陆地生态系统和深水生态系统的独特的物理化学属性，而且对湿地生物系统起着决定性的选择作用（刘厚田，1996）。

由于人工湿地系统是介于陆地和水体之间的过渡系统，对于水流的变化（水的滞留和运动）特别敏感。水流条件能直接改变湿地的物理化学性质，如营养的有效性、基质缺氧程度、基质盐度、沉淀性质和 pH。水的流入几乎总是湿地营养的主要来源，水的流出经常从湿地带走生物的和非生物的物质。这些物理化学环境的改变又对湿地的生物反应有直接影响。水力学状况对湿地生态系统中种的组成和丰度、初级生产力、有机物质积累和营养循环等有决定性影响。水导致独特的植物组成，但限制或增加种的丰度。

从前面章节介绍的复合垂直流人工湿地 IVCW 的设计可以了解到，这种类型湿地是通过人工设置布水管和集水管来控制水流方向的，使得污水在湿地系统内部基本呈垂直流动，具体是整个湿地系统由底部相通的 2 个湿地池连接而成。2 个湿地池表层的基质颗粒较小，可支撑湿地植物的生长，底部的基质颗粒较大，便于水流流通。污水通过布水管从前一湿地池表面均匀进入，在重力作用下渗入底部。底部通常设计有一个倾斜坡面，使水流至后池。后池的水从底部流到表面，被表层的集水管收集并排出湿地系统，这样就形成了下行流-上行流复合的水流形式，可见该类型湿地属于潜流型（水体在湿地内部流动）的人工湿地系统。由于污水在湿地内部垂直流动，水温较为稳定，而且不易孳生蚊蝇和散发臭味，在景观上更优美。更为重要的是，污水在湿地内部与湿地基质充分接触，受到湿地微生物及植物根系较全面、较彻底的净化处理。

因为污水的流动直接影响着污染物质的迁移、转化，所以 IVCW 的污水净化效果在很大的程度上与水流方式有关。IVCW 中的水流实际上是一种多孔介质流，虽然这样的流动方式与渗流有相似之处，但由于湿地的介质较粗，流动的渗流系数多大大超过了层流的范围，而且在 IVCW 中极易在错综的根系及基质周围出现紊流，水平流和垂直流可能在湿地内部并存，水流特征很难用目前渗流研究中的成熟理论来描述。因此目前国内外在湿地水力学方面的研究较少（胡康萍，1991），水力学参数多数是经验性的，由于水力学特性直接关系着污水的净化效果，缺乏对水力学特性的全面了解，使得对湿地的净化机制也存在认识上的不足，人工湿地的构筑设计往往要借助实践经验，导致湿地的污水净化效果难以提高，造成各地人工湿地的净化效率差异很大。

　　为此，本文将从调查 IVCW 的水力学特性入手，掌握污水在湿地系统中的流速、水位变化、水量平衡、水流分布等情况，后续章节将进一步探讨水流停留时间分布、水流流态等问题。力图通过这一系列研究，加深对复合垂直流人工湿地工艺特点的认识，促进湿地"黑箱"净化机制的研究，推动人工湿地技术在污水处理中的合理、有效运用和不断发展。

4.5.1　流量

　　图 4.32、图 4.33 为不同水力负荷下 IVCW 中试、十二套小试系统出水流量的变化，系统出水流量受基质、植物根系的生长、基质间生物膜等诸因素影响，变化非常复杂，但从总体变化趋势来看，各组小试与中试系统均有共同特点，即流量由起初的较小，然后逐渐增大至最大值，之后流量又渐渐变小至零，流量变化总体趋势类似正态分布曲线。另外，水力负荷对系统的出水流量有影响，当水力负荷由 200mm/d 提高到 400mm/d 时，一些小试系统的出水流量曲线趋势与以往变化不大，如 2 号、4 号、6 号、7 号和 8 号系统，而有些系统的流量曲线形状开始有所变化，曲线的峰值有的下降，如 1 号、12 号系统。曲线峰值有的上升，如中试系统。当水力负荷由 400mm/d 进一步提高至 800mm/d 时，多数小试系统的流量曲线峰值显著下降，包括未种植植物的 6 号系统，考虑到采取 800mm/d 水力负荷时，小试系统内已运行一年有余，可以判断此时湿地系统较运行初期相比，基质内部已积累了一定的沉积物，致使出水流速较缓，未种植植物的 6 号系统也同样如此，在流速变缓的程度来看，对比各个小试系统，1号、11 号、12 号系统表现得更为突出，这可能与 1 号种植的芦苇和水葱、11 号种植的黄花和水芹、12 号稗子和水蓼的生长状态有关。有研究认为，湿地植物若过于旺盛生长，其根系过度伸长和交错会导致出水速率变慢（任明迅，2001）。中试系统在水力负荷由 400mm/d 提高至 800mm/d 时，其流量变化的情况与小试情况不尽相同，曲线的峰值并不像小试那样显著下降，而是基本保持不变，只是系统出水持续的时间拉长。当水力负荷由 800mm/d 进一步提高到 1200mm/d 时，出水的流量曲线的峰值才开始下降，中试出水流量的这一变化规律说明中试系统较小试系统对水力负荷的变化有更大的缓冲能力，这是由中试系统较小试系统具有更大的处理面积和容量所决定的。

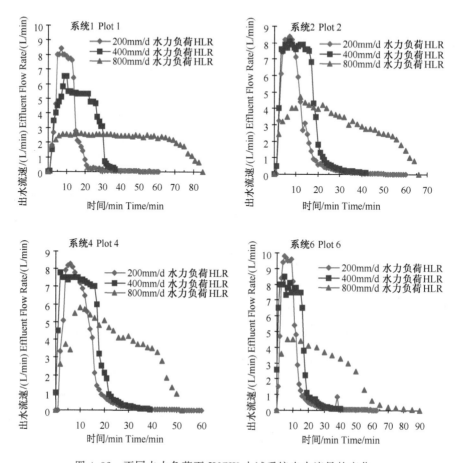

图 4.32　不同水力负荷下 IVCW 小试系统出水流量的变化

Fig. 4.32　Effluent flow rate under various HLR in small scale plots of IVCW

　　在掌握中试、小试湿地系统出水流量的同时，还获取了系统进出水所需时间以及出水持续的时间等数据（表 4.11）。进水时间是指某一水力负荷下，每次投配到湿地中的水量由开始投放至完全放完所需的时间，这一指标反映了系统配水过程的快慢程度，若系统配水速度快，则进水时间短，反之则进水时间长。进水时间是由系统的结构和所采取的运行工艺决定的。在 IVCW 中，由于要求进水由下行流池基质表面均匀下渗，因而在下行流池中均匀布置了数根多孔布水管（小试的面积较小，只采用了一根布水管），这样在进水时，水流可以尽快地布满整个基质表面，从表中数据可知，进水时间仅为 6～10min，当水力负荷增加时，尽管进水量增大，但小试中的进水时间只是略有增加，而中试的进水时间并无变化。

　　表 4.11 中的出水时间是指某一水力负荷下，湿地每次投配水的起始时刻到湿地开始出水时刻之间的时间间隔。这一指标反映了系统渗透性能状况，若渗透

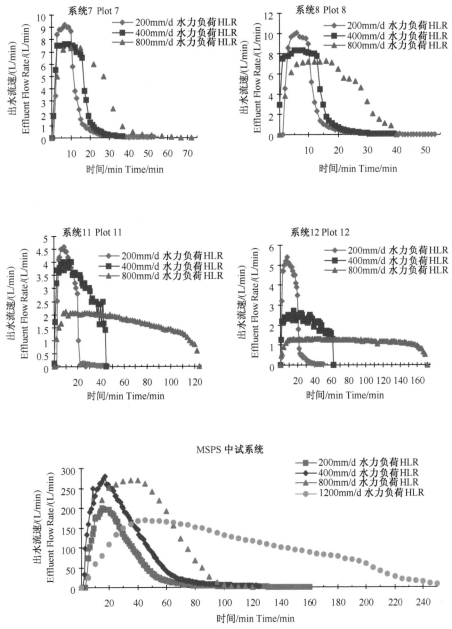

图 4.33　不同水力负荷下 IVCW 中试、小试系统出水流量的变化

Fig. 4.33　Effluent flow rate under various HLR in small scale plots and medium scale pilot system of IVCW

性能好，出水时间则短，由表中数据可知，各小试系统在水力负荷为 200 mm/d 时，出水时间为 1 min 左右，中试的出水时间为 2.6min，当水力负荷增加到

400 mm/d时, 小试与中试的出水时间均略有缩短。从中试、小试的出水时间的总体情况来看, 时间均不长, 说明此时系统基质的渗水状况较好, 系统未出现水流阻塞的现象。另外, 要特别说明的是, 出水时间并不是指进水在系统中的时间, 事实上, 由于系统的特殊下行流-上行流的结构和间歇运行的特点, 使得系统每次出水完毕后, 系统内部仍有存水。再次进水时, 进水水压将系统中的存水挤出系统, 即存水被新的进水所置换, 而存水则流出系统, 系统这样周而复始的运行, 保证污水在系统中停留合适的时间, 使污染物得以有效地分解和转化。

表 4.12 中列出的出水持续时间是指每次进水后, 湿地系统出水持续的时间。从数值来看, 小试系统在水力负荷为 400mm/d 时平均出水持续时间为 30min, 中试系统出水持续时间为 86min, 由于系统进水时间间隔平均为 5h, 这样距下次进水时间还有 3.6h 的间歇期, 在这期间系统不饱和水层可进行复氧, 有利于植物根系的输氧代谢。加之污水与介质、植物充分接触, 将促进污染物在湿地中的分解和转化。Morris 和 Herbert (1996) 研究报道, 在垂直流芦苇床中污水引入也采取了间歇方式。另外, 系统独特的结构设计形成了下行流-上行流的水流方式, 使整个系统存在永久饱水层, 避免了以往单一下行流易产生短路的现象, 确保了出水水质。

表 4.12 不同水力负荷下 IVCW 小试与中试系统进水、出水及出水持续时间

Tab. 4.12 The duration time for inflow and outflow under different HLR in small scale plots and medium scale pilot system of IVCW

系统 Plot	水力负荷/ (mm/d) Hydraulic Loading/ (mm/d)					
	进水时间/min Duration of Influent /min		出水时间/min Start Time of Effluent /min		出水持续时间/min Duration of Effluent /min	
	200	400	200	400	200	400
P1	5.0	6.0	1.3	0.7	15	30
P2	6.0	5.0	1.1	0.8	17	22
P3	9.0	8.0	1.3	0.6	22	26
P4	7.0	7.0	1.3	0.7	16	22
P5	6.0	8.0	1.0	0.8	20	26
P6	7.0	8.0	1.0	0.3	13	20
P7	6.0	7.0	1.0	1.3	15	22
P8	6.0	8.0	1.5	1.3	11	19
P9	6.0	8.0	1.3	1.0	23	39
P10	6.0	7.0	1.8	0.9	24	29
P11	6.0	7.0	2.3	0.8	22	45
P12	5.0	7.0	0.8	1.0	21	62
平均值 Average	6.3	7.2	1.3	0.9	18	30
MSP	10.0	10.0	2.6	1.5	70	86

4.5.2　水位

图 4.34～图 4.36 为 200mm/d、400mm/d 两个水力负荷条件下 IVCW 中试、小试系统下行流池自由水位的变化，可见水位的变化趋势与流量的变化规律大致相同，均为由低到高再回复到低的脉冲曲线形式，这一现象与 IVCW 系统采用间歇式进水有直接关系。当一次进水开始时，由于下行流介质表面均匀敷设布水管，水流在布水管的全程分散开来，加之进水水量瞬时增大，下行流池表面逐渐雍水，水位逐渐增大直至最大，随后，由于水流不断下渗，雍水现象逐渐消除，于是水位又回落到进水前的初始位置。在湿地水处理过程中，要求系统要具备充分的好氧条件，因而基质表面的雍水时间越短，则系统基质越快得以复氧，从而有利于系统净化功能的发挥。图中水位曲线的宽度即为基质的雍水时间，可见水力负荷高时，雍水时间越长，对比各组小试系统，200mm/d、400mm/d 两个水力负荷下 5 池、6 池、7 池、8 池的雍水时间都较短，这几组的基质复氧条件较好，而 1 池、9 池、10 池、11 池、12 池在水力负荷较高时，雍水时间有较大的延长，这将对净化作用产生不利影响，特别是 12 池，在 400mm/d 条件下，下行流池的水位下降十分缓慢，而且最终的水位 8.0cm 仍比进水前的起始水位 0.0cm 高，说明该池淹水现象较严重，系统可能存在一定程度的堵塞。

中试的水位变化规律与小试大体类似，只是水力负荷的变化对其水位的影响不如小试那么剧烈，这与中试处理规模较大，具有较大的缓冲能力有关。

4.5.3　水量平衡

水量平衡是确定系统水力负荷、停留时间等参数的基础，将直接影响系统的处理能力和处理效果。通过测定系统出水流量可较准确地计算 IVCW 的水量平衡情况。以小试第 2 池为例，系统出水流量见图 4.37。由流量数据可得水量平衡表 4.13，表中数据表明，由于污水在第二池饱水层的滞流及植物对水分的吸收、蒸腾等原因，系统出水为进水的 95%。试验系统的面积较小，水分的蒸发量也较少，此处可忽略。

表 4.13　IVCW 小试系统 2 的水量平衡

Tab. 4.13　Water balance in plot2 of IVCW

项目 Item	进水 Influent	出水 Effluent	蒸发量 Transpiration Volume	其他 Others
水量/L Water Volume/L	200	189	0.4	11
占进水量百分比/% Percentage of Influent/%	100	95	0	5

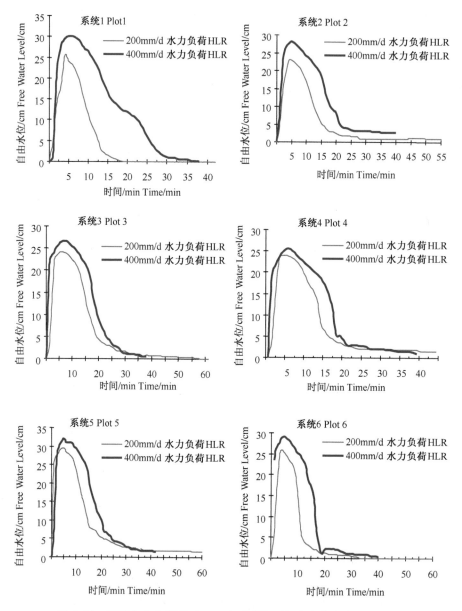

图 4.34　不同水力负荷下 IVCW 小试系统下行流池自由水位的比较

Fig. 4. 34　Comparison of free water level under two HLR condition in small scale plots of IVCW

　　根据系统的水量平衡，可以进一步分析湿地系统中水流的分布。由于湿地的面积较小，水分蒸腾及蒸发量较小，可以忽略，于是介质中实际参加水流交换的

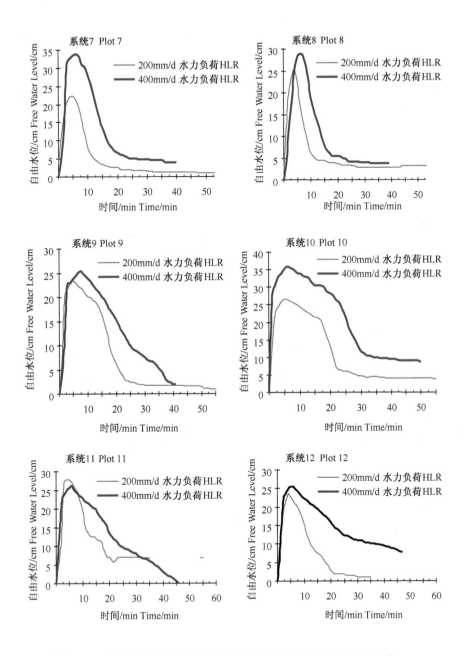

图 4.35　不同水力负荷下 IVCW 小试系统下行流池自由水位的比较

Fig. 4.35　Comparison of free water level under two HLR condition in small scale plots of IVCW

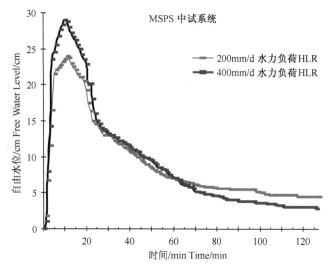

图 4.36　不同水力负荷下 IVCW 中试系统下行流池自由水位的比较

Fig. 4.36　Comparison of free water level under two HLR condition
in medium scale pilot system of IVCW

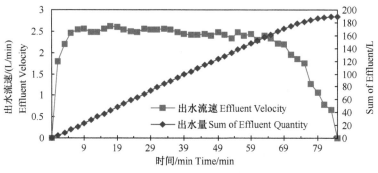

图 4.37　IVCW 小试系统 2 出水流量的变化

Fig. 4.37　Effluent volume in plot2 of IVCW

有效的孔隙体积 $V_有$ 为每次投配污水后系统出水体积，而有效孔隙率 n 为

$$n = V_有 / V_总$$

式中，$V_总$——湿地系统中砂层未饱和时能容纳水的总体积，数值上等于系统的
　　　　几何体积乘以砂的孔隙率 0.36。

　　于是，未参加水流交换的滞留区体积百分比为 $1-n$，具体计算结果见表 4.14。
表中当污水流量由 200L/d 增加至 800L/d 时，由于处理单元中水流交换的加快，
使得总处理单元中水流滞留区域的范围由 72% 减少至 48%。据报道，污水稳定塘
滞留区范围为 45%～65%（Darrin，1994）。Darrin 研究介质孔隙率为 0.55 的表面
流湿地发现，滞留区范围为 15%～25%。垂直流人工湿地系统的滞留区范围较大，

与系统自身的水力条件有关,滞留区的存在在一定程度上可避免系统"短路",有利于污水中污染物的分解和转化,但是滞留区也不宜过大,若系统水流流动极慢,则会导致系统堵塞,影响系统的正常运行。

表 4.14　IVCW 系统基质中滞留区范围

Tab. 4.14　Distribution of the dead space in the medium of IVCW

流量 Q/(L/d) Flux Quantity /(L/d)	进水总体积 /(L/次) Volume of Influent /(L/次)	出水总体积 /(L/次) Volume of Effluent /(L/次)	有效空隙体积 /L Interstitial Volume/L	有效孔隙率(n) Constant of Free Space(n)	滞留区体积 百分比/% Percent of Dead Space/%
200	100	98	98	0.28	72
400	133	126	126	0.35	65
532	177	162	162	0.45	55
800	200	188	188	0.52	48

上文对 IVCW 系统的出水流量、水位、水量平衡、水流分配等水力学特性进行了调查,得到如下结果:

(1) IVCW 系统的出水流量曲线呈现脉冲式特点,且水力负荷对系统的出水流量有影响,当水力负荷提高时,多数 IVCW 小试系统的流量曲线峰值显著下降。

(2) IVCW 系统下行流池基质中的水位的变化趋势与流量的变化规律相同,基质中水位的变化反应了湿地基质表面淹水的状况,淹水时间越短,系统基质复氧越快,有利于系统净化功能的发挥。水力负荷的变化对基质中的水位有影响,当水力负荷增大时,水位复原的时间长,系统的淹水时间也相应增长。

(3) 尽管水力负荷对 IVCW 系统流量与水位均有影响,但中试系统所受的影响较小试小,这是由中试系统较小试系统具有更大的处理容量和缓冲能力所决定的。

(4) IVCW 系统中试、小试系统在水力负荷为 200～400mm/d 时,进水配水时间为 6～10min,即 6～10min 可使水流布满整个基质表面,配水时间快为系统间歇运行提供了必要条件。

(5) IVCW 系统中试、小试系统在水力负荷为 200～400mm/d 时,在进水开始 1～3min 后就开始出水,但该时间并非是污水在系统中的停留时间,该出水实际上是系统中前一次进水后的存水。

(6) 垂直流人工湿地在水力负荷为 200～400mm/d 时,系统出水持续时间为 10～90min,使系统具备了距下次进水至少 3.6h 的间歇期,保证了系统具有一段间歇期,有利于系统基质的复氧。

（7）垂直流人工湿地在流量为 $200\sim800L/d$ 时，湿地内部水流滞留区范围占总体积的 $48\%\sim72\%$，湿地中滞留区的存在在一定程度上避免了水流在湿地系统中出现"短路"。

4.5.4 流态与模型

前文对 IVCW 系统的出水流量、水位、水量平衡、水流分配等水力学特性进行了调查研究，本部分将就 IVCW 中的水流流态做深入研究。这里要首先介绍反应器理论，它是生物化学工程的一个重要分支，生物化学工程的研究内容是以生化反应动力学为基础，通过运用传递过程原理、设备工程学、过程动态学及最优化原理等化学工程学的方法，进行生化反应过程的工程分析与开发，以及生化反应器的设计、放大、操作和控制等。而生化反应器是生化反应过程的核心设备，它是为特定的细胞或酶提供适宜的生长环境或进行特定生化反应的设备，它的结构、运行方式和运行条件与产物的性质、数量和能耗有着密切的关系。生化反应器中存在着物质的混合与流动、传质与传热等大量化学工程问题；存在着氧和基质的供需和传递、发酵动力学、酶催化反应动力学以及生化反应器的设计与放大等一系列带有共性的工程技术问题；同时还包括生化反应过程的参数检测和控制，因而生化反应器也是生化反应工程研究的中心内容。

IVCW 系统是通过生物、物理、化学作用使污染物在其中得以分解、转化的，因而可以把它作为一个生化反应器，下面将运用反应器理论，采用示踪剂试验的方法确定 IVCW 的停留时间分布与污水的实际停留时间，进而利用非理想化反应器模型对 IVCW 的实际水流流态进行数学模拟。

1. 污水水力停留时间的确定

污水在湿地系统中的水力停留时间在理论上可由湿地系统的尺寸、处理水的流量及介质的孔隙率计算出。数学表达式为

$$t = nV/Q$$

式中，n——湿地介质的孔隙率，0.36；

$\quad\quad t$——理论水力停留时间（h）；

$\quad\quad V$——系统的几何体积（m³）；

$\quad\quad Q$——湿地系统的流量（m³/d）。

经计算，IVCW 系统当流量为 $800L/d$ 时，水流的理论停留时间为 $11h$。然而湿地在实际运行过程中，由于植物根系的延伸、固体物沉积、生物膜的形成等原因使液流在整个介质中呈不均匀流动状态，加上液流本身扩散作用的存在，造成液华在每个流体单元的停留时间不同。生化反应器理论也有类似水流的分析，于是借鉴其中停留时间分布研究的理论和方法，通过示踪剂试验测到同样在 $800L/d$ 的流量下液流在系统中实际停留时间分布 $E(t)$，如图 4.38 所示。

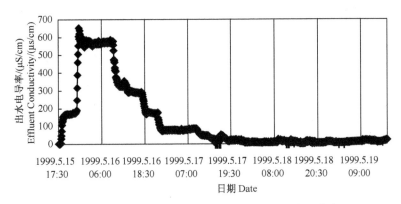

图 4.38　IVCW 系统出水示踪剂停留时间分布曲线

Fig. 4.38　Retention time distribution curve of tracer in outflow from IVCW

图 4.38 中停留时间分布曲线的脱尾较长，说明部分流体经历了较长时间才流出系统。由 $E(t)$ 可得累积分布函数 $F(t)$，如图 4.39。且 $E(t) = dF(t)/dt$。实际液流停留时间的平均值 t_m 由下式可得。

$$t_m = \int tE(t)\,dt$$

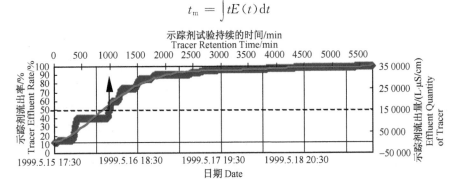

图 4.39　IVCW 系统示踪剂流出总量曲线及实际停留时间的确定

Fig. 4.39　Sum graph of additional conductivity multiply effluent quantity and

determination of the retention time of tracer in IVCW

对曲线 $F(t)$ 直接进行图解，把流出总投入示踪剂量为 50% 时对应的时间作为实际平均停留时间，得出结果为 21h。按照这样的方法可以得到其他流量下污水在湿地系统中的实测停留时间，见表 4.15。可见随水力负荷提高，停留时间缩短，在相同水力负荷条件下，无植物的第六池中的水力停留时间并没有表现出与其他有植物系统的不同，从表 4.15 中可以看到，污水实测停留时间在流量为 200～800L/d 下均超过 17h（0.7d），大于通常潜流型湿地 0.3d 的停留时间。另有研究称，湿地在处理暴雨污水时所要求的最短停留时间为 30min（Halcrow，1993），最佳状态为年平均至少为 3～5h，10～15h 则可获得好的去除效果。

IVCW 中在试验流量下污水的停留时间较长，表明系统没有出现以往在渗滤湿地中易发生污水停留时间极短的"短路"现象。

表 4.15　IVCW 小试与中试系统实测停留时间与理论计算值的比较
Tab. 4.15　Comparison between the actual retention time and the theoretical retention time in small scale plots and medium scale pilots systems of IVCW

系统编号 Plot	水力负荷/(mm/d) HLR/(mm/d)	理论计算值/h t_{theor}/h	实测停留时间/h t_{meas}/h	示踪剂回收率/% Tracer Recovery Rate/%
P4	532	16	32	83
P6	532	16	31	82
P7	532	16	32	88
P8	532	16	30	87
P1	800	10	17	75
P2	800	10	19	76
P6	800	10	19	91
P7	800	10	21	81
P12	800	10	29	74
MSP	800	13	19	100
	1200	9	17	87

水力停留时间对于湿地处理是一重要因素，它受系统长、宽、植被、基质空隙率、水力传导系数、水流深度、床坡度等影响，掌握污水在湿地中的停留时间有重要意义，因为停留时间不仅是湿地生化动力学、湿地流态模型、湿地工艺设计等研究的基本参数，而且对湿地的净化效果有直接影响。另外，从表 4.14 中还可看到，湿地中污水停留时间的理论计算值与实测情况并不符合，是因为理论计算中介质的孔隙率采用了一个定值，而实际系统中介质的孔隙并不是均匀分布的，因此在湿地的设计和实际运行中，对停留时间需正确估算和取值。

2. IVCW 的停留时间分布函数

人工湿地处理污水时常常可以发现，同一反应体系在相同的条件下的反应结果有很大差别。反应器理论认为，这是由参与反应的物料在反应器内的流动状况不同，即停留时间分布（RTD）导致不同的。图 4.40 为不同水力负荷下的停留时间分布曲线，两曲线不甚相同。有两个统计特征值可对分布曲线进行定量比较，一为数学期望，即均值，对停留时间分布而言，即为平均停留时间 τ，表达式为

$$\tau = \frac{\sum tC(t)\Delta t}{\sum C(t)\Delta t}$$

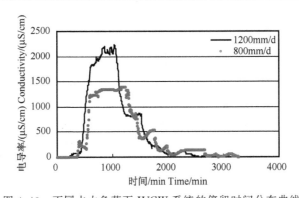

图 4.40　不同水力负荷下 IVCW 系统的停留时间分布曲线

Fig. 4.40　Retention time distribution curve under different HLR in IVCW

另一特征值为方差 σ_θ^2，表示停留时间的分散程度，表达式为

$$\sigma_\theta^2 = \frac{\sum t^2 C(t)\Delta t}{\tau^2 \sum C(t)\Delta t} - 1$$

两曲线的各特征值见表 4.16。水力负荷为 1.2m³/（m²·d）时，σ_θ^2 为 0.1，该方差值小于 0.8m³/（m²·d）条件下的方差，即水力负荷为 1.2m³/（m²·d）时，系统内部水流停留时间分散程度较低，水流混合流动程度较弱。反应器理论认为，反应器内部水流方式对反应结果是有影响的，对于一级反应，推流不仅比混合流所需要的反应容积小，而且反应物降到同一浓度所需的反应时间更短，即反应的效率更高。可见，在复合垂直流人工湿地系统中有机物反应属一级反应时，系统内部水流的混合并不利于净化作用的发挥，因而致使水流混合程度较高的水力负荷更为不利，即低水力负荷 0.8m³/（m²·d）比高水力负荷 1.2m³/（m²·d）更为不利。

表 4.16　IVCW 系统不同水力负荷下停留时间分布函数的特征值计算表

Tab. 4.16　Statistic values for RTD under different HLR in IVCW

水力负荷/（mm/d） Hydraulic Loading/（mm/d）	$\sum C(t)\Delta t$	$\sum t C(t)\Delta t$	$\sum t^2 C(t)\Delta t$	$\tau(d)$	σ_θ^2
1200	308 223	317 575 660	3.757E+11	0.72	0.1
800	206 989	254 554 485	3.7678E+11	0.85	0.2

3. IVCW 系统水流模型的研究

IVCW 中第一池下行流、第二池上行流的水流方式在理想情况下应为推流，即同时进入系统的流体同时离开系统，停留时间分布函数 $\sigma_\theta^2 = 0$。然而表 4.16 中 $0 < \sigma_\theta^2 < 1$，说明湿地实际反应器流动状况介于理想推流和完全混合流之间

（理想完全混合流时，$\sigma_\theta^2 = 1$）。对于非理想流动反应器，反应器理论中有下面两种模型可对其进行模拟。

1) 串联完全混合反应器（CSTR）模型

反应器中多个完全混合反应器 CSTR 串联时，其性能介于推流和完全混流之间，因此可以用 N 个 CSTR 相串联来模拟实际反应器，串联反应器个数 N 为停留时间分布函数的方差的倒数，即 $N = 1/\sigma_\theta^2$，N 个串联 CSTR 中反应物的最终出流浓度由下面所列公式逐级迭代得出：

$$C_{An} = [(1 + 4k\tau_n C_{An-1})^{1/2} - 1]/2k\tau_n$$

式中，τ_n——各串联 CSTR 的停留时间（d）；

$\quad\quad C_{An}$——每级反应器出口浓度（mg/L）；

$\quad\quad C_{An-1}$——进口反应器浓度（mg/L）；

$\quad\quad K$——反应速率常数。

将湿地进水 $[COD_{Cr}]_0$ 浓度值代入上述公式，计算出串联 CSTR 模型对系统出流 $[COD_{Cr}]$ 的预测值，见表 4.17。

表 4.17　串联完全混合式反应器模型对 IVCW 实际流态的模拟

Tab. 4.17　The predicted COD_{Cr} of outflow based on continuous stirred tank reactor （CSTR） in series model

水力负荷/(mm/d) Hydraulic Loading /(mm/d)	$\tau(d)$	N	$[COD_{Cr}]_0$ /(mg/L)	预测/(mg/L) Predicted COD_{Cr} /(mg/L)	实测/(mg/L) Measured COD_{Cr} /(mg/L)
			21.24	1.52	2.33
0.8	0.8	5	25.09	1.57	11.05
			23.82	1.56	4.39
			15.50	1.43	7.94
			26.86	1.57	3.58
			39.00	1.65	8.30
1.2	0.7	7	21.31	1.51	10.83
			15.86	1.43	5.64
			29.03	1.58	16.13
			7.48	1.22	11.87

此模型使用虽然较为简便，但表 4.16 中出流预测浓度与实测浓度相差较大，模拟结果并不理想。

2) 离散流模型

离散流模型是将一定程度的返流叠加在流体的推流中，并用轴向扩散系数

D_L 表示轴向分子扩散、涡流扩散及流速分布所产生的扩散。同时该模型还假定同一反应器内轴向扩散系数不随时间及位置而变，其数值大小仅与反应器的结构、操作条件及流体性质有关。在离散流模型推导中，引入了 Peclect 准数 (P_{ez}) 这一模型参数，表示对流运动和轴向扩散传递的相对大小，反映了返混的程度。当 $P_{ez} \to 0$ 时，对流传递速率较之扩散传递速率要慢得多，为理想完全混合流情况；当 $P_{ez} \to \infty$ 时，扩散传递相对于对流传递可忽略不计，即为理想推流。可见，P_{ez} 愈大，轴向返混程度愈小。P_{ez} 也可通过停留时间分布函数获得。表达式为

$$\sigma_\theta^2 = \frac{2}{P_{ez}} - \frac{2}{P_{ez}^2}(1 - e^{-P_{ez}})$$

确定了模型参数 P_{ez}，就可求得离散流模型中反应物出口与进口浓度比 C/C_0

$$\frac{C}{C_0} = \frac{4\alpha \exp\left(\dfrac{P_{ez}}{2}\right)}{(1+\alpha)^2 \exp\left(\dfrac{\alpha P_{ez}}{2}\right) - (1-\alpha)^2 \exp\left(-\dfrac{\alpha P_{ez}}{2}\right)}$$

式中，$\alpha = (1 + 4k\tau/P_{ez})^{1/2}$；

　　　k—— 一级不可逆反应速率常数；

　　　C_0、C—— 进出口反应物浓度(mg/L)；

　　　τ ——平均停留时间 (d)。

表 4.18 中模型的预测值与实测值很接近，说明离散流模型可以较好地模拟 IVCW 实际流态。试验结果中 P_{ez} 值均小于 100，表明系统存在反混情况。从 $[COD_{Cr}]/[COD_{Cr}]_0$ 看，P_{ez} 值愈小，出流浓度愈高，反混程度愈严重，对提高系统的净化效果不利，可见实际反应器偏离理想流动状况的后果就是降低了反应器的处理效果。

表 4.18　离散流模型对 IVCW 出水 COD_{Cr} 的模拟

Tab. 4.18　The predicted COD_{Cr} of outflow based on dispersed flow model

水力负荷/(mm/d) Hydraulic Loading/(mm/d)	$\tau(d)$	P_{ez}	a	预测 Predicted $[COD_{Cr}]/[COD_{Cr}]_0$	实测 Measured $[COD_{Cr}]/[COD_{Cr}]_0$
800	0.8	9	1.2	0.43	0.50
1200	0.7	19	1.1	0.40	0.44

Kadlec 和 Knight（1996）在对表面流湿地和潜流湿地的研究中得到 P_{ez} 为 3~14，Machate 等（1997）研究的单一下行流人工湿地的 P_{ez} 为 12~15，相比之下，IVCW 的水流的 P_{ez} 值较大，为 11~19。由于 P_{ez} 值愈大，轴向扩散程度愈小，系统水流愈接近理想状态，愈有利于系统的净化作用，可见 IVCW 中虽

然仍然存在返混现象，但水流流态比以往其他类型湿地已有很大改善，这也是IVCW 去除污染物的效果较其他类型湿地有明显提高的原因所在。

目前湿地的设计多采用一级推流模型，即假设水流呈推流，不考虑水流的扩散、短路及滞留情况，而实际上，水流并不呈理想推流，若利用适当的数学模型来模拟实际水流，可以更好地反应实际水流的情况，从而实现湿地更加合理和有效的设计，有利于湿地处理效率的进一步提高。今后可以继续开展这些模型对人工湿地水流状况模拟的有关研究工作。

4. 植物根系对 IVCW 水流流态的作用

湿地中的植物是人工湿地有别于其他污水净化工艺的一个重要特征。由于湿地植物的根系深扎于湿地基质中，必然会对水流流态造成影响。图 4.31 为水力负荷为 500mm/d 时有植物与未种植植物的 IVCW 中污水停留时间的分布曲线，从图中可以发现，无植物系统中示踪剂比有植物系统提前流出，且 RTD 曲线提前达到峰值。根据 RTD 曲线计算得平均停留时间 τ 与方差 σ^2，见表 4.19。

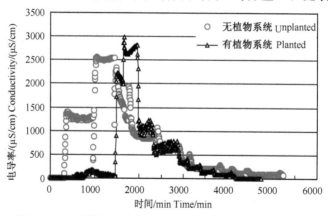

图 4.41　有植物与无植物 IVCW 中污水停留时间分布曲线

Fig. 4.41　Retention time distribution curve for the planted and unplanted IVCW

表 4.19 中有植物系统中污水的停留时间均大于无植物系统，这一结果与潜流湿地中的情况正好相反，潜流湿地中有植物系统的停留时间短于无植物系统的停留时间（Edward *et al.*, 1996）。仔细研究后发现，潜流湿地中水流水平流过基质，植物根系减小了上层基质空隙率，导致水流流向更下层的区域，造成污水未能充分均匀地流经整个基质层，使得停留时间缩短；而在 IVCW 中，水流从整个基质表面垂直流入湿地，植物根系的分布使基质中水流路径更加曲折，造成水流停留时间增长，可见潜流湿地和 IVCW 中水流流动特点的差异，导致了植物对水流停留时间的截然不同。

表 4.19　复合垂直流人工湿地有无植物系统中水流分布的对比

Tab. 4.19　The comparison of the flow distribution between the planted and unplanted IVCW

水力负荷/（mm/d） Hydraulic Loading/（mm/d）	IVCW	平均停留时间/h Retention Time/h	分布曲线方差 Variance σ^2	P_{ez}
500	有植物	35	0.08	24
	无植物	28	0.33	5
800	有植物	19	0.17	11
	无植物	15	0.28	6

表 4.19 中列出的 σ^2 和 P_{ez} 值中，有植物系统 σ^2 均小于无植物系统的 σ^2，有植物系统 P_{ez} 都大于无植物系统的 P_{ez}，都一致反映了有植物系统较无植物系统水流分散程度小的趋势，表明植物根系的存在不但没有给水流流态造成负面影响，而且由于植物根系增加了表层砂土的水流通道，沟通了基质的上下层，有利于水体在垂直方向的流动，促进了系统中水流保持近似理想推流的较好状态。此外，比较不同水力负荷下水流的流态，当水力负荷由 500 mm/d 增至 800 mm/d 时，有植物系统的 P_{ez} 由 24 降至 11，降幅为 54%，无植物 P_{ez} 由 5 变为 6，增幅为 17%，说明水力负荷的变化对有植物系统的水流扩散程度影响更加明显，对无植物系统影响不大。

综上所述，运用化学反应工程中的反应器理论对 IVCW 系统中的水流流态进行了研究，所得结果如下：

（1）运用监测电导率的示踪剂试验方法得到了污水实测停留时间，在 0.2～0.8m³/（m²·d）水力负荷时均保持在 17h 以上，有效地避免了其他类型湿地易出现的污水"短路"现象，同时也证实了实测停留时间与通常湿地设计中采用的停留时间理论计算值间存在偏差。

（2）根据示踪剂试验所得的停留时间分布（RTD）曲线可以判断人工湿地中水流流态，并由此确定 IVCW 的实际流态不呈理想推流状态，而是介于理想推流与完全混合流之间。

（3）停留时间分布（RTD）的不同是湿地处理效率产生差异的重要原因，利用 RTD 不仅可确定系统的实际停留时间，还可直观反映系统内水流偏离理想状态的程度，为系统的正常、高效运行提供重要的信息。

（4）根据有无植物 IVCW 系统的对照可知，湿地植物根系不仅延长了污水在系统中的停留时间，同时植物根系的延伸有利于水流流态趋近理想推流状态。

（5）在非理想反应器模型中，通过比较发现离散流模型比串联完全混合式

（CSTR）模型更为准确。由模型还得到 IVCW 水流的 Peclect 准数为 11～19，由此得知新型人工湿地 IVCW 较以往的表面流和潜流湿地的水流更接近理想推流状态，促进了污染物净化效率的提高。同时，利用适当的反应器模型，还可预测反应的结果，是一条切实可行的人工湿地设计途径。

第5章 人工湿地系统管理及费用效益分析

5.1 运 行 管 理

5.1.1 水力系统与设施管理

管理水力系统首先根据设计的水力负荷建立系统的运行方案和工艺控制要求，其中包括每一处理单元的投配率、投配时间，有些因素还需在实际运行中根据具体情况进行工艺修正以保持水力负荷和出水水质在设计范围之内。除常规运行情况外，还要控制季节性水量过大或过小等极端情况。水量过大会使湿地系统超负荷运转，出水水质达不到要求，若长期处于淹水缺氧状态，会影响处理效果，从而改变植物的生态结构。因此，极端情况下应适当调整运转方案，利用堤堰控制溢流水位，增加湿地中水力停留时间。另外，要对系统水位进行合理控制，因为水位是影响植物和微生物生长并形成群落的关键。

5.1.2 湿地系统的工程管理

对湿地系统在预处理、储存、布水和排水等方面的管理都离不开必要的工程设施，其设施能否正常发挥功能，常取决于管理的水平。

沉淀池和储存塘的定期排泥，防止输水、布水系统的堵塞、滴漏和冻裂，清除排水沟渠的淤积，以及对污水提水设备如水泵、电机等的维修保养，是工程管理的重要内容。只要管理得当，就可以延长各种工程设施的使用寿命，提高系统的运行质量，并可降低运行费用。

工程管理包括对输水管道、设备的定期维护以及处理单元边坡的整修，包括巡检系统各部分流量、泵、阀门、进出水管道、渠道等设施的运行状况，以便进行定期清淤和维护。

5.1.3 湿地系统基质管理

基质管理的目的是保持适宜的基质理化性质。

基质处理的作用是保持和提高基质表面的渗滤能力和整个剖面的渗透率。通常只对基质堵塞层已经形成，并且降低了基质剖面有效渗透性的处理场地，才需要采取适应于具体植物和基质层的翻耕措施，以提高和恢复基质的渗透率。

5.1.4　运行管理

运行管理主要指布水系统的管理，它与场地管理和系统设计同样重要。管理人员必须既懂得污水处理的原理，又有系统操作的实际知识。包括：按季节（按周）改变操作，以适应植物对营养和水分的需求；根据运行的工艺条件变化，定期采集各监测口的样品进行测试，以获得去除率，并预测污染物的积累情况。对系统运行状况进行观察，记录各项现场观察数据，以排除积水、径流或机械故障等问题（高拯民等，1991）。

5.1.5　湿地植物系统管理

在湿地系统中，植物的种植是保证地面覆盖的中心环节，为保持植物的稠密，并使之健康成长，植物管理对于处理系统的成功运行是很重要的。植物系统建立后必须有污水连续提供养分和水，保证植物多年的生长和繁殖。植物在高浓度毒性物质作用下易受损害。如果在较长时间内基质需氧量超过植物的输氧量，植物将发生枯萎；如果植物发生死亡，必须及时补种以恢复所需的处理能力。

每年秋季，植物地上部分将逐渐枯死，需对植物进行适当收割，以防止植物分解和释放有机物和营养物质。

通常系统中出现的某些天然杂草不必去除，但若其生长过于旺盛以致影响到湿地植物的生长，则应将其去除。

在栽培湿地植物时，为缩短时间，可对植物进行移植。移植时间随各地的气候不同而变化，但通常认为春季是最佳时间。通过移植建成的湿地系统，当年即可投入运行，成为发育很好的湿地植物系统。

5.1.6　IVCW 中植物的管理

对 IVCW 小试系统植物生长状况进行了持续观测。每年秋季，植物地上部分将逐渐枯死，此时也是地下根茎和根芽的重要生长期，芦苇在这时期形成来年生长的苇芽。因此，秋后若不收割，它将分解并释放有机物和营养物质，在天然湿地导致来年氮、磷的高峰。在表面流系统中，植物只去除污水总量中小部分营养物，这种释放在系统中占比重小。在潜流系统的管理计划中，地表上的枯枝叶的蓄积不影响地下流动，并在一定程度上可作为隔热层，为系统冬季运行提供条件。因此，可根据实际情况安排植物收割，植物收割和其他操作以不破坏植物向根区传氧为原则。

通常一些出现在系统中的天然杂草不致影响处理效果，可不去除。但当杂草竞争，危及植物系统或发生其他例外情况时，包括虫害和杀虫剂的使用，应向专业部门咨询。

5.2　堵塞机制与对策

人工湿地堵塞的问题由来已久。最早关于人工湿地出现堵塞现象的报道是20 世纪 60 年代由 Seidel 等建成的 Krefeld 湿地。此后，欧洲、北美洲学者都先后报道了人工湿地的堵塞现象（Cooper and Breen，1994；Breen，1990；Kivaisi，2001）。根据美国 EPA 对 100 多个人工湿地的调查，有将近一半的湿地在投入运行后的 5 年内形成了堵塞。国内 1990 年建成的深圳白泥坑和雁田人工湿地，由于预处理不足、水力负荷过大等原因也出现了严重堵塞，使潜流变成了表面流，影响了净化效果（陈韫真和叶纪良，1996）。

湿地堵塞问题相当复杂，目前国内外针对人工湿地堵塞的机制、对策已开展专门研究。新西兰水和大气研究所的 Tanner 等研究了人工湿地堵塞后有机物的积累情况；波兰农业大学的 Jewski 等（1994）初步研究了潜流人工湿地处理生活污水的堵塞现象，并提出一个简单的理论方程来描述堵塞后孔隙率的变化。德国柏林大学的 Platzer 和 Mauch（1996）综述了垂直流芦苇床堵塞的机制、参数、后果，但并未提出实际的解决办法。维也纳农业大学的 Laber 等（2000）研究了复合垂直流湿地堵塞与水头损失的变化规律。Siegriest（1987）推导了过滤容量（能力）BOD 负荷的累积密度与时间的函数关系。Kawanishi 等（1989）提出一数学模型模拟生物量生长及由微生物堵塞产生的土壤渗透性的变化。当堵塞层以下存在不饱和条件时，则采用 Richard 公式。在对水平流湿地进行水力学设计时，Jewski（1994，1997）还考虑了污水和砂介质界面的堵塞情况。

5.2.1　人工湿地堵塞的原因

人工湿地中，污水流经湿地基质时悬浮物会沉淀、吸附在基质中，减小基质层的有效孔隙，造成基质的水力传导性能下降，形成堵塞。然而，一些与基质空隙堵塞相关的因素并没有被人们很好地了解和掌握。以下列出可能造成人工湿地堵塞的原因。

（1）湿地基质中的有效孔隙很小，而且基质介质的颗粒大小很不均匀，存在细小的非聚集体，导致人工湿地容易堵塞。

（2）悬浮物在基质孔隙间的过度累积。无机和有机的颗粒物质沉淀在基质层表面，形成"堵塞垫"（clogging mat），造成基质孔隙的外部阻断；颗粒物在单个基质颗粒表面的沉淀造成基质孔隙的内部阻断（De Vries，1972；Ellis and Aydin，1995）。

（3）当温度较高时，基质中微生物过度生长。基质间隙间由于污水持续地提供营养物质导致微生物过度繁殖，进而造成堵塞（Avnimelech and Nevo，1964）。

（4）植物根系的过度延伸。

（5）当采用含石灰石质的基质时，石灰石中钙的溶解及钙与污水中的硅的相继反应，产生无机胶体，导致孔隙堵塞。

（6）土壤胶体的溶胶作用及土壤聚集体间大孔隙减小。

（7）在低 pH 时碳酸钙的沉淀和沉积。

5.2.2　人工湿地堵塞的影响因素

人工湿地的构造、主要的设计参数以及运行时的外部环境等均影响人工湿地的堵塞，在诸多因素中，以下几种受到广泛的关注。

1. 基质粒径

基质粒径的分布决定了基质有效空隙的大小及水力通透性，因此也是影响基质堵塞的主要因素。De Vries（1972）发现，粗粒径砂中的氧气浓度比细砂更易回复到初值。

2. 有机负荷

尽管有机负荷作为基质堵塞的主要影响因素已广被人们所接受（Jones and Taylor，1965；Kristiansen，1981；Laak，1986；Okubo and Matsumoto，1983；Siegrist and Boyle，1987），但因为实验是在不同的情况下进行的，所以具体的研究结论存在较大差异。也有研究认为，总有机物浓度比水力负荷更为重要。Siegrist 和 Boyle（1987）认为有机负荷不是堵塞的唯一影响因素，他们提出了一个氧消耗总量（由有机物去除与硝化作用构成，以 BOD_t 表示）和悬浮物对于过滤速度变化的模型。该研究结果与 De Vries（1972）所得结果均表明氧气供应对于基质堵塞有较大的影响。而 Laak（1986）却认为，在未达到平衡状态之前，堵塞仅受有机负荷的影响。

研究 IVCW 系统的堵塞现象，发现 IVCW 中的有机物主要积累在下行池表层 0～5cm 处；下行池中有机物的量明显高于上行池，且随基质深度呈指数关系递减。有机物含量与基质深度关系为 $y = 5.6409e^{-0.6431x}$。

3. TSS 负荷

除了有机负荷以外，TSS 负荷，特别是难以生物降解的 TSS 也是影响湿地堵塞的主要因素（Siegrist and Boyle，1987；Laak，1986）。不能生物降解的悬浮物在长期连续运行的土壤过滤器中是堵塞发生的最重要因素，这些悬浮物大多数是无机的，可通过测挥发性固体物得到，但相关的研究报道非常少。

4. 温度

温度对湿地堵塞的影响已被公开地讨论（De Vries，1972；Okubo and Matsumoto，1983）。高温能导致高的生物活性和更快的生长。一方面，可导致填充空隙的有机物更快降解；另一方面，土壤孔隙又被更高的生物量所填充，因此难以判断究竟哪方面起主导作用（Platzer and Mauch，1997）。

5. 运行方式

关于污水不同的投配状况对堵塞的作用和影响也有不同的看法（De Vries，1972；Laak，1986）。污水投配是连续的还是间歇的，在基质堵塞开始阶段有重要影响。很多人认为，间歇的负荷循环更有利于土壤通风，从而导致更快的有机物降解。保持土壤处于有氧状态被看作是一种控制堵塞过程的可能措施（De Vries，1972）。Laak（1986）通过对连续流和间歇流的比较认为，连续的进水或土壤表面的淹水实际上比间歇进水可接纳更多的处理水量。而 Krisiansen（1982）运用间歇填充滤料时，却观察到堵塞发生得更快。

5.2.3　人工湿地堵塞的发展过程与后果

人工湿地堵塞过程可分为以下三个发展阶段（Jones and Taylor，1965；Kristiansen，1981）。

开始阶段。过滤速度从最高水平逐渐下降的阶段，此阶段持续时间有长有短。

发展阶段。过滤速度明显地下降。滤速以 10% 的初始滤速缓慢下降，直至湿地持续淹水时结束。

严重堵塞阶段。人工湿地基质层表面间歇、连续的滞水并转为厌氧状态。

对于 IVCW 系统，研究结果表明，堵塞主要发生在下行池表层 0～5cm 的范围内，IVCW 堵塞是从上至下发展的，渗透系数与基质深度之间有较明显的负相关性（Okubo and Matsumoto，1983；Siegrist and Buyle，1987）。

人工湿地堵塞后，会造成湿地系统水力特征发生改变，从而影响其去除污染物的效果。对于水平流人工湿地，堵塞还会形成表面流，缩短水力停留时间，降低污染物去除效果，而且还会造成蚊蝇孳生，卫生条件恶化等后果。以下以 IVCW 系统为例阐述堵塞的影响。

1. 堵塞对 IVCW 系统水力特征的影响

利用 IVCW 中试系统，对人工湿地堵塞机制与对策进行了 5 年试验研究，表明 IVCW 系统堵塞后，造成下行池表面积水，水力特征发生改变，堵塞后基质渗透系数明显降低，基质内部水流的混合、短流以及回混加强，出水流量减小，水力停留时间延长。IVCW 小试系统实际水力停留时间（HRT）堵塞前为 21.3h，堵塞后延长至 32.5h（图 5.1）；中试系统 HRT 堵塞前为 19.4h，堵塞后延长至 26.8h，如图 5.2 所示（詹德昊等，2003a）。

2. 堵塞对 IVCW 系统净化效果的影响

通过对比中试系统堵塞前后对主要污染物的去除效果发现，堵塞后系统虽然对 TSS 的去除率上升（图 5.3），但对 COD$_{Cr}$、KN 和 TP 的去除率下降，堵塞前

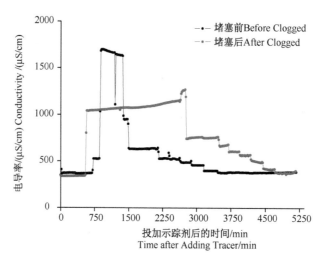

图 5.1　小试系统堵塞前后水力停留时间变化曲线

Fig. 5.1　Variation of HRT in unclogged and clogged samll scale plots (SSPs)

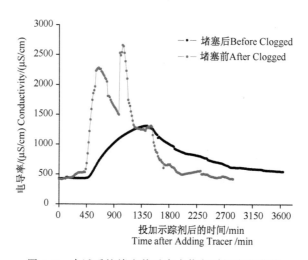

图 5.2　中试系统堵塞前后水力停留时间变化曲线

Fig. 5.2　Variation of HRT in unclogged and clogged medium scale pilot system (MSPS)

系统出水可以达到《地面水环境质量标准》（GB3838—2002）的Ⅳ～Ⅲ类水质标准，堵塞后部分指标甚至不能达到Ⅴ类水质要求，削弱了 IVCW 在污水处理和水生态恢复方面的作用，如图 5.4 至图 5.6 所示（詹德昊等，2003a）。

5.2.4　人工湿地堵塞的对策

人工湿地系统堵塞是一个普遍现象，目前国内外还没有很好的对策使其恢复

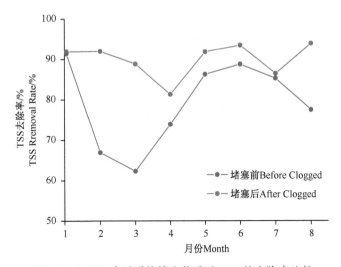

图 5.3　IVCW 中试系统堵塞前后对 TSS 的去除率比较

Fig. 5. 3　Comparison of TSS removal rates in MSP before and after clogged

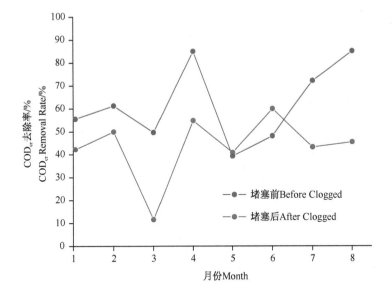

图 5.4　IVCW 中试系统堵塞前后对 COD_{Cr} 的去除率比较

Fig. 5. 4　Comparison of COD_{Cr} removal rates in MSP before and after clogged

到未堵塞前的状况。欧洲通行的做法是让堵塞后的床体经过几个星期的停床休作以部分恢复渗透性，停床期的长短取决于天气条件。同时，采取加强预处理（如沉淀、一级强化）的方法减少进入湿地系统中的 TSS，及时收割湿地植物、清除枯枝败叶等措施均可以有效地延长人工湿地的服务年限。

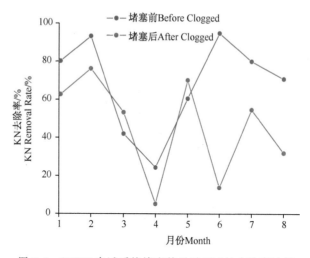

图 5.5 IVCW 中试系统堵塞前后对 KN 的去除率比较

Fig. 5.5 Comparison of KN removal rates in MSP before and after clogged

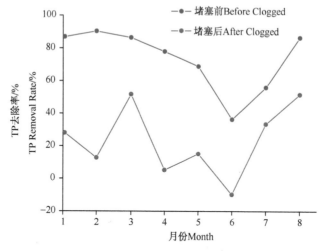

图 5.6 IVCW 中试系统堵塞前后对 TP 的去除率比较

Fig. 5.6 Comparison of TP removal rates in MSP before and after clogged

　　IVCW 系统堵塞的对策主要集中在两个方面：一方面采取积极的措施预防 IVCW 堵塞，另一方面对已经严重堵塞的基质层进行恢复。由于引起 IVCW 堵塞的主要原因一是进水中的悬浮物浓度过高；二是基质孔隙率过小，因此主要的预防措施一方面通过加强预处理，尽可能去除进入湿地系统的污水中悬浮物含量，减小 IVCW 所受到的堵塞威胁；另一方面改善基质层结构，采用反级配基质，将孔隙较大、抗堵塞能力强的材料置于表层，而将孔隙较小、抗堵塞能力弱的材料置于底层。

对于已经严重堵塞的基质层，恢复的主要措施为反冲洗，利用高速水流的剪切作用和砂粒间的摩擦去除沉积在基质孔隙间、附着在基质颗粒上的悬浮固体，恢复基质层的透水性能。此外，利用停床休作和轮作、仅用下行池运行、生物恢复和更换表层砂等手段也可部分或完全恢复堵塞了的 IVCW 的渗透性和处理能力。下面对上述措施分别加以介绍。

1. 预处理

当进入复合垂直流人工湿地系统的污水悬浮物固体含量高、无机物比重大时，人工湿地内的悬浮物蓄积量就大、沉积速率高，导致堵塞的时间就短。人工湿地在处理悬浮物含量比较高的污水，尤其是含大量工业废水的城市污水时，除了控制污染源外，还必须在进入人工湿地之前设置预处理设施。IVCW 的预处理措施通常为物理处理，其目的是尽量去除污水中的悬浮物和漂浮物，去除性质和粒径不利于 IVCW 处理过程的物质，以减少人工湿地中的沉积，防止基质堵塞。

IVCW 常见的预处理设备有化粪池、格栅、沉砂池、沉淀池、除油池、沉淀塘、厌氧沉淀塘等。污水首先通过格栅拦截块状浮渣，经沉砂池除去砂粒后，进入初沉池，固体物质通过沉淀作用得以去除。实验表明，经过简单的沉淀可以有效去除污水中的 TSS，减少进入人工湿地内的悬浮物，从而可以预防湿地堵塞。颗粒物分析表明，沉淀可以大幅度降低污水中颗粒物的数量，但是实验中污水颗粒物粒径分布集中在 $2\sim5\mu m$（图 5.7 和图 5.8），因此可以通过投加絮凝剂，将小颗粒物质絮凝为大颗粒沉淀物，进一步去除污水中的悬浮物，保障系统长期有效（詹德昊等，2003b）。

常规城市污水处理中，通过沉淀可以去除 30% 左右的有机物，但是研究中测定的有机物去除率偏低。实验中，由于污水在沉淀池中停留时间过长，一部分有机物发生了生物降解反应，导致沉淀池出水溶解氧降低、氧化能力差、还原能力增强。因此，必须根据系统进水的水质情况确定合适的预处理措施。

IVCW 所使用的塘系统主要是厌氧沉淀塘和沉淀塘，污水进入沉淀塘后悬浮物被沉淀，污染物被稀释，有利于生物净化作用的正常进行。在塘系统中将进一步发生自由沉淀和絮凝沉淀作用，使污水净化。在不设塘系统预处理的 IVCW 系统中，沉淀池几乎是不可缺少的工艺。

2. 反冲洗

反冲洗是用处理后的清洁水对基质层进行清洗操作，清洗掉基质层在污水流过时所截留的悬浮固体，使基质层在短时间内恢复工作能力。

城市水厂过滤过程中，由于砂粒表面不断黏附絮体，使砂粒间的孔隙不断减小，水流阻力不断增长，当过滤的水头损失达到最大值时，就必须停止工作，进行滤池的冲洗操作，主要的形式是水反冲洗，也有其他的辅助冲洗方法，如气水

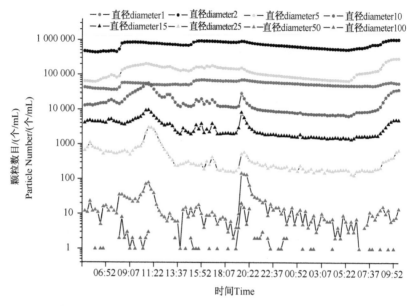

图 5.7　中试系统沉淀前污水中颗粒物质分布图（单位：μm）

Fig. 5.7　Particle distribution before sedimentation（Unit：μm）

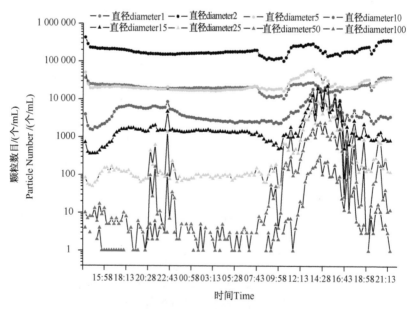

图 5.8　中试系统沉淀后污水中颗粒物质分布图　（单位：μm）

Fig. 5.8　Particle distribution after sedimentation（Unit：μm）

反冲洗、反冲洗加表面扫洗等。人工湿地在利用基质表面的黏附作用截留、吸附悬浮固体及过滤作用、水头损失变化等方面与水厂过滤相似，因此可以借鉴给水处理中对滤池的反冲洗措施来恢复堵塞后的人工湿地的处理能力。

反冲洗实验验证了反冲洗操作对于恢复 IVCW 堵塞基质的渗透性是有效的，同时探讨了最佳冲洗强度及最佳冲洗时间。对于基质为 0～4mm 粗砂，厚度在 45～55cm 时，最佳冲洗强度为 6.29L/（S·m²），最佳反冲洗持续时间为 15min（詹德昊等，2003b）。

3. 反级配基质

如前所述，IVCW 实验系统采用砂石混合物作为基质。上层采用粗砂，中层采用豆石，下层采用碎石，这种分层布置的基质颗粒粒径从上至下是按照由小到大的顺序排列的，这就使得相应的孔隙率是上层最小，中间层次之，下层最大。对于防止 IVCW 堵塞，反级配基质有两方面的缺陷：一方面是上部基质由于孔隙小，能容纳的悬浮物也就比下部基质能容纳的少，整个基质层的纳污能力不均匀，往往是下部基质的纳污能力尚未被充分利用，上部基质就已经堵塞。另一方面是由于上部基质孔隙率小，水流通过基质上部时所受阻力比下部大，尤其是在基质截留一部分悬浮物后变得更为严重。水流由于阻力增大，下渗缓慢，而容易造成表面滞水。

对堵塞现象的研究表明，悬浮物在人工湿地基质层中的截留规律是从上至下逐渐递减的。这种不利的截留规律与基质孔隙大小分布的不利因素相叠加，进一步突出了以下矛盾：在孔隙最小的基质顶部要容纳的悬浮物数量最多，而孔隙最大的基质底部却只需要容纳最少量的悬浮物。因此导致 IVCW 顶部迅速地被悬浮物堵塞，造成表面滞水，而此时整个基质层截留悬浮物的能力尚未充分发挥出来。

根据以上分析，理想的基质层应该是沿着水流方向，基质层中的颗粒粒径从大到小递减。由于基质颗粒间的孔隙也是沿水流方向从大到小递减，这就创造了两个方面的有利条件：一方面是进入人工湿地的污水先接触到的那部分基质能够比后接触到的基质容纳更多的悬浮物；另一方面是这部分基质的孔隙本来较大，即使在容纳了更多的悬浮物后仍然保留了一定的孔隙大小，允许污水中的悬浮物进入基质深层。因此这种级配的人工湿地能够充分发挥整个基质层截留悬浮物的能力，延长基质正常工作的时间，有效防止堵塞。采用这种从上到下基质粒径从大到小顺序排列的人工湿地称为反级配人工湿地（reverse-graded constructed wetland）。

比较正级配基质和反级配基质人工湿地的抗堵塞性能发现，采用反级配基质的人工湿地可以使污水中一部分悬浮物穿透上层基质而被截留在中间层和下层，从而充分发挥整个基质层的截污能力；与正级配基质的湿地系统相比较，采用反级配基质，上部基质孔隙率大，能容纳较多悬浮物，所以其水力停留时间增加较少。实验证明，采用正级配的系统比采用反级配基质的湿地系统更容易堵塞。复合垂直流人工湿地采用反级配基质，可以有效防止堵塞，延长 IVCW 的正常工作周期。

4. IVCW 堵塞的其他恢复对策

1) IVCW 堵塞的生物恢复

土壤的生物修复是生物强化技术应用最早的领域之一。相对于其他物理化学方法而言，生物修复技术具有简便、有效且价格低廉等优点。已有的研究结果表明（王宪礼和李秀珍，1997），从人工土快滤床中分离、筛选出 10 株对 COD 和KN 去除率较高的细菌，并将这些细菌混合经扩大培养后与人工土混合运行，发现在投加菌液后 20d 内，优势菌的数量缓慢增长并趋于稳定。在接种 5~6 个配水周期后，COD 的去除率提高了 45.5%。这一实验证明了生物强化技术可以大幅度提高土壤中有机物的去除率。

有机物的过度积累是导致 IVCW 堵塞的一个重要原因。这些积累的有机物，一部分是生物难降解的，另有一部分是生物可降解的，但是由于供氧不足或者其他原因而未来得及降解。因此向 IVCW 中投加能高效降解有机物的菌种，对于解决 IVCW 有机物过度积累以及由此而导致的基质堵塞是行之有效的办法。

IVCW 基质中微生物是分解有机物的主要生物群，但土壤动物也起着不容忽视的作用。IVCW 经过长时间运行后产生基质堵塞与板结，可以考虑用土壤动物（如蚯蚓、昆虫和原生动物等）来进行恢复。蚯蚓是土壤中最常见的杂食性环节动物，它在土壤中不断钻洞挖穴，吞食含有机物的土壤，在降低有机物含量的同时可以提高基质的孔隙率。研究表明，蚯蚓的钻洞行为可使土壤的空气含量从 8% 提高到 30%，使土壤孔隙率从 30% 提高到 60%。因此在堵塞严重的 IVCW 下行池上层引入蚯蚓可以提高基质孔隙率，改善基质的渗透性，防止基质堵塞。

蚯蚓生活在潮湿的土壤中，通过皮肤进行呼吸。一般蚯蚓在水下可以生存8~10d，大红蚯蚓甚至能在淹水的土壤中生活 8~12 个月。因此在间歇运行的IVCW 中，蚯蚓可以成活。只要选择合适的蚯蚓，采用间歇进水以保证基质的透气性，利用养殖蚯蚓来实现 IVCW 堵塞的恢复是完全可行的。

2) 停床休作与轮作

停床休作是指 IVCW 堵塞后，该处理单元或者处理系统停止运行，让基质床体休作一段时间以恢复其处理能力。轮作则是在有多个处理单元时，轮流使某一个或者某几个处理单元停止进水以恢复处理能力。

IVCW 堵塞的主要原因之一是有机物过度积累，而这些沉积在基质中的有机物有相当大一部分是可以被生物降解的。另一方面，微生物过度繁殖也可能是造成基质堵塞的一个原因。由此二者引起的人工湿地堵塞可以通过停床休作与轮作加以恢复。

IVCW 堵塞后，选择合适的时机停止进水，适度排空基质中的积水，使大气中的氧气能进入基质层，促进好氧微生物的繁殖代谢，以彻底降解基质中过度积累的有机物；同时由于系统停止进水，微生物新陈代谢所需要的营养物质不能得到持续补充，基质中的微生物会逐渐进入内源呼吸期，消耗本身资源并逐渐老化衰亡，因此微生物过度繁殖的问题也可以得到解决。

德国柏林大学的 Platzer 等（2000）研究了利用停床休作与轮作来恢复堵塞了的人工湿地的效果，认为停床休作 1～2 周可以部分恢复基质的渗透性能，停床周期的长短取决于气温等条件。

采用停床来恢复 IVCW 系统的渗透性和处理能力，操作简单、方便，费用低廉，但是在大规模应用中需要占用的土地面积较大。

3）仅用下行池运行

根据前文的分析，复合垂直流人工湿地堵塞主要发生在下行池，而上行池由于污水已经经过下行池处理，所含污染物较少，所以不容易堵塞。即使下行池已经堵塞严重，表面出现严重滞水现象，上行池也没有明显的堵塞症状。

成水平和夏宜琤（1998a）、梁威等（2000）曾对复合垂直流人工湿地的净化空间进行研究，认为 IVCW 污水净化主要发生在下行池，上行池的净化作用较小，而且起净化作用的微生物也主要分布在下行池的上层和中层，因此可以考虑仅用下行池运行。

当仅用下行池运行时，相对来说承受污染物的面积扩大了一倍，单位面积所接受的悬浮物和有机物减小了一半，从抗堵塞的意义上讲，同样的湿地面积其服务寿命可以延长一倍。

深圳龙岗沙田人工湿地的实践证明，只要前处理得当，仅用下行池处理受严重污染的地表水，可以去除 97％ 的悬浮物、70％ 的 BOD_5、58.6％ 的 TN 和 86.9％ 的 TP。可见，仅用下行池运行是完全可行的。

在仅用下行池运行时，必须注意处理之后的水不能直接从下行池底部出水，仍然需要从下行池上部出水，才能保证有足够的水力停留时间，不至于发生水流短路现象。

4）更换下行池表层基质

前文分析表明，复合垂直流人工湿地堵塞主要发生在下行池表层 0～5cm。IVCW 基质中的有机物也主要积累在下行池表层 0～5cm。因此，在 IVCW 堵塞严重时，可以采用更换下行池表层 0～5cm 或 0～10cm 砂层的方法彻底恢复

IVCW 的工作能力。

　　IVCW 中试系统从 1998 年建成以来，直到 2001 年由于冲击负荷实验才导致下行池表层堵塞。经过多年的正常运行后更换少量的基质在经济上、技术上是完全可行的。

5.3　费用效益分析

　　人工湿地污水处理系统作为一种独特的工业、市政、生活及面源污染污水处理技术，正越来越广泛地为环境工程界所接受。近年来，人工湿地污水处理系统之所以吸引了许多包括发达国家在内的环境科学家的注意，除了它技术上的特点外，其低廉的建设投资和运行费用也是一个十分重要的因素。

　　工程造价和运行费用是人们在选择和设计污水处理工艺时必须考虑的问题，也是使用单位最为关心的问题。目前国内有关人工湿地处理系统工程造价和运行费用的实际数据或报道较少，由于人工湿地的土建施工比较简单，而且基本不需耗能，因而其造价和运行费用无疑要比传统的二级生物处理工艺低许多。从国外已投入运行的湿地系统来看，尽管各系统因地而异，差别较大，但总体上湿地系统投资运行的平均费用仅为传统二级污水处理厂的 1/10～1/2。

5.3.1　人工湿地工程建设费用分析

　　由于人工湿地系统本身是一种基本不耗能的污水处理技术，因此其基建投资主要涉及土石方工程和填料、植物造价。人工湿地工程建设费用主要包括以下几个部分。

　　1. 土地征用费

　　处理系统征用的土地可分为两个部分，即处理系统本身的占地和截污管渠的占地。一般情况下，前者大于后者很多，并且后者通常独立占地不明显。因此在计算土地征用费时往往主要考虑处理系统本身的占地费用，而将截污管渠的占地费用忽略不计或交由市政部门统一规划。

　　由于不同人工湿地处理工程所处的地理位置各不相同，占用土地的类型也各异，如良田、鱼塘、草滩、荒地、拆迁地等，因此这部分费用在各项工程中的差别很大。根据目前已建成人工湿地的经验，在南方大中型城市中，1000m³/d 的人工湿地处理系统用地为 2～4 亩（表 5.1），而每亩征地费则根据当地不同情况在 1 万～10 万。特别提到的是，IVCW 人工湿地系统每 1000m³/d 的人工湿地处理系统用地在 1～2 亩，充分显示出复合垂直流人工湿地系统在建设用地上的优越性，因此 IVCW 非常适合在用地日趋紧张的大中型城市中进行生活污水处理、水体修复及面源污染整治。

表 5.1 人工湿地与其他污水处理系统总投资额与用地对比表

Tab. 5. 1 **The costs and land occupations of several constructed wetlands and wastewater treatment plants**

项目名称 Project Title	处理方式 Approach	吨水投资/（元/t） Tons of Water Investment/（yuan/t）	吨水用地/（m²/t） Tons of Water Area/（m²/t）	备注 Remarks
武汉莲花湖人工湿地系统 Lotus Lake Constructed Wetland of Wuhan	IVCW	375~500	1.6	2004 年数据
武汉三角湖人工湿地系统 Triangle Lake Constructed Wetland of Wuhan	IVCW	267~375	2.0	2004 年数据
武汉月湖人工湿地系统 Moon Lake Constructed Wetland of Wuhan	IVCW	500	1.0	2005 年数据
*深圳白泥坑人工湿地系统 Bai Ni Keng Constructed Wetland of Shenzhen	人工湿地	138	2.8	1994 年数据
*深圳石岩水库人工湿地系统 Shiyan Reservoir Constructed Wetland of Shenzhen	人工湿地	533	2.0	2002 年数据
*上海松江人工湿地系统 Song Jiang Constructed Wetland of Shanghai	人工湿地	352	1.0	2002 年数据
*深圳滨河污水处理厂 Shenzhen Binghe Sewage Treatment Plant	鼓风曝气	660	2.7	1995 年数据
*珠海吉大污水净化厂 Zhuhai Jida Sewage Treatment Plant	鼓风曝气	833	1.2	1995 年数据
*南海桂城污水处理厂 Nanhai Guicheng Sewage Treatment Plant	氧化沟	574	1.2	1995 年数据

*引自沈耀良和杨栓大,1996

*Cited from Shen and Yang,1996

2. 人工湿地处理设施建设费用

这部分费用主要是指人工湿地处理系统本身的建筑费用,包括施工费及材料费（含人工费及辅助费用）。

与土地费用相比，处理设施的单位造价相对稳定，其波动主要受材料及劳工的市场价格影响。各地均有相应的工程造价标准，其价格差别不大。根据湖北省目前的价格情况初步分析，每吨污水的设施建筑费用平均为 400～1000 元。

需要指出的是，人工湿地处理系统中所用的填料品种不同，也会在一定程度上影响人工湿地处理设施的建设费用。不同填料、不同级配都会导致建设费用上的差异。

3. 截污管渠建设费用

人工湿地的截污管渠主要是指处理生活污水时连接居民区下水道管网至人工湿地污水处理设施的管道或渠道，以及水体修复工程中引水点至人工湿地污水处理设施的管道或渠道。根据具体情况，管渠可以是明渠，也可以是暗渠或暗管。

由于污水的收集地点与处理场地间的相对距离有可能存在较大差异，因此这部分费用相差较大，但一定的管渠形式在特定流量下的单位造价一般比较稳定。

4. 植物种植与系统调试费用

这部分费用一般包括三部分：植物种苗费（含人工费及运输费用）、栽培人工费和系统成熟前的维护、轮种和植物培育费。

由于人工湿地上种植的植物有较大的地域差异，不同地区需配种不同的植物，有时根据某些特殊要求需要从外地调配植物，同时不同时节往往需要不同的植物配种，因此植物种苗费用因时因地而异。而人工费及系统运行维护费用则相对稳定，仅在地域上因经济发展情况的不同会有所差异。

由于人工湿地一般只适合于中、小规模污水的处理，并且与一般的污水处理系统相比其调试周期长且大部分依赖人工，因此其调试费用与系统总投资的比例可能高于一般污水处理系统。根据已有工程的实际情况，我们认为处理规模小于 10 000m³/d 的人工湿地处理系统，植物种植与系统调试费可按处理系统总投资的 10%～15% 估计，如果处理规模更小，所占比例会更高。

5.3.2　人工湿地系统的运行与维护费用

几种污水处理方式的费用见表 5.2，由于人工湿地污水处理系统属于低投资、低运行费用、低维护技术的"三低"工艺，且消耗电能较少，因此其运行费用的构成比较简单，基本上可归纳为以下三类。

1. 常年维护人工费

常年维护主要指对植物的维护和对进、出水的管理。根据其工作性质，估算每 6 亩面积的处理厂可固定一名常年维护人员，即大约每 2000m³/d 的人工湿地处理系统需维护人员一名。处理能力小于 2000m³/d 的人工湿地处理系统，均按一人来配置维护人员。

确定了常年维护人员数量后，可根据当地中等家庭工资收入水平，计算出人工湿地系统常年维护人工费。

2. 常年维护的材料消耗和植物种苗补充费

考虑到人工湿地系统中的植物大部分是多年生的，因此这部分费用主要包括多年生植物的收割，植物种苗的补充，以及人工湿地系统中少量填料的更换等费用。这一项费用的多少也会因时因地以及某些特殊情况而有较大差别。根据实际工程推算，这部分费用可按每年每平方米人工湿地 0.03～0.04 元进行估算。

3. 检修、事故处理和不可预见费

一套完整的人工湿地污水处理系统应该包括进出水系统、预处理系统及湿地系统。检修、事故处理和不可预见费主要是指预处理系统、进水系统的清淤及其对其他系统损失的维修等。同时，事故处理包括了对溢流系统的洪水后维护。这部分总的费用可按每年每平方米人工湿地 0.01～0.02 元进行估算。

表 5.2　人工湿地与其他污水处理系统运行费用对比表
Tab. 5.2　The operation costs of constructed wetlands and other wastewater treatment systems

项目名称 Project Title	总投资/万元 Total Amount of Investment /10^4 Yuan	吨水投 资/(元/t) Tons of Water Investment /(Yuan/t)	运行费 /(万元/a) Operating Costs /(10^4Yuan/a)	水处理 费/(元/t) Water Charges /(Yuan/t)	年耗电 /10^4 度 Years of Power Consumption /10^4 degrees	吨水耗电/度 Tons of Power Consumption /degrees
*深圳白泥坑人工湿地系统 Bai Ni Keng Constructed Wetland of Shenzhen	43	138	5.0	0.020	0	0
*上海松江人工湿地系统 Song Jiang Constructed Wetland of Shanghai	63	352	4.7	0.072	0.7	0.011
*深圳滨河污水处理厂 Shenzhen Binghe Sewage Treatment Plant	3300	660	>450	>0.200	319.0	0.175
*珠海吉大污水净化厂 Zhuhai Jida Sewage Treatment Plant	1500	833	>550	>0.200	420.0	0.640
*南海桂城污水处理厂 Nanhai Guicheng Sewage ge Treatment Plant	574	574	>140	>0.200	102.4	0.280

＊引自刘真和章北平，2003

＊Cited from Liu and Zhang，2003

5.3.3　人工湿地系统的收益分析

根据定义，人工湿地应属湿地资源，然而其并不具备天然湿地的生物多样性。它的生态系统并不完善，食物链较短，很容易受到破坏；它的存在需要人为的干预，否则将不能实现其处理污水的生态功能。所以人工湿地的价值体系不同于一般的环境资源，根据人工湿地的特点，可以认为人工湿地价值体系由环境经济价值和成本价值组成。环境经济价值又分为环境容量价值、资源价值和社会价值。环境容量价值是指人工湿地所能容纳污染物最大量的价值。资源价值是指人工湿地产出物（主要是植物）和出水价值。社会价值是指人工湿地的景观美学和科普价值。成本价值包括维护价值和人工改造价值。维护价值是指人们愿意支付的人工湿地正常运行所需的费用。人工改造价值是指将原有环境改造为人工湿地的投入，包括各种构筑物和原有环境使用费用等。

成本价值和人工改造价值在前面已做详细介绍，而对于人工湿地的环境经济价值，或者说人工湿地系统的收益，国内外有关文献提及较少，我们可以从以下几个方面进行考虑。

1. 环境容量价值

环境容量价值是指人工湿地所能容纳污染物最大量的价值。主要可以用人工湿地和城市污水处理厂处理污水的成本差异来衡量（c_1）。

2. 资源价值

资源价值是指人工湿地产出物（主要是植物）和出水价值。人工湿地所种植的植物可选择部分经济植物，产出物具有一定的经济价值，这部分价值可用经济植物的销售价格来估算（c_2）。而出水水质指标达到回用水的标准，亦可用于回用水浇灌和使用，这部分价值可按回用水价值计算（c_3）。

3. 社会价值

社会价值是指人工湿地的景观美学和科普价值。人工湿地的景观美学可以提升城市形象，带动周边地价的上涨，吸引外资的投入，为居民提供良好的人居环境，这是隐形的社会价值（c_4）。科普价值则是另一种形式的隐形社会价值（c_5），它为各类科研人员、学者、大中小学学生以及市民提供了学习、研究的场所，有助于提高全民的环保意识。

因此，可用以下公式表示人工湿地带来的收益：

$$C = c_1 + (c_2 + c_3) + (c_4 + c_5)　（C\text{代表人工湿地的价值}）$$

人工湿地系统作为一种新型、高效的污水处理和生态修复系统，已经逐渐为大众所接受，但由于对其经济效益的分析不多，导致人们在人工湿地的实际运用上还存在一定的怀疑。综合以上分析不难看出，人工湿地系统在总投资、占地面积、运行与维护费用上均优于常规二级处理工艺，而且还具有极高的环境容量价值、资源价值和社会价值，能够实实在在地创造经济价值。因此有充分的理由相信，人工湿地技术将在今后产生更大的工程效应和社会效应，为我国的环境保护和生态修复发挥更大的作用！

5.4　基　质　选　择

5.4.1　基质实验系统的方案设计

为了探询不同基质对垂直流人工湿地处理效果及堵塞的影响，研究共分为四个阶段。

1. 基质的初选

从适用性、实用性、经济性及易得性等几个方面进行综合比选，并参考国内外其他专家学者进行的相关研究，确定了沸石、无烟煤、页岩、蛭石、陶瓷滤料、砾石、高炉钢渣、生物陶粒八种基质进行实验。对所选基质在实验前进行组分的物理、化学及生物学分析，以便与实验后的相应指标进行分析。

2. 初试基质的净化实验

对初选的八种基质在相同的垂直流人工湿地模拟实验装置中进行实验，在相同进水水质、相同流量的条件下对进出水进行各类水质分析，并由此判断所选的不同基质对污水处理能力的强弱关系。通过综合对比其处理效率，确定适宜于垂直流人工湿地去除有机物、除磷脱氮等功能的基质。

3. 基质组成成分与处理机制分析

通过 X 射线衍射分析等手段，对比实验前后基质成分组成的变化，并结合在第二阶段中对基质净化效果的分析，研究不同基质对原污水中有机物、氮、磷等物质的去除机制，为后续实验研究打下基础。

4. 基质的堵塞实验

结合第二阶段实验和第三阶段分析，利用不同基质在垂直流人工湿地模拟实验装置中进行实验，测定其水头损失、水力停留时间等水力学指标，并进行堵塞时间、堵塞周期、填料颗粒大小分析、填料孔隙率等实验研究，从中找到堵塞对其处理效果影响最小的基质类型，并由此揭示本实验中所选基质堵塞的机制及对堵塞的影响。

5.4.2　基质实验系统设计

1. 实验系统选址

本实验系统位于中国科学院水生生物研究所内，用砖墙围砌成面积约 1000m^2 的湿地实验基地，位于武汉东湖子湖水果湖南侧，靠近本实验系统进水水源。考虑到实验系统易受环境温度及降水的影响，并且为了便于管理维护，特设温室一座。该温室南北朝向，南向一面坡顶，室顶为玻璃结构，内顶用 PVC 泡沫塑料阻隔保温。温室四周除北墙为砖结构外，其余三面墙均使用框架结构，铝合金门窗，建筑尺寸为 $10.0m \times 5.0m \times 3.0m$，建筑面积约 $50m^2$。实验系统外景图见图 5.9。

图 5.9　实验系统外景图

Fig. 5.9　Experimental system locations photo

2. 实验系统进水水源

为了使本实验系统的进水水源与实际人工湿地系统处理水源相似，本实验系统进水水源采用了湖水与生活污水混合后的综合原污水。其中，综合原污水中的湖水直接取自东湖，取水口距水果湖茶港排污口（已进行截污，无生活污水入湖）约 80m，取水泵用砖墙围砌，并设有隔栅保护。东湖水经泵提升（送水距离约为 300m），排入规模为 $6.0m \times 4.5m \times 1.4m = 37.8m^3$ 的沉淀池内（停留时间为 6～24h），然后自流排放入本实验系统中的蓄水池内。而综合原污水中的生活污水取自中国科学院水生生物研究所办公楼前的化粪池，生活污水由安置于化粪池内的潜污泵经提升后（送水距离约为 100m）直接排入本实验系统中的蓄水池内。

系统运行时，同时开启湖水进水阀门和生活污水水泵，两种原水按一定比例进入蓄水池。同时，置于蓄水池中的搅拌装置开始运行，对进入蓄水池的湖水和生活污水进行搅拌、混合，达到预定水量后，停止湖水和生活污水的进入，搅拌装置继续运行，以保证进入实验系统的原水为经充分混合后的综合原污水。

3. 实验系统工艺流程

东湖湖水与化粪池出水通过不同管道系统按一定比例引入到蓄水池内，经过充分搅拌混合后，由蠕动计量泵按预先设定的流量提升到每个基质实验柱中，工艺流程如图 5.10 所示。在每个基质实验柱前均安装有一个转子流量计，确保

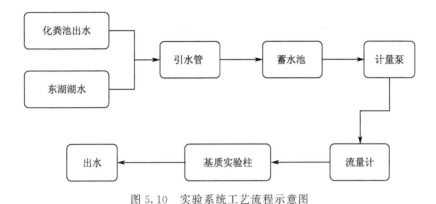

图 5.10　实验系统工艺流程示意图

Fig. 5.10　Experimental system process map

进入到每个柱子中的流量相同。每个基质实验柱的底部设有出水口和放空管,柱子侧面不同高度设有取样口和测压管口,便于进行分层水质取样和水力学数据读取。具体基质实验柱设计如下。

4. 基质实验柱设计

多个基质实验柱被依次并排固定于钢架上。每个基质实验柱用内径 25cm、高 1.1m 的硬制 PVC 管制成。实验柱由圆柱形柱身与锥形底两部分组成,基质填充于圆柱形柱身内至管顶 10cm 处,管顶预留有 10cm 的布水区和超高。实验柱最下端的锥形底部接有取样口、放空管,上端位于柱内管顶 10cm 处装有环形穿孔配水管,起均匀配水的作用。柱身每隔 15cm 设有一个取样口,一共有 7 个取样口,对应水平位置的柱身背面接有 7 根测压管,分别用橡胶软管连接至测压板上,用以反映各取水口的水压及水头损失。每个基质实验柱的进水管处接有转子流量计,可以反映和调节各实验柱的实时进水流量。基质实验柱在填充基质前,先在内侧套了一层孔径约为 1mm 的纱网,以防止基质通过放空管流失及导致取样口堵塞。具体基质实验柱设计图见图 5.11,基质实验柱实物图见图 5.12,基质实验柱布置图见图 5.13,基质实验柱进水管布水图见图 5.14。

5.4.3　基质实验系统原水水质及处理负荷

1. 原水水质

根据前述的进水方式,本实验原水采用经蓄水池中和、搅拌后的东湖湖水与生活污水的混合水。其中,为达到进行不同进水浓度实验的目的,分别在不同实验周期,将混合原水中湖水与生活污水的体积比控制在 1:1～1:3。混合原水中主要污染物水质指标见表 5.3。

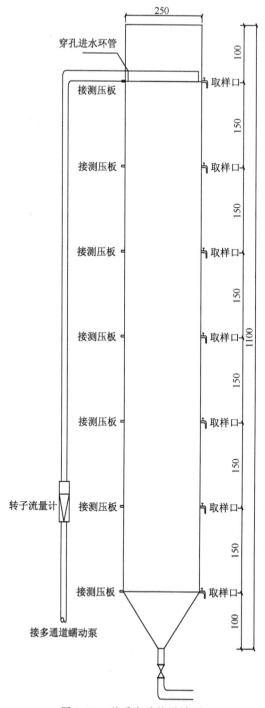

图 5.11　基质实验柱设计图

Fig. 5.11　Media experimental column design plans

图 5.12 基质实验柱实物图

Fig. 5.12 Practical photo of media experiment

图 5.13 基质实验柱布置图

Fig. 5.13 Media experimental photo

图 5.14 基质实验柱进水管布水图

Fig. 5.14 Influent water pipes of
media experiment

表 5.3 混合原水水质指标

Tab. 5.3 The concentrations of pollutants in the mixed tank effluent [单位(Unit):mg/L]

主要指标 Index	COD_{cr}	BOD_5	TN	TP
浓度范围 Density Range	24.0~409.0	4.9~49.1	1.3~24.3	0.1~2.0
平均值 Average Value	84.5	21.26	12.53	0.92
标准偏差 Standard Deviation	126.5	13.49	6.82	0.61

2. 处理负荷

在整个实验周期内，除在进行水力学实验和堵塞实验两个阶段水力负荷发生变化外，其他阶段均采用相对恒定的水力负荷，以便于观察在相同条件不同基质下的处理效果。水力学实验和堵塞实验两个阶段的水力负荷将在第 6 章中具体介绍，而其他阶段实验中，每个基质实验柱的水力负荷稳定在 $1000 \sim 2000mm/d$，流量稳定在 $5 \sim 7L/h$。

5.4.4　基质实验系统运行方式

1. 基质实验柱运行方式

蓄水池平均每 3 天配一次水，由化粪池出水和东湖湖水按一定比例配制。实验每 3 天为一个周期，其中运行 2d，间歇 1d。运行时每个基质实验柱水力负荷 $1000 \sim 2000mm/d$，每天运行 8h。每个周期中第 1 天开始运行时，先关闭各柱子所有的取样口及放空管，并将泵和流量计开至最大，往各个实验柱中进水；在各柱子的水面没过基质后，再将蠕动泵和各个流量计调到正常的运行流量，并打开各柱子的最下面的取样口，逐步调节取样口阀门，使其进出水流量相等，保证水均匀的从基质中通过，避免只有部分的基质起作用而影响实验结果。稳定运行 $2 \sim 3h$ 后，从蓄水池中取原水，同时取各基质实验柱取样口的出水，进行水质检测实验。当天实验结束时，关闭蠕动泵、搅拌机和各柱的出水口。每个周期中的第 2 天运行时，直接开启蠕动泵、搅拌机和各柱的出水口，并调节取样口阀门使其进出水流量相等，稳定运行 $4 \sim 5h$ 后，从蓄水池中取原水，同时取各基质实验柱取样口的出水，进行本周期的第二次水质检测。一个周期实验结束时，打开各个基质实验柱和蓄水池的放空管，放空其中的水体，并对蓄水池用清水冲洗，以备下一周期的实验。

2. 阶段实验运行方式

正如本章第 1 节所述，本研究共分四个阶段完成，而各个阶段的研究重点、实验数量和监测指标又各不相同，因此，不同阶段的实验运行方式也不同。具体的实验运行方式见表 5.4。

表 5.4　阶段实验运行方式
Tab. 5.4　The running mode of experimental stage

周期 Phase	日期 Date	水力负荷 /(mm/d) Hydraulic Loading	实验 周期 Duration	主要监测指标 Parameters	备注 Remark
阶段 I Phase I	2005.12~ 2006.02	—	3 个月	基质成分分析、孔隙率、渗透系数、有机质、基质粒径等	基质初选

续表(Continued)

周期 Phase	日期 Date	水力负荷 /(mm/d) Hydraulic Loading	实验 周期 Duration	主要监测指标 Parameters	备注 Remark
阶段 II Phase II	2006.03～ 2007.06	1000～2000	16 个月	BOD_5、COD_{Cr}、氮(TN、NH_4^+-N、NO_3^--N、NO_2^--N、KN、有机氮)、磷(TP、PO_4-P、IP、DOP、TDP、PP)、TOC、TSS、温度、PH、电导率、氧化还原电位、溶解氧、总悬浮物、TDS、细菌总数等	于 2007 年 2～3 月取出部分基质进行成分分析,同时保留原有 8 个实验柱中基质继续进行净化和堵塞实验
阶段 III Phase III	2007.01～ 2007.03	1000～2000	2 个月	X 射线荧光衍射	继续第二阶段所有实验,同时利用 X 射线荧光衍射对原基质及使用一年后的基质进行成分分析
阶段 IV Phase IV	2006.04～ 2007.06	1000～4000	15 个月	HRT、水力负荷、水头损失、进出水流量、运行周期、孔隙率、颗粒级配、含水率、基质有机质分析等	在第二阶段开始即同时进行堵塞实验,这样可以保证足够的实验周期

5.4.5 八种基质实验结果

1. 八种基质对各种污染物处理效果

通过以上对八种基质处理水中各种污染物成分去除率的研究,我们对八种基质的处理效果有了一个基本的了解。综合分析以上各种指标,将八种基质对不同污染物的处理效果进行对比,由此确定不同基质的不同处理效果。

如表 5.5 所示,对某种污染物处理效果好的用"√"表示,对某种污染物处理效果一般的用"○"表示,对某种污染物处理效果不佳的用"×"表示;而在进行综合比较评分时,"√"计为"3 分","○"计为"1 分","×"计为"0 分",由此得出该种基质对某类污染物的综合评分,并据此进行处理效果的综合评判。

表 5.5a 八种基质对有机物处理效果
Tab. 5.5a Effects of the eight media on organic matter removal

项目 Item	基质 Media							
	沸石 Zeolite	无烟煤 Anthracite	页岩 Shale	蛭石 Vermiculite	陶瓷滤料 Ceramic Filter Media	砾石 Gravel	钢渣 Blast Furnace Steel Slag	生物陶粒 Round Ceramsite
生化需氧量 BOD_5	○	√	○	○	○	○	√	○

续表（Continued）

项目 Item	基质 Media							
	沸石 Zeolite	无烟煤 Anthracite	页岩 Shale	蛭石 Vermiculite	陶瓷滤料 Ceramic Filter Media	砾石 Gravel	钢渣 Blast Furnace Steel Slag	生物陶粒 Round Ceramsite
化学需氧量 COD$_{Cr}$	○	○	×	○	○	○	○	√
可生化性 Biodegradability	√	○	○	○	○	○	×	√
总有机碳 TOC	○	√	×	√	○	○	○	○
基质对有机物去除效果小结 Summary of Organic Matter Removal	效果一般，但出水可生化性好	效果好	效果差	仅对TOC处理效果好	效果一般	效果一般	对BOD$_5$有较好去除效果	效果好，出水可生化性高
有机物评分 Score	6分	8分	2分	6分	4分	4分	5分	8分

表 5.5b 八种基质对氮处理效果
Tab. 5.5b Effects of the eight media on nitrogen removal

项目 Item	基质 Media							
	沸石 Zeolite	无烟煤 Anthracite	页岩 Shale	蛭石 Vermiculite	陶瓷滤料 Ceramic Filter Media	砾石 Gravel	钢渣 Blast Furnace Steel Slag	生物陶粒 Round Ceramsite
总氮 Total Nitrogen	√	○	×	○	√	×	○	○
氨氮 Ammonia Nitrogen	√	○	×	√	√	○	×	○
凯氏氮 Kjeldahl Nitrogen	√	○	×	○	√	×	×	○
硝酸盐氮 Nitrate	×	×	×	×	×	×	√	×
亚硝酸盐氮 Nitrite Nitrogen	×	○	×	×	×	×	○	×
有机氮 Organic Nitrogen	×	√	×	×	×	×	√	×

续表(Continued)

项目 Item	基质 Media							
	沸石 Zeolite	无烟煤 Anthracite	页岩 Shale	蛭石 Vermiculite	陶瓷滤料 Ceramic Filter Media	砾石 Gravel	钢渣 Blast Furnace Steel Slag	生物陶粒 Round Ceramsite
基质对氮去除效果小结 Summary of nitrogen removal	对总氮、氨氮效果好	效果较好	效果很差	对氨氮效果较好	对总氮、氨氮效果好	效果一般	对氨氮效果不佳	效果一般
除氮评分 Score	9分	7分	0分	5分	9分	1分	8分	3分

表 5.5c　八种基质对磷处理效果
Tab. 5.5c　The effects of the eight media on phosphorus removal

项目 Item	基质 Media							
	沸石 Zeolite	无烟煤 Anthracite	页岩 Shale	蛭石 Vermiculite	陶瓷滤料 Ceramic Filter Media	砾石 Gravel	钢渣 Blast Furnace Steel Slag	生物陶粒 Round Ceramsite
总磷 TP	○	√	○	○	○	○	√	○
溶解性总磷 TDP	○	√	○	○	○	√	√	○
溶解性有机磷 DOP	○	√	○	○	○	○	√	√
无机磷 SRP	×	√	○	×	×	×	√	○
颗粒磷 PP	○	○	○	√	○	○	√	○
基质对磷去除效果小结 Summary of Phosphorus Removal	除磷效果一般	有很好的除磷效果	除磷效果一般	除磷效果一般	除磷效果较差	除磷效果一般	有极好的除磷效果	除磷效果较好
除磷评分 Score	4分	13分	5分	6分	4分	6分	15分	7分
八种基质对去除有机物、除磷、脱氮的综合评分 Composite Score								
总分 Total Score	19分	28分	7分	17分	17分	11分	28分	18分

表 5.5d 八种基质对水中理化参数处理效果

Tab. 5.5d Effects of the eight media on physichemical paramefers of wastewater

项目 Item	基质 Media							
	沸石 Zeolite	无烟煤 Anthracite	页岩 Shale	蛭石 Vermiculite	陶瓷滤料 Ccramic Filter Media	砾石 Gravel	钢渣 Blast Furnace Steel Slag	生物陶粒 Round Ceramsite
浊度 Turbidity	√	√	√	√	√	√	√	√
总悬浮固体 TSS	√	√	√	√	√	√	×	√
总溶解性固体 TDS	√	×	√	√	√	√	×	√
pH	√	×	√	√	√	√	×	√
电化学性质 Electrochemical Properties	√	×	√	√	√	√	×	√
处理水中物化性质小结 Summary of Physical and Chemical Nature of the Water Treatment	效果好	出水呈酸性	效果好	效果好	效果好	效果好	出水呈强碱性	效果好

表 5.5e 八种基质对水中生物学指标处理效果

Tab. 5.5e Effect of the eight media on biological indicators of wastewater

项目 Item	基质 Media							
	沸石 Zeolite	无烟煤 Anthracite	页岩 Shale	蛭石 Vermiculite	陶瓷滤料 Ceramic Filter Media	砾石 Gravel	钢渣 Blast Furnace Steel Slag	生物陶粒 Round Ceramsite
细菌总数 the Total Number of Bacteria	√	○	√	√	√	√	√	√

表 5.5f　八种基质运行指标

Tab. 5.5f　The Operation indicators of the eight media

项目 Item	基质 Media							
	沸石 Zeolite	无烟煤 Anthracite	页岩 Shale	蛭石 Vermiculite	陶瓷滤料 Ceramic Filter Media	砾石 Gravel	钢渣 Blast Furnace Steel Slag	生物陶粒 Round Ceramsite
孔隙率 Porosity	√	×	√	×	○	○	○	○
处理波动性 Dealing with Fluctuating	√	√	○	×	○	×	√	√
基质运行 情况小结 Summary of Media Operation	去除效 果稳定	孔隙率 较小	去除率 有波动	孔隙率 小波动 性大	情况 一般	去除效果 波动大	去除效 果稳定	去除效 果稳定

注:①表中"√"为处理效果好,"○"为处理效果一般,"×"为处理效果不佳;

②评分时,"√"计为"3 分","○"计为"1 分","×"计为"0 分"。

Notes:①In Table 5.5, "√" means good effect, "○" means general effect, "×" means bad effect;

②In score, "√" means 3 points, "○" means 1 point, "×" means 0 point.

分析八种基质对不同类型污染物的去除效率及去除机制,结合表 5.5 中对八种基质处理效果的比较,可以得到如下结论:

(1) 在去除原污水中有机物方面,八种基质综合去除能力由强到弱依次为:无烟煤、生物陶粒、蛭石、沸石、钢渣、陶瓷滤料、砾石、页岩;

(2) 在去除原污水中各种形态的氮方面,八种基质综合去除能力由强到弱依次为:沸石、陶瓷滤料、无烟煤、钢渣、蛭石、生物陶粒、砾石、页岩;

(3) 在去除原污水中各种形态的磷方面,八种基质综合去除能力由强到弱依次为:钢渣、无烟煤、生物陶粒、砾石、蛭石、页岩、沸石、陶瓷滤料;

(4) 简单综合基质对原污水中的有机物、磷、氮的去除效果,八种基质综合去除能力由强到弱依次为:无烟煤、钢渣、沸石、生物陶粒、蛭石、陶瓷滤料、砾石、页岩;

(5) 在八种基质处理水的物化指标方面,无烟煤出水呈弱酸性,TDS 浓度较高,离子浓度、电导率及盐度均偏高;钢渣出水呈强碱性,TDS 浓度非常高,电导率、离子浓度及盐度均很高;其他基质出水正常;

(6) 在去除原污水中细菌总数方面,八种基质均有较好的去除效果,其中钢渣最好,出水几乎检不出细菌总数,而无烟煤相对较差;

(7) 在运行指标方面,在整个实验周期中,蛭石和砾石对各种污染物的去除效果波动性较大,而沸石、无烟煤、钢渣、生物陶粒对各种污染物的去除效果比较稳定；

（8）总体上讲，八种基质对有机物的去除机制主要集中于物理作用和生物作用；对氮的去除机制主要集中于生物作用和物理作用；对磷的去除机制主要集中于物理作用和化学作用；但不同基质略有不同，如钢渣和无烟煤的处理机制主要集中于化学作用和物理作用；而其他六种基质基本上是物理、化学与生物反应共同作用；

（9）对于钢渣和无烟煤这两种综合处理效果良好的基质，应多加注意其处理机制和出水物化特性；钢渣基质在处理污水过程中有大量 OH^- 和（或）二价还原性 Fe^{2+} 释放进入到处理水体中，出水呈强碱性，其处理污染物的主要机制应该为化学作用（离子交换、化学沉淀、物理吸附化学）与物理作用（物理过滤、物理吸附）的共同作用；无烟煤基质处理污水过程中有部分 H^+ 和（或）氧化性金属阳离子释放进入到处理水体中，出水呈弱酸性，其处理污染物的主要机制也应该为化学作用（离子交换、物理吸附化学）与物理作用（物理过滤、物理吸附）的共同作用，生物反应虽也起作用，但不是其主要的处理机制；

（10）根据一年多基质实验的运行和指标监测情况，综合考虑湿地运行的各种影响因素，可以得出初步的结论：无烟煤、沸石、生物陶粒可作为高效的垂直流人工湿地基质；钢渣、蛭石、陶瓷滤料可作为垂直流人工湿地的辅助基质；而砾石和页岩作为基质，不太适宜于在垂直流人工湿地中使用；

（11）八种基质针对某一种具体污染物成分的处理效果参见表 5.5。

2. 八种基质成分分析果

通过以上对八种基质实验前后组成成分的定量、定性分析，我们可以得出以下几点结论：

（1）在基质的组成成分方面，沸石、页岩、蛭石、砾石、陶瓷滤料的基质组成较为稳定，实验前后变化不大；无烟煤、钢渣、生物陶粒的组成成分有一定的变化。

（2）几种综合处理效果较好的基质中，无烟煤基质的组成以 C 和 S 为主；钢渣基质的组成以 Ca 和 Si 为主；沸石基质的组成以 Si 和 Al 为主；而处理效果最差的页岩基质，其组成虽也以 Si 和 Al 为主，但 Fe 和 Mg 的含量较其他基质要高。

（3）在去除机制方面，结合基质组成成分的变化，可以分析其去除机制：沸石、页岩、蛭石、砾石、陶瓷滤料、生物陶粒以物理作用为主，而钢渣和无烟煤以化学反应为主。

（4）沸石、页岩、钢渣和生物陶粒具有一定的吸附有毒金属元素的作用，该特性有待进一步研究，使这些基质具有更为广泛的处理能力。

3. 八种基质堵塞影响实验结果

对供试的八种基质的水力学检测指标（水头损失、水力停留时间）、基质特性检测指标（孔隙率、渗透系数、含水率、基质中有机质含量）以及系统进出水流量监测指标进行实验，分析得出不同基质对湿地堵塞的影响程度，为供试基质的实际运用提供了理论依据，并对基质是否能稳定、长效的运用于垂直流人工湿地进行了分析。得出如下结论：

（1）系统水头损失和水力停留时间可以反映湿地内的堵塞情况，八种基质中，生物陶粒、钢渣、沸石和蛭石的堵塞情况不明显，而砾石的堵塞情况较为严重；不同基质堵塞机制不同。

（2）基质自身结构特性会影响到堵塞，对不同基质的孔隙率、渗透系数、含水率以及有机质进行测定与综合分析，结果表明，页岩和砾石对堵塞的影响较大；相对其较好的处理率而言，无烟煤的孔隙率和含水率较小，值得注意；

（3）通过对系统进出水流量的监测与分析发现，页岩和砾石基质中由于堵塞的发生，其进出水平均流速、流量与累计流量受到较大影响；而蛭石基质有较好的持水度与容水度，可利用此特性提高其处理效果。

第6章 IVCW复合系统

6.1 IVCW组合工艺系统的比较

6.1.1 组合工艺系统的各处理单元组成

为了比较各组合的效果,开展了IVCW与其他湿地组合小试系统的比较研究:

推流床湿地:体积尺寸为2m×1m×1m(长×宽×高)。床内碎石粒径3～5cm,碎石层厚70cm。床内种植美人蕉,种植密度为18株/m²。

好氧塘:体积尺寸为2m×1m×1m(长×宽×高),水深0.4m。

兼性塘:体积尺寸为2m×1m×1m(长×宽×高),水深1.0m。

下行流-上行流湿地:湿地基本结构及水流方式见第2章,但基质组成有所不同。下行流池基质由上至下为粒径4～8mm,厚度50cm;粒径16～32mm,厚度20cm;上行流池由上至下为粒径1～4mm,厚度25cm;粒径4～8mm,厚度15cm;粒径16～32mm,厚度20cm。下行流池最上层未采用较4～8mm更细的砂,基质最上层发挥着过滤污水中悬浮物的作用,为了避免上层截留过多颗粒物导致基质堵塞,同时也为了充分发挥整个基质层的过滤作用,此次试验改用较粗的砂。上行流池的基质包括三层,即在最细砂层下面增加了一层粗砂,目的也是为了提高基质整体的去污能力,从而使各层基质均发挥净化作用。湿地中种植的植物有香蒲、美人蕉、薏苡。

6.1.2 组合系统的工艺流程

为了解和掌握不同组合工艺的功能和净化效果,构筑了由上述四种处理单元组成的八套试验系统(简称Z1,Z2,Z3,…,Z8),各组合工艺系统见表6.1。1、2号系统是将推流床湿地增加到下行流-上行流湿地系统中,1号系统中推流床湿地在系统的前端,可起到沉淀大颗粒物和调节水量、水流速的目的,保证后续系统稳定运行,2号系统将推流床湿地放置在系统末端,使系统中不同工艺按照好氧-厌氧-好氧的顺序组合,提高系统的处理效果,增加出水的溶解氧。3、4号系统是将塘系统与单一垂直下行流湿地相组合,以便观察塘系统与湿地组合后的净化功能。另外,兼性塘具有一定深度处理污染物的能力,将其放在系统末端以期发挥深度处理功效。5、6号系统则是将推流床湿地与单一垂直流湿地相结合,这两组间不仅可相互对照,还可以和1、2号系统相比较,若5、6号系统的净化作用被证明可靠,则不失为1、2号系统的一种简化的替代工艺。7、8号系统分别为下行流-上行流湿地和推流床湿地的单一工艺,可作为以上各系统的对照。此外,为深入研究各系统内污染物的转化与运移规律,在各系统沿水流路径上设置了若干取样孔,如图 6.1 所示。

表 6.1　湿地组合工艺系统的处理流程

Tab. 6.1　The treatment process of the integrated wetland systems

系统 Plot	工艺组合 Integrated Treatment Process
Z1	推流床湿地(美人蕉)下行流(薏苡)-上行流湿地(香蒲)
Z2	下行流(美人蕉)-上行流湿地(香蒲)-推流床湿地(薏苡)
Z3	好氧塘-下行流湿地(美人蕉)
Z4	下行流湿地(美人蕉)-兼性塘
Z5	推流床湿地(美人蕉)-下行流湿地(香蒲)
Z6	下行流湿地(香蒲)-推流床湿地(美人蕉)
Z7	下行流(美人蕉)-上行流湿地(香蒲)
Z8	推流床湿地(美人蕉)

注:括号内为构筑物基质中种植的植物种类,另外,Z4、Z6 系统中湿地部分水流为双向制,可根据需要进行水流方向的调整。

Note:Vegetation indicated in brackets were planted in the substrate of the system. The water flow in wetland of Z4、Z6 were bidirectional and could be adjusted.

各试验系统进水均为东湖茶港排污口附近污水,进水水量为 400L/d、800L/d、1000L/d 三种水平,采用间歇进水方式,即每天分三次排入系统,系统运行时间及植物生长状况见表 6.2。组合工艺系统实景见图 6.2。

表 6.2　湿地组合工艺系统试验期间的运行概况

Tab. 6.2　The performance of the integrated wetland systems during testing period

时间 Date	水力负荷/(mm/d) Hydraulic Loading/(mm/d)	备注 Remarks
2001.3.1～2001.7.1	400	植物(美人蕉)移栽初期,长势较缓。之后生长较好
2001.7.2～2001.10.10	800	各组工艺均存在工艺流程后段植物生长较前段差的状况。7 月 6 日对植物进行部分收割,并除去杂草
2001.10.11～2002.2	1000	植物出现衰败
2002.2～2002.7	1000	春季气温较往年高,植物萌发新叶且长势好
2002.7.29～8.7	1200	此试验阶段仅就组合工艺中 7 池的下行流池进行试验,其余各池同 1～7 月
2002.8.8～8.17	1600	
2002.9.4～9.13	2000	
2002.10.28～11.17	600	
2002.11.18～12.08	800	
2002.12.09～12.28	1000	

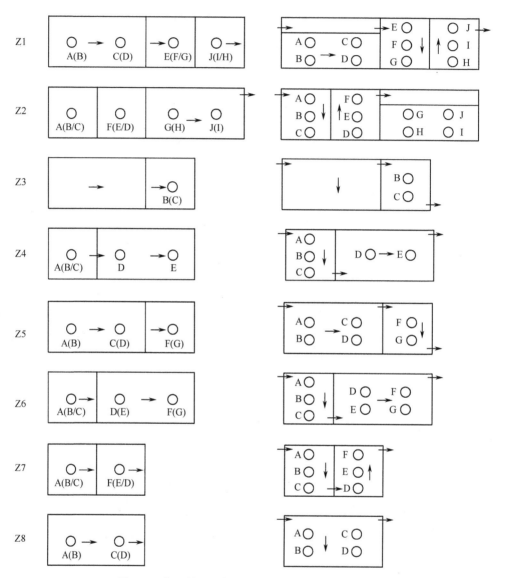

图 6.1　人工湿地组合工艺系统分层采样位点示意图

其中箭头代表水流方向，A，B，…，I，J 代表不同层次的采样点

Fig. 6.1　Diagram of sampling sites in the different integrated wetland systems

Flow direction indicated by arrow，different sampling sites indicated by letter A，B *etc*.

6.1.3　去除常规污染物的效果

八套不同工艺组合试验系统的出水水质（平均值）以及对主要污染物的平均

图 6.2　人工湿地组合工艺系统实景

Fig. 6.2　The picture of the integrated wetland systems

去除率见表 6.3 和表 6.4（采样时间为 2002.1～2002.7）。以下对各水质指标的
测定结果分别进行分析。

表 6.3　组合工艺系统出水水质

Tab. 6.3　The water quality of effluent of the plots

系统 Plots	Cond. /(μS/cm)	DO /(mg/L)	SS /(mg/L)	COD_{Cr} /(mg/L)	BOD_5 /(mg/L)	TP /(mg/L)	KN /(mg/L)
Z1	561	0.39	2.97	25.6	2.54	0.181	3.92
	(119)*	(0.06)	(1.4)	(7.8)	(1.5)	(0.06)	(0.59)
Z2	563	0.52	2.70	24.7	2.30	0.175	4.01
	(171)	(0.15)	(1.3)	(5.6)	(1.4)	(0.05)	(0.51)
Z3	550	0.72	2.96	29.0	3.88	0.179	3.41
	(172)	(0.47)	(0.3)	(8.3)	(2.0)	(0.04)	(0.68)
Z4	560	0.94	5.02	30.5	3.18	0.175	3.24
	(165)	(0.36)	(1.6)	(3.3)	(1.6)	(0.05)	(0.42)
Z5	553	0.46	2.99	30.9	3.67	0.186	4.52
	(167)	(0.12)	(0.9)	(7.1)	(1.5)	(0.08)	(0.69)
Z6	552	0.57	3.21	29.3	3.27	0.178	4.67
	(166)	(0.19)	(1.0)	(6.0)	(1.7)	(0.08)	(0.87)
Z7	550	0.47	2.86	30.4	3.33	0.193	4.33
	(169)	(0.10)	(1.3)	(5.9)	(1.9)	(0.08)	(0.92)
Z8	552	1.71	4.21	33.9	5.73	0.190	4.88
	(169)	(0.72)	(1.2)	(5.8)	(3.9)	(0.09)	(0.66)

（引自陈德强等，2003）（ Cited from Chen *et al.*，2003）

* 括号内为标准差 Standard deviation in brackets

表 6.4 组合工艺系统的净化效果

Tab. 6.4 The purification efficiency of the plots [单位(Unit):%]

系统 Plots	TSS	COD_{Cr}	BOD_5	TP	KN
Z1	73.4 (12.6)*	56.7 (13.5)	83.8 (4.7)	40.9 (7.3)	54.4 (2.1)
Z2	74.6 (12.4)	57.9 (10.0)	85.2 (2.5)	41.7 (8.2)	53.2 (1.4)
Z3	72.1 (9.5)	50.9 (14.1)	74.1 (6.5)	38.1 (18.7)	60.7 (4.8)
Z4	54.2 (13.7)	48.2 (7.8)	78.6 (7.0)	40.9 (13.4)	62.1 (4.7)
Z5	72.9 (7.7)	47.7 (14.5)	74.9 (5.7)	38.9 (14.1)	47.3 (4.0)
Z6	70.6 (10.3)	50.4 (10.8)	78.2 (7.1)	41.4 (19.1)	45.6 (7.2)
Z7	74.3 (9.7)	48.5 (10.3)	77.8 (5.3)	37.3 (9.1)	49.8 (6.4)
Z8	61.7 (9.1)	42.7 (9.7)	65.0 (5.1)	36.1 (9.8)	43.0 (4.5)

(引自陈德强等,2003)(Cited from Chen *et al.*,2003)

* 括号内为标准差 Standard deviation in brackets

1. 电导率

从表 6.3 可知,各系统出水的电导率均低于进水,说明系统对离子具有一定的去除作用。各系统出水电导率无显著差异,说明对污水中离子的去除与所采用的组合工艺关系不大。

2. DO

从表 6.3 可知,各系统出水的 DO 均低于进水,说明湿地系统在净化过程中消耗了部分氧气。Z8 系统出水的 DO 最高,原因可能有:该系统对 COD_{Cr}、BOD_5 的去除率较低,对 O_2 的消耗也少;大粒径的填料有利于充氧。Z2、Z6 系统出水 DO 明显高于 Z1、Z5 系统,说明将推流床湿地后置有利于增加出水的 DO。Z3、Z4 出水 DO 也较高,说明氧化塘也具有较好的充氧效果,除了大气中氧的扩散外,氧化塘还可通过藻类光合作用增加出水的 DO。

3. TSS

在人工湿地中 TSS 主要通过填料和植物的茎叶及根系的沉淀、过滤作用被去除。Z1、Z2、Z5、Z6 和 Z7 系统均为由两种或三种湿地组合而成的复合系统,对 TSS 具有多重的过滤、截留和沉积作用,且填料粒径较小,因而去除效果要强于填料粒径较大的 Z8 系统。有研究表明,砂作填料对 TSS 的去除效果要好于砾石填料,但容易引起堵塞,因此在增强 TSS 去除效果与解决堵塞方面,填料的粒径大小是一个重要因素。Z3 和 Z4 系统由于氧化塘中没有填料和植物的作用,对 TSS 的去除效果较差,塘中的浮游植物(如藻类)还会增加出水中的 TSS。Z3 系统中氧化塘置于下行流湿地之前,藻类可被湿地去除,因而对出水的 TSS 影响不大;但 Z4 系统为氧化塘后置,藻类导致出水的 TSS 升高,使整个系统对 TSS 的去除率降低,去除效果甚至比 Z8 系统还差。

4. COD_{Cr}、BOD_5

从表 6.4 可知,各系统对 COD_{Cr}、BOD_5 的去除率分别为 42.7%~57.9% 和

65.0%～85.2%。Z1 和 Z2 系统由于推流床具有较好的充氧效果，能有效提高湿地中氧的含量，因而对 COD_{Cr}、BOD_5 的去除效果最好。Z7 系统对 COD_{Cr}、BOD_5 的去除显著高于 Z8 系统，说明下行流湿地＋上行流湿地的组合对有机污染物的去除能力比单纯推流床湿地强。

5. TP

各系统对 TP 都具有一定的去除能力（去除率为 36.1%～41.7 %），各对照组合工艺之间对 TP 的去除无显著差异，从某种程度上说明 TP 的去除与组合工艺无关。人工湿地对磷的去除作用包括填料的吸附、植物吸收以及微生物的同化，其中最主要的是填料对磷的吸附，而整个实验系统中植物吸收对磷的去除效率影响不大。此外，氧化塘中细菌和藻类的过量摄磷对磷也有一定的去除作用。

6. KN

各系统对 KN 的去除率为 43.0%～62.1%，其中 Z3、Z4 系统的去除率明显高于其他系统，其他各套组合工艺系统间对 KN 的去除率则无显著差异。污水中的有机氮在微生物的作用下通过硝化反硝化作用而得以去除。Z3、Z4 系统的充氧效果较好，硝化能力较强，因而有利于对 KN 的去除。

从上述分析结果来看，下行流湿地＋上行流湿地＋推流床湿地系统对污水中 TSS、COD_{Cr}、BOD_5 的去除效果最好。下行流湿地＋氧化塘对 NH_3-N 的去除效果最好，但氧化塘后置时，塘中的藻类容易增加出水的 TSS。单一推流床湿地对各项指标的去除效果不如其他组合系统，但将其后置也可以提高出水的 DO。人工湿地中填料的粒径大小影响系统的充氧作用和对 TSS 的去除效果。从试验结果来看，推流床湿地的大粒径填料有利于充氧，但不利于 TSS 的去除，因此有必要通过进一步的试验来选择合适粒径的填料以同时满足充氧和去除 TSS 的需要。人工湿地中硝化作用的发生有利于 NH_3-N 的去除，但同时也会增加出水中的 NO_3^--N 浓度，采用上行流湿地可以提高对 NO_3^--N 的去除率，增强湿地系统对氮的去除能力。

6.1.4　组合工艺系统去除藻类的比较

以往研究表明，人工湿地对污水的处理效果有夏季与非夏季之分，夏季人工湿地对各项物理化学生物指标的作用更显著（吴振斌等，2002a），在不同水力负荷下，人工湿地对藻类去除效果不同（况琪军等，2000）。本研究选择夏季人工湿地组合工艺试验系统对藻类去除效果进行比较，对各系统不同层面的藻类去除率进行了探讨，评价人工湿地系统内部除藻的变化规律，为人工湿地的设计以及工艺流程的选择、组合提供参考。

1. 进出水藻类组成

对系统进水和小试各层出水的藻类定性鉴定结果表明，进水中隐藻、裸藻、栅藻、盘星藻、小环藻占藻类生物量的 80％以上。沿水流方向藻类生物量渐少，出水中主要是栅藻、小环藻和平裂藻等，数量极少。

2. 组合工艺系统不同层面藻类去除率的变化

本实验中，除 Z8 号系统（推流床湿地）对藻类的去除率不到 80％以外，其他系统对藻类的去除率都达到了 90％以上。但各套系统去除藻类的主要作用层有很大的差别。

1）Z1、Z2 号系统藻类去除率的变化

沿水流方向采样点分布：1 号推流床（A～D）、下行池（E～G）及上行池（H～J）；2 号下行池（A～C）、上行池（D～F）及推流床（G～J）。

从图 6.3 可以看出，Z1 号系统在推流床 A、B、C 三层对藻类的去除率很不稳定，分别为 97.9％、96.4％和 88.6％，水流经推流床最下层 D 层至下行池中间层 F 层达到稳定。Z2 号系统在下行池 A、B、C 三层和上行池 D、E 两层对藻类的去除作用与 Z1 号系统一样也很不稳定，分别为 85.2％、98.6％、91.1％、98.7％和 92.5％，水流经上行池上层 F 处至推流床第一层 G 处除藻率达到稳定状态。Z1 号系统对藻类的去除主要发生在推流床和下行池，上行池的作用基本不明显。Z2 号系统除藻主要是下行池、上行池和推流床湿地第一层共同作用的结果。从 Z1、Z2 号系统对藻类的最终去除率来看，区别不大。但沿系统内水流方向，藻类有可能因为营养与进水在系统内停留等而增殖。

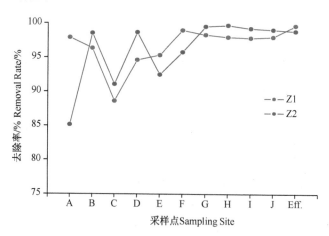

图 6.3　Z1、Z2 号系统藻类去除率比较

（引自吴振斌等，2005a）

Fig. 6.3　Comparison on the removal rate of algae in Z1、Z2

(Cited from Wu *et al.*, 2005a)

2）Z3、Z4 号系统藻类去除率的变化

沿水流方向采样点分布：3 号下行池（B、C）；4 号下行池（A~C）及兼性塘（D、E）。

图 6.4 表明，Z3 号系统在下行池至出水各层对藻类的去除率很稳定。Z4 号系统对藻类的去除率沿水流方向从下行池各层至兼性塘第一层 D 处有一个逐渐升高至稳定的过程。Z3 号系统对藻类的去除在下行池中层已达到稳定，Z4 号系统对藻类的去除则是下行池和兼性塘的前两层共同作用的结果。Z3 号和 Z4 号系统对藻类的最终去除效果相似。但沿水流方向，藻类种类有一定的变化，如在 Z4 号兼性塘各层异极藻数量较多。

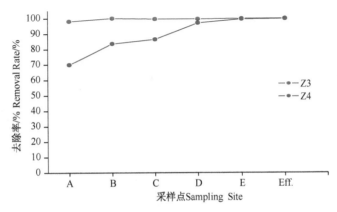

图 6.4　Z3、Z4 号系统藻类去除率比较

（引自吴振斌等，2005a）

Fig. 6.4　Comparison on the removal rate of algae in Z3、Z4

（Cited from Wu *et al.*，2005a）

3）Z5、Z6 号系统藻类去除率的变化

沿水流方向采样点分布：5 号推流床（A~D）及下行池（F、G）；6 号下行池（A~C）及推流床（D~G）。

图 6.5 表明，Z5 号系统各层对藻类的去除率较稳定。Z6 号系统各层对藻类的去除率变化比较大，去除率沿水流方向从下行池至推流床表层 D 处达到较稳定状态。Z5 号系统去除藻类的作用层主要在推流床湿地。Z6 号系统下行池对藻类的去除作用不明显，去除作用主要发生在推流床湿地的第一层。Z5 号和 Z6 号系统对藻类的最终去除率相同，但后者除藻作用主要发生在推流床第一层。

4）Z7、Z8 号系统藻类去除率的变化

沿水流方向采样点分布：7 号下行池（A~C）及上行池（D~F）；8 号推流床（A~D）。

图 6.6 表明，Z7 号系统在下行池的第一层藻类有异常增多现象，沿水

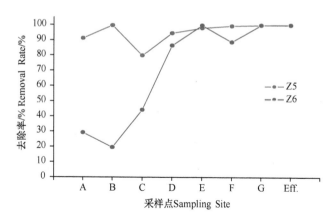

图 6.5　Z5、Z6 号系统藻类去除率比较

（引自吴振斌等，2005a）

Fig. 6.5　Comparison on the removal rate of algae in Z5、Z6

（Cited from Wu *et al.*，2005a）

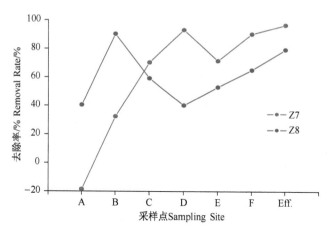

图 6.6　Z7、Z8 号系统藻类去除率比较

（引自吴振斌等，2005a）

Fig. 6.6　Comparison on the removal rate of algae in Z7、Z8

（Cited from Wu *et al.*，2005a）

流方向藻类去除率逐渐升高，在上行池第二层又有一次微弱的下降，最后达到最大去除率。Z8 号系统对藻类的去除表现很不稳定。Z7 号系统对藻类的去除是下行池和上行池共同作用的结果，但藻类在系统内有两次增殖的趋势，原因可能与 Z1 号系统相似。由推流床构成的 Z8 号系统各层除藻变动较大。

　　以上分析表明，虽然在推流床参与的系统中，推流床湿地对藻类去除所起的作用占很大比例，但如果仅有推流床湿地系统是不稳定的。以往研究表明，由下行池和上行池构成的湿地系统物理化学指标的主要作用发生在下行池，但在本次试验中藻类的去除却是下行池和上行池共同作用的结果。对于有塘系统参与的湿地，国外有在塘系统后增加湿地的污水处理系统，其处理出水要比单一的塘系统效果好（Mashauri and Kayombo，2002；Gschlöβl *et al.*，1998）。在湿地系统后增加一个塘系统，还未有这方面的报道。组合工艺 Z3、Z4 号考虑到了塘的作用，在湿地前后各增加一个塘处理系统。好氧塘和兼性塘在一定程度上改变了进水的藻类种类，但藻类的去除效果相似，处理效果均在 90% 以上。今后可考虑在湿地处理系统前后增加一个塘系统。

植物在人工湿地中的作用已有研究论述（Brix，1997）。在本试验各次实验中，每两套系统种植植物类型相同，可推测，同类型植物对藻类去除的影响相似。

对于藻类的去除作用，试验表明，主要发生在前面几层，基质截流应该起主要作用。但不同水流方向对藻类的去除也有一定作用。

以往一些研究表明，湿地的处理效果主要集中在 0～20cm 这一层（成水平等，1999）。该层是植物根系比较发达和微生物数量较丰的一层，本试验中这个深度在取样第一层内，因此推测植物和微生物在藻类去除中也发挥了一定作用。

3. 不同水力负荷下组合工艺系统对藻类的去除

人工湿地和稳定塘相结合已被用于处理制浆造纸废水（韩勤有等，2003）、生活污水等（曹向东等，2000；陈韫真和叶纪良，1996），然而人工湿地、稳定塘等生态工程对藻类去除效率的研究并不多见（况琪军等，2000；万登榜等，1999；杨昌凤等，1993），两种以上生态工程组合系统的除藻效率、运行负荷等方面的研究更少。本研究以水平流碎石床、垂直流湿地及稳定塘等不同工艺组合的试验系统为研究手段，通过对不同冲击负荷和不同季节下各处理系统除藻效果的研究，探讨了不同类型生态工程及其组合系统对藻类的去除效率及最佳运行参数。

不同水力负荷条件下各处理系统的进、出水藻类浓度见表 6.5，藻类测定不同于一般水化学指标，其浓度表示有数量浓度和生物量浓度两种方法，相同数量浓度的藻类因其种类个体差异而具有不同的生物量浓度，反之亦然。因此，当监测进出水藻类浓度和藻类去除效率时，必须选择适宜的指标以反映各系统的真实运行状况。各系统的除藻效率如图 6.7 和图 6.8，当以生物量为监测指标时，水力负荷为 800mm/d 时各处理系统的除藻率均达到最高；当以数量为监测指标时，水力负荷为 600mm/d 时的除藻率最高；当水力负荷增大到 1000mm/d 时，各处理系统的除藻效率均不理想。

表 6.5　不同水力负荷下组合工艺试验系统进水和出水的藻类浓度

Tab. 6. 5　Algae concentrations of the influent and effluent in the
experimental systems by different HLR

水力负荷 HLR 藻类浓度 Algae Density	600 mm/d		800 mm/d		1000 mm/d	
	数量 /(10⁴ cell/L) Number /(10⁴ cell/L)	生物量 /(mg/L) Biomass /(mg/L)	数量 /(10⁴ cell/L) Number /(10⁴ cell/L)	生物量 /(mg/L) Biomass /(mg/L)	数量 /(10⁴ cell/L) Number /(10⁴ cell/L)	生物量 /(mg/L) Biomass /(mg/L)
Z1 出水 Z1 Effluent	277.0 (39.6)	0.828 (0.12)	60.5 (6.8)	0.051 (0.01)	31.2 (2.1)	0.028 (0.01)
Z2 出水 Z2 Effluent	248.4 (43.4)	0.827 (0.06)	23.9 (6.8)	0.015 (0.01)	20.5 (5.4)	0.017 (0.01)
Z3 出水 Z3 Effluent	179.1 (19.5)	0.402 (0.09)	30.2 (5.9)	0.023 (0)	12.7 (0.1)	0.009 (0)
Z4 出水 Z4 Effluent	148.8 (15.6)	0.324 (0.02)	52.5 (3.4)	0.031 (0.02)	36.5 (5.9)	0.035 (0.01)
Z5 出水 Z5 Effluent	168.8 (19.4)	0.723 (0.14)	23.9 (3.3)	0.077 (0.01)	28.7 (2.4)	0.032 (0.02)
Z6 出水 Z6 Effluent	150.4 (6.4)	0.710 (0.13)	35.0 (3.7)	0.039 (0.01)	11.1 (2.7)	0.015 (0)
Z7 出水 Z7 Effluent	191.0 (19.2)	0.799 (0.08)	27.1 (2.5)	0.019 (0.02)	33.4 (3.8)	0.022 (0.01)
Z8 出水 Z8 Effluent	304.9 (10.6)	0.910 (0.66)	44.6 (4.1)	0.099 (0.04)	23.9 (1.1)	0.027 (0.01)
进　水 Influent	749.8 (54.3)	1.380 (0.33)	89.2 (3.7)	0.150 (0.03)	39.8 (3.4)	0.041 (0.01)

（引自吴振斌等，2006a）(Cited from Wu *et al*.，2006a)

括号内为标准差 Standard deviation in brackets

　　同期测定的 TSS、N、P 等化学指标结果显示，水力负荷为 800mm/d 时的出水水质优于 600mm/d 及 1000mm/d 时的出水，因此在进行藻类监测时，以生物量浓度为指标能更真实准确地反映水质状况。与其他水处理工程相似，生态工程对进水的处理能力不是无限的，过高的水力负荷将影响出水水质；与多数水处理工程不同的是，过低的水力负荷也将影响生态工程的出水水质，这是由生态工程的工作原理决定的。不论是湿地系统还是稳定塘系统，都需通过生物的作用吸收或分解进水中过多的营养物质，若进水的浓度过低，不能满足生物生长的需要，生物将处于较低的新陈代谢水平和不良的生长状况，从而降低系统的净化能力，并最终影响系统出水水质。

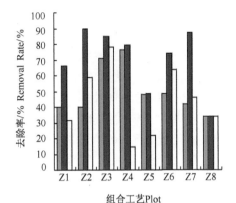

图 6.7　不同水力负荷下组合工
艺系统对藻类生物量的去除率
（引自吴振斌等，2006a）
Fig. 6.7　Removal rate of algae bio-
mass by different hydraulic loading
(Cited from Wu *et al.*，2006a)

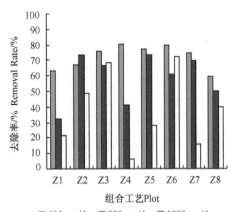

图 6.8　不同水力负荷下组合工艺
系统对藻类数量的去除率
（引自吴振斌等，2006a）
Fig. 6.8　Removal rate of algae number
by different hydraulic loading
(Cited from Wu *et al.*，2006a)

从各处理系统的抗冲击能力来看，Z3 号和 Z8 号在各水力负荷下运行较稳定，对藻类的去除率变化不大，具有一定的抗冲击能力。水力负荷的变化对不同生物系统的冲击效应各不相同。比较组成单元不同的各组发现：由 Z1 号和 Z2 号组成的湿地组合系统，在最佳水力负荷下的除藻效果都明显优于其他水力负荷，说明湿地组合对水力负荷的变化较敏感，适宜的水力负荷可大大提高湿地系统的去除效率。Z7 号下行-上行流湿地与 Z1、Z2 号湿地组合系统一样表现出对最适水力负荷的依赖性，处于最适水力负荷下的 Z7 号处理系统的除藻效率在八套系统中处于较高水平（与 Z2 号系统相同）。Z8 号水平流碎石床系统虽具有一定的抗冲击负荷的能力，但其除藻效率较低，基本为所有处理系统中的最低水平，这可能因为水平流碎石床湿地填料粒径较大，导致系统对藻类滤过作用的降低。对组成单元相同而流程不同的三组对照组合进行组内比较发现：同为稳定塘＋下行流湿地的组合，Z3 号系统中前置的稳定塘有良好的抗冲击负荷能力，因负荷增高而增生的稳定塘中的藻类，被紧随其后的下行流湿地去除；而 Z4 号处理系统的稳定塘处于下行流湿地之后，湿地未完全去除的小型藻类可能刺激了稳定塘中藻类的生长，从而增加了出水的藻类浓度，影响整套系统对藻类的去除效果。同为碎石床水平流湿地＋下行流湿地的组合，下行流湿地置于水平流碎石床湿地前的 Z5 号系统，不仅除藻效率较高，而且抗高冲击负荷能力较强。

4. 不同季节各组合系统的除藻效率比较

不论是湿地系统还是稳定塘系统，对各种污染物的去除效果均与系统内生物的生长状态密切相关，因此不同季节各生态工程系统对藻类的去除效果区别较大，受试系统冬季的运行状况是生态工程处理效果的重要评价指标。本实验测定了在最适水力负荷（800mm/d）下，不同季节时各受试系统的除藻效率（表6.6）。实验结果显示：夏季，系统内各种生物处于新陈代谢的最旺盛时期，对进水中污染物的去除效率明显高于其他季节，此时各系统的除藻效率均达到90%以上；冬季，随着湿地植物地面部分的死亡和稳定塘中水温的下降，各组合系统的除藻效率明显降低，仅Z2号组合系统的除藻率仍能达到90%，Z3、Z4、Z6、Z7号组合系统的除藻率超过70%，Z5号和Z8号系统的除藻率则降至50%以下。春季和秋季的除藻效率也较好，一般都有在80%以上；春季的除藻效果优于秋季，这可能是由春、夏季湿地系统对磷的去除率高于秋季造成的（House et al.，1994）。冬季湿地处理系统的除藻作用可能源自两个方面：①填料的滤过作用；②湿地植物地下根系、基质微生物等的吸附降解作用（Stottmeister et al.，2003）。

比较各组合系统除藻率的季节变动，尤其是秋、冬季的下降趋势可以发现：水平流碎石床湿地系统前置的Z1号、Z5号和Z8号系统除藻效率受季节影响较大，而同样的季节变化则对水平流碎石床湿地系统后置的Z2号和Z6号影响不大。全年运行稳定，受季节影响最小的为Z2号和Z7号系统。

表6.6 各组合工艺系统在不同季节对藻类的平均去除率

Tab. 6.6 Average algae removal rate of the treatment systems in different seasons

系统 Plot	春季 Spring	夏季 Summer	秋季 Autumn	冬季 Winter	平均 Average
Z1	98.54	99.94	87.46	66.00	87.99(15.68)
Z2	98.56	99.98	94.73	90.00	95.82(4.47)
Z3	72.99	99.66	85.17	84.67	85.62(10.92)
Z4	83.21	94.10	81.52	79.33	84.54(6.57)
Z5	97.81	98.74	76.38	48.67	80.40(23.54)
Z6	99.64	99.30	88.61	74.00	90.39(12.07)
Z7	90.88	99.11	89.14	87.33	91.62(5.20)
Z8	86.35	96.38	77.85	34.00	73.65(27.49)

（引自吴振斌等，2006a）（Cited from Wu et al.，2006a）

在八套系统中，Z1号、Z2号、Z6号和Z7号的除藻效率明显高于其他受试系统，表明下行流湿地置于其他类型湿地之前的组合系统对藻类去除效果较好。进一步分析表明，Z2号除藻效率最高，其次为Z7号，这两套系统的组合工艺分别为下行流–上行流–水平流碎石床湿地和下行流–上行流湿地，说明下行流–上行流湿地组合对藻类的去除效率高于其他组合形式，这一结论与该小试系统对TSS、COD_{Cr}、BOD_5等指标的测定结论相同（陈德强等，2003）。Z1号系统的组合工艺中也含有下行流–上行流湿地，其除藻率的年平均值却明显低于Z1号、

Z7 号系统，这是因为前置的水平流碎石床系统导致秋、冬两季该系统除藻率大幅下降，若仅以春、夏季进行比较，该组合系统的除藻率也较高。

对藻类去除效果最差的为 Z8 号水平流碎石床湿地系统，如前所述，该系统的大粒径填料是导致除藻效率低下的主要原因，这一结果与该系统对 TSS 的去除效果相符（陈德强等，2003）。兼性塘后置的 Z4 号系统的除藻效率低于好氧塘前置的 Z3 号系统，可能是稳定塘中的藻类引起出水中藻类含量升高，说明该单元前置更有利于系统除藻。

稳定塘是利用微生物与藻类的互生关系来分解有机污染物的处理系统。微生物主要利用藻类产生的氧，分解流入塘内的有机物，分解产物中的二氧化碳、氮、磷等无机物，以及一部分低分子有机物又成为藻类的营养源；增殖的菌体与藻类又可以被微型动物所捕食。因此，稳定塘对进水藻类的去除主要通过微型动物捕食和营养源浓度的降低来实现。人工湿地对水质的净化主要依靠微生物、植物、填料的同化、分解、截流、吸收、吸附、过滤等作用（吴晓磊，1995）。两种系统的作用原理表明，垂直流人工湿地系统对藻类的去除效果优于稳定塘，稳定塘对 TSS、BOD_5 有较好的去除作用。不同系统的有机组合将取长补短，使各系统的处理功能达到最佳效果。

综上所述，可得出以下结论：

（1）由水平流碎石床湿地、下行流湿地、上行流湿地、好氧塘和兼性塘等不同生态工程单元组合成的八套小试系统均具有较高的除藻效率，全年运行稳定，可应用于富营养化水体藻类的去除。

（2）不同类型生态工程的组合方式决定了组合系统的除藻率。下行流-上行流湿地组合对藻类的去除效果优于其他组合；水平流碎石床湿地对藻类的去除效果略差；稳定塘后置可能降低组合系统的除藻率。

（3）小试组合系统对藻类的去除效率随水力负荷的不同而变化明显。当水力负荷为 800mm/d 时，各处理系统对藻类生物量的去除效率均达到最高。好氧塘＋下行流湿地系统、水平流碎石床系统的抗冲击负荷能力强，在不同水力负荷下除藻率变化不明显。

（4）季节变化对小试组合系统除藻率的影响程度不同。下行流-上行流湿地组合受季节影响不明显，全年运行稳定；水平流碎石床湿地的除藻率随季节变动较明显，该单元的前置会影响组合系统的季节稳定性。

6.1.5　组合工艺系统浮游动物群落动态

本研究探讨不同水力负荷条件下组合系统对浮游动物的影响，并比较不同季节各组合工艺系统对浮游动物的作用效果，为各系统的净化效果评价和优化组合提供参考。

1. 不同水力负荷下组合工艺系统对浮游动物的作用

1) 进出水的浮游动物种类组成

进水中浮游动物多为东湖的常见种，桡足类剑水蚤（*Cyclops* sp.），枝角类多为隆线溞（*Daphnia carinata*）、裸腹溞（*Moina* sp.）、矩形尖额溞（*Alona rectangula*）、低额溞（*Simocephlaus* sp.）和船卵溞（*Scapholeberis* sp.），轮虫类多为轮虫（*Rotaria* sp.）、臂尾轮虫（*Brachionus* sp.）、晶囊轮虫（*Asplanchna* sp.）、叶轮虫（*Notholca* sp.）和单趾轮虫（*Monostyla* sp.）等，原生动物有变形虫（*Amoeba* sp.）、砂壳虫（*Difflugia* sp.）、草履虫（*Paramecium* sp.）、钟虫（*Vorticella* sp.）、吸管虫（Suctoria）和一些纤毛虫（Ciliata）。由图 6.9 可以看出，在不同的水力冲击负荷下，进水中的浮游动物种类有所不同。

出水中除了 Z4 有大量的大个体桡足类和枝角类隆线溞外，其余各组合系统仅有少量的桡足幼体和无节幼体；小型枝角类裸腹溞、尖额溞、低额溞和船卵溞

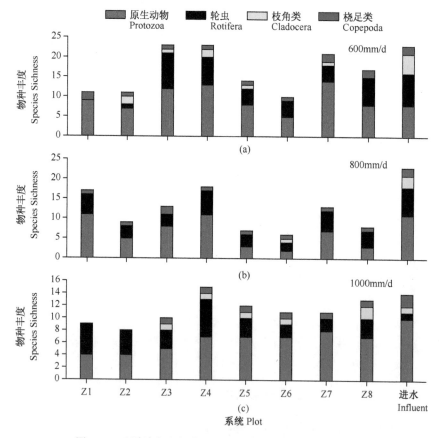

图 6.9　不同的水力负荷下进出水的浮游动物的种类组成

Fig. 6.9　Species of zooplankton in influent and effluent under different hydraulic loading

及其幼体；轮虫的种类没有太大的变化，亦为臂尾轮虫和轮虫等，但在数量上明显减少；原生动物多为纤毛虫类。出水中还出现了一些营底栖或固着生活的种类，如猛水蚤（*Harpacticoida*）、鞍甲轮虫（*Lepadella* sp.）、长足轮虫（*Rotaria neptunia*）等。比较同一负荷下的出水，图 6.9（a）显示，除 Z3 和 Z4 与进水基本持平外，其余的均明显降低，这主要是因为 Z3 前有好氧塘，Z4 后有兼性塘，一方面为浮游动物的生存和繁殖提供有利条件，另一方面使处理流程缩短。（b）图显示各组合工艺系统的出水比进水的种类均有不同程度的减少。（c）图 Z4 的种类出水多于进水，其余系统的种类稍有下降。而就不同的组合工艺系统而言，Z2、Z5 和 Z6 作用效果最明显。

2）不同的水力冲击负荷条件下各组合工艺系统对各类浮游动物的影响比较

图 6.10 显示不同工艺组合对大型浮游动物枝角类和桡足类的影响较大，一般出水浮游动物占进水的 30％以下；对小型浮游动物轮虫和原生动物的影响小一些。图 6.10（b）中水力负荷为 800mm/d 时各类浮游动物的影响较明显，（a）图中 Z4 出水的枝角类和（c）图中 Z3 出水的桡足类和 Z4、

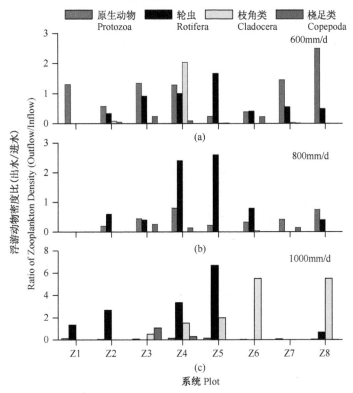

图 6.10　不同的水力负荷条件下组合工艺对浮游动物密度的影响

Fig. 6.10　Effects of combination systems on zooplankton density under different hydraulic loadings

Z5、Z6、Z8 出水的枝角类均比进水高，其出水的浮游动物与进水浮游动物比值均大于 1。在水力负荷为 600 mm/d 时，除 Z2 和 Z6 外，其他系统原生动物或轮虫的出水密度与进水密度的比均大于 1，而 Z4 枝角类的数值更是超过了 3；在水力负荷为 800 mm/d 时，Z4 和 Z5 出水中轮虫的密度与进水的比大于 1，Z5 轮虫的增殖比 Z4 更甚；在水力负荷为 1000 mm/d 时，Z2、Z4 和 Z5 出水中轮虫的密度以及 Z6 和 Z8 出水中枝角类的密度远远高于进水，其比值最高达到 6 以上。

　　3）不同水力负荷条件下组合工艺系统对浮游动物种类及数量的影响比较

　　图 6.11 显示各组合工艺系统出水的浮游动物生物量较进水均明显降低，而浮游动物密度的变化趋势和生物量的变化趋势不一致。在水力负荷 600 mm/d 时，出水中的密度与进水相当或高于进水（除 Z2、Z5、Z6 外），主要是原生动物密度的增加所致；在水力负荷 800 mm/d 时，浮游动物密度变化的幅度不如生物量的变化幅度大，这主要是因为进水的大型浮游动物生物量大约占总生物量比例的 90% 以上，而出水的生物量多数在 20% 以下（除 Z3 组合工艺为 43%）；在水力负荷 1000 mm/d 时，出水的浮游动物变化趋势与水力负荷 800 mm/d 时基本相同，由于进水原生动物密度的剧增，导致进水浮游动物的密度较前两次高，从出水的生物量和密度变化看，影响显著。结合图 6.12，从各系统出水浮游动物与进水浮游动物生物量的比值的变化趋势看，当水力负荷为 800 mm/d 时，浮游动物受到的影响较大（除 Z1 在水力负荷 1000 mm/d 时受到的影响大一些）。对于不同的工艺组合，Z2、Z6 和 Z7 较其余的系统作用效果更显著。

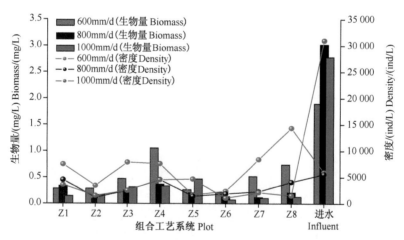

图 6.11　不同的水力冲击负荷下进出水浮游动物的生物量和密度的变化

Fig. 6.11　Changes on biomass and density of zooplankton in
influent and effluent water with hydraulic loading

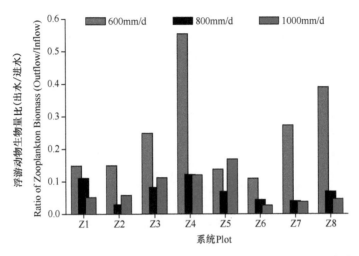

图 6.12　不同的水力冲击负荷下组合工艺系统对浮游动物生物量的影响比较

Fig. 6.12　Effects of combination systems on zooplankton biomass
under different hydraulic loadings

2. 不同季节组合工艺系统对浮游动物群落结构的影响

在不同的季节，随着温度的变化，浮游动物的种类变化很大，春、秋季节的进水中种类丰富；冬、夏季种类相对较少。冬、春季节常出现的种类有：草履虫、钟虫、角突臂尾轮虫（*Brachionus angularis*）、蚤状溞（*Daphnia pulex*）、近邻剑水蚤（*Cyclops vicinus vicinus*）；夏、秋季节的常见种：臂尾轮虫、隆线溞、网纹溞（*Ceriodaphnia* sp.）、台湾温剑水蚤（*Thermocyclops taihokuensis*）、中剑水蚤（*Mesocyclops* sp.）。出水中多为小个体的原生动物，如纤毛虫类、轮虫、角突臂尾轮虫等，少量的沿岸型种类，如尖额溞、盘肠溞（*Chydorus* sp.），和底栖型种类猛水蚤以及无节幼体和桡足幼体。

进水浮游动物优势种在不同季节有所变化，个体大小也有所不同，但出水浮游动物的密度和生物量以及各组合工艺系统对浮游动物的去除都显示了作用效果的稳定性（图 6.13 和图 6.14）。图 6.13 显示了出水中浮游动物密度和生物量的动态变化，秋季是作用效果最明显的季节；从图 6.14 中去除率的变化看，春、夏和秋季的作用效果相当，都在 80％ 以上或接近 100％，秋季稍好于其他季节。冬季的去除率较低（有负值出现外）。在秋季，各组合工艺系统对浮游动物的影响较大，二者具有较好的一致性。图 6.13 中 Z4 生物量最高，而密度相对较小，主要是因为后置的兼性塘为浮游动物的生存繁殖提供了有利条件；Z7 和 Z8 的密度高、生物量低，是由大量原生动物的存在所致。

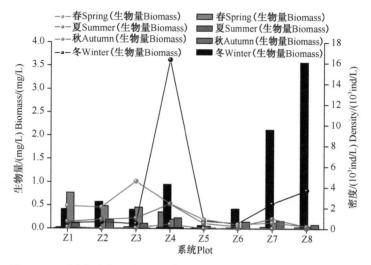

图 6.13　不同的季节组合工艺作用下的浮游动物生物量和密度的变化

Fig. 6.13　Changes on biomass and density of zooplankton
by combination systems in different season

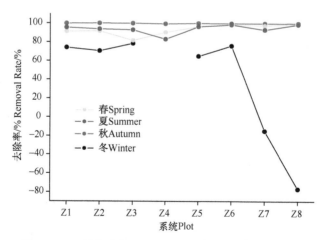

图 6.14　不同的季节组合工艺系统对浮游动物的去除率

Fig. 6.14　Removal rates of zooplankton by comb-
ination systems in different seasons

6.2　SMBR 和 IVCW 复合系统

IVCW 已在许多类型污水的处理上取得了较好的净化效果，但是作为一种生态工程，IVCW 在某些情况下应用受到限制，如不能处理高浓度或者污染负荷较高的污水。因此，探索与其他处理技术的有效结合将充分发挥人工湿地的功效，对其应用及发展具有重要意义。

　　基于以上考虑，我们开展了生物-生态组合处理模块化研究，以期得到经济高效的运行模式。以一体式膜生物反应器（submerged MBR，SMBR）作为生物处理的单元，IVCW 作为生态净化的单元，进行 SMBR-IVCW 组合工艺的研究，来寻求污水处理的新模式。预想首先进行实验规模 SMBR-IVCW 的组合工艺研究，然后将结果应用于工程实践规模的污水处理，来探索经济有效的污水处理回用途径。

6.2.1　一体式膜生物反应器

　　膜生物反应器（membrane bioreactor，MBR）是一种将膜分离单元和生物处理单元结合的新型水处理技术，近几十年来得到迅猛发展。SMBR 是将膜组件浸没于生物反应器中，通过底端曝气冲刷膜面，并通过抽吸作用将渗透液移出（Cote and Thompson，2000；Behmann et al.，2000）。膜组件良好的固液分离效果，使 SMBR 可保持较高的生物量和较长的污泥龄，因此具有较强的生化降解能力。与传统废水生物处理工艺相比，SMBR 具有生化效率高、有机负荷高、污泥负荷低、出水水质好、设备占地面积小、便于自动控制和管理等优点。

　　近十年来，SMBR 应用于行业污水的处理与回用愈加广泛，包括家庭生活污水（Ueda et al.，1996）、城市污水（Rosenberger et al.，2002；徐元勤等，2003）、垃圾渗滤液（Ahn et al.，1999）、制革废水（Yamamoto and Win，1991；Munz et al.，2007）、蜜糖酒精废水（张虹等，2004）、洗车废水（庞金钊等，2003）、抗生素发酵废水（孙振龙等，2003）、医院污水（Wen et al.，2004）、电镀车间废水（Blocher et al.，2004）、农药废水（陈英文等，2003）、中药废水（王敏和雷易，2003）、印染废水（Schoeberl et al.，2005）、采油污水（冯久鸿等，2003）、屠宰废水（刘旭东和王恩德，2004）、食品废水（Wang et al.，2005）、制药废水（Benítez et al.，1995；白晓慧和陈英旭，2000）、化工废水（崔学刚等，2002；杨琦等，2000）、焦化废水（耿琰等，2002）、微污染水源水（Li and Chu，2003）等，而且在世界范围内许多实际工程中得到成功应用（Stephenson et al.，2000；张树国和李咏梅，2003）。尽管目前膜污染、膜成本较高限制了 SMBR 工艺的发展，但是随着膜制造工艺的发展，SMBR 在水处理行业必将有更大的发展空间。

　　在 SMBR-IVCW 复合系统的工艺集成实验研究中，以简单的筛网代替实际工程中的一级处理单元（格栅、沉淀池等），将 SMBR 作为污水二级处理的典型代表，IVCW 作为深度处理单元，形成一套完整的污水三级处理过程。着重研究以下几个问题：①SMBR-IVCW 复合系统是否较独立的二级SMBR 单元＋三级 IVCW 单元有优势？②若有优势，优势表现在哪里？③SMBR、IVCW 两单元可以有何种组合模式？各种组合模式所适合的应用条件是什么？

6.2.2　SMBR-IVCW 试验装置和工艺流程

　　SMBR-IVCW 试验装置和工艺流程如图 6.15 所示，由 SMBR 和 IVCW 两个相对独立的单元组成，其中 SMBR 单元有效体积为 320L；膜组件采用聚偏氟乙烯（PVDF）中空纤维帘式膜，总膜面积为 4m²；膜组件两侧分别设置 PVC 挡板，使得 SMBR 中活性污泥溶液在曝气及挡板作用下形成均匀的环流。IVCW单元由下行池、上行池构成，且下行池比上行池高 10cm；两池均填入直径为0.5～2mm 的细砂，分别栽种美人蕉和菖蒲。污水采用连续进水方式，首先经过筛网去除头发、大颗粒等不溶固体物，然后由高位水槽进入 SMBR 中，经活性污泥降解后，在泵抽吸下渗透过膜，流经二级出水管进入 IVCW 进水管中，之后依次经过 IVCW 的下行池、上行池，通过植物、基质、微生物的共同作用去除部分营养物质，最终从上行池集水管排出。

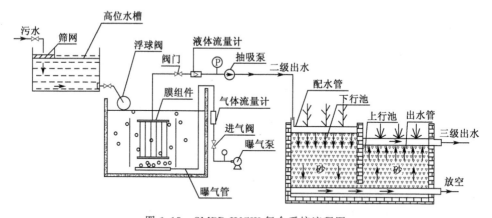

图 6.15　SMBR-IVCW 复合系统流程图

Fig. 6.15　Schematic diagram of the combined system of SMBR-IVCW

　　SMBR 在相对稳定的操作条件下运行（Wu *et al.*，2007e）：污泥浓度（MLSS）为 $7.0 \pm 0.5 \mathrm{g/L}$；曝气量（Q）为 $6 \pm 0.5 \mathrm{m^3/h}$；泵抽吸/停抽时间（t_R/t_S）为 4 min/1 min；反应器上升流区/下降流区面积比（A_r/A_d）为 1.7；污泥停留时间（SRT）为 25～30d；整个 SMBR-IVCW 系统的环境温度维持在 25～35℃。IVCW 填充基质的种类、粒径大小、填充深度，上/下行流池

的植物选栽、种植密度，IVCW 的进水方式及频率均参照长期研究的基础及经验来确定（吴振斌等，2003a；詹德昊，2003a；付贵萍，2002）。实验设置不同的水力负荷组合（表 6.7），每组条件下系统稳定运行一个月，进水水质维持相对稳定。

表 6.7　SMBR-IVCW 复合系统水力负荷组合实验条件
Tab. 6.7　Experimental conditions of the system of SMBR-IVCW
in different hydraulic loadings

进水 Influent	组合 Runs	SMBR			IVCW		SMBR-IVCW
		HLR /(L/d)	Jv /[L/(m² · h)]	HRT$_1$ /h	α /(mm/d)	HRT$_2^a$ /h	HRT^b /h
	R1	500	5.2	15.4	125	34.56	49.96
	R2	750	7.8	10.2	187.5	23.04	33.24
高浓度	R3	1000	10.5	7.7	250	17.28	24.98
High	R4	1250	13.0	6.2	250	17.28	23.43
Concentration	R5	1500	15.6	5.1	375	11.52	16.62
	R6	1500	15.6	5.1	187.5	23.04	28.14
	R7	1000	10.5	7.7	375	11.52	19.22

a. IVCW 中基质孔隙率取 0.36；b. HRT＝HRT$_1$＋HRT$_2$

a. The porosity of the substrate is 0.36；b. HRT＝HRT$_1$＋HRT$_2$

6.2.3　SMBR-IVCW 复合系统水力负荷组合条件优化

考虑到在实际工程设计和应用中，水力负荷是衡量和评价 SMBR、IVCW 两种工艺处理效率及经济成本的主要参数，因此，对 SMBR-IVCW 复合系统首先从水力负荷上考察两者进行组合的可能性与潜在的优势，并从运行稳定性、总体净化效果来寻求 SMBR-IVCW 复合系统的优化水力负荷组合方式。

SMBR-IVCW 复合系统的运行稳定性主要体现在 SMBR 单元的膜污染程度以及 IVCW 单元的堵塞情况。在此复合系统中，当 IVCW 作为深度处理单元时，由于进水中有机物浓度、TSS 均较低，IVCW 没有出现堵塞的情况。因此，系统的运行稳定性主要由 SMBR 单元中代表膜污染程度的膜压差上升速率 K（即跨膜压差随时间的变化率）来表征（桂萍等，1999）

$$K = \frac{\Delta TMP}{\Delta t} \tag{6.1}$$

1. 不同水力负荷组合下 SMBR 中膜压差变化

图 6.16 为 7 组不同水力负荷组合条件下 SMBR 单元中膜组件 TMP 的变化情况。从图中看出，每种水力负荷下 TMP 在经历了线性增长后均趋于稳定，其

中 R6 的 TMP 在一水平直线上下波动；由于 R5、R6 的 SMBR 操作条件相同，因此 R6 中 TMP 的变化可以看作是 R5 条件下 TMP 变化的延续。如果将操作时间延长，每种水力负荷条件下 SMBR 的 TMP 最终可在相当长的时间内维持稳定。

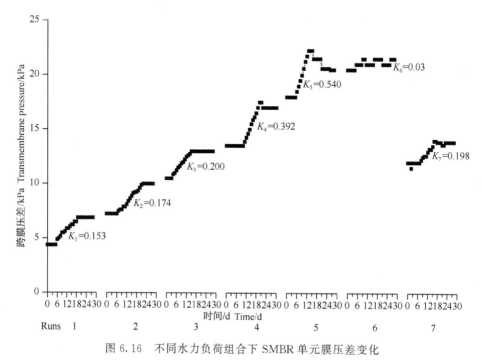

图 6.16　不同水力负荷组合下 SMBR 单元膜压差变化

Fig. 6.16　Changes on the transmembrane pressure of SMBR in different hydraulic loadings

选择每种运行条件下呈直线变化的一段 TMP 进行线性分析，求出 K。比较这些运行条件下的 K 可以发现：K 随着水力负荷的增加而增加，当水力负荷超过 1000 L/d 后，K 值增长较快；K 的绝对值均较小，表明在实验中的水力负荷范围内，SMBR 均可以保持较长时间的稳定运行。因此，着重从 SMBR-IVCW 复合系统的总体净化效果来选择较好的水力负荷组合条件。

2. 不同水力负荷组合下 SMBR-IVCW 的净化效果

以 COD、TP、TN、NH_3-N 等指标为主要评价标准，总体比较复合系统的净化效果。

1）COD 去除效果

不同水力负荷组合条件下 SMBR-IVCW 系统对不同浓度进水 COD_{Cr} 的去除情况如图 6.17 所示。

SMBR-IVCW 系统在 7 种组合水力负荷下的出水 COD_{Cr} 浓度差别不大，为

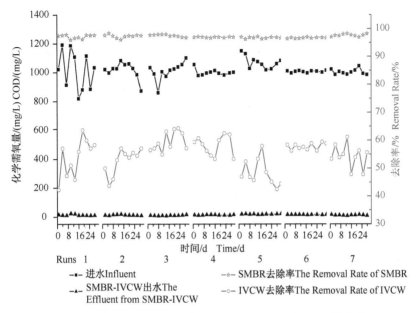

图 6.17　不同水力负荷组合下 SMBR-IVCW 对 COD$_{Cr}$ 的去除

Fig. 6.17　COD removal of SMBR-IVCW in different hydraulic loading combinations

0～25mg/L。其中 SMBR 单元表现出良好的抗负荷能力：原污水 COD$_{Cr}$ 为 800～1200mg/L，随着水力负荷的增加，SMBR 单元出水 COD$_{Cr}$ 均稳定在 50mg/L 以下，SMBR 单元对 COD$_{Cr}$ 的去除率可稳定在 96%～98%。IVCW 单元对 COD$_{Cr}$ 的去除率则受运行条件的影响相对较大。比较 R3 和 R7，两者 SMBR 单元运行条件相同，IVCW 单元的水力负荷分别为 250mm/d 和 375mm/d，IVCW 对 COD$_{Cr}$ 的去除率（COD$_{Cr,IVCW}$%）分别为 59.63±3.49% 和 54.29±4.13%；这两种组合条件下系统出水 COD$_{Cr}$ 平均值分别为 9.9±2.4 mg/L 和 11.0±2.4 mg/L。同样，R5 和 R6 两组运行条件下的 IVCW 水力负荷分别为 375mm/d 和 187.5mm/d，COD$_{Cr,IVCW}$% 分别为 48.39±4.76% 和 57.8±1.14%。尽管在数值上差距不大，但是 COD$_{Cr,IVCW}$% 随水力负荷增大而减小的趋势却比较明显。

2）TP 去除效果

不同水力负荷组合条件下 SMBR-IVCW 系统对不同浓度进水 TP 的去除情况如图 6.18 所示。

7 种组合水力负荷下，SMBR-IVCW 系统出水 TP 浓度均在 0.2mg/L 以下；其中 R1、R2、R3、R7 的终出水可以维持在 0.1mg/L 以内。SMBR 单元随着水力负荷的增加（从 500 L/d 到 1500L/d），其对 TP 的去除率逐渐降低（从 83.75±0.69% 到 75.84±3.94%）。IVCW 单元对 TP 的去除更为稳定，7 组组

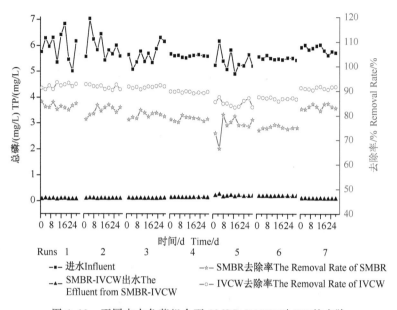

图 6.18　不同水力负荷组合下 SMBR-IVCW 对 TP 的去除

Fig. 6.18　TP removal of SMBR-IVCW in different hydraulic loading combinations

合条件下的去除率（TP$_{IVCW}$%）在 85%～92%。

3）N 去除效果

不同水力负荷组合条件下 SMBR-IVCW 系统对 N 的去除情况如图 6.19～图 6.21 所示。可以看出：不同水力负荷组合下，SMBR-IVCW 系统出水 TN 差别很明显，5.33～15.48mg/L；出水 NH$_3$-N 差别相对较小，1.07～4.86 mg/L；出水 NO$_3^-$-N 为 4.0 ～15.0mg/L。SMBR 单元对 TN 的去除率（TN$_{SMBR}$%）随水力负荷的增加呈现先上升后降低的趋势，在 HLR＝1000L/d 时达到最高；对 NH$_3$-N 的去除率（NH$_3$-N$_{SMBR}$%）则缓慢降低，从 97.60±0.48% 到 92.53±0.97%。SMBR 对 NO$_3^-$-N 有明显的积累作用。IVCW 单元对 TN 的去除率（TN$_{IVCW}$%）随着污染负荷的增加也呈现出先上升后降低的趋势；对 NH$_3$-N 的去除率（NH$_3$-N$_{IVCW}$%）则无规律可循；IVCW 对 NO$_3^-$-N 的去除率（NO$_3^-$-N$_{IVCW}$%）较稳定，几乎无变化。

进一步分析发现，不同水力负荷组合下，SMBR-IVCW 系统各单元进出水 N 的组成形态比例变化较大（图 6.22）。

进水中 TN 均以 NH$_3$-N（约 66%）和有机氮（约 33%）为主；SMBR-IVCW 系统终出水中则以 NO$_3^-$-N 为主，只是不同水力组合条件下 NO$_3^-$-N 所占比例不同。进水、SMBR 出水、IVCW 出水中的 NH$_3$-N、有机氮比例依次减小，NO$_3^-$-N 比例依次增加。SMBR 单元主要完成了有机氮的氨化、硝化作用，同时

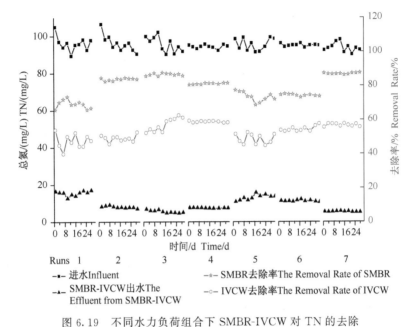

图 6.19　不同水力负荷组合下 SMBR-IVCW 对 TN 的去除

Fig. 6.19　TN removal of SMBR-IVCW in different hydraulic loading combinations

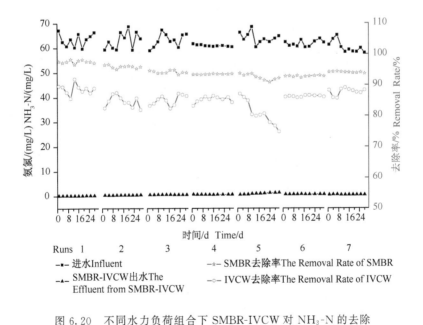

图 6.20　不同水力负荷组合下 SMBR-IVCW 对 NH₃-N 的去除

Fig. 6.20　Ammonia removal of SMBR-IVCW in different hydraulic loading combinations

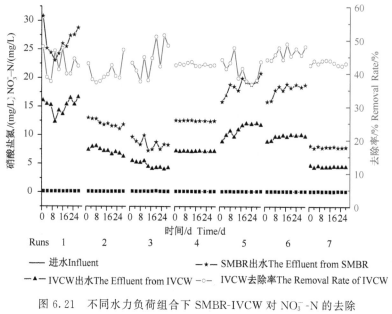

图 6.21　不同水力负荷组合下 SMBR-IVCW 对 NO_3^--N 的去除

Fig. 6.21　Nitrate removal of SMBR-IVCW in different hydraulic loading combinations

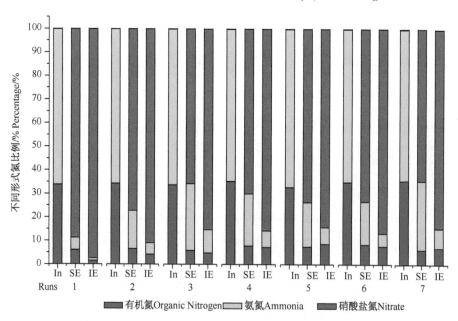

(本实验中 NO_2^- 浓度很低，故忽略。The Nitrite was ignored for the very low concentration in this study；In 为进水，Influent；SE 为 SMBR 出水，Effluent from SMBR；IE 为 IVCW 出水，Effluent from IVCW)

图 6.22　不同水力负荷组合下 SMBR-IVCW 进出水各形式 N 浓度比例

Fig. 6.22　The percentage of all forms of N concentration in the influent and effluent of SMBR-IVCW in different hydraulic loadings

由于反硝化作用较弱，造成 $NO_3^- \text{-} N$ 积累；IVCW 则在 $NO_3^- \text{-} N$ 的去除中贡献较大。

4）SMBR-IVCW 复合系统的优化水力负荷组合

SMBR、IVCW 中最重要的设计参数为膜面积和 IVCW 的占地面积（吴振斌等，2003）。在 SMBR 中有

$$S_M = \frac{Q}{F} \tag{6.2}$$

对 IVCW，有（吴振斌等，2003c）

$$S_I = \frac{Q}{\alpha} = \frac{\varepsilon V}{\alpha \times HRT} \tag{6.3}$$

由式（6.2）、式（6.3）得到

$$\frac{S_M}{S_I} = \frac{\alpha}{F} \tag{6.4}$$

式中，S_M、S_I——膜面积和 IVCW 的占地面积（m^2）；

　　　Q——处理水量（m^3/d）；

　　　F——膜通量 [$m^3/(m^2 \cdot d)$]；

　　　α——IVCW 水力负荷 [$m^3/(m^2 \cdot d)$]；

　　　V——IVCW 容水体积（m^3）；

　　　ε——IVCW 基质孔隙率；

　　　HRT——IVCW 水力停留时间（h）；

式（6.4）表示了复合系统所需的膜面积与 IVCW 面积之比，该比值代表了投资资金的分配比。

从总体净化效果看，较好的水力负荷组合为 R3、R4 和 R7。但 R4 和 R7 的占地面积相对较小，在实际工程中的参考应用价值更高。表 6.8 中列出了 R4 和 R7 的终出水主要水质指标平均浓度。在这两种组合条件下，原污水经 SMBR 单元处理后主要指标可达到一级排放标准（GB 18918—2002）；继续经 IVCW 单元处理除 TN 外，其余主要指标均可达或优于地表水Ⅲ类（GB 3838—2002）。

将 R4 及 R7 中 SMBR-IVCW 系统各级进出水主要指标与之地表水Ⅲ类（GB 3838—2002）中的相应指标进行比较，得图 6.23。R4 和 R7 条件下的总停留时间分别为 23.43h 和 19.22h。尽管系统出水中绝大部分指标均能达到地表水Ⅲ类（TN 除外），但 R7 中的各项指标均优于 R4；且后者所需 IVCW 面积为前者的 1.9 倍。这表明要达到相同的净化效果，增大水力负荷需要增加相应的土地面积。在土地不紧缺的地区，也可考虑 R4 方案。

表 6.8 优化水力负荷组合下 SMBR-IVCW 系统平均进出水浓度
Tab. 6.8 Average concentrations in influent and effluent of the SMBR-IVCW system in optimum hydraulic loading

组合 Runs	水质 指标 Water Quality Index	进水/(mg/L) Influent /(mg/L)	SMBR 出水 /(mg/L) Effluent from SMBR /(mg/L)	IVCW 出水 /(mg/L) Effluent from IVCW /(mg/L)	达排放/地表水标准 Reach or Not the National Environmental Quality Standards for Discharges/Surface Waters	
					SMBR 出水 Effluent from SMBR	IVCW 出水 Effluent from IVCW
4	COD$_{Cr}$	999.9±21.7*	30.5±1.6	12.8±1.4	Ⅳ～Ⅴ	Ⅰ～Ⅱ
	TP	5.60±0.05	1.199±0.056	0.126±0.006	二级^a	Ⅲ
	TN	94.37±1.05	17.88±0.37	7.38±0.15	一级 B	一级 A
	NH$_3$-N	60.92±0.40	3.97±0.09	0.58±0.05	一级 A	Ⅲ
7	COD$_{Cr}$	1003.1±19.4	24.0±4.7	11.0±2.4	Ⅳ	Ⅰ～Ⅱ
	TP	5.862±0.136	0.967±0.075	0.086±0.006	一级 B^a	Ⅱ～Ⅲ
	TN	93.81±2.46	12.30±0.54	5.33±0.20	一级 A	一级 A
	NH$_3$	60.25±2.45	3.60±0.07	0.44±0.05	一级 A	Ⅲ

* 表中数据为稳定运行时期内 10 次数据的平均值及标准差;a. 采用 2006 年 1 月 1 日起建设的标准;下同

* Data in the table were the average removal rates with standard deviations of the 10 analysis under the stable running conditions; a: Adopt the standard set down for the construction since January 1, 2006, The following is the same

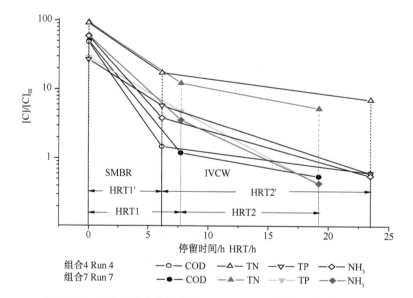

图 6.23 优化组合水力负荷下 SMBR-IVCW 各级出水达标情况
Fig. 6.23 The effluent quality of SMBR-IVCW in optimum hydraulic loading combination

上面的研究结果表明，SMBR-IVCW 复合系统存在水力负荷组合的条件优化。IVCW 与 SMBR 形成的复合系统有以下几点优势。

（1）扩大了单一 IVCW 工艺的应用范围，通过增加二级处理单元可以处理进水浓度较高的污水；

（2）对 SMBR 单一工艺，则通过 IVCW 的深度处理则提高了出水水质；

（3）对于完全独立的二级 SMBR 单元、三级 IVCW 单元，SMBR-IVCW 复合系统则可在达到相同处理效果的同时节约 IVCW 的占地面积。

6.2.4　SMBR-IVCW 复合系统对季节性差异的调节

SMBR、IVCW 两种工艺尽管都有良好的处理效果，但作为生物、生态处理方式，它们仍然受到季节、温度的影响。特别是 IVCW 单元，冬季时植物地上部分完全凋谢，地下根、茎也处于相对休眠状态；基质中的微生物活性降低。因此，植物枯败季节和生长季节的 IVCW 处理效果会有明显差异。对于 SMBR 单元，冬季低温会影响硝化细菌、反硝化细菌的活性，同样会对处理效果和效率造成影响。下述实验研究了 SMBR-IVCW 复合系统对季节性变化的抵御能力。

在前期实验基础上设计了 12 组试验来对比 SMBR-IVCW 系统在常温、低温条件下对高、中、低浓度综合污水的净化效果和效率。根据植物的自然生长将全年分为植物生长季节（4～10 月）和植物枯败季节（11～3 月）。每组试验分别在植物生长季节和植物枯败季节分别稳定运行 22～30d，复合系统的具体水力运行条件和进水浓度分别见表 6.9 和表 6.10。

表 6.9　植物生长/非生长季 SMBR-IVCW 处理不同浓度综合污水的水力运行条件

Tab. 6.9　The hydraulic conditions of SMBR-IVCW on treating different concentration integrated wastewater in growing and non-growing seasons

进水 Influent	组合 Runs 生长季/非生长季 Growing Season /Non-Growing Season	SMBR			IVCW	
		HLR /(L/d)	J_v /[L/(m²·h)]	HRT₁ /h	α /(mm/d)	HRT₂ /h
高 High Concentration	G1	1000	10.5	7.7	250	17.28
	G2	1000	10.5	7.7	375	11.52
中 Middle Concentration	G3	1000	10.5	7.7	375	11.52
	G4	1000	10.5	7.7	500	8.64
低 Low Concentration	G5	1000	15.6	7.7	500	8.64
	G6	1500	15.6	5.1	500	8.64

表 6.10 不同浓度污水主要水质指标

Tab. 6.10 The main water quality index of influent of different concentrations

水质指标 Water Quality Index	进水/(mg/L) Influent/(mg/L)		
	高浓度 High Concentration	中浓度 Middle Concentration	低浓度 Low Concentration
COD$_{Cr}$	800～1200	580～640	270～330
TN	90～106	36～45	22～27
NH$_3$-N	57～67	22～28	13～16
TP	5.7～6.8	3.7～4.2	2～3
pH	6～8	6～8	6～8

对高、中、低浓度进水各设定了两组水力负荷组合。SMBR 运行条件为：MLSS＝7.0±0.5g/L，Q＝6±0.5m^3/h，t_R：t_S＝4：1，A_r/A_d＝1.7，SRT＝25～30d。IVCW 中上、下行流池分别种植菖蒲、美人蕉。植物生长季节和枯败季节的平均环境温度分别为 25～35℃、8～12℃。

图 6.24 为植物生长及非生长季节下复合系统中 SMBR、IVCW 两单元对主要污染物质的去除率。

其中二级 SMBR 单元的去除率的季节性变化较小。图 6.24（a）、（b）、（c）显示，非生长季节 SMBR 对于 COD、TP、TN 的去除率普遍低于生长季节，但是差异较小，表明 SMBR 自身对于季节性变化（温度）有一定的适应能力。三级 IVCW 单元的总体净化效果也表现出非生长季节低于生长季节。对于 COD$_{Cr}$，IVCW 的平均去除率在植物非生长季节比生长季节低 3%～14%；对于 TP，非生长季节比生长季节低 1.5%～3%；对于 TN，则出现部分水力条件下，非生长季节的去除效率增高的现象。另外，对于不同浓度的进水，SMBR-IVCW 对 COD、TN、TP 的去除率的季节性差异的调节能力有所不同，对高浓度进水相对较弱，对中、低浓度进水则表现出较强的抗御和调节能力。

温度对于硝化、反硝化作用的影响较明显（Welander and Mattiasson, 2003；Elefsiniotis and Li, 2006；Berge et al., 2007；Fontenot et al., 2007）。一般来说，硝化细菌是化能自养菌，生长率较低，对温度的变化敏感，硝化反应的适宜温度为 25～35℃，温度降低，硝化反应速率相应减慢；当温度低于 10℃时，硝化速率明显下降（Hagopian and Riley, 1998；高廷耀和顾国维，1999；傅金祥等，2005）。反硝化细菌是异养兼性厌氧细菌，其繁殖和代谢速率均随着温度的降低而下降，反硝化作用的最适宜温度是 25～35℃；当温度低于 15℃时，反硝化速率明显降低，当温度低于 5℃时，反硝化趋于停止（李军等，2002）。理论上，在温度较低的秋、冬季（这里的植物非生长季节），TN 的去除率应该明显降低。但是，在本实验中，复合系统对 TN 的去除率受季节性变化的影响较小，表现出较强的抗御能力，其中

G3、G6 水力条件下复合系统的 TN 去除率在非生长季节反而高于生长季节。这种看似反常的结果可以从两单元对 NH_3-N 和 NO_3^--N 去除率的深入分析中得到解释。

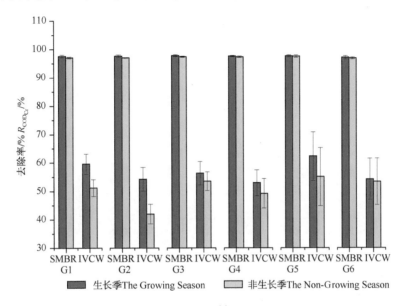

(a)

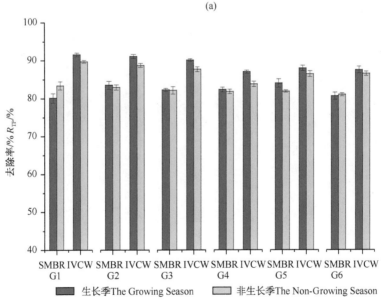

(b)

图 6.24　植物生长/非生长季 SMBR-IVCW 对主要污染物质的去除率
(a) COD；(b) TP；(c) TN；(d) NH_3-N；(e) NO_3^--N

Fig. 6.24　Removal rates of the main pollutants of SMBR-IVCW
in growing and non-growing seasons of plants
(a) COD，(b) TP，(c) TN，(d) Ammonia，(e) Nitrate

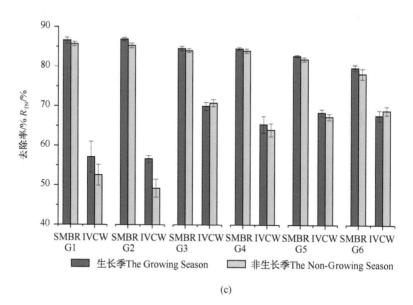

(c)

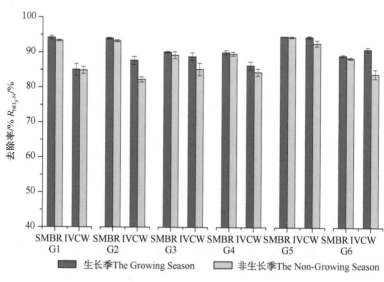

(d)

图 6.24　（续）

Fig. 6.24　（Continued）

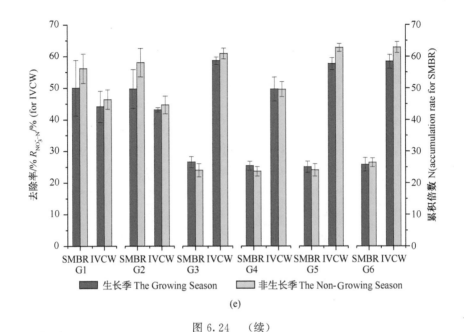

(e)

图 6.24　（续）

Fig. 6.24　（Continued）

在 SMBR-IVCW 复合系统中，SMBR 单元对 NO_3^--N 有明显的积累作用，SMBR 中反硝化作用明显弱于硝化作用，为了表示 SMBR 中两种作用的最终结果，引入累积倍数 N，定义为

$$N = \frac{\left[NO_3^-\right]_{出水} - \left[NO_3^-\right]_{进水}}{\left[NO_3^-\right]_{进水}} \tag{6.5}$$

将植物生长/非生长季的各组 SMBR 单元的 NO_3^--N 累积倍数及 IVCW 单元的 NO_3^--N 去除率汇总于图 6.24（e）。可以发现，对不同浓度的进水，SMBR 单元的 NO_3^--N 累积倍数的季节性变化趋势不同。在相同运行条件下（G1～G5），对高浓度进水，植物非生长季节的 NO_3^--N 累积倍数明显高于生长季节；但中、低浓度进水时生长季节却高于非生长季节；而且进水浓度越低，季节性差异越小。各试验组 IVCW 单元在植物非生长季节对 NO_3^--N 的去除率均高于生长季节。这种季节性差异在高、低浓度进水时表现得较明显，而对中浓度进水时则无明显差异。究其原因，应与 IVCW 单元进水中的 C/N 有关。由于 SMBR 单元中 NO_3^--N 的累积，使得二级出水中 TN 含量较高、而且以 NO_3^--N 为主要的形态；因而 IVCW 单元进水中的 C/N 较低。而通常进水 C/N 较小时，会造成反硝化过程因 C 源不足而不能顺利进行（Hume et al.，2002；侯红娟等，2005；Luosta-rinena et al.，2006）。但是本实验中在植物非生长季节，由于植物枯败、凋落的叶片腐烂后进入基质，为进水补充了一定的 C 源，促进了反硝化过程的发展。

因此，非生长季节 IVCW 对 NO_3^--N 的去除反而高于生长季节。

表 6.11 列出了处理高、中、低不同浓度进水的 SMBR-IVCW 系统的优化水力组合条件，以及在优化条件下的出水水质。从总体净化效果看，尽管 SMBR-IVCW 复合系统在植物非生长季节（低温下）低于生长季节，但是仍然表现出一定的抗御能力。尤其是 IVCW 单元，对于 NO_3^--N 去除的贡献较大。并且，这种季节性差异可以通过适当降低 SMBR 或 IVCW 单元的水力负荷来弥补。

表 6.11 植物生长/非生长季节 SMBR-IVCW 处理综合污水的优化水力组合

Tab. 6.11 The optimum hydraulic condition of SMBR-IVCW on treating integrated wastewater in growing and non-growing seasons

浓度 Concentration	SMBR-IVCW			
	植物生长季节 The Growing Season		植物非生长季节 The Non-Growing Season	
	组合水力负荷 /[m³/(m²·d)] The Hydraulic Loading Combination /[m³/(m²·d)]	出水浓度/(mg/L) The Concentration of the Effluent /(mg/L)	组合水力负荷 /[m³/(m²·d)] The Hydraulic Loading Combinations /[m³/(m²·d)]	出水浓度 /(mg/L) The Concentration of the Effluent /(mg/L)
高 High	SMBR：0.250 IVCW：0.375	COD、TP、 NH₃-N：Ⅲ； TN ≤ 6mg/L	SMBR：0.250 IVCW：0.250	COD、TP、 NH₃-N：Ⅲ； TN≤7mg/L
中 Middle	SMBR：0.250 IVCW：0.500	COD、TP、 NH₃-N：Ⅲ； TN：Ⅴ	SMBR：0.250 IVCW：0.375	COD、TP、 NH₃-N：Ⅲ； TN：Ⅴ
低 Low	SMBR：0.375 IVCW：0.500	COD、TP、 NH₃-N：Ⅱ； TN：Ⅳ～Ⅴ	SMBR：0.250 IVCW：0.500	COD、TP、 NH₃-N：Ⅱ； TN：Ⅳ～Ⅴ

6.2.5 SMBR-IVCW 复合系统的设计参数讨论

基于前面 SMBR-IVCW 水力负荷组合优化的实验结果，下面以 $Q_D=1m^3/d$ 的处理量为例进行讨论，其中非生长季处理水量为 $Q_F=1m^3/d$，生长季处理水量为 $Q_S=n\ m^3/d$；其他设计参数如下：

Q_D——设计处理水量（m^3）；

Q_S、Q_F—— 植物生长季节、非生长季节的复合系统处理的水量（m^3）；

S_{DM}、S_{DI}—— 设计膜面积、设计 IVCW 面积（m^2）；

$S_{MS,i}$、$S_{MF,j}$——植物生长季节、非生长季节所需膜面积（m^2）；

　　其中 i，j＝H，M，D，分别代表高、中、低浓度的进水；

$S_{IS,i}$、$S_{IF,j}$——植物非生长季节、非生长季节所需 IVCW 的面积（m^2）；

　　　　　其中 i，j＝H，M，D，分别代表高、中、低浓度的进水；

α_S、α_F—— IVCW 单元在植物生长季节、非生长季节的水力负荷 $[m^3/(m^2 \cdot d)]$；

F_S、F_F—— 植物生长季节和非生长季节的膜通量 $[m^3/(m^2 \cdot d)]$。

r_{HS}、r_{HF}—— 处理高浓度污水时 SMBR 的膜面积与 IVCW 的土地面积比例；

r_{MS}、r_{MF}—— 处理中浓度污水时 SMBR 的膜面积与 IVCW 的土地面积比例；

r_{LS}、r_{LF}—— 处理低浓度污水时 SMBR 的膜面积与 IVCW 的土地面积比例；

（1）当季节性水量变化量不大时，可近似认为 $Q_F = Q_S = Q_D$，即 $n=1$。

第一，对于高浓度进水：

A. 在植物非生长季节，需要的膜面积、湿地面积分别为

$$S_{MF,H} = \frac{Q_F}{F_F} = \frac{Q_D}{F_F} = \frac{1m^3/d}{0.25m^3/(m^2 \cdot d)} = 4m^2 \tag{6.6}$$

$$S_{IF,H} = \frac{Q_F}{\alpha_F} = \frac{Q_D}{\alpha_F} = \frac{1m^3/d}{0.25m^3/(m^2 \cdot d)} = 4m^2 \tag{6.7}$$

$$r_{HF} = \frac{S_{MF,H}}{S_{IF,H}} = \frac{4m^2}{4m^2} = 1 \tag{6.8}$$

B. 在植物生长季节，需要的膜面积、湿地面积分别为

$$S_{MS,H} = \frac{Q_S}{F_S} = \frac{Q_D}{F_S} = \frac{1m^3/d}{0.25m^3/(m^2 \cdot d)} = 4m^2 \tag{6.9}$$

$$S_{IS,H} = \frac{Q_S}{\alpha_S} = \frac{Q_D}{\alpha_S} = \frac{1m^3/d}{0.375m^3/(m^2 \cdot d)} = 2.67m^2 \tag{6.10}$$

$$r_{HS} = \frac{S_{MS,H}}{S_{IS,H}} = \frac{4m^2}{2.67m^2} = 1.5 \tag{6.11}$$

第二，对于中浓度进水：

A. 在植物非生长季节，需要的膜面积、湿地面积分别为

$$S_{MF,M} = \frac{Q_F}{F_F} = \frac{Q_D}{F_F} = \frac{1m^3/d}{0.25m^3/(m^2 \cdot d)} = 4m^2 \tag{6.12}$$

$$S_{IF,M} = \frac{Q_F}{\alpha_F} = \frac{Q_D}{\alpha_F} = \frac{1m^3/d}{0.375m^3/(m^2 \cdot d)} = 2.67m^2 \tag{6.13}$$

$$r_{MF} = \frac{S_{MF,M}}{S_{IF,M}} = \frac{4m^2}{2.67m^2} = 1.5 \tag{6.14}$$

B. 在植物生长季节，需要的膜面积、湿地面积分别为

$$S_{MS,M} = \frac{Q_S}{F_S} = \frac{Q_D}{F_S} = \frac{1m^3/d}{0.25m^3/(m^2 \cdot d)} = 4m^2 \tag{6.15}$$

$$S_{IS,M} = \frac{Q_S}{\alpha_S} = \frac{Q_D}{\alpha_S} = \frac{1m^3/d}{0.5m^3/(m^2 \cdot d)} = 2m^2 \tag{6.16}$$

$$r_{\mathrm{MS}} = \frac{S_{\mathrm{MS,M}}}{S_{\mathrm{IS,M}}} = \frac{4\mathrm{m}^2}{2\mathrm{m}^2} = 2 \tag{6.17}$$

第三，对于低浓度进水：

A. 在植物非生长季节，需要的膜面积、湿地面积分别为

$$S_{\mathrm{MF,L}} = \frac{Q_{\mathrm{F}}}{F_{\mathrm{F}}} = \frac{Q_{\mathrm{D}}}{F_{\mathrm{F}}} = \frac{1\mathrm{m}^3/\mathrm{d}}{0.25\mathrm{m}^3/(\mathrm{m}^2 \cdot \mathrm{d})} = 4\mathrm{m}^2 \tag{6.18}$$

$$S_{\mathrm{IF,L}} = \frac{Q_{\mathrm{F}}}{\alpha_{\mathrm{F}}} = \frac{Q_{\mathrm{D}}}{\alpha_{\mathrm{F}}} = \frac{1\mathrm{m}^3/\mathrm{d}}{0.5\mathrm{m}^3/(\mathrm{m}^2 \cdot \mathrm{d})} = 2\mathrm{m}^2 \tag{6.19}$$

$$r_{\mathrm{LF}} = \frac{S_{\mathrm{MF,L}}}{S_{\mathrm{IF,L}}} = \frac{4\mathrm{m}^2}{2\mathrm{m}^2} = 2 \tag{6.20}$$

B. 在植物生长季节，需要的膜面积、湿地面积分别为

$$S_{\mathrm{MS,L}} = \frac{Q_{\mathrm{S}}}{F_{\mathrm{S}}} = \frac{Q_{\mathrm{D}}}{F_{\mathrm{S}}} = \frac{1\mathrm{m}^3/\mathrm{d}}{0.375\mathrm{m}^3/(\mathrm{m}^2 \cdot \mathrm{d})} = 2.67\mathrm{m}^2 \tag{6.21}$$

$$S_{\mathrm{IS,L}} = \frac{Q_{\mathrm{S}}}{\alpha_{\mathrm{S}}} = \frac{Q_{\mathrm{D}}}{\alpha_{\mathrm{S}}} = \frac{1\mathrm{m}^3/\mathrm{d}}{0.5\mathrm{m}^3/(\mathrm{m}^2 \cdot \mathrm{d})} = 2\mathrm{m}^2 \tag{6.22}$$

$$r_{\mathrm{LS}} = \frac{S_{\mathrm{MF,S}}}{S_{\mathrm{IF,S}}} = \frac{2.67\mathrm{m}^2}{2\mathrm{m}^2} = 1.35 \tag{6.23}$$

可见，在植物生长季节，由于 IVCW 可承受更大的水力负荷，相应较非生长季节可减少 1/4～1/3 的占地面积，或者增加 40%～50% 的处理量。要保证冬季达到较好的处理效果，则设计时应以非生长季节所需面积为参考，那么在生长季节，系统出水质量更优。若从基建成本的角度考虑（占地面积小，膜面积小），以生长季节所需面积为设计面积，那么在非生长季节，系统出水质量下降，若对出水要求不高，也可以适当减少处理面积。要出水效果相当，进水浓度越高，所需要的膜面积、IVCW 面积越大。

（2）当季节性水量变化较大时（如夏季梅雨、暴雨径流等引起的水量增加），即 $Q_{\mathrm{F}} < Q_{\mathrm{S}}$，若要保证出水质量，那么：①对于高、中浓度污水，生长季节可将 IVCW 单元的水力负荷增至非生长季节的 1.3～1.5 倍，相应将膜面积增加至 1.3～1.5 倍。②对于低浓度污水，则由于 SMBR 单元的出水质量更好，而且生长季节可增加 50% 的处理水量，SMBR-IVCW 复合系统则可跳出串联组合模式，以其他灵活多样的组合模式来满足处理水量的增加。

6.2.6　SMBR-IVCW 的复合模式

在净化能力上，SMBR-IVCW 复合系统自身对季节性变化有一定的调节作用；并且，复合系统通过水力负荷的调节、组合优化可以弥补季节性变化引起的净化效果的差异，以达到净化效果、运行稳定性及成本的最优配置。针对不同的进水水质（类型及浓度）、处理水量、季节性水量变化、出水水质要求、投资成

本等，SMBR-IVCW 系统可以通过多种组合模式进行有效复合，达到高净化效果、高运行稳定性、低成本的三赢。

1. SMBR-IVCW 复合系统串联组合模式

如前面所讨论的，处理高、中浓度的污水时，SMBR-IVCW 复合系统适合以串联模式进行组合。此时 SMBR、IVCW 分别作为二级、深度处理单元（图 6.25）。二级 SMBR 单元以降解有机物、硝化脱氨为主，将出水降至一级 A 排放标准，而 IVCW 单元作为深度处理，以脱硝除磷为主，进一步将出水水质提高到地表水 V 类。

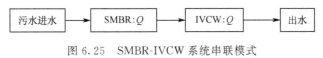

图 6.25　SMBR-IVCW 系统串联模式

Fig. 6.25　Scheme of series-wound connection of SMBR-IVCW

2. SMBR-IVCW 复合系统分流组合模式

处理低浓度污水时，当 SMBR 单元的部分出水时段可以达到地表水 V 类的标准时，可以将这部分 SMBR 出水直接与 IVCW 出水混合后排出，即 SMBR-IVCW 复合系统适合以分流模式进行组合。此时 IVCW 仍作为深度处理单元，而 SMBR 单元同时作为二级和深度处理单元，如图 6.26 所示，即 SMBR 单元出水中部分水量进入 IVCW 单元处理，余下部分水量可直接与 IVCW 单元的出水混合后排出。

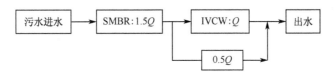

图 6.26　SMBR-IVCW 系统分流模式

Fig. 6.26　Scheme of distributary of SMBR-IVCW

3. SMBR-IVCW 复合系统并联组合模式

当处理水量较大、浓度较低时，SMBR-IVCW 可以并联模式进行组合，尤其在梅雨时节或者夏季暴雨时。此时，SMBR、IVCW 均作为二级（或深度）处理单元（图 6.27），两者互为补充。

这里只对有代表性的 SMBR-IVCW 复合系统的组合运行方式加以阐述。实际上，SMBR-IVCW 复合系统的串联、并联、分流等组合方式不仅限于季节性水量变化，在土地面积较小、进水浓度相对较高的情况下，SMBR-IVCW 复合系统可以节约部分的土地面积，并且满足较高的出水水质要求。实际工程运行中进水水质、水量的情况甚为复杂，相应 SMBR-IVCW 的组合方式也更为多样，

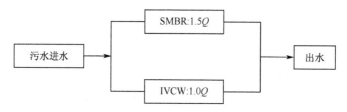

图 6.27　SMBR-IVCW 系统并联模式

Fig. 6.27　Scheme of parallel connection of SMBR-IVCW

其总的宗旨为高处理效率、高净化效果、低成本。目前，SMBR-IVCW 复合系统工程规模的应用研究正在开展，相信该复合系统在拓展 IVCW 的应用范围、保障出水质量，分散处理与回用小区生活污水、暴雨径流等方面将发挥更大的作用。

SMBR-IVCW 复合系统只是 IVCW 与其他多种污水处理技术进行工艺组合的一个代表。实际上，根据不同情况，IVCW 还可以灵活地与絮凝、膜过滤（钠滤、反渗透）、SBR 等进行工艺组合，来满足不同的出水用途。总之，IVCW 与其他技术的有机结合是扩大其应用范围，提高其优势发挥的主要途径。相信在未来的研究中，IVCW 与其他工艺的组合技术可能为污水处理开辟新的途径。

6.3　IVCW-池塘复合生态水产养殖系统

我国是一个渔业大国，水产品总量 2002 年达到 4565.18 万 t，人均占有量 35.1kg，高于世界平均水平，其中大约 62% 的份额来源于水产养殖。池塘养殖作为水产养殖最主要的养殖方式，一定程度上满足了人们对优质蛋白的需求。但是，随着我国经济的快速发展、人口的持续增加以及城市化进程的加快，来自工业、农业和生活的污水不断增多，渔业水域已经受到不同程度的污染，渔业生产已经受到危害；同时，水产养殖自身污染严重，养殖过程中废水随意排放，更加重了渔业水域污染的程度。我国水资源相对贫乏，水产养殖需要大量清洁水源，因此，对养殖用水和废水的净化与回用已经成为水产养殖可持续发展的关键问题之一。

近年来，有关人工湿地用于养殖废水净化的研究国外已有报道（David et al.，2002），但将这一技术应用到池塘养殖，并与之结合构建复合生态养殖系统的研究报道不多。针对我国水污染严重、养殖用水缺乏以及养殖废水随意排放的现实，中国科学院水生生物研究所提出将人工湿地应用到池塘养殖水质的净化和管理中，通过构建人工湿地——养殖池塘复合生态系统，在有效解决池塘养殖过程中出现的自身污染严重、病害暴发及产品质量低劣等问题取得了显著成效，对 IVCW-池塘复合系统在水产养殖中的应用具有很好的示范和指导意义。本节特对此做系统介绍。

6.3.1　背景

中国科学院水生生物研究所官桥实验基地位于武汉市东湖高新技术开发区内，西临庙湖（东湖子湖之一），占地面积 15.45 万 m^2。基地建设初期，用作养殖用水的水源丰富，水质清新，养殖池塘设施齐全，是进行鱼类养殖和研究的良好场所。如今，由于庙湖水体富营养化严重，水质波动较大，用作养殖水源的水质指标大大超过渔业水质标准（GB11607—1989）（表 6.12），官桥基地正常的鱼类养殖生产和试验受到很大影响，大多数池塘由于淤泥堆积、蓝藻暴发而闲置弃用。基于此，在官桥基地靠庙湖一侧选择了一块面积约为 330 m^2 的空地，利用比邻闲置的四口池塘，构建了用于试验研究、兼具一定生产应用价值的人工湿地——养殖池塘生态系统（图 6.28）。

表 6.12　官桥基地养殖水源水质调查
Tab. 6.12　Water quality for culture in Guanqiao experimental bases

［单位（Unit）：mg/L］

参数 Parameter	COD_{Cr}	BOD_5	NH_3-N	NO_3^--N	SS	DO	Chl-a
变化范围 Range	45.0～194.8	1.3～37.8	0.17～7.64	0.01～0.34	1.5～240.0	0.31～11.0	1.39～351.5
标准 Standard	<20.0	<5.0	0.02～0.5	<0.2	<10.0	>5.0	<10.0

6.3.2　系统流程

养殖水体，特别是用于名贵优质鱼类养殖的水体，要求都比较高，结合进水水质综合分析，确定池塘养殖用水及补水均经湿地处理后循环流入池塘，工艺如图 6.29 所示。

6.3.3　循环水产养殖系统结构

试验系统选择在中国科学院水生生物研究所官桥实验基地，由人工湿地、养殖池塘和水道（管）三个部分组成（图 6.30）。其中人工湿地用作系统的水质调控，池塘进行鱼类养殖，水道在输送水的同时还承担复氧的功能。

1. 人工湿地

在面积为 330 m^2 的空地上构建了两组（A 组、B 组）平行的复合垂直流潜流型人工湿地，植物品种有美人蕉、水竹（*Phyllostachys heteroclada*）、香蒲、菖蒲和剑麻（*Agare sisalana*）等，日处理水量 300 m^3 左右。

2. 养殖池塘

养殖池塘有 4 口，养殖池塘均呈近椭圆形。面积约 200 m^2，水深 1.2m，池壁为砖混结构，为防止地表径流汇入，保护高层高出地平面 0.15m。塘的一端布

图 6.28　人工湿地——养殖池塘生态系统实景

Fig. 6.28　The pictures of the constructed wetlands-culture ponds ecological systems

图 6.28　（续）

Fig. 6.28　（Continued）

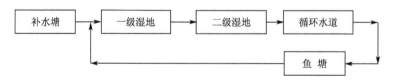

图 6.29　试验系统系统流程图

Fig. 6.29　Flow chart of the experimental systems

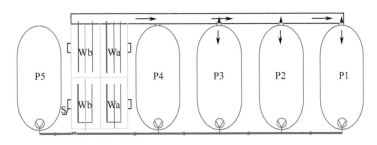

图 6.30　系统组成平面示意图

P1、P2、P3、P4 为池塘，P5 为补水塘，Wa、Wb 为平行的两组湿地，S 为分层采样井，箭头代表水流方向

Fig. 6.30　Schematic diagram of constructed wetlands-culture ponds ecological systems

P1、P2、P3、P4 were culture ponds, P5 was used for water complementarity；Wa, Wb were

two paralled constructed wetlands S was the sampling well.　Arrow was the water flow direction

设功率为 2.5kw/h 的水泵 1 台，另一端设循环水的入口。养殖品种主要选择对水质要求较高的高价值鱼类。其中 2004 年塘 1# 养殖中华鲟（*Acipenser sinensis*），塘 2# 培育翘嘴红鲌（*Erythroculter ilishaeformis*）冬片鱼种，塘 3# 和塘 4# 进行成鱼养殖，主养鱼均为团头鲂（*Megalobrama amblycephala*）和斑点叉尾鮰（*Ictalurus punctatus*）；而 2005 年和 2006 年则分别养殖斑点叉尾鮰鱼苗和鱼种。

3. 水道（管）

湿地出水通过水道排入各塘，水道基本水力参数为 60m×0.5m×0.25m、坡降 $i \leqslant 5‰$，通过潜水泵将池塘养殖用水泵入湿地，水道将湿地净化出水引入池塘，水道内沿水流方向布置大小不一的鹅卵石，可起到增大复氧作用。

6.3.4　循环养殖系统成效

1. 湿地净化效果

系统于 2003 年 10 月初建成，2004 年 3 月开始正式运行，至今已经成功运转 3 年。湿地对水质的净化效果见表 6.13。

表 6.13　人工湿地净化效能（去除率%）

Tab. 6.13　The performance of constructed wetland in Guanqiao experimental bases（removal rate%）

年份 Year	总悬浮物 TSS	化学需氧量 COD_{Cr}	生物需氧量 BOD_5	总氮 TN	氨态氮 NH_4^+-N	硝态氮 NO_3^--N	总磷 TP	叶绿素 Chl-a	土臭味素 Geosmin
2004	81.1	63.5	75.4	66.8	66	37.3	76.4		
2005	65.8	38.0	36.1	54.3	43.8	39.1	34.9		
2006	55.0	34.7	58.8	44.7	40.3	23.6	18.6	86.1	72.2

从表 6.13 可以看出，人工湿地能有效去除养殖用水中的营养盐和悬浮物等，对叶绿素和异味物质（土臭味素）也有较好的去除效果。

表 6.14　试验期间养殖塘主要水质理化参数平均值

Tab. 6.14　The water quality of culture ponds in Guanqiao experimental bases

池塘 Pond	透明度 /cm	pH	溶氧 /(mg/L) DO /(mg/L)	总悬浮 物/(mg/L) TSS /(mg/L)	化学需 氧量 /(mg/L) COD$_{Cr}$ /(mg/L)	总氮 /(mg/L) TN /(mg/L)	氨态氮 /(mg/L) NH$_4^+$-N /(mg/L)	总磷 /(mg/L) TP /(mg/L)
循环塘 Recirculating Pond	41.6	7.18	3.64	17.7	19.7	2.07	0.56	0.18
对照塘 Control Pond	30	7.07	4.2	34.9	36.6	3.22	0.82	0.32

2. 养殖池塘的水质

以 2004 年为例，从表 6.14 中可以看出，循环塘的营养盐浓度、有机物好氧量、悬浮性固体物和透明度等指标均优于对照塘。

表 6.15　试验期间养殖塘水体藻毒素和异味物质含量

Tab. 6.15　The concentrations of microcystins and peculiar smell chemcals in ponds

池塘 Pond	微囊藻毒素/(μg/L) Microcystins /(μg/L)	2-甲基异茨醇/(ng/L) 2-MIB /(ng/L)	土臭味素/(ng/L) Geosmin /(ng/L)	β-柠檬醛/(ng/L) β-cyclocitral /(ng/L)
循环塘 Recirculating Pond	0	9.1	10.1	9.7
对照塘 Control Pond	1.2	71.7	42.4	671.6

从表 6.15 中可以看出，循环塘水样中无藻毒素检出，而对照塘中有藻毒素检出，其值为 1.2 μg/L，高于 1.0 μg/L 地表水环境质量标准的限值。循环塘和对照塘水体中均能检出 3 种常见的异味化合物，即 2-甲基异茨醇（2-MIB）、土臭味素（geosmin）和 β-柠檬醛（β-cyclocitral），但其存在水平在两养殖塘中差别较大，对照塘明显高于循环塘，前者为后者的 4.2～69.2 倍。

3. 养殖池塘的浮游生物组成

1）浮游植物组成

浮游藻类在养殖水体中不仅是某些养殖对象的直接或间接饵料，而且可以吸收水体中的营养物质，故可反映水体水质状况和环境特征（谷孝鸿，1994；谢立民等，2003）。一般情况下，养殖水体中各种生物总量较大，排泄物、残饵、生物残骸分解产物等有机物质较多，营养物质含量丰富，浮游藻类尤其是有毒有害种类容易大量繁殖（苏国成等，2000）。从本书前面的章节可以看出，复合垂直流人工湿地对浮游藻类也有较好的去除和调控能力。本节主要介绍复合垂直流人工湿地与池塘养殖结合后养殖塘类浮游藻类的生态特征。

在斑点叉尾鮰鱼苗养殖期间的各循环塘里，共发现 7 门 63 属 142 种藻类。绿藻门种数最多，达 34 属 60 种，硅藻和蓝藻次之，分别为 10 属 34 种和 10 属 30 种，裸、隐、甲、金藻门种类较少，共发现 9 属 18 种。各塘没有出现绝对优势种，常见种类主要有 15 种，分别是绿藻门的四尾栅藻（Scenedesmus quadricauda）、衣藻（Chlamydomonas sp.）、二角盘星藻（Pediastrum duplex）、四角十字藻（Crucigenia quadrata）、韦斯藻（Westella botryoides）、小空星藻（Coelastrum microporum）、网球藻（Dictyosphaerium ehrenbergianum），硅藻门的颗粒直链藻（Melosira granulata）、小环藻、尖针杆藻（Synedra acus）、舟形藻（Navicula sp.），蓝藻门的银灰平裂藻（Merismopedie glauca）、颤藻（Oscillatoria sp.），裸藻门的尾裸藻（Euglena caudata）和隐藻门的啮蚀隐藻（Cryptomonas erosa）。常见种类数量所占比例均低于 40%。

整个实验期间，不同密度养殖塘内浮游藻类的平均生物量和数量见表 6.16。养殖密度最低的 P2 循环塘浮游藻类的数量、生物量最低，且随着养殖时间的延长，数量、生物量均保持在相对稳定的状态。最大值出现在 7 月末，为 2.18×10^7 ind/L 和 19.2 mg/L，以后数量基本保持在 $3.00 \times 10^6 \pm 2.08 \times 10^6$ ind/L 的范围内，生物量则在 5.89 ± 3.86 mg/L 左右变动。养殖密度最高的 P4 循环塘浮游藻类的数量、生物量也相对最高，其数量、生物量随时间波动也最大。养殖密度相同的 P1 和 P3 循环塘，浮游藻类的数量、生物量处于中间水平。随着养殖时间的延长，各塘浮游藻类的数量、生物量都存在一定程度的波动，但无明显规律。方差分析结果也显示，各塘不同时间浮游藻类的数量、生物量间无显著性差异（$P > 0.05$）。说明在整个实验期间，各养殖塘内浮游藻类的数量、生物量处于相对稳定的状态。就数量分布而言，各塘均以绿藻、硅藻和蓝藻为主，二号塘中隐藻所占比例也达到了 18.0%，仅次于蓝藻和绿藻。从生物量分布情况来看，各养殖塘蓝藻所占比例极小，而主要以隐藻、裸藻、硅藻和绿藻为主。

表 6.16 鱼苗养殖期间不同密度养殖塘浮游藻类数量及生物量

Tab. 6.16 The algae concentrations in each pond during fry culturing

养殖密度/(尾/塘) Culture Density/(ind/pond)	藻类密度/(10^5 个/L) Algal Density/(10^5ind/L)	藻类生物量/(mg/L) Algal Biomass/(mg/L)
3900	58.6(10.2～218)	7.78(3.37～19.15)
6000	301(141～573)	17.62(5.41～46.42)
7800	480(280～716)	30.17(15.93～47.69)

注:括号中为变化范围。Notes:Data in brackets mean fluctuation.

在斑点叉尾鮰成鱼的养殖过程中,对照塘从养殖开始的一个月后至 12 月养殖结束一直暴发严重水华,铜绿微囊藻(*Microcystis aeruginosa*)成为该塘的绝对优势种,7、8 月高达 10^8 数量级,占到该塘浮游藻类总数量的 95% 以上。而经过湿地处理的循环塘,在整个养殖期间没有暴发水华,绿藻门的四尾栅藻(*Scenedesmus quadricauda*)、齿牙栅藻(*Scenedesmus denticulatus*)、湖生卵囊藻(*Oocystis lacustris*)、转板藻(*Mougeotia* sp.),蓝藻门的银灰平裂藻、铜绿微囊藻,隐藻门的啮蚀隐藻、尖尾蓝隐藻(*Chroomonas acuta*),硅藻门的小环藻(*Cyclotalia* sp.)、颗粒直链藻、尖针杆藻,金藻门的分歧锥囊藻(*Dinobryon divergens*)交替成为优势种,其中铜绿微囊藻的最高含量低于 50%。

2)浮游动物组成

浮游动物作为水生态系统不可缺少的组成部分,是养殖水体生态系统中物质循环和能量流动的重要环节,其数量的分布和变动不仅与水体质量密切相关,而且与水产品的质量和产量紧密相关。鉴于此,我们开展了基于人工湿地的循环水养殖系统中浮游动物群落结构的研究,为该系统的应用提供生物学方面的依据。

鱼苗养殖期间,从循环塘内水体中共检测到轮虫 45 种、枝角类 12 种、桡足类 7 种。浮游动物的优势种存在明显的季节变化。出现过的轮虫优势种有萼花臂尾轮虫(*Brachionus calyciflorus*)、镰状臂尾轮虫(*B. falcatus*)、角突臂尾轮虫、壶状臂尾轮虫(*B. urceus*)、剪形臂尾轮虫(*B. forficula*)、蒲达臂尾轮虫(*B. budapestiensis*)、曲腿龟甲轮虫(*Keratella valga*)、柱足腹尾轮虫(*Gastropus stylifer*)、奇异六腕轮虫(*Hexarthra mira*)、长三肢轮虫(*Filinia longiseta*)、针簇多肢轮虫(*Polyarthra trigla*)、转轮虫(*Rotaria rotatoria*)和长足轮虫(*R. neptunia*);枝角类优势种有微型裸腹溞(*Moina micrura*);桡足类优势种有大型中镖水蚤(*Sinodiaptomus sarsi*)、台湾温剑水蚤和右突新镖水蚤(*Neodiaptomus schmackeri*)。

整个鱼苗养殖期间,循环塘 P2、P3、P4 内浮游动物的年平均生物量和密度见图 6.31。由图可知,轮虫的生物量和密度随养殖密度的增加而增加,浮游甲壳类则随养殖密度的增加而减少，浮游动物的总生物量随养殖密度的增加而减少，总密度与此相反。

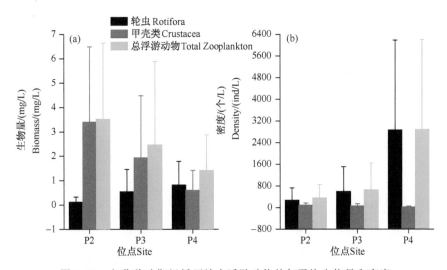

图 6.31　鱼苗养殖期间循环塘内浮游动物的年平均生物量和密度

Fig. 6.31　Annual mean biomass and density of zooplankton among the treatments during the juvenile stage of culturing

成鱼养殖期间，从水体中共检测到轮虫 61 种、枝角类 13 种、桡足类 5 种。浮游动物的优势种也存在明显的季节变化。出现过的轮虫优势种有壶状臂尾轮虫、曲腿龟甲轮虫、柱足腹尾轮虫、沟痕泡轮虫（*Pompholyx sulcata*）和针簇多肢轮虫；枝角类优势种有蚤状溞、短型裸腹溞（*M. brachiata*）、隆线溞、长肢秀体溞（*Diaphanosoma leuchtenbergianum*）、短尾秀体溞（*D. brachyurum*）和微型裸腹溞；桡足类优势种有大型中镖水蚤、台湾温剑水蚤、右突新镖水蚤和广布中剑水蚤。

整个成鱼养殖期间，对照塘和循环塘中轮虫和浮游甲壳类的年平均生物量和密度见图 6.32。统计分析表明，轮虫和浮游甲壳类的生物量和密度对照塘 P1 均显著高于循环塘 P2（$P < 0.05$），说明循环水能使养殖塘中浮游动物数量和生物量显著下降；对照塘中轮虫的物种丰度显著高于循环塘，而浮游甲壳类的丰度则显著低于循环塘 P2（$P < 0.05$），说明循环水降低了养殖塘中轮虫的物种丰度而提高了浮游甲壳类的物种丰度。

4. 池塘养殖效果

1）循环塘与对照塘主养鱼养殖效果比较

（1）生长情况比较。

从表 6.17 可以看出，综合指标即总产量、总净重、总养殖密度和总饵料转

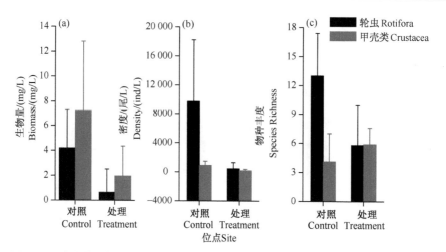

图 6.32　成鱼养殖期间对照和循环塘内浮游动物的年平均生物量、密度和物种丰度

Fig. 6.32　Annual mean biomass, density and species richness of zooplankton among the control and the treatment during the adult stage of culturing

表 6.17　循环塘和对照塘主养鱼生长情况比较

Tab. 6.17　The growth of fishes in the recirculating pond and control pond

项目 Item	循环塘 Recirculating Pond	对照塘 Control Pond
初始体重 Initial Body Weight/(g/尾)		
斑点叉尾鮰 *I. punctatus*	167.0±30.0	167.0±30.0
团头鲂 *M. amblycephala*	200.0±54.8	200.0±54.8
期末体重 Final Body Weight/(g/尾)		
斑点差尾鮰 *I. punctatus*	498.5±84.4	503.0±78.9
团头鲂 *M. amblycephala*	544.5±80.6	506.5±64.4
成活率/% Survival Rate		
斑点差尾鮰 *I. punctatus*	97.2	90.6
团头鲂 *M. amblycephala*	98.8	71.9
特定生长率(SGR)/%		
斑点差尾鮰 *I. punctatus*	0.43	0.40
团头鲂 *M. amblycephala*	0.43	0.26
鱼总产量 Gross Fish Product/kg	240.0	151.0
鱼总净重 Net Fish Weight/kg	182.1	96.7
总投饵量 Total Feed Used/kg	260.0	220.0
养殖密度 Stocking Density/(kg/m²)	1.20	0.76
饵料转化系数(FCR)Feed Conversion Ratio	1.43	2.27

注:参数计算公式:日增重 $DWG=(W_2-W_1)/[n\times(t_2-t_1)]$,净增重 $NY=(W_2-W_1)/(t_2-t_1)$,特定生长率 $SRG=[(\ln W_2-\ln W_1)/(t_2-t_1)]\times100$,饵料转化率 $FCR=F/(W_2-W_1)$,其中,W 代表鱼体重,t 代表时间,F 为总投饵量。

Note:Parameters were calculated as follows: Daily weight growth (DRW) $= (W_2-W_1)/[n*(t_2-t_1)]$, Net yield (NY) $=(W_2-W_1)/(t_2-t_1)$, special rate of growth $=[(\ln W_2-\ln W_1)/(t_2-t_1)]*100$, Feed conversion rate (FCR) $=F/(W_2-W_1)$, W stands for body weight of fish, t for time, and F for total feed used.

化系数，两养殖塘之间存在明显差别，循环塘好于对照塘，表明构建系统更有利于鱼类的生长、发育和繁殖。

（2）一般营养成分分析。对两主养鱼的一般营养成分分析结果见表 6.18。

表 6.18　两池塘鱼体肌肉粗蛋白、粗脂肪、水分和灰分含量

Tab. 6.18　Comparison of contents of crude protein, crude lipid, moisture and ash in muscle of fish(mean±S. D.)

池塘 Pond	斑点叉尾鮰 I. punctatus				团头鲂 M. amblycephala			
	粗蛋白 Crude Protein	粗脂肪 Crude Lipid	水分 Water containing	灰分 Ash	粗蛋白 Crude Protein	粗脂肪 Crude Lipid	水分 Water containing	灰分 Ash
循环塘 （塘 3[#]） Recirculating Pond	16.05 ±0.65	4.44 ±0.39	78.65 ±0.80	1.04 ±0.08	19.44 ±0.82	3.19 ±0.49	76.33 ±1.80	1.20 ±0.07
对照塘 （塘 4[#]） Control Pond	15.5 ±1.11	5.25 ±0.82	78.4 ±1.20	1.10 ±0.09	17.72 ±0.32	4.48 ±1.24	76.53 ±0.83	1.24 ±0.37

由表 6.18 可见，就一般营养成分而言，斑点叉尾鮰在两养殖塘的差别不明显；但团头鲂肌肉营养成分中粗蛋白含量在循环塘和对照塘中分别为 19.44% 和 17.72%，而粗脂肪含量则分别为 3.19% 和 4.48%，两者表现出一定的差别。据报道，野生团头鲂肌肉中粗蛋白含量为 19.7%（欧阳敏和陈道印，1999），而循环塘中养殖的团头鲂，其肌肉中粗蛋白含量与之相近。

（3）氨基酸的含量与组成。进一步对团头鲂肌肉中氨基酸的含量与组成进行测试分析，两养殖塘（即循环塘和对照塘）团头鲂肌肉中共检出 17 种氨基酸，其总量分别为 12.97%（占鲜重）和 11.48%（占鲜重）。其中，人体必需氨基酸检出 7 种，总含量分别为 3.58%（占鲜重）和 3.62%（占鲜重），两者差别不明显；鲜味氨基酸检出 4 种，总含量分别为 5.97%（占鲜重）和 4.46%（占鲜重），两者差别经统计学分析达显著（$P < 0.05$），表明在循环塘养殖的团头鲂，其肉质更加鲜美。

（4）脂肪酸组成与含量。无论在循环塘还是在对照塘养殖的团头鲂，其肌肉中均分离鉴定出 16 种脂肪酸。其中两种对人体具有多种保健作用的脂肪酸即 EPA（二十碳五烯酸）和 DHA（二十二碳六烯酸）的总含量分别为 8.2% 和 7.5%，两者无明显差异。此外，以不饱和脂肪酸计，其总含量分别为 72.6% 和 73.9%，差异同样不明显。由此表明，在两种不同水体中养殖的团头鲂，其肌肉中脂肪酸的组成和含量没有明显差别。

（5）藻毒素含量。循环塘中的斑点叉尾鮰和团头鲂，不论是肝脏还是肌肉中

均未检出微囊藻毒素。取自对照塘中的鱼样的肝脏和肌肉组织中均有微囊藻毒素检出，且肝脏中的浓度高于肌肉组织，而且均超过了容许摄入量 0.04μg/kg 水平。

2）不同密度循环塘养殖效果比较

2005 年 P1～P4 塘斑点叉尾鮰（*Ictalurus punctatus*）鱼苗的放养密度分别为 30 尾/m²、20 尾/m²、30 尾/m²、40 尾/m²，经过近 5 个月的养殖，成功地将斑点叉尾鮰鱼苗（1.8cm，0.08g）培育成鱼种（15.9cm，33.9g），成活率达到 92.6%。在常规的池塘养殖模式中，当斑点叉尾鮰放养密度大于 15 尾/m² 时，易发生病害，成活率低（余智杰等，2000），而本试验中 P4 塘放养密度达到了 40 尾/m²，并没有发生明显的病害。由表 6.19 可知，当循环水养殖系统放养密度为 40 尾/m² 时，其斑点叉尾鮰的养殖效果与常规池塘养殖方式下放养密度为 11 尾/m² 时基本相当，这里还没有考虑常规池塘养殖鱼苗放养规格较大、生长速度及成活率较高等因素。在放养密度为 20 尾/m² 的条件下，常规池塘养殖发病多，成活率低，鱼体生长速度较慢，养殖 99d 的鱼种体长和体重分别为 10.7cm、10.9g，而本养殖系统中放养密度同为 20 尾/m² 的 P2 塘在养殖 95d 后鱼种体长体重已达到 14.7cm、28.4g（图 6.33），养殖周期结束时更是达到了 16.5cm、36.8g。由此可见，本循环水养殖系统在养殖容量、控制病害、成活率以及鱼体生长速度等方面均优于常规池塘养殖。

表 6.19　不同研究中斑点叉尾鮰养殖效果

Tab. 6.19　Effects of different experiment on *Ictalurus punctatus* culture

放养密度 /（尾/m²） Stocking Density /(ind/m²)	初始体 长/cm Initial Length/cm	发病情况 Disease Record	养殖周 期/d Culture Duration/d	最终体长 /cm、体重/g Final Length/cm， Weight/g	饵料 系数 Feeding Ratio	成活 率/% Survival Percentage /%	数据 来源 Data Source
20	1.8	无	139	16.5cm，36.8g	0.93	99.6	本试验
30	1.8	无	139	15.8cm，34.9g	1.19	96.3	本试验*
30	1.8	无	139	15.8cm，32.2g	1.28	94.8	本试验
40	1.8	一次缺氧 浮头死鱼	139	15.6cm，32.8g	1.34	84.7	本试验
11	2.3	无	133	15.6cm，43.7g	—	87	余志杰等，2000
16	1.8	车轮虫病	101	13.2cm，18.8g	—	58.5	余志杰等，2000
22	2.0	浮头死鱼、 出血病	99	10.7cm，10.9g	—	66.1	余志杰等，2000

* 池塘为水泥底，其余皆为泥底　* Pond with concrete bottom, others with mud bottom

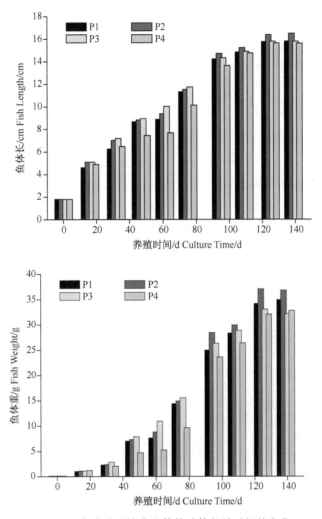

图 6.33　各养殖池塘中鱼体体重体长随时间的变化

Fig. 6.33　The changes of fish weight and length with culture duration in ponds

翘嘴红鲌冬片鱼种的培育效果见表 6.20。

表 6.20　翘嘴红鲌冬片鱼种培育效果

Tab. 6.20　The growth of larval of *Erythroculter ilishaeformis* in the recirculating pond

项目类别 Item	结果 Result
池塘面积 Pond Area/m²	200
养殖周期 Culture Period/d	128
鱼种放养时规格 Initial Size of Juvenile Fish/cm	4.5
鱼种放养数量 Stocking Quantity/(尾/ind)	2100

| | 续表（Continued） |
项目类别 Item	结果 Result
实验结束时数量 Harvest Quantity/（尾/ind）	2052
实验结束时平均体重 Mean Weight by the End of the Period/g	12.4
实验结束时平均体长 Mean Length by the End of the Period/cm	13.7
实验结束时养殖密度 Stocking Density by the End of the Period/（尾/m²）	10.0
成活率 Survival Rate/%	97.7
总饲料用量 Total Feed Used/kg	34.0
饲料系数 Feed Ration	1.09

翘嘴红鲌别名"兴凯大白鱼"，是我国四大淡水名鱼之一，具有很高的经济价值。其肉质细嫩、鲜美洁白，深受人们的欢迎。近年来随着捕捞强度加大，该鱼资源迅速下降。目前，国内已经开始了对翘嘴红鲌的商品化养殖，但大量苗种的培育和供应仍较困难。

在本循环养殖系统中，从 7 月 16 日放养到 11 月 5 日试验结束，养殖周期 128d，成活率 97.7%，平均规格 13.7cm，平均体重 12.4g，饲料系统为 1.08。

研究发展了人工湿地在传统池塘养殖中的应用，通过复合系统的构建，将两类功能不同的人工生态系统有机结合，有效提高了传统养殖池塘的功效，改善了养殖产品的质量。随着研究的深入和社会发展的要求，这一新的养殖模式必将在我国传统池塘养殖的升级改造中得到进一步发展和广泛应用。

6.3.5　循环系统中湿地面积的预测模型

湿地面积与鱼塘面积比 A_w/A_p 是复合养殖系统应用中首先遇到的问题，也是判断和提高其运行效率的重要指标。基于此，根据本复合养殖系统的运行条件及效果，建立了一个数学模型对系统所需湿地面积进行预测，为优化系统的配置提供依据。

人工湿地对污染物的去除可用一元推流动力学模型来模拟（Kadlec and Knight，1996），若忽略污染物背景浓度，此模型可表征为

$$\frac{C_e}{C_i} = \exp(-kt) = \exp\left(\frac{k\varepsilon h_w}{\mathrm{HLR}}\right) \tag{6.24}$$

式中，C_i——进水污染物浓度（mg/L）；

C_e——出水污染物浓度（mg/L）；

t——水力停留时间（d）；

k——一元去除率常数（d⁻¹）；

HLR——水力负荷（m/d）；

ε——湿地孔隙率，在本试验系统中为 0.4；

h_w——湿地深度（m）。

将式（6.24）进行一系列变换，即可得到湿地与养殖池塘的面积比 A_w/A_p

$$\frac{A_w}{A_p} = \frac{rh_p(\ln C_i - \ln C_e)}{k\varepsilon h_w} \tag{6.25}$$

在式（6.25）中只有一元去除率常数 k 是未知量，Kadlec 和 Lin 的研究表明，在一定水力负荷范围内，表面流和水平潜流湿地的一元去除率常数 k 与水力负荷 HLR 的幂函数具有很强的相关性（Lin $et\ al.$，2005；Kadlec and Knight，1996），而本试验系统也具有相似的规律（表 6.21）：

$$k_{TAN} = 4.10 \times HLR^{1.571} \tag{6.26}$$
$$R^2 = 0.997$$
$$k_{COD_{Cr}} = 3.82 \times HLR^{1.613} \tag{6.27}$$
$$R^2 = 0.989$$
$$0.313 < HLR < 781 m/d$$

表 6.21　不同研究中养殖废水总氨氮(TAN)与化学需氧量(COD$_{Cr}$)的一元去除率常数(k)

Tab. 6.21　A constant of first-order removal rate (k) for TAN and COD$_{Cr}$ of aquaculture wastewater in different studies

湿地 Constructed Wetland	水力负荷 Hydraulic Loading ./(mm/d)	k_{TAN}/d^{-1}	$k_{COD_{Cr}}/d^{-1}$	数据来源 Data Source
	420	0.992	0.593	本研究
复合垂直流(IVCW)	313	0.708	0.910	吴振斌等(2004)
Integrated vertical-flow	469	1.226	1.060	
constructed wetland	625	2.011	1.930	
	781	2.764	2.510	

将式（6.26）和式（6.27）分别代入式（6.25），通过计算，在本试验系统的湿地设计运行参数条件下，若要保证总氨氮和 COD$_{Cr}$ 去除率达到 60%，湿地与养殖池塘的面积比 A_w/A_t 分别为 0.315 和 0.308，此时的水力负荷分别为533mm/d 和 546 mm/d（表 6.22）。

需要指出的是，这个预测比例还有很大的提升空间。由式（6.26）与式（6.27）可以看出，在一定范围内，随着水力负荷的增大，去除率常数也增加，湿地的预测面积则减小。当然，湿地所能承受的水力负荷是有限的，过高的水力负荷会导致去除率下降、湿地堵塞等问题。Lin 等（2005）的研究表明，表面流湿地与水平潜流湿地在 HLR 为 1570～1950mm/d 时，其处理效果仍可满足养虾循环用水的需要。对复合垂直流湿地而言，当 HLR 为 800mm/d 时，氮的去除效果最好（贺锋等，2004）。本试验系统湿地设计面积过大，决定了湿地只能以较小的水力负荷来运行，其净化能力没有得到充分利用，从而导致了湿地面积模型的预测结果偏大。另外，基质孔隙率是人工湿地设计的重要参数，对湿地净化效率的影响很大，因此也是湿地面积预测的重要参数之一。以总氨氮为例，其他条件不变，当基质孔隙率 ε 为 0.33（$D_{50} \approx 5\text{mm}$）时，通过模型计算得到 A_w/A_t 为 0.225，此时的水力负荷为 747 mm/d，比孔隙率为 0.4 时的预测面积小 28.6%，而本试验系统的 A_w/A_t 为 0.4。综上所述，本循环水养殖系统在净化效果上还有很大的提升潜力，湿地面积也有进一步减少的空间，这使得基于复合垂直流人工湿地的循环水养殖系统具备了用于商品化养殖的可能性。

表 6.22 循环水养殖系统中复合垂直流人工湿地面积的估算

Tab. 6.22 Estimation on the area of IVCW in the recirculating aquaculture system

参数 Parameter	符号 Symbol	值 Value		单位 Unit
设计参数 Design Parameter				
循环率 Ratio of Recirculating	r	0.14		d^{-1}
基质孔隙率 Porosity of Substrate	ε	0.4		无量纲
湿地深度 Depth of IVCW	h_w	0.8		m
养殖池塘深度 Depth of Pond	h_p	1.2		m
进出水污染物浓度比 Concentration Ratio of Pollutant Between Influent and Effluent	C_i/C_e	2.5		无量纲
模型计算结果 Predicted Parameter		NH$_3$-N	COD$_{Cr}$	
水力负荷 Hydraulic Loading	HLR	533	546	mm/d
去除率常数 Removal Efficient Constant	k	1.53	1.44	d^{-1}
湿地与养殖池塘面积比 Area Ratio Between IVCW and Pond	A_w/A_p	0.315	0.308	无量纲

第7章 人工湿地应用实例

科学研究的目的是将研究成果及时转化为生产力，推动行业进步和发展，从而服务社会，造福人类。IVCW技术成果已在我国的武汉、北京、上海、深圳、天津、杭州、温州、西安、海南以及德国、奥地利等地得到成功推广应用，因其效果较好、投资省，社会和环境效益显著而受到社会各界的广泛关注和充分肯定。先后有中央电视台《走近科学》、《科技博览》、《科技苑》、《自然与科学（英文）》等栏目及湖北电视台、武汉电视台、海南电视台和中国环境报、光明日报、科学时报、湖北日报、长江日报、人民网、新华网等多家媒体和网站对该技术成果及工程应用进行报道。10余年来，在各处设计和建设人工湿地工程80多项(表7.1)。

表7.1 设计和建设的人工湿地工程列表

Tab. 7.1 List of designed and engineered constructed wetlands

编号 Item	地点 Location	工程名称 Name of the Engineering	处理对象 Treatment Object	规模 Scale	状态 Status
1	北京	北京奥林匹克森林公园人工湿地	中水、循环湖水	3万 t/d	建成运行
2	深圳	龙岗沙田人工湿地污水处理厂工程	城镇综合污水	7000t/d	建成运行
3	上海	松江五厍现代农业示范区水质改善工程	雨水	1000t/d	建成运行
4	上海	松江叶榭科技农业园区水质改善工程	雨水	1500t/d	建成运行
5	深圳	洪湖公园湿地水质改善一期工程	城市污水	1000t/d	建成运行
6	湖北	仙桃市人工湿地系统污水处理工程	城镇综合污水	10万 t/d	建成运行
7	深圳	石岩水库人工湿地污水处理一期工程	综合污水	1.5万 t/d	建成运行
8	深圳	甘坑人工湿地系统污水处理工程	综合污水	1.6万 t/d	建成运行
9	深圳	洪湖公园湿地水质改善二期工程	城市污水	4000t/d	建成运行
10	深圳	石岩水库人工湿地污水处理二期工程	综合污水	4万 t/d	建成运行
11	武汉	官桥人工湿地养殖水处理工程	养殖水体	500t/d	建成运行
12	武汉	小莲花湖人工湿地水质改善工程	受污染湖水	1500t/d	建成运行
13	武汉	月湖 3# 人工湿地水质改善工程	受污染湖水	3000t/d	建成运行
14	武汉	三角湖人工湿地水质改善工程	受污染湖水	1000t/d	建成运行
15	西安	洽川湿地生态景观工程	生态景观	50 亩	建成运行
16	武汉	汉阳万家巷人工湿地面源控制工程	面源污染	1500t/d	建成运行
17	深圳	万科东海岸景观湖人工湿地处理工程	受污染湖水	500t/d	建成运行
18	深圳	万科东海岸生活污水人工湿地处理工程	小区污水	30t/d	建成运行
19	深圳	三洲田生态公园茶园人工湿地雨水与 湖水循环处理工程	雨水与湖水	5000t/d	建成运行

续表（Continued）

编号 Item	地点 Location	工程名称 Name of the Engineering	处理对象 Treatment Object	规模 Scale	状态 Status
20	天津	万科东丽湖景观水体人工湿地处理工程	湖水	11 000t/d	建成运行
21	德国科隆	莱茵河故道污染水体水质改善工程	湖深层含硫水体	250t/d	建成运行
22	德国波恩	Miel 村庄家庭污水处理工程	生活污水	5t/d	建成运行
23	武汉	月湖 2# 人工湿地水体修复工程	受污染湖水	5000t/d	建成运行
24	武汉	二郎庙污水处理厂二级处理工程	城市综合污水	18 万 t/d	已设计
25	上海	上海市闸北区彭越浦河水体修复工程	受污染河水	1.5 万 t/d	已设计
26	上海	嘉定娄塘城镇污水人工湿地治理工程	城镇污水	5000t/d	已设计
27	武汉	193 医院污水处理工程	医疗废水	500t/d	已设计
28	武汉	汉阳区琴河水仙湿地公园工程	生活污水、景观用水	5 万 m²	建成运行
29	武汉	武汉汤逊湖湿地公园详规	中水处理、生态休闲	2km²	已设计
30	武汉	武汉市东西湖区慈惠农场人工湿地工程	生活污水、农业面源	700m²	建成运行
31	海南	海南省文昌市文教镇人工湿地处理工程	生活污水	1000t/d	建成运行
32	海南	海南省海口市演丰镇人工湿地处理工程	市政污水	1.5 万 t/d	已设计
33	湖北	黄冈市团风县团风宾馆人工湿地工程	生活污水	500t/d	已设计
34	广州	广东省广州市三星电镀厂人工湿地工程	电镀废水尾水	1000t/d	已设计
35	海南	万宁太阳河水源地污染控制工程	流域水质管理	1.5 万 t/d	建设中
36	海南	文昌市饮用水水源地污染治理工程	饮用水水源地保护	1.5 万 t/d	建设中
37	武汉	东西湖区金银湖水体生态修复工程	退化湖泊生态系统	20.55 万 m²	建设中
38	湖北	黄冈永安药业生产废水人工湿地处理工程	制药废水	300t/d	试运行
39	武汉	汉十高速公路污水人工湿地处理工程	面源及生活污水	300t/d	建成运行
40	海南	海口市大致坡镇人工湿地污水处理工程	城镇综合污水	500t/d	建成运行
41	海南	琼海市万泉镇人工湿地污水处理工程	城镇综合污水	400t/d	建成运行
42	海南	万宁市龙滚镇人工湿地污水处理工程	城镇综合污水	400t/d	建成运行
43	海南	三亚市田独镇人工湿地污水处理工程	城镇综合污水	500t/d	建成运行
44	海南	三道热带香巴拉污水处理工程	生活污水	900t/d	建设中
45	深圳	洪湖公园湿地水质改善三期工程	城市污水	400t/d	建成运行
46	深圳	宝安塘头河人工湿地工程	污染河水	2 万 t/d	建成运行
47	深圳	梅山苑生活污水处理及回用工程	生活污水	50t/d	建成运行
48	深圳	招商泰格公寓人工湿地污水处理工程	生活污水	20t/d	建成运行
49	天津	万科西青一期人工湿地工程	湖水	170t/d	建成运行
50	深圳	招商花园城人工湿地污水处理工程	生活污水	60t/d	建成运行
51	天津	万科西青示范区人工湿地工程	湖水	300t/d	建成运行
52	长春	万科净月人工湿地工程	湖水	250t/d	建成运行
53	深圳	万科城人工湿地水处理工程	湖水	500t/d	建成运行
54	广州	万科四季花城水处理工程	湖水	3000t/d	建成运行
55	重庆	江津慈云镇污水处理工程	城镇污水	600t/d	建成运行
56	深圳	中航观澜湿地工程	湖水	250t/d	建成运行

编号 Item	地点 Location	工程名称 Name of the Engineering	处理对象 Treatment Object	规模 Scale	状态 Status
57	广东	饶平县新丰镇人工湿地污水工程	城镇污水	2000t/d	设计中
58	广东	饶平县三饶镇人工湿地污水工程	城镇污水	2000t/d	设计中
59	深圳	四海公园水体综合治理工程	湖水	2 万 t/d	设计中
60	深圳	龙华污水处理厂出水深度处理工程	污水处理厂尾水	2 万 t/d	建设中
61	深圳	福田河生态景观改造工程	污染河水	4 万 t/d	设计中
62	深圳	观澜茜坑河污水处理工程	河水	1.4 万 t/d	设计中
63	深圳	三洲田湿地公园工程	湖水	12 万 m²	建设中
64	深圳	创意产业园人工湿地工程	污水及湖水	80t/d	建设中
65	深圳	万科中心人工湿地工程	污水及湖水	600t/d	设计中
66	深圳	东海岸四期人工湿地工程	污水及湖水	180t/d	设计中
67	深圳	万科城四期人工湿地工程	污水及湖水	680t/d	设计中
68	深圳	海月华庭人工湿地工程	生活污水	50t/d	建设中
69	浙江	舟山朱家尖污水处理厂出水深度处理工程	污水处理厂尾水	1500t/d	建设中
70	福建	武夷山市污水处理厂人工湿地工程	城镇污水	5000t/d	建设中
71	福建	武夷山星村人工湿地工程	城镇污水	1500t/d	建成运行
72	珠海	三灶污水处理厂人工湿地工程	城镇污水	2 万 t/d	试运行
73	东莞	高尔夫会所人工湿地工程	小区污水	2200t/d	建成运行
74	东莞	新世纪亦居人工湿地工程	生活污水	60t/d	建成运行
75	东莞	新世纪上河居人工湿地工程	小区污水	300t/d	建成运行
76	广州	金地增城荔湖城人工湿地工程	小区污水	2100t/d	试运行
77	南京	招商依云溪谷人工湿地工程	湖水	1500t/d	建设中
78	天津	华明镇人工湿地污水工程	城镇污水	200t/d	建设中
79	广东	江门中天国际花园人工湿地工程	湖水	300t/d	建设中
80	东莞	万科住宅人工湿地工程	生活污水	60t/d	试运行
81	武汉	百步亭生活小区人工湿地工程	景观用水水质保持	300t/d	建设中
82	武汉	蔡甸区张湾街办旭光村人工湿地工程	生活污水及面源	300t/d	建设中
83	湖北	黄冈市龙感湖人工湿地污水处理工程	城镇综合污水	2 万 t/d	完成初设

　　复合垂直流人工湿地系统在不断探索和应用的基础上，处理对象越来越广泛。由研究阶段的受污染地表水拓宽到生活污水、养殖水体、景观用水、湖泊水体修复、医疗废水、城市面源污染、城镇综合废水、无公害农业灌溉用水等。应用的规模按实际需求有大有小，从每天几吨到几万吨不等。

　　复合垂直流人工湿地是一种基本模式，应用方式也不断发展完善，因地制宜，结合进水水质、出水要求等因素综合考虑，灵活多变，有直接采用下行-上行复合垂直流的，如德国科隆、波恩，上海松江，深圳洪湖公园，武汉官桥，北京奥运公园等工程；有单独使用下行流单元的，如深圳石岩、甘坑等；有结合其他前处理工艺串联使用的,如武汉二郎庙、武汉193医院、深圳龙岗等工程;有添加后置修饰工艺串联使用的,如武汉三角湖等工程。

以前的环境工程大多注重净化效果而淡化了其景观建设,IVCW系统设计的原则之一是净化能力与景观建设相结合,实现"净"与"美"的和谐统一。随着研究的不断深入,应用的不断发展,IVCW工艺不断得到优化和改善。最初研究的上行和下行处理单元均种植高大植物,湿地基本无法进入,且占用面积较大。经过探索,部分工程,如武汉莲花湖、官桥等湿地成功在上行流处理单元表面种植草皮,系统有一半的面积为地埋式,大大减少了地面空间的占地,且草皮可以成为人们休闲娱乐的场所。如武汉月湖湿地工程,布设栈道,修建流线型构形等景观小品,集净化、休闲、景观于一体,成为武汉新区建设的一大亮点。前期的试验系统构建多采用钢混或砖砌结构,这些工程和非生态的成分与本身作为生态工程的人工湿地存在一定的矛盾,在研究和应用过程中对底层防渗和结构上进行了改进,采用了黏土夯实等手段来代替以前的固化措施,如武汉三角湖、月湖、北京奥运公园等湿地工程。

本章选取几个代表性工程,详细说明人工湿地技术的应用情况。

7.1 湖泊水体生态修复

——以武汉市三角湖、月湖及莲花湖人工湿地工程为例

在人与自然相互作用影响下,湖泊水资源出现短缺,由此引起的湖泊水位下降、湖水咸化、湖面萎缩甚至干涸,对湖泊生态系统影响巨大。此外,湖泊污染严重,水质恶化、富营养化加剧,使得湖泊生态系统的问题十分突出。

据2003年中国环境状况公报统计,在评价的28个湖泊中,满足Ⅱ类水质的湖库有1个,占3.6%;Ⅲ类水质湖库有6个,占21.4%;Ⅳ类水质湖库有7个,占25.0%;Ⅴ类水质湖库有4个,占14.3%;劣Ⅴ类水质湖库有10个,占35.7%。另据对全国130余个湖泊的调查资料统计显示,富营养化湖泊占调查总数的43.5%,中营养湖泊占调查总数的45.1%,两者合计占88.6%。一些大型湖泊如滇池、巢湖等因湖泊富营养化和水污染严重,部分水域已经失去其资源属性,无法利用。这些情况说明我国江河湖库水体污染状况严重,且有明显恶化趋势。

水体净化技术的研发国外发展迅速,许多发达国家如日本、韩国、荷兰等已将其用于工程实践,我国相对起步较晚。根据处理原理的不同,一般可分为以下几类。

物理净化法:物理净化法采用物理的、机械的方法对污染水体进行人工净化。该类方法工艺设备简单、易于操作,处理效果十分明显,但往往治标不治本。

化学净化法:化学净化法通过向污染水体投加化学药剂,使药剂与污染物质

发生化学反应，从而达到去除水体中污染物的目的。如治理湖泊酸化可投加生石灰，抑制藻类大量繁生可投加杀藻剂，除磷可投加铁盐等。化学净化法由于投加的是化学药剂，因此不仅治理费用较高，而且还易造成二次污染。由于该法单独使用效果不佳，故常与其他方法配合使用。目前该方法主要用于酸化湖泊的治理。

生物净化法：天然水体中存在着大量依靠有机物生活的微生物，这些微生物具有氧化分解有机物的能力。生物净化法就是利用微生物的这一功能，通过人工措施来创造更有利于微生物生长和繁殖的环境，从而提高对污染水体有机物的氧化降解效率。该法能逐渐恢复污染水体的自净能力。

上述方法在一定的范围内有效可行，但均在一定程度上存在缺陷，很难在湖泊水体修复中大量应用。IVCW 通过强化手段在较短时期内实现水质提高、生境改善和生态系统恢复，然后通过系统自身来调节和维持良性循环，从理念和技术上都是可行的。作为湖泊水体修复的一种核心技术，IVCW 已在许多退化和受损湖泊中成功应用，取得显著成效，如太湖、东湖、莲花湖、月湖、三角湖等。本节以武汉三角湖、月湖、莲花湖为例，阐述 IVCW 在湖泊水体生态修复中的应用。

7.1.1　三角湖人工湿地工程

1. 工程背景

三角湖位于武汉市汉阳-蔡甸区，属汉阳东湖水系，该处属亚热带季风气候，全年四季分明，日照充足，雨量充沛。年平均气温 15.4～17.5℃，极端最高气温 41.3℃，极端最低气温−18.1℃。年均降水量 1150～1450mm。三角湖为小型浅水湖泊，功能区划为一般鱼类保护区，水质原为地表水Ⅲ类，但由于周边的农业面源污染，且生活污水未经处理而入湖，湖泊水质受到污染。根据中国科学院水生生物研究所等单位近年来的监测结果，三角湖水质已属地表水劣Ⅴ类。

三角湖生态治理示范工程位于江汉大学校园内行政楼东北方向三角湖湖滨。该地段属三角湖西南湖汊，湖岸线布局不规则，全长 2km，湖滨有水塘，湖岸带有荷花、芦苇、香蒲丛生。该区域的水体透明度低，氮、磷浓度较高，水体呈富营养化趋势。

2. 工艺流程

经过综合比选，三角湖生态工程采用复合垂直流湿地串联水生植物修饰塘工艺。

据现状地形，将湿地处理单元分为并联的三组下行流湿地-上行流湿地。湖水首先由提升泵引入并联的三组下行流湿地Ⅰ、Ⅱ、Ⅲ，经过这一级湿地处理后水流进入并联的三组上行流湿地Ⅰ、Ⅱ、Ⅲ。经过两级湿地净化，出水经明渠收集后以跌水方式进入水生植物修饰塘，最后排入三角湖江汉大学湖汊。水质经过湿地改善还湖后，还需要一定的保障，才能更好地实现水体修复的目的。因此在本工程当中充分考虑到水质改善和保持的因素，将人工湿地与水生植被构建有机结合，从而实现局部湖区的水体与生态修复，以期为其他类似湖泊的综合修复提供借鉴。

湿地四周采用土质围坝，堤坝内衬采用 HDPE 防渗膜，该防渗膜具有无毒、耐环境应力开裂性能、耐化学腐蚀性、抗渗能力强、抗穿透能力好等特点。湿地内部填充特定级配与材质的填料，填料表面种植耐污的水生植物。工艺流程见图 7.1。

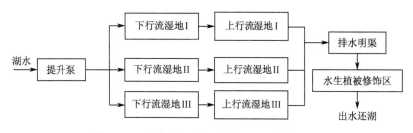

图 7.1　三角湖人工湿地生态工程工艺流程图

Fig. 7.1　The technology process of constructed wetland in Sanjiaohu Lake

上述人工湿地生态工程整体采用间歇运行方式，两级湿地及各级中的三组湿地可根据水质状况、系统维护等情况单独运行其中某一级或某一单元，以保证整个系统长期、高效、灵活运行。工程中水流完全采用梯级自流形式，出水由跌水平台跌入三角湖内，系统运行无需消耗电能，整体形成低能耗综合处理系统。湿地种植有美人蕉、富贵竹（*Dracaena sanderiana*）、花叶芦荻（*Arundo donax*）、风车草（*Cyperus alternifolius*），工程设施与示范区的景色和谐一致，湿地植物收获后可作为编织材料、饲料等，使水质净化工程发挥多项综合效益。

3. 主要工艺参数

三角湖人工湿地设计的主要参数见表 7.2。

表 7.2　三角湖人工湿地设计参数

Tab. 7.2　The design parameters of the constructed wetland in Sanjiaohu Lake

湿地工艺 Wetland Process	复合垂直流(下行加上行),3 个处理单元 Integrated Vertical-flow Constructed Wetland,3 Treatment Units
湿地占地总面积 Wetland Area	1034 m²
湿地处理规模 Treatment Capacity	1500 m³/d,装机功率:10.0 kW
植物配比 Plants	美人蕉、花叶芦荻、富贵竹、风车草等

续表(Continued)

湿地工艺 Wetland Process	复合垂直流(下行加上行),3 个处理单元 Integrated Vertical-flow Constructed Wetland,3 Treatment Units
湿地实际停留时间 Hydraulic Retention Time	约 7.5h
水力负荷 Hydraulic Loading	1286mm/d
配水方式 Feeding	系统采用间歇方式运行。水量控制在 140 m³/h,每天提水 2 次

水生植物修饰区参数：选择人工湿地生态工程周边约 40 000m² 区域,以沉水植被为主,挺水植被为辅,结合少量漂浮植被的全系列生态系统修复模式。其中,挺水植物选择菖蒲、香蒲、莲 (*Nelumbo nucifera*)、鸢尾 (*Iris pseudacorus*),种植面积占恢复区水面的 8%；浮水植物选择睡莲 (*Nymphaea tetragona*)、芡实 (*Euryaie ferox*),种植面积占恢复区水面的 2%；沉水植物选择金鱼藻 (*Ceratophyllaceae* sp.)、菹草 (*Potamogeton crispus*)、苦草 (*Vallisneria spiralis*)、狐尾藻 (*Myriophyllum spicatum*) 等,占恢复区水面的 90%。在湿地出水一侧的浅滩上配植鸢尾、风车草、纸莎草 (*Cyperus papyrus*)、香根草 (*Vetiveria zizanioiaes*) 和千屈菜 (*Lythrum salicaria*) 等。在浮床一侧配植部分睡莲,与荷花区相望。

4.工程效果

三角湖湿地自 2004 年 8 月建成运行以来进出水水质指标的平均值见表 7.3。出水 TSS 和叶绿素含量明显降低,N、P 指标介于 IV 类和 V 类之间(地表水标准 GB3838—2002),从监测的趋势来看,系统的净化效果表现出逐步改善的趋势。

表 7.3　三角湖人工湿地水质净化效果(2004.8~2007.5 平均值)

Tab.7.3　The purification performance of the constructed wetland in Sanjiaohu Lake(Mean of 2004.8~2007.5)

指　标 Index	TSS /(mg/L)	COD_Cr /(mg/L)	TN /(mg/L)	TP /(mg/L)	Chl-a /(mg/L)	异养细菌 Heterotrophica Bacteria /(CFU/L)
进　水 Influent	12.2	22.2	3.03	0.22	26.0	1.89×10^4
出　水 Effluent	4.57	10.5	1.51	0.13	3.02	1.12×10^4
去除率/% Removal Rate	62.7	52.5	50.1	40.9	88.4	40.8

该工程在改善了水体环境的同时,也使三角湖重现了水清山秀的美景(图 7.2)。环境的明显好转获得了当地群众和江汉大学校方的广泛好评,来三角湖休

图 7.2　三角湖人工湿地实景

Fig. 7.2　The pictures of the constructed wetland in Sanjiaohu Lake

图 7.2　（续）

Fig. 7.2　（Continued）

闲参观的人也越来越多。三角湖校方也正考虑将三角湖示范区的建设纳入其校园建设的一部分，规划配套的景观方案，以努力使江汉大学成为一座美丽的园林式大学城。三角湖示范区正逐渐成为当地旅游的一个亮点。

7.1.2　月湖人工湿地工程

1. 工程背景

月湖水域汇水面积 2.62 km²，容积 7.82×10⁵ m³，平均水深 1.2m，常水位 20.6m（黄海高程，下同），由鹦鹉大道与知音桥自东到西将月湖分为东月湖、小月湖、大月湖三个部分，其中东月湖和小月湖面积均为 40 亩，大、小月湖间由知音桥下桥洞相连，东月湖通过横穿鹦鹉大道底的箱涵与小月湖相连（图 7.3）。月湖湖容较小，主要接纳城市地表径流雨水和少量污水。出水在丰水期由大月湖北部的四小闸泵站排入汉江，平水期由四小闸排入汉江。平常，小月湖通过知音桥两侧水位落差与大月湖之间的连通，水流流向基本由东月湖至小月湖至大月湖，在雨量较大时，来自东月湖的湖水挟带大量污染物质经箱涵流入小月湖，由于小月湖现有的地理位置及其狭长湖形，加之大量污水的输入，小月湖成为月湖流域的重污染区。对各湖区的监

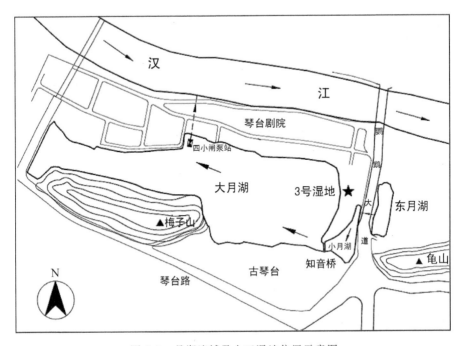

图 7.3　月湖流域及人工湿地位置示意图

Fig. 7.3　Location schematic diagram of Moon Lake watershed and constructed wetland

测结果见表 7.4。对照国家地表水质量标准（GB3838—2002），月湖各项水质参数均已超过Ⅴ类。对湖泊生物调查的结果也表明，其水体生物组成十分简单，呈现出严重的富营养化特征。与此同时，由于月湖周边环境改造进行的拆迁而造成小月湖北侧建筑垃圾形成堆场，场地内杂草横生，与周边环境极不相称（图 7.4）。

图 7.4　月湖湖水污染严重周边景观恶化（2004 年 9 月）

Fig. 7.4　Polluted water and confusional landscape in Moon Lake（Sep. 2004）

表 7.4　月湖水域各湖水质

Tab. 7.4　**Various parameter of water quality of Moon Lake watershed**

湖　泊 Lake	pH	SD /cm	TSS /(mg/L)	BOD$_5$ /(mg/L)	COD$_{Cr}$ /(mg/L)	TN /(mg/L)	NH$_3$-N /(mg/L)	TP /(mg/L)	IP /(mg/L)
东月湖 Eastern Moon Lake	7.5	30	35.5	12.3	50.1	9.25	4.27	0.871	0.544
小月湖 Small Moon Lake	8.3	33	52.0	11.8	43.9	6.30	4.16	0.710	0.519
大月湖 Big Moon Lake	8.1	45	27.8	9.8	23.5	4.35	3.87	0.563	0.563
地表水Ⅴ类标准值 GB3838—2002 Category Ⅴ in Surface Water Quality Standard GB3838—2002	6~9	—	—	≤10	≤40	≤2.0	≤2.0	≤0.2	—

注：2003 年夏季实测数据(4 次采样平均值)，SD 为透明度，"—"为无相关标准。

Note: monitored parameters in summer, 2003(mean value of four times samples), SD means transparency, "—" means no relative standard.

2. 工艺流程

新型景观湿地位于大月湖东侧，即在武汉市汉阳新区月湖琴台文化艺术区内，用地属性为城市绿化用地，地处汉阳鹦鹉大道附近原月湖新街（已拆迁）以西，大月湖环湖人行步道以东，长江广场及规划广场和停车场以南，小月湖绿化休闲区以北。设计规划面积约为 4200m²，湿地平均场地标高为 24.20m。处理水量 500～3500t/d。

　　沿大月湖东侧绿地在规划区内布置人工湿地，在经过管道转运的东月湖湖水排放处附近设置提升泵站，原污水在经过湿地配水井均匀配水至平行的 3 组人工湿地，工艺流程如图 7.5 所示。每组湿地均由一级湿地（下行流）串联二级湿地（上行流）两个单元构成。湖水经提升后分别进入以花卉为主、观赏性强的小乔木作点缀的梯级湿地内。一级湿地内选植了适于本地生长的鸢尾、千屈菜、美人蕉、纸莎草、再力花等兼具净化和美化功能的水生植物，靠近大月湖一侧二级湿地基质表面上敷设观赏草坪，分别以黑麦草（*Lolium perenne*）与狗芽根（*Cynodon dactylon*）（暖季草）为主，两级湿地隔墙上植有沿阶草（*Ophiopogon japonicus*）以形成绿障，湿地内及护坡上点缀棕榈（*Trachycarpus fortunci*）等耐水湿乔木树种，配合附近示范湖区内种植的睡莲等浮叶植物与垂柳（*Salix babylonica*），植物搭配做到了高低有序，错落有致，形成了独具特色的湿地景观。

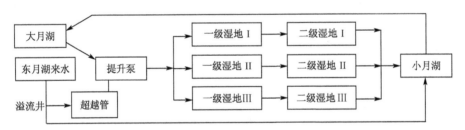

图 7.5　月湖人工湿地水质净化工艺流程图

Fig. 7.5　The technology process of constructed wetland in Moon Lake

　　受污染湖水经过湿地系统，污染物被基质、植物和微生物吸附、吸收和降解，净化后的出水由湿地西侧人工溪流渠道收集，水渠底部和侧壁均镶嵌卵石，湿地出水水质较好，清澈透明，已形成较好的溪流流水效果，渠道末端设置跌水井 C1，净水由此经管道流至小月湖北端，最后以跌水形式跃入湖中。湿地系统正常运行后，每天有近 2500t 净化水流入小月湖，从而加快了小月湖湖水通过知音桥向大月湖的流动和置换，有效改善了小月湖水质，同时为湖内水生生物的生长提供了有利的水力水质条件。

　　3. 设计参数

　　工程总体平面布置图见图 7.6。

　　1）截污及管道超越

　　来自东月湖的污染湖水是小月湖水体恶化的最直接原因，它对小月湖水质及

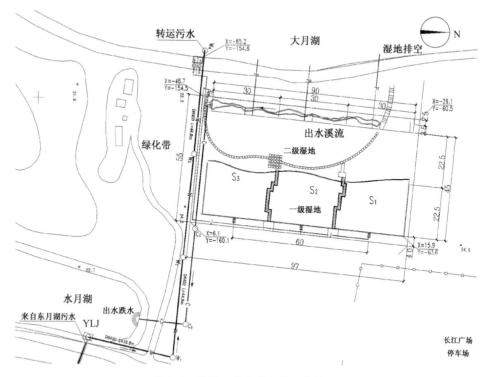

图 7.6　月湖 3 号湿地总平面布置图

Fig. 7.6　General layout of No. 3 constructed wetland of Moon Lake

其水生植被重建恢复造成巨大影响。因此，有效控制东月湖来水是改善小月湖水质的必要条件。在东月湖-小月湖箱涵末端处敷设 DN400 砼管道，将东月湖来水通过雨水溢流井 YLJ1 溢流并通过管道超越小月湖至大月湖排放，以此来避免东月湖来水与小月湖水的直接混合，减少东月湖来水对小月湖水体的污染冲击。与小月湖比较而言，大月湖湖容较大，水质较好，水体自净能力强，同时在大月湖东侧管道出水处布置了总面积为 1200m² 的植物浮床及人工水草，也可对东月湖来水产生一定的缓冲和净化作用。

　　2）水量与水质

　　经泵站提升的湖水是经过转运的雨污水与大月湖湖水的混合体，其水量与水质在旱季与雨季变化较大，雨季时进水对湿地污染冲击负荷较重，因此系统采用间歇方式运行，湿地提升系统采用两台潜水排污泵，一用一备（单泵 250 m³/h，扬程 $H=15$m，功率 $P=18.5$kW）水泵实行轮流间歇式运行，每天提水 4～8次，每次提水持续时间为 1h，两次提水中间泵停止工作 1.5～2.5h。三个湿地单元轮流供水，每单元每次供水 20min。表 7.5 列出了湿地系统在不同时期的设计处理水量。湿地水泵及各单元阀门均采用可编程序控制器（PLC），控制启闭系统内置了 3 种以上的湿地运行时间程序,分别对应旱季、雨季等不同时期水量水质的变化,正常情况下泵房无需值守,极大地降低了管理人员的工作强度,并且提供了丰富的手动调整功能,以备湿地系统调整与发展需求。

表 7.5 不同时期湿地设计处理水量
Tab. 7.5 Designed inflow water flux of wetland in different stage

[单位(Unit):m³/d]

水量 Water Quantity	旱季 Dry Season	雨季 Rain Season
管道转运水量 Water Quantity Conveyed by Pipe	1500	2500
湿地草坪灌溉需水量 Demand Quantity for Grassland Irrigation	50	20
湿地运行初期 Wetland Initial Running	750	500
系统成熟后(设计) Well Developed System	2600	2000

湿地处理负荷:按湿地日均处理水量 2000 m³/d 计算得到的湿地进水负荷见表 7.6。

表 7.6 人工湿地平均进水负荷
Tab. 7.6 Average pollutant load of inflow to constructed wetland

[单位(Unit):kg/d]

项目 Item	BOD_5	COD_{Cr}	TN	NH_3-N	TP	TSS
平均值 Mean	36	106	10.8	8.5	1.57	94.4

3)水力停留时间

根据中、小试示踪剂试验及相关文献报道,湿地内部水流流态接近理想推流状态,设计停留时间及实际停留时间见表 7.7。

表 7.7 人工湿地水力参数表
Tab. 7.7 The hydraulics parameters of designed constructed wetland

湿地工艺 Type of CW	复合垂直流(一级+二级),3 个处理单元并联 Integrated Vertical-flow Constructed Wetland,3 Treatment Units Paralleled
湿地占地总面积 Area of CW	4035 m²
湿地处理规模 Scale of CW	400~3200m³/d,系统装机功率:21.5KW

湿地工艺 Type of CW	复合垂直流(一级＋二级),3 个处理单元并联 Integrated Vertical-flow Constructed Wetland,3 Treatment Units Paralleled
基质平均孔隙率 Porosity of Medium	0.35～0.41
理论停留时间 Theory Retention Time	约 15.1h
湿地实际停留时间 Practice Retention Time	约 16.5h
水力负荷 Hydraulic Loading	100～800mm/d

注:按处理水量 2000 m³/d 推算。

Note:Calculation with 2000m³/d hydraulic loading.

4. 工程效果

湿地外观效果见图 7.7，进出水水质及净化效果见表 7.8。

月湖 3 号人工湿地于 2004 年 12 月开始调试运行即开始定期进行水质监测。中国科学院水生生物研究所及委托单位于 2005 年 11 月对其进行了工程验收监测。

图 7.7　建成后的月湖 3 号人工湿地实景

Fig. 7.7　Photographs of Moon Lake constructed wetland

图 7.7　（续）
Fig. 7.7　（Continued）

　　由表 7.8 可以看出，月湖 3 号人工湿地对主要污染物的去除效果较好，部分指标达到了《地面水环境质量标准》（GB3838—2002）的 Ⅳ～Ⅴ 类水质标准。

表 7.8　人工湿地进出水质及净化效果对比

Tab. 7.8　Comparisons of the water qualities and average removal rates of constructed wetland

项目 Item	TSS	BOD₅	COD$_{Cr}$	TN	NH₃-N	TP	IP
进水/(mg/L)Influent/(mg/L)	47.2	18.0	53.0	5.37	4.23	0.787	0.494
出水/(mg/L)Effluent/(mg/L)	5.3	5.9	15.0	1.73	0.87	0.309	0.125
地表水 V 类标准值 GB3838—2002/(mg/L) Category V in Surface Water Quality Standard GB3838—2002/(mg/L)	—	≤10	≤40	≤2.0	≤2.0	≤0.2	—
平均去除率/% Average Removal Rate/%	88.8	67.2	71.7	67.8	79.4	60.7	88.8

进、出水 SD 分别为 30cm、50cm，pH 分别为 8.3、6.7

SD of influent and effluent are 30cm，50cm，respectively. pH of influent and effluent are 8.3 and 6.7，respectively.

注：SD 为透明度，"—"为无相关标准。

Note：SD means transparency，"—" means no relative standard.

5. 工程投资

本工程在除去用以景观建设的土方置换、绿化、铺地、水景建设费用以及湿地外围截污管道敷设等其他费用外，按处理水量 2000 m³/d 推算，吨水投资在 450～500 元/(m³·d)，吨水用地为 2 m²/(m³·d)；系统的运行与维护费用主要包括污水动力提升费、常年维护人工费和植物种苗补充费、事故检修处理和其他费用；本工程最终综合运行费用为 0.08～0.12 元/m³ 水（尚未计入社会效益及生态效益）。

7.1.3　莲花湖人工湿地工程

1. 工程背景

莲花湖处在武汉三镇的轴心，位于武汉市汉阳区莲花湖旅游度假村内，是典型的城市内源型浅水湖泊，它由大小两个湖组成，共 128 亩，其中小莲花湖 32 亩，平均水深约 1.0m，大莲花湖 96 亩，平均水深约 1.2m。湖泊功能以休闲娱乐、调蓄为主，湖泊水体定义为人体非直接接触的娱乐用水。由于该地区属汉阳老城区，近年来经济发展迅速，但市政基础设施建设相对落后，产生的工业废水和生活污水未经妥善处理就直接排入湖中，莲花湖实际沦为生活污水、工业废水和养殖污水的纳污场所。1998 年后工业废水排口基本排除，现有较大不规则生活废水排口 7～8 个，污水入湖总排放量约在 3000t/d。由于一般情况下该湖水处于封闭状态，当遇洪遇涝情况才可通过机排方式排入长江，并且近年来为保证长江汉阳段水质标准，该排口很少使用。入湖污水实际上完全由莲花湖水体接纳，更加重了湖水的污染程度。湖内周期性爆发水华（图 7.8）。

图 7.8　莲花湖湖水污染严重局部出现水华（2004 年 8 月）

Fig. 7.8　Polluted water and algae blooms in Loutus Lake（Aug. 2004）

作为中心城区内完全封闭的景观湖泊，莲花湖周边建筑密集，人口密度较大，工程用地极少，湖内淤积严重，给生态工程的实施带来了极大的困难。

2004 年 2 月中国科学院水生生物研究所依据国家"十五"重大科技专

项——武汉市汉阳地区水环境质量改善技术与综合示范之莲花湖水体修复方案，在武汉市汉阳区汉阳莲花湖公园内建设了小莲花湖人工湿地工程，通过构建新型复合垂直流人工湿地，结合园林景观技术，在截除与控制外源性污染的同时，对重污染湖水处理净化循环，提高水体透明度，改善水动力条件，为水生植被的重建与生物多样性提高创造适宜环境。

2. 工艺流程设计

针对莲花湖的污染严重状况，结合城市公园的实际情况和需求，综合分析，本工程采用简单预处理串联复合垂直流人工湿地工艺，且将上行流池改造为地埋式，表层种植草皮，可供人休闲，减少了地表占用面积。

具体工艺流程如图 7.9 所示。

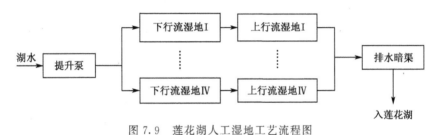

图 7.9　莲花湖人工湿地工艺流程图

Fig. 7.9　Process chart for Louts Lake constructed wetland，Wuhan

在小莲花湖北侧死水区设小型简易取水口。受污染湖水通过设于取水口前的取水暗管自流进入格栅池，经过粗细格栅与格网去除较大颗粒的悬浮物和漂浮物，以保护水泵机组及后续处理构筑物。污水经过格栅后进入集水池，利用潜污泵提升至配水井，经过配水井均匀配水至平行并联的 4 组人工湿地，人工湿地均由下行流湿地-上行流湿地两级串联单元构成。一级湿地为传统垂直下行流人工湿地，种植黄花美人蕉、鸢尾、再力花以及风车草等植物。上行流湿地基质表面上敷设观赏草坪。

湿地出水端设盖板暗渠，湿地出水自流至总出水口，出水口专门设置半圆形四级跌水平台，湿地出水达到一定水位后以涌泉形式跌落至出水平台，出水水流在跌水过程中形成水跃挟气，利用自然地形与湖面高差提高其溶解氧后流入湖中。

3. 主要设计参数

处理水量为 700t/d，按全湖 2.1 万 m³ 水量，约 30d 循环一次。

各主要处理单元设计参数如下：集水池与取水泵站合建，内设立式小型潜水排污泵 3 台，2 用 1 备，并设浮子式液位控制阀控制水泵起停。

湿地占地面积为 1200m²，分为 4 个单元，各组单元平行运行，当一组检休时，其余湿地仍然可以正常工作，也可以采用间歇方式运行，每次轮换运行其中三组湿地，另一组湿地停床休作，防止堵塞。

4. 工程效果

小莲花湖人工湿地于 2004 年 5 月开始调试运行，11 月进行工程验收，工程效果见图 7.10。通过半年的水质监测，结果如表 7.9 所示。

图 7.10　建成后的小莲花湖人工湿地人工湿地实景

Fig. 7.10　Photographs of Louts Lake constructed wetland

表 7.9　武汉小莲花湖人工湿地进出水质及净化效果对比

Tab. 7.9　Comparisons of the water qualities and average removal rates of CW

指标 Parameters	TSS /(mg/L)	COD$_{Cr}$ /(mg/L)	BOD$_5$ /(mg/L)	TN /(mg/L)	TP /(mg/L)	叶绿素 /(mg/L)
进水 Influent	21.3	37.5	8.79	2.44	0.23	34.9
出水 Effluent	5.3	23.1	5.31	1.76	0.18	3.2
去除率 Removal Rate/%	75.0	38.5	39.6	27.6	21.7	90.8

由表 7.9 可以看出，小莲花湖人工湿地对主要污染物的去除效果都很好，部分指标达到了《地面水环境质量标准》（GB3838—2002）的 Ⅳ～Ⅴ 类水质标准。

类似的用于湖泊水体生态修复的人工湿地还有：月湖 2# 人工湿地水体修复工程、东西湖区金银湖水体生态修复工程、万科东海岸景观湖人工湿地处理工程、三洲田生态公园茶园人工湿地雨水与湖水循环处理工程、上海市闸北区彭越浦河水体修复工程、万科西青一期人工湿地工程、万科西青示范区人工湿地工程、万科净月人工湿地工程、万科城人工湿地水处理工程、万科四季花城水处理工程、中航观澜湿地工程、四海公园水体综合治理工程、三洲田湿地公园工程、创意产业园人工湿地工程、万科中心人工湿地工程、东海岸四期人工湿地工程、万科城四期人工湿地工程、招商依云溪谷人工湿地工程、江门中天国际花园人工湿地工程等。

7.2 小流域综合治理

——以深圳市龙岗区沙田人工湿地污水处理工程为例

与湖泊不同，河流是一个流动的生态系统，与周围的陆地有更多的联系，是相对开放的生态系统。其生态功能多样：为人类提供食品和其他生活物资；对水文循环起调节作用，缓解旱涝灾害；优美的水域景观可以美化城市环境，具有旅游休闲功能；此外，它还具有改善区域小气候、补充涵养地下水的功能，对人类的生存具有关键意义。但是，由于人类活动的干扰，一些河流与周围环境被人为地隔断孤立，各种各样的污染物直接排入或最终汇入其中，使河流逐渐丧失其生命力。近年来，我国河流污染问题日趋严重。

河流生态系统功能降低以至破坏，往往是一个缓慢的发展过程，是多因素作用的结果，因而不易引起人们的重视。当人们发现其恶果时，可能情况已经变得不可逆转。由于污染源复杂，污水管网设施不完善，河流治理仍是一个难题。IVCW 应用于小流域的综合治理，修复河流生态系统是一种可行的方式。用自然生态的观念进行河流流域的系统管理，既可以防洪，又有利于生态系统的恢复和实现，可能目前是一种比较好的模式。

7.2.1 工程背景

田脚河位于深圳市龙岗区坑梓镇，为龙岗河的一级支流，全长 6.8km，流域面积 13.4km²。起源于鸡笼山水库和高婆垅水库，流经金沙、沙田两个行政村，是两个行政村生活污水、工业废水、养殖废水的纳污河流。经沙田围角村在龙岗河下坡段下游 9.6km 处汇入龙岗河。

由于坑梓镇金沙、沙田两个行政村近年来经济发展迅速，产生大量的工业废水、饲养废水、养殖废水和生活污水，而该地区的市政建设相对落后，生活污水和地面径流混合，加之枯水期的自然径流量远小于其排放的污水量，造成田脚河河水污染严重，直接加重了龙岗河水体的污染程度。调查资料表明，田脚河流域混合污水日排放量为 3395t，枯水期日自然径流量为 1640t，二者合计为 5035t。为改善龙岗河流域的水质状况，减少田脚河流入龙岗河的污染物，确保田脚河进入龙岗河的水质在 2000 年恢复到《地面水环境质量标准》（GHZB1—1999）V类标准，2010 年达到 III 类标准。经论证，在坑梓镇沙田村与惠阳县交界处兴建人工湿地污水处理示范工程，对田脚河的水体进行处理。

7.2.2 工艺流程

从污水源水水质状况来看，BOD_5/COD_{Cr} 为 0.4，其可生化性较好，人工湿地生态工程处理法可行。SS 含量较高，因此对人工湿地而言，应该设置预处理设施。结合出水水质要求综合分析，确定处理工艺如图 7.11 所示。

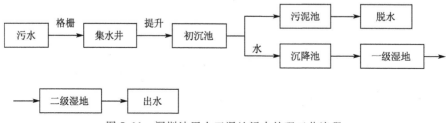

图 7.11　深圳沙田人工湿地污水处理工艺流程

Fig. 7.11　The technology process of constructed wetland in Shatian Town，Shenzhen City

7.2.3 设计参数

厂区占地总面积为 20 300m²，其中前处理 630m²，沉降池 1866m²，湿地 12 020m²，河沟 1595m²，绿化 1119m²，道路 3070m²。集水井 1 座，有效容积 55m³，停留时间 20min。初沉池 1 座，设 2 个并联单元，沉淀面积 336m²，有效容积 975m³。污泥池 1 座，有效容积 87.5m³。沉降池 1 座，设 2 个并联单元，面积 1866m²，有效容积 3732m³，停留时间 18h。一级湿地设 2 个并联单元，每个单元分串联 I 和 II 两级，每级分 A 和 B 两串联池，总面积为 6020m²。二级湿地设 4 个并联单元，总面积 6000m²。湿地植物有再力花、花叶芦荻、芦苇、水葱、美人蕉等。

7.2.4 工程处理效果

2001 年 11 月工程验收。2002 年 5～6 月深圳市龙岗区环境监测站对系统的处理效果进行了监测，共检测进出水水样 10 次，达标率为 90%，通过验收。平均值见表 7.10，目前工程良好运行（图 7.12）。

表 7.10　沙田人工湿地污水处理工程处理效果

Tab. 7.10　The purification performance of the constructed wetland in Shatian，Shenzhen City

指标 Parameters	pH	TSS /(mg/L)	COD_Cr /(mg/L)	BOD_5 /(mg/L)	TN /(mg/L)	TP /(mg/L)
进水 Influent	7.90	64.7	135	28.0	24.2	2.98
出水 Effluent	7.67	1.67	29.6	9.0	9.36	0.39
去除率/% Removal rate/%		97.4	78.0	67.9	61.3	86.9

2002 年第一期《欧盟中国简讯》专题文章"世界最大的污水净化复合垂直

流构建湿地投入使用"对该工程进行了报道。

图 7.12　深圳市龙岗区沙田人工湿地污水处理厂运行情景

Fig. 7.12　The pictures of the constructed wetland in Shatian Town，Shenzhen City

　　类似的用于小流域综合治理的人工湿地还有：武汉汤逊湖湿地公园、石岩水库人工湿地污水处理一、二期工程、甘坑人工湿地系统污水处理工程、万宁太阳河水源地污染控制工程等。

7.3　面源污染控制

——以武汉市万家巷人工湿地为例

点污染源以外的外部污染源统称为面源污染，又称非点污染源，污染物的迁移转化在时间和空间上有不确定性和不连续性。面源污染物的性质和污染负荷受气候、地形、地貌、土壤、植被以及人为活动等因素的综合影响。

与点源污染相比，面源污染起源于分散、多样的区域，地理边界和发生位置难以识别和确定，随机性强，成因复杂，潜伏周期长，防治十分困难。

随着对工业废水和城市生活污水等点源污染的有效控制，面源污染尤其是农业面源污染已经取代点源成为水环境污染的重要来源，目前我国正处在污染构成快速转变时期，面源污染的负荷比重在逐步上升。

面源污染是引起湖库富营养化的重要因素，主要来自农牧地区地表径流（包括农村村落污染）、城镇地表径流、林区地表径流以及大气降尘、降水等。

面源污染造成的水环境质量恶化问题在我国已日显突出，但对面源污染问题的严重性认识不足。尽管在面源污染控制方面开展了一些探索性工作，但整体上缺乏系统的科技攻关和技术示范，尚不能为我国面源污染控制提供相对完整的技术路线。本工程采用人工湿地工艺，以期为面源污染的治理提供科学依据和有效的经验。

7.3.1　工程背景

万家巷位于武汉市汉阳区，属于汉阳城区未来发展规划中的旧城改造区，东临翠微横路，南止拦江堤路，西抵马沧湖路，北到汉阳大道。万家巷地区四周高程为 24～30m，地势较为平坦。

该地区属亚热带大陆季风（湿润）气候，雨量充足、冬冷夏热、四季分明。年平均气温 21.3℃。年平均降水量为 1264.5mm，年平均蒸发量为 1396mm。年平均相对湿度在 79%左右。

长期以来，该地区汇水区排水体制为雨污合流制，晴天万家巷地区的污水与鹦鹉地区的污水一起流入纳污渠，至南太子湖（规划的南太子湖污水处理厂）；雨天万家巷地区初期雨水与污水一起进入纳污渠，中后期雨水经溢流闸流入墨水湖。长此以往，该地区的面源污染对周围的水体，尤其是湖泊的污染造成严重威胁。

　　武汉市汉阳区万家巷面源控制工程为国家"十五"重大科技专项"武汉市汉阳地区水环境质量改善技术与综合示范"子课题"汉阳地区城市面源污染控制技术与工程示范"中"旧区面源污染控制技术研究及万家巷示范工程"子专题的示范工程之一。其建设目的是储存大水量暴雨污染径流,实现污染径流的净化,降低污染物外迁率。在现场踏勘的基础上,依据水质、地形、地貌等参数,结合工程建设的总体目标和湖泊周边现状地形图及武汉市汉阳地区生态和用地规划,确定在墨水湖东南面汉阳渔场内湖滨地带建造人工湿地来控制面源污染。

7.3.2　工艺流程

　　针对万家巷示范工程处理的面源污水的水质水量特点,采用预处理塘—表面流湿地—推流湿地—垂直流湿地处理系统。工艺流程如图 7.13 所示。

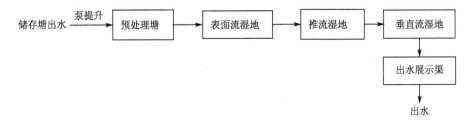

图 7.13　万家巷人工湿地面源控制工程工艺流程

Fig. 7.13　The technology process of constructed wetland
for non-point pollution control in Wanjiaxiang，Wuhan City

7.3.3　设计参数

　　人工湿地工程总占地面积为 16 000m²,由 5470 m² 预处理塘、4992m² 表面流湿地、2865m² 推流湿地、2024 m² 垂直流湿地四个单元构成。总处理水量 1500m³/d。预处理塘两座,采用并联方式,水力负荷 0.27m/d,平均有机负荷 34.3 gBOD$_5$/(m²·d),平均水深 1.0m,停留时间 3.6d。表面流湿地两座,采用并联方式,水力负荷 0.3 m/d,平均有机负荷 34.0gBOD/(m²·d),停留时间 2.0d,种植芦苇、菖蒲等。推流湿地四座,采用并联方式,水力负荷 0.5 m/d,平均有机负荷 47gBOD/(m²·d),停留时间 0.5d,种植美人蕉、菖蒲等。垂直流湿地四座,采用并联方式,水力负荷 0.7m/d,平均有机负荷 46.7gBOD/(m²·d),停留时间 0.6d。

7.3.4 工程效果

工程建成后（图 7.14）能有效去除面源污水中悬浮物、有机污染物，对氮、磷等污染物也有较好的净化效果，处理后的出水入湖、回用水水质明显提高。主要污染物的去除率为：COD_{Mn} 去除率≥50%、TN 去除率≥40%、TP 去除率≥40%、SS 去除率≥80%。

图 7.14　武汉市万家巷人工湿地面源控制工程实景

Fig. 7.14　The pictures of the constructed wetland in Wanjiaxiang，Wuhan City

类似的用于面源治理的人工湿地还有：汉十高速公路污水人工湿地处理工程、文昌市饮用水水源地污染治理工程等。

7.4　城镇综合污水处理和景观用水补给

——以深圳市洪湖公园人工湿地工程为例

由于城市化进程过快，而污水管网设施不完善，我国许多城市污水、污雨不分，大量生活污水和工业废水直接排入自然水体。一方面使水资源大量流失，没有得到充分利用，另一方面对水环境也造成严重的污染。考虑到地区管网改造较为困难、投资大、见效慢、建设周期长等问题，需要寻找能够直接处理综合污水，又能与城市环境相协调的生态污水处理系统，IVCW 系统能够很好地达到该要求。

城市景观用水可修饰环境，给人以美感，维护生态平衡。但是由于当初设计的局限性和后期的污水及水质管理措施等方面的问题，导致水质迅速恶化，景观效果大为降低，甚至严重影响了周围居民的正常生活。一般说来，以自来水作为景观水体的初期注入水和后期补充水可直接用于景观水体，但是其费用较高，如果考虑利用再生水，则可实现节约用水和水资源的循环利用。经 IVCW 处理的生活污水，其出水指标能够满足《再生水回用景观水体的水质指标》（CJ/T95—2000）中的有关规定，既使城镇生活污水得到处理和净化，又使污水处理后得到充分利用，一举两得。

7.4.1　工程背景

洪湖地处深圳特区中心，北面为泥岗路，南面是笋岗路，地形北高南低。北面约三分之一为洪湖公园，是沿湖和深圳市居民重要的休闲和娱乐场所。洪湖紧靠布吉河，并兼有为布吉河泄洪的功能。

洪湖冬季严重缺水，以往全部以周边的生活污水为补充；而雨季（5～9 月）则有大量污水从雨水管道（雨污合流）排入。长期以来，洪湖水质一直不能达到景观用水标准。

本工程是从布吉河取水，经系统净化处理后排入洪湖，补充洪湖蒸发水量，并补充公园内绿化用水，在截去洪湖周边污水排入的同时，逐步达到改善洪湖水质的目的。

由于洪湖与布吉河已分隔，洪湖已无河流补充水源，其水源主要来自雨水和沿湖的生活废水排放，无其他清洁水源，因此整体水质很差。北面由于有污水管道直接排放污水，使水质发黑发臭，严重影响了景观，亦使得洪湖公园一直无法开发水上娱乐项目。

洪湖与布吉河分隔后，其主要功能已由原来的泄洪功能转变为景观用水功能。

在冬季布吉河水位通常比洪湖水位低1m左右；在雨季（5～9月）布吉河水位变化很大（最高可上涨大约3m），而洪湖水位由于受两道溢流坝的控制，一般变化很小。

表7.11列出了洪湖和布吉河的水质现状。洪湖水样取自北面的"三级湖"，其水质远达不到景观用水标准，而布吉河水已大大超过地面水V类标准。

表 7.11 洪湖和布吉河的水质现状

Tab. 7.11 The water quality of Honghu Lake and Buji River

[单位（Unit）:mg/L]

采样点 Sampling site	TSS	DO	COD_{Mn}	BOD_5	TN	TP	NH_3-N
布吉河(洪湖北面)Buji River	104	0.3	24.2	59.3	30.0	3.85	21.6
洪湖(三级湖)Honghu Lake	22	4.02	12.7	12.3	6.5	0.410	3.56

7.4.2 工艺流程

根据洪湖和布吉河的水质现状，以及洪湖公园补水的需求，设计了以IVCW为主的水处理工艺流程（图7.15）。

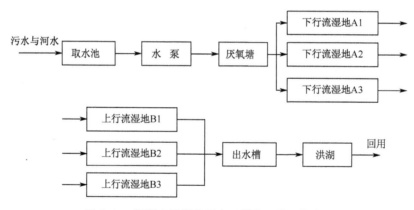

图 7.15 深圳市洪湖公园人工湿地工程工艺流程

Fig. 7.15 The technology process of constructed wetland in Honghu Park，Shenzhen City

7.4.3 设计参数

根据深圳市的平均年蒸发量 [1740 L/（m^2 · a）]，整个洪湖（按面积271 159 m^2 计）每天的蒸发量约为1293t/d，公园内溢流坝以北（面积约80 000 m^2）的蒸发量约为387t/d。根据这一水量损失数据，设计系统水处理规模为1000t/d，这样在无雨水补充的情况下，基本能平衡洪湖水量蒸发损失（不包括公园内绿化用水量和湖底下渗水量）。

工程占地总面积3500m^2，其中前处理塘占地面积约1000m^2，人工湿地占地面积约2500m^2。系统从布吉河取水，日处理水量1000t。

洪湖人工湿地系统的前处理塘水深为 1.5～3m，出现厌氧反应，水质发黑发臭，为了避免影响公园环境，在其中种植了凤眼莲，这样一方面可以减少不良气味的影响，另一方面可以对水质起到一定的净化作用。后进行了改造，在塘中安装了 300 方弹性立体填料，并安装了两台 4kW 的复叶推流式曝气机，大大减少了由于厌氧反应产生的臭气，并且不再有蚊虫滋生。

洪湖人工湿地系统（图 7.16）为三组平行，便于系统排空和系统维修。植物为芦荻、再力花、纸莎草、水葱、美人蕉等。

一期工程 Project of stage Ⅰ

二期工程 Project of stage Ⅱ
图 7.16　已建成的洪湖人工湿地系统
Fig. 7.16　The pictures of the constructed wetland in Honghu Park

7.4.4　工程效果

对比多次采样分析结果，每一次测定结果均较前一次有很大的改善，结果已经能完全满足出水水质要求。

按地面水标准，景观用水应达到国家地面水水质标准（GB3838—2002）V类标准。分析结果表明，本系统出水 DO 达到了 Ⅱ 类水标准，COD_{Mn}、BOD_5 和非离子氨均已达到 Ⅳ 类水水质标准。

表 7.12　系统水质处理效果

Tab. 7. 12　**The performance of the constructed wetland system in Honghu Park**

[单位：(Unit)：mg/L]

指标 Parameters	DO	COD_{Mn}	BOD_5	TP	非离子氨
布吉河(取水口) Influent	1.63	38.5	38.7	3.08	0.172
系统出水 Effluent	6.82	6.7	5.47	0.424	0.030
去除率/% Removal Rate/%		82.6	85.8	86.2	82.6

由表 7.12 可知，本系统具有非常好的污水处理效果，水中溶解氧大大增加，各项污染指标的去除率均在 80% 以上。进水污黑发臭，出水清澈见底。图 7.17 显示了洪湖人工湿地的处理效果，出水成为儿童的戏水场所。

图 7.17　系统出水效果及进出水水质表观比较

Tab．7.17　The purification effect of the constructed wetland in Honghu Park，Shenzhen City

该工程被国家环保总局评为"2002 年国家重点环境保护实用技术示范工程"（环发［2002］103 号文件）。

7.4.5　工程投资与运行费用

洪湖人工湿地系统的基建总投资为 120 万元。运行费用统计如下：水泵提升费用约 0.013 元/t 污水；人工管理费约 0.050 元/t 污水；系统维修和维护费平均约为 0.015 元/t 污水；曝气机用电费为 0.096 元/t 污水；总的运行费用为 0.078 元/t 污水（不包括曝气用电）；0.170 元/t 污水（包括曝气用电）。

7.5　生活污水处理

——以深圳市观澜湖高尔夫球场人工湿地工程为例

据统计，2003 年，全国废水排放总量 460 亿 t，其中生活污水排放量 248 亿 t，占废水排放总量的 53.8%。生活污水排放量比上年增加 15.3 亿 t，增长了 6.6%。随着我国社会经济和城市化的发展，废水排放量的增长主要是生活污水的排放量不断增加所致。然而，由于受到污水处理能力的限制，2003 年城镇生活污水处理率仅达到 25.8%，大部分城市污水未经任何处理便直接排入自然水体，对环境造成了较为严重的污染。

目前我国新建及在建的城市污水处理厂的典型处理工艺包括初级处理和二级处理。初级处理包括过滤和沉淀，其目的在于去除大块固体物和较小的无机颗粒物。二级处理则采用微生物降解法去除有机污染物。常用的二级处理技术有活性污泥法、氧化沟法、SBR 法等技术。此外，为满足排放要求，污水处理厂还可采用二级强化处理工艺进行除磷脱氮，典型工艺有 A/O、A/A/O 和氧化沟等技术。

但是，对于大多数污水处理厂，氮、磷营养物质的去除仍为重点也是难点。另外，投资建设一座城市污水处理厂并保证建成后稳定运行，需要庞大的资金支持。这一方面是由于大量的依靠进口和国外贷款引进城市污水处理厂的机械设备、仪器，另一方面来源于污水处理厂操作运转所需的巨大动力花费和管理费用。因此，IVCW 作为国内首创的高效、经济、自然的生态工程污水处理系统，必将在生活污水处理中具有广阔的应用前景。

7.5.1　工程背景

深圳观澜湖高尔夫球会位于深圳市龙岗区观澜镇，是目前中国乃至亚洲规模最大、设施最齐全的高尔夫度假胜地，是亚洲唯一一家同时被美国 PGA（职业高尔夫球协会）和欧洲 PGA 认可，并入选"世界最优秀高尔夫俱乐部"的球会。

公司职工宿舍位于球场园区内。由于地处偏远，楼栋独立，宿舍内的生活污水没有纳入市政污水收集管网，而是就近排入了旁边的观澜湖。由于没有经过任何处理，对球场内湖水不断造成污染，使得湖水水质日趋恶化。作为一个通过ISO14000 环境管理体系认证的企业，该公司特别重视公司形象和环境质量，为了改善球场水环境，经多方考察论证，决定采取人工湿地工艺处理职工生活污水。一方面可减少污水排放对球场内景观用水的污染，另一方面使水资源得到再利用，出水用于浇灌花圃。

此系统于 2000 年 3 月开始建造，同年 8 月完工并投入使用。

7.5.2　工艺流程

该工程处理的对象是生活污水，其可生化性较强，采用湿地处理比较合适，但生活污水中大颗粒污染物较多，因此应先经化粪池和格栅预处理，然后进入湿地系统。具体工艺流程如图 7.18 所示。

7.5.3　设计主要参数

观澜湖高尔夫球会有限公司职工宿舍生活污水人工湿地处理系统建造面积为 1200m² 。处理规模为 300t/d。分为平行二组，每组两个串联单元。植物为芦荻、再力花、纸莎草、水葱、美人蕉等。

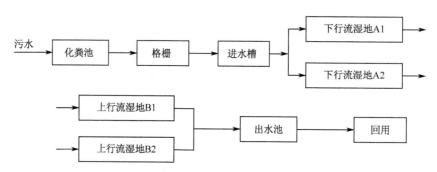

图 7.18　深圳市观澜湖高尔夫球场人工湿地工程工艺流程图

Fig. 7.18　The technology process of constructed wetland in Guanlan golf court，Shenzhen City

7.5.4　工程效果

集体宿舍生活污水经过化粪池后直接进入人工湿地处理系统，出水水质明显改善，溶解氧大大增加，出水池中很快有鱼出现。对进出水水质进行采样分析，污染物的去除率为 72.1%～99.9%，出水水质能达到景观用水水质标准。监测结果见表 7.13。

表 7.13　人工湿地系统直接处理生活污水水质净化效果

Tab. 7.13　The purification performance of the constructed wetland in Guanlan golf court

[单位(Unit):mg/L]

指标 Parameters	DO	COD_Mn	BOD_5	TN	NH_3-N	TP	IP	粪大肠杆菌 /(ind/L)
进水 Influent	0.08	34.6	81.0	96.0	29.2	20.3	1.69	≥2.4×10^7
出水 Effluent	2.88	3.6	5.0	13.3	5.09	0.225	0.219	2.4×10^4
去除率/% Removal rate/%		89.6	93.8	86.1	82.6	98.9	87.0	≥99.9

　　系统的运行费用只涉及人工管理费，为 0.078 元/t 污水。观澜湖高尔夫球会有限公司职工宿舍生活污水人工湿地处理系统见图 7.19。

图 7.19　观澜湖高尔夫球会有限公司职工宿舍生活污水人工湿地处理系统实景

Fig. 7.19　The pictures of constructed wetland in Guanlan golf court, Shenzhen City

　　类似的用于生活污水治理的人工湿地还有：Miel 村庄家庭污水处理工程、黄冈市团风县团风宾馆人工湿地工程、东莞高尔夫会所人工湿地工程、东莞新世纪宜居人工湿地工程等。

7.6　湿地公园建设

——以武汉琴断小河湿地为例

　　湿地公园是以自然湿地或人工湿地为基础，运用生态学原理和各种恢复技术，借鉴自然湿地生态系统的结构、特征、景观和生态过程建设的绿色空间，它具有物种及其栖息地保护、生态旅游和生态环境教育等多种功能。

　　湿地公园的建设是湿地生态系统保护、重建和恢复的一个新途径。湿地公园的建设能保护、恢复与重建湿地生态系统和湿地景观，维持系统内部不同动植物种的生态平衡和种群协调发展；湿地公园的建设还能在尽量不破坏湿地自然栖息地的基础上实现自然资源的合理开发和生态环境的改善。湿地公园是由特殊的生境、多样的湿地生物群落构成的复杂生态系统，为各种生物提供丰富的食物来源，营造良好的避敌环境，提高了生物多样性。湿地公园还是景观美学的重要组成部分，融合了自然、园林景观、历史文化等要素，并艺术地再现了自然湿地景观。通过湿地公园的建设，满足人们亲近、回归自然的需求，为社会民众提供了亲近、感受、体验自然的场所。湿地公园将生态保护、生态旅游和生态环境教育的功能有机结合起来，实现了人与自然的和谐共处。

7.6.1　工程背景

　　琴断小河水仙湿地公园是琴断小河生态修复工程的重要组成部分，本方案通过对武汉市琴断口闸附近的区位条件、周边环境、污水情况以及河流两岸自然生态等现状的综合分析，确定在琴断小河东岸、琴断口居民区西侧的双塘位置建造该湿地公园，总规划面积约为 44 640 m²，以达到净化琴断口监狱生活污水、改善琴断小河水质的目的。琴断小河水仙湿地公园是武汉新区"六湖生态修复工程"的重要组成部分，对琴断小河生态景观工程及琴断小河的综合整治具有重要意义，该工程的实施将成为改善武汉城市环境、调节城市气候、增加城市魅力的重要亮点。

　　琴断小河水仙湿地公园项目立项背景包括：① 该工程的建设实施是国家"十五"重大科技专项（"863"计划）的延伸。琴断小河的生态修复工程作为 863 项目"受污染城市水体修复技术与示范工程"的重要组成内容，已取得了一定的进展和成效，水仙湿地公园的建设将进一步深化项目内容，可促成项目成果的提升和发展。② 该工程的建设实施是城市建设可持续发展的需要。琴断小河生态景观工程是武汉新区的重点工程之一，若要维持琴断小河的生态景观，保证新区建设的可持续发展，水仙湿地公园的建设势在必行。③ 该工程的建设实施是武汉市六湖连通水生态环境治理的实践需要。六湖连通工程是武汉新区建设的重点工程，琴断小河是六湖生态修复工程的进水河段，琴断小河的水质将严重影响汉阳连通水系的水质，水仙湿地公园建成后将基本满足六湖生态修复工程对进水水质的要求。

工程的目的是通过对琴断口居民区生活污水、工业废水和部分面源污染的净化处理，实现琴断小河水环境质量的逐步改善，同时配合琴断小河景观规划，兼顾净化功能和景观功能，营造人与自然和谐的生态环境，为"六湖生态修复工程"的顺利实施创造条件。

中国科学院水生生物研究所受武汉市碧水科技有限公司委托设计此工程。

7.6.2　工艺流程

针对汉阳琴断口居民区排放污水以生活污水为主、水质可生化程度较高的特点，结合原有琴断小河岸原生坡地景观特点，集成多种人工湿地工程技术，采用预处理-复合人工湿地净化-半天然湿地的串联工艺，减轻琴断小河受污染程度，改善河水周边来水水质，为全面实施琴断小河地区水体生态重建工作创造必要条件。

同时结合生态保护、生态旅游和生态环境建设等的需求，构建半自然湿地系统，形成湿地公园。

7.6.3　设计参数

琴河湿地公园总面积约为 44 640m²，包括污水收集管网、预处理、强化湿地、表面流湿地及水生植物展示塘 5 部分。全套系统用于琴断口居民区排放的生活污水、工业废水和部分面源污水的净化处理，日处理水量可达 1000m³/d。

污水收集管道 870m，使用 D500 的预应力钢筋砼管，坡度为 0.002，收集由琴断口居民区排出的 3 个主要排污口的污水，每 50m 设置一个检查井，共设置检查井 18 个。

预处理调节池规格：16m×7.6m×3.94m（长×宽×高），地埋式钢混结构。前端设隔栅井：2.3m×0.8m×1.705m（长×宽×高），钢制隔栅 1 个：$\phi=20mm$，$B=0.8m$，$H=0.8m$。

强化湿地 5000m²，并联为 4 套，2 套单向垂直流人工湿地（每套 1250m²），2 复合垂直流人工湿地（每套 1250m²）；半天然湿地 30 370 m²，用以处理垂直流人工湿地的出水；南面水塘建成 9270m² 的水生植物展示塘，进一步处理人工湿地的出水。由于该处湿地以自然生态型为主，所以设计与施工中会尽量减少人工的痕迹。湿地底部均不做特殊防渗处理，采用黏土回填、机械夯实方式改造湿地基础，湿地单元之间采用夯实土埂连接，兼有分隔和行人小径功能。

　　同时，湿地设计结合生态景观建设，呈现半天然风格湿地公园景观。工程中主要景观建设包括：湿地周边设立景石、砾石堆放处 4 处，建设木栈道 40m，青石路 100m，5m×5m 茅草亭 1 座。此外，设置植物种类说明标牌 27 块、各类型湿地介绍标牌 3 块、湿地公园整体介绍标牌 1 块。

　　湿地公园内，根据所属区域性能的不同，选择适于本地生长的不同生活型物种，根据耐污性、生长适应能力、根系的发达程度和景观要求，因地制宜，分别种植了花叶芦荻、鸢尾、美人蕉、花叶水葱、菖蒲、水鳖、芋（*Colocasia esculenta*）、大漂（*Pistia stratiotes*）、千屈菜、伞草、灯心草（*Juncaceae* sp.）、蒲苇（*Cortaderia selloana*）、野茭白、萱草（*Hemerocallis Fulva*）、泽泻（*Alisma plantagoaquatica*）、斑茅（*Saccharum arundinaceum*）、菱角（*Trapaceae bispinosa*）、荇菜（*Nymphoides peltatum*）、芡实（*Euryaie ferox*）、慈菇、睡莲、苦草、狐尾藻、眼子菜、金鱼藻等水生植物以及水杉（*Metasequoia glyptostroboides*）、意杨（*Populus euramevicana*）、樟树（*Cinnamomum camphora*）等，使湿地公园一年四季植物生长茂盛，郁郁葱葱，以取得景观与净化水质兼得的效果。

7.6.4　工程效果

　　根据在汉阳地区进行的有关工程示范监测数据，依据国家《地表水环境质量标准》（GB3838—2002），污水经过预处理—垂直流人工湿地净化—半天然湿地—水生植物展示塘（图 7.20）工艺的出水达到地表水 Ⅳ 类水标准（表 7.14）。

图 7.20　武汉琴断小河水仙湿地公园实景

Fig. 7.20　The pictures of wetland park in Qinduan River，Wuhan City

图 7.20　（续）

Fig. 7.20　（Continued）

图 7.20　（续）

Fig. 7.20　（Continued）

表 7.14　地表水环境质量标准

Tab. 7.14　**The standard of surface water quality**

参数 Parameter	pH	DO/(mg/L)	COD/(mg/L)	NH₃-N/(mg/L)	TN/(mg/L)	TP/(mg/L)
IV标准值 Standard Category IV	6～9	3	30	1.5	1.5	0.3
V类标准值 Standard Category V	6～9	2	40	2.0	2.0	0.4
标准来源 Source			《地表水环境质量标准》(GB3838—2002)			

7.7　新农村建设污水处理

——以武汉东西湖区慈惠农场生活污水人工湿地工程为例

近年来，随着我国农村建设的深入开展，农村基础设施发生了很大变化，农民的收入有了明显提高，居住条件得到不断改善。但值得注意的是，农村的环境卫生没有太多改观，水污染问题更趋严重。农村生产、生活污水所引起的水环境污染已不容忽视。虽然农村人口分散，但由于人口数量多，相应配套的生产、生活污水的收集和处理措施严重滞后，使农村生产、生活污染源成为影响水环境的重要因素。

国家"十一五"规划提出了建设社会主义新农村的重大历史任务，并明确了"生产发展、生活宽裕、乡风文明、村容整洁、管理民主"的建设目标。加强农村生活污水的处理，是村容整治的重要组成部分，也是社会主义新农村建设的重要内容。

目前，国外一些地区在农村生活污水处理技术的研究和应用方面积累了许多经验，如土壤毛管渗滤系统技术、生物膜技术、一体化集成装置处理技术、SBR技术、移动床生物膜反应器技术、生物转盘技术、滴滤池技术等。这些技术都值得学习和借鉴，但普遍存在运行费用高的问题。

我国农村生活污染源分散，且一般没有收集管网，难以集中处理。现行的城市污水处理技术虽然技术可行，处理效果好，但投资高，运行费用大，管理技术要求高，因而难以在农村推广使用。

我国农村具有土地资源充足、经济相对欠发达、人口素质不高等特点，因此要筛选和寻求适合于农村的污水处理技术，必须考虑低投入、低耗费、易维护等因素。人工湿地的技术特点很好地吻合了这些需求。此外，湿地系统还能与环境美化相结合，响应国家建设优美乡村的号召。因此，本工程以人工湿地为农村污水处理的核心工艺，为新农村污水处理建设提供技术示范。

7.7.1　工程背景

石榴红村是武汉市东西湖区慈惠办事处雅渡大队的一个自然村，占地 200 亩，现有居民 73 户 210 人。2005 年 5 月初，慈惠立足当地资源，高标准规划，高品位设计，力求高质量建设，力求将石榴红村打造成具有楚风徽派特色、致富门道清晰的社会主义新农村。至时，石榴红村的日均旅游人数将突破 1000 人，相应的生活污水产量也将大大增加，如果未经处理的生活污水直接排入村前的沟渠，将会严重污染周边地区的环境，更直接影响着石榴红村作为休闲农业文化村的形象，其治理已迫在眉睫。

本工程针对石榴红村居民及游客产生的生活污水进行处理，将从化粪池进入小沟渠的原生活污水经过复合垂直流人工湿地系统处理后排入村前的小池塘，既进行了污水的净化处理，又能结合休闲农业文化的特色，营造自然生态景观，提升石榴红村的文化形象和自然品位。

7.7.2　工艺流程

该工程处理的对象是生活污水，其可生化性较强，采用湿地处理比较合适，但生活污水中的大颗粒污染物较多，而且直接从化粪池出来的污水中污染物浓度

比较高，因此先经化粪池和格栅预处理，再流入调节池混合沉淀，然后进入
IVCW 湿地系统，其工艺流程为

收集沟渠→隔栅→调节池→复合垂直流人工湿地系统→蔬菜灌溉回用

7.7.3 设计参数

石榴红村的主要污水来源为生活污水，即石榴红村居民以及游客产生
的生活污水。根据远期规划，旅游区最大人数将达到每天 1000 人。武汉
市居民用水标准属于一级特大城市范围内，每天人均标准用水量为 210～
340 L。综合考虑并经过计算，设计污水处理量为 150m³/d。湿地建于石
榴红村村口右侧，长 32m，宽 16m，占地面积 512m²，水力负荷为
300mm/d。系统分为平行的两组，每组串联两个处理单元。种植的植物为
红花、黄花美人蕉。

7.7.4 工程效果

对比污水综合排放标准中第二类污染物最高允许排放浓度，该工程（图
7.21）出水达到一级排放标准（表 7.15）。

图 7.21　武汉慈惠农场石榴红村人工湿地实景

Fig. 7.21　The pictures of constructed wetland in Shiliuhong Village, Wuhan City

图 7.21　（续）

Fig. 7.21　（Continued）

表 7.15　石榴红人工湿地净化效果

Tab. 7.15　Purification effect of the constructed wetland in Shiliuhong Village, Wuhan City

	指标 Parameters	测量值 Monitored Value/(mg/L)	标准值 Standard Value/(mg/L)	是否超标 Under Standard（Y/N）	处理率 Removal Rate
处理 设施 进口 Influent	CODCr	121	100	是	
	SS	128	70	是	
	NH₃-N	11.8	15	否	
	TP	1.77	0.5	是	
处理 设施 出口 Effluent	CODCr	43.1	100	否	64.4%
	SS	53.5	70	否	58.2%
	NH₃-N	4.56	15	否	61.4%
	TP	0.37	0.5	否	78.6%

类似的用于生活污水治理的人工湿地还有：武汉蔡甸区张湾街办旭光村人工湿地工程、武夷山星村人工湿地工程等。

7.8　制药废水处理

——以湖北黄冈永安药业生产废水治理工程为例

医药工业是我国工业体系中的重要产业之一，其"三废"治理的成功与否决定着医药工业能否健康发展，而医药工业的废水治理是医药工业"三废"治理的重中之重。制药废水的特点是组成复杂、浓度高、毒性大、色度深和含盐量高，特别是生化性很差，属难处理的工业废水。常用的处理方法多为物化法、化学法、生物法等。针对不同性质的制药废水，采用的工艺的侧重点亦不相同。

本工程结合实际情况，将物理、化学、生物、生态的方法相结合，以期实现制药废水的深度处理和回用，为该行业的废水治理提供工程经验。

7.8.1　工程概况

湖北黄冈永安药业有限公司创建于 1994 年，拥有自营进出口权，集科工贸为一体，是以医药原料及中间体、食品添加剂的化工生产为主的综合性企业，被湖北省科技厅认定为高新技术企业。公司自 2001 年 5 月落户黄冈市团风县经济技术开发区以来，依靠自身独特领先的技术优势及地区资源优势，不断增强产品在国际市场上的竞争力，主要产品有以牛磺酸为主的氨基酸系列、以牛磺酸钠等产品为主的医药中间体系列、以中药煎药机为主的医疗器械系列和以椰油基羟乙基磺酸钠为主的日用化工表面活性剂系列，产品供不应求。因此公司计划新建牛磺酸、甲基牛磺酸、羟乙基磺酸生产线一条及椰油基羟乙基磺酸钠生产线各一条。该项目预计 2008 年投入生产。

为了执行我国环境保护"三同时"的政策，也为了治理污染，保护团风县经济技术开发区的水环境，消除企业健康发展的隐患，该公司在环保部门的监督管理和支持下，委托中国科学院水生生物研究所，采用水生所研发的专利成果——复合垂直流人工湿地技术，对黄冈永安药业有限公司生产废水进行处理，使其出水水质达到《污水综合排放标准》（GB 18918—2002）规定的一级排放 B 标准。

7.8.2　工艺流程

鉴于厂区排放污水以制药工业废水为主、生活污水为辅、具备一定可生化程度，且高浓度有机废液的不连续排放对排水水质影响较大，在设计方面应考虑水质水量的调节能力和耐冲击负荷工艺。因此，采用预处理-人工湿地净化系统处理工艺，如图 7.22 所示。

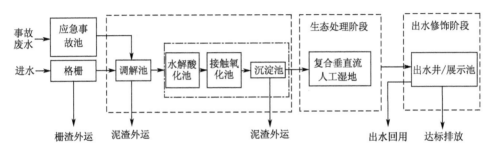

图 7.22　黄冈永安药业废水处理工艺流程

Fig. 7.22　The technology process of wastewater treatment plant
of Huanggang Yong'an Pharmacy Ltd.

7.8.3　设计参数

各处理单元介绍如下：

格栅井：2 座，地下砖混结构，设置人工格栅。池体尺寸长×宽×高＝2.5 m×1.5 m×2.0 m。

应急池：池体尺寸长×宽×高＝6.0 m×6.0 m×4.5 m。池体总容积 162m³。

调节池：由于生产排水不均匀，故设 1 个调节池以调节水量水质，保证后续处理的稳定运行。有效容积 75 m³（长×宽×高＝3.5 m×5 m×4.5 m），停留时间在 8 h 以上，钢筋混凝土结构。

水解酸化池：为节约空间，厌氧水解酸化池单元与二段式接触氧化单元设计的处理设施为一体化钢筋混凝土结构。其中水解池：有效容积 80 m³（长×宽×高＝4 m×5 m×4.5 m），实际停留时间大于 10 h，为增加传质效果，在池底安装潜水搅拌机。

接触氧化池：分 2 格，设计总有效容积 144 m³（长×宽×高＝4 m×8 m× 4.5 m），安装半软性填料 80 m³，总停留时间为 18 h。第 1 格控制容积负荷 0.8 kg/ (m³ · d)，第 2 格为 0.5 kg/(m³ · d)，采用直流式空气曝气，钢筋混凝土结构。

沉淀池：好氧处理的废水经沉淀池实现泥水的分离。有效容积 30 m³ （长×宽×高＝4 m×3 m×4.5 m），有效表面积 12m²，有效水深 2.5 m。钢筋混凝土结构。

污泥浓缩池：沉淀池排出的污泥含水率较高，需要在污泥浓缩池中进一步浓缩，以便在污泥干化外运前脱水，有效容积 15 m³，砖混结构，半地下式，池底设过滤系统及排水管。

复合垂直流人工湿地：占地面积约为 800m²，由 4 套单元并联而成，每套单元面积为 200 m²（20m×10 m），上下行池各为 100 m²，设计池深 1.2m。砖混结构，池底土工膜防渗。

出水井/展示池：考虑到部分处理系统出水可作为生产工艺循环冷却水补充使用，因此在本工艺出口增设出水井/展示池。

水生植物塘：占地面积约为 500 m²，设计塘深 1.2m。土工结构，池底黏土碾压防渗。

设计处理水量 300 m³/d。

7.8.4　工程效果

工程（见图 7.23 和图 7.24）于 2007 年 10 月开工建设，于 2008 年 5 月投入试运行。

设计处理后目标：根据环评报告及相关的设计与工程经验，估计相关水质参数见表 7.16。

表 7.16　预处理工段设计进水水质

Tab. 7.16　Water quality of pretreatment　［单位（Unit）：mg/L］

水质指标 Parameter	COD_{Cr}	BOD_5	TSS	TN	NH_3-N	TP
浓度 Concentration	300~1000	120~400	150~700	30	25	5

该人工湿地处理对象为经过预处理的水解酸化池出水。根据相关常规工业废水推测，预测出水水质参数（表 7.17），基本达到《污水综合排放标准》（GB 8978—1996）规定的第二类污染物最高允许排放浓度一级排放标准。

工程将作为湖北省黄冈市团风县经济开发区内工业园综合污水治理的示范工程，实现将污染严重的工业污废水通过强化预处理-人工湿地工艺技术的有效处理，进行达标排放，保护开发区周边的河流湖库等水域水体的质量和生态环境，实现环境、生态和社会的和谐发展目标，为"十一五"建设中工业园区污水综合治理探索出一条新路。

表 7.17　人工湿地段设计出水水质

Tab. 7.16　**Water quality of constructed wetland** ［单位（Unit）：mg/L］

水质指标 Parameter	COD_{cr}	BOD_5	TSS	TN	NH_3-N	TP
浓度 Concentration	70～100	10～20	40～70	20	15	3

图 7.23　黄冈永安药业有限公司生产废水处理工程全貌

Fig. 7.23　The picture of wastewater treatment plant of Huanggang Yong'an Pharmacy Ltd.

图 7.24　刚建成的黄冈永安药业公司生产废水处理工程

Fig. 7.24　The completed wastewater treatment plant of Huanggang Yong'an Pharmacy Ltd.

类似用于行业废水治理的人工湿地工程有：武汉 193 医院污水处理工程、广东省广州市三星电镀厂人工湿地工程等。

7.9 热带气候地区污水处理

——以海南文昌人工湿地污水处理工程为例

海南岛是中国南海上的一颗璀璨的明珠，地处热带，属热带季风海洋性气候，光、热、水资源丰富。年平均气温 23～25℃，最冷的 2 月平均 16～20℃，最热的 8 月为 25～29℃。年日照时数 1780～2600h，太阳总辐射量 4500～5800MJ/m²。年降水量 1500～2500mm。夏无酷热，冬无严寒，气温年较差小。干季、雨季明显，冬春干旱，夏秋多雨。

海南的植被生长快，植物繁多，是热带雨林、热带季雨林的原生地。到目前为止，海南岛有维管束植物 4000 多种，约占全国总数的 1/7，其中 630 多种为海南所特有。热带显花植物属、种最多的 17 科，海南全有。

海南是全国最大的"热带宝地"，土地总面积 353.54 万 hm²，占全国热带土地面积的 42.5%，人均土地约 0.47hm²。由于光、热、水等条件优越，终年可以种植。土地后备资源较丰富，开发潜力较大。

海南在气候、植被、土地等方面的特点十分适合人工湿地生态工程技术的使用。本工程牢牢把握当地需求和现状，结合湿地的优势，在海南开创性地构建了第一例复合垂直流人工湿地污水处理系统，为该技术的地区推广应用提供示范。

7.9.1 工程背景

文教镇位于文昌市的东部，文教墟是文教镇的政治、经济、文化中心，墟市面积 47.5hm²，该墟现有文教联东中学等 25 个机关单位，常住人口 5100 人。目前该墟日均供水量 1020t，日均排污水量 910t，日产生活垃圾 12m³。近年来，该镇先后投入 60 万元加强公共排水沟基础设施建设，目前该墟排水沟呈现"7 横 12 纵"网状布局，沿河设有 10 条干支排污口，沿东排沟和南排水渠设有 11 条干支排污口，排水系统较为发达。但目前文教墟的垃圾和生活污水均未处理，垃圾随处堆放，污水任意排放，对环境造成极大的影响。

受文教镇人民政府的委托，中国科学院水生生物研究所专家采用水生所研发的专利成果——复合垂直流人工湿地技术对文教镇的生活污水进行处理，使其水质达到排放标准。

7.9.2　工艺流程

中国南方城镇生活污水的可生化性一般较好，因此采用生态工程手段进行处理是合适的。在本工程当中，文教墟的生活污水经过管网收集，汇集到集水井，井中设置的格栅将部分固体垃圾和一些大颗粒的悬浮物阻隔，进行定期清除。污水经过格栅后由水泵提升到人工湿地系统中，通过布水管道进入人工湿地的下行池，污水在重力的作用下由下行池的表面垂直下行，在下行池中植物及微生物的吸附等作用下得到净化，而后水流从上行池的底部向上流，再次被植物及微生物吸附降解，从而达到排放标准（图 7.25）。

图 7.25　海南文教人工湿地工程工艺流程图

Fig. 7.25　The technology process of constructed wetland in Wenjiao Town, Hainan Province

7.9.3　设计参数

根据海南省文昌县文教镇人民政府提供的相关资料，结合当地的实际情况，估算出一期管网每天收集居民生活污水在 500t 左右，因此本次设计处理水量按 500t/d 进行。

根据中国科学院水生生物研究所的科研结果，结合实际应用工程，初步估算出湿地所需占地面积约为 1300m²。在此基础上，将其并联组建成 2 套湿地，每套系统面积为 650m²，上下行池各为 325m²。

人工湿地定员及管理维护：该工程的日常运行管理维护只需聘请当地民工一名，主要负责定期打捞集水井处的固体垃圾、湿地定时抽水、湿地植物管理维护、湿地运行工况记录。

7.9.4　工程效果

工程于 2006 年 11 月建成投入运行，净化效果显著（图 7.26、表 7.18）。2007 年 7 月，海南省国土资源环境厅组织了现场验收会，一致通过验收。该技术适合海南的地方特点和需求，表现在：① 适合海南省独特的地理位置与自然条件。海南省属热带季风气候，气候暖热，没有霜期，日照时间长，植被生长快。②海南省拥有比较丰富的土地资源，可利用土地较多。③较少的建设、运行费用。海南省部分城镇的经济实力相对薄弱，采用人工湿地污水处理技术，可以避免某些城镇污水处理厂建得起用不起的尴尬局面。④与海南省生态省的建设需求相吻合。该技术是一项生态工程，不但没有环境扰动，还可优化美化环境，与生态省的建设需求高度一致。海南省相关政府部门多次组织技术推介会，目前该技术在当地大规模应用。

表 7.18　海南文教湿地进水水质及出水水质状况

Tab. 7.18　The water quality of influent and effluent in the
constructed wetland of Wenchang, Hainan Province

水质指标 Parameter	pH	COD$_{Cr}$	BOD$_5$	TSS/(mg/L)	NH$_3$-N/(mg/L)	TP/(mg/L)
进水浓度 Influent	6.22~7.01	92~144	33~43	202~688	28.5~32.4	4.32~5.25
出水浓度 Effluent	6.99~7.31	18~29	5.0~6.0	3.6~7.6	9.84~10.87	0.4~0.48

图 7.26　建成后海南文教人工湿地实景

Fig. 7.26　Photographs of the constructed wetland in Wenjiao Town, Hainan Province

　　类似用于热带地区污水处理的人工湿地工程有：海南海口市大致坡镇人工湿地污水处理工程、琼海市万泉镇人工湿地污水处理工程、海口市演丰镇人工湿地处理工程、万宁市龙滚镇人工湿地污水处理工程、三亚市田独镇人工湿地污水处理工程、三道热带香巴拉污水处理工程等。

7.10　无公害农业灌溉用水水质改善

——以上海市松江区五厍科技农业示范区人工湿地水质改善工程为例

　　无公害农业是 20 世纪 90 年代我国农业和农产品加工领域提出的一个具有中国特色的全新的概念，指"在污染区域或已经消除了污染的区域内，充分利用自然资源，最大限度地限制外源污染物进入农业生态系统，生产出符合无公害食品标准的安全、优质的农产品，同时在加工过程中不对环境造成危害"。将 IVCW 应用于无公害农业，实现了农业灌溉污水的净化与回用。

7.10.1　工程背景

　　工业的发展使上海的水环境日益恶化，已被列入全国 36 个水质型缺水城市，严重影响了种植业高产、优质、高效的发展。随着都市型农业的发展、农业产业结构的调整，过去适用于以种植水稻为主的农田水利工程标准已不适应发展多种经济作物和现代化的要求，加上经济高速发展，人民生活水平、生活质量的提高，对蔬菜生产质量品种提出了更高要求，急需大量新鲜"无公害"蔬菜。因此，迫切需要开辟优质灌溉水源，不断改善蔬菜生产区环境条件，提高灌溉水体、土壤和蔬菜的质量；迫切需要通过以水利设施为核心，探索利用自然降雨来弥补设施栽培中特种经济作物的用水量，以保证产品质量，从而探索出一种现代化农业发展模式，通过示范区的示范和导向作用，全面推进农业现代化进程。

　　示范区选在松江现代农业园区五厍示范区西北区域。该示范区原以种植粮油作物为主，但随着农村产业结构调整，根据松江区总体规划及《五厍示范区的农业结构调整规划》，确立了都市农业、旅游农业和生态农业为框架的发展方向。目前沿松沪公路已初步形成了一定规模的以农业观光区、休闲区、花卉苗木绿化区、小宗经济作物开发区为主要内容的农业经济园区。虽然区域内采用设施种植，但管理方法仍以常规的人工浇灌和传统的沟灌为主，科技含量较低。加上目前乡、村河道内水质较差，富营养化严重，作物灌溉后，病害较多，土壤板结，使蔬菜瓜果的品质较低，花卉的观赏价值较差，严重影响了广大农民的经济利益，并通过食物链影响人类健康。因此，在松江现代农业园区五库示范区西北区域，规划建立现代农田水利示范区，其中包括节水灌溉、自动控制、雨水采集和水质保护净化系统等，以种植花卉、苗木、蔬菜等经济作物为主体。示范区以有机农业为内容，以发展绿色农产品、出口创汇产品和特色农产品为主体。该示范区充分利用优质的自然降水资源来实现节水灌溉模式，为推广应用打下坚实基础。雨水通过收集汇入收集池，水质优良，但长期不用会变成死水，进而可能变质而出现富营养化，为保护灌溉水源，净化水质，规划在水池边建设人工湿地水质改善系统，处理收集得到雨水，达到"换水"和水质保鲜的目的，同时还可保护生态，美化环境。

受上海市水务局排灌处和松江县排灌所联合委托，中国科学院水生生物研究所承担了松江区五库科技农业示范区人工湿地水质改善工程的设计、联合施工和运行调试等工作。

7.10.2 工艺流程

系统处理对象为收集的蔬菜大棚雨水，其水质优良，营养物质、悬浮物质和其他重金属及有机污染物含量很低，本工程属于水质深度处理。经综合分析确定工艺流程如图 7.27 所示。

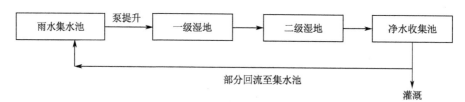

图 7.27 松江五库人工湿地水质改善工程工艺流程图
Fig. 7.27 The technology process of constructed wetland system in Wushe，Songjiang District，Shanghai City

7.10.3 设计参数

湿地占地面积 1800m²，一级湿地（下行流湿地）并联 3 块，二级湿地（上行流湿地）并联 3 块。植物种类为香蒲、美人蕉、芦苇、剑麻（*Agave sisalana*）等。设计日处理水量 1200t，处理对象为农业示范区蔬菜大棚收集的雨水，出水用于无公害农业的种植补水，服务范围为 500 亩蔬菜大棚。

雨水集水池：1 座，水面为 10 000m²，总容积约 28 000m³。

净水收集池：1 座，面积为 10 000m²，池深 2.8m，水池总容积约 28 000m³。

人工湿地泵房：1 间。水泵 3 台，两用一备。

7.10.4 工程效果

建成后,工程质量优良,水质改善明显(图 7.28),为招商引资创造了良好的条件,取得了明显的经济效益,体现了现代农业的特点,发挥了较好的辐射和

图 7.28 上海松江五厍人工湿地水质改善工程实景

Fig. 7.28 The pictures of constructed wetland system

in Wushe,Songjiang District,Shanghai City

带动效应。上海市松江区佘山农田水利实验站对部分水质指标进行了监测,结果见表 7.19,处理效果明显,出水部分指标达到地表水 I 类。目前工程仍在正常运行,社会、环境和经济效益良好,具体表现为:①节约灌溉用水费用。原来采用自来水浇灌,成本 1.5 元/t,现用湿地出水浇灌,处理费 0.5/t,每日用水 600t,日节约 600 元。②增产增税。由于湿地的建造,调整了产业结构,亩产由 800 元增至 12 000 元,年出口创汇 500 万元,增加税收 50 多万元。③招商引资。采用了新型水处理方法,营造了良好的科技兴农氛围,2003 年初已有 23 家农业企业落户示范区,总投资额 7000 多万元。④确保了农业增效,同时为市民提供了放心的“无公害”绿色食品。⑤避免了食物链的恶化,改善了土壤质地,成为点缀现代化都市的农业新景观,体现了人和自然的和谐统一。

表 7.19　五厍人工湿地水处理工程处理效果

Tab. 7.19　The performance of the constructed wetland in Wushe, Shanghai City

指标 Parameter	pH	Hg /(mg/L)	As /(mg/L)	Pb /(mg/L)	Cd /(mg/L)	Cr /(mg/L)	F /(mg/L)	COD$_{Cr}$ /(mg/L)
进水 Influent	7.38	0.0004	0.01	0.029	0.002	0.0081	0.37	26.1
出水 Effluent	7.24	未检出	未检出	0.022	0.0009	未检出	0.32	23.5
去除率/% Removal Rate/%		100	100	24.14	55.00	100.00	13.51	9.96

　　类似用于无公害农业水处理的人工湿地工程有:松江叶榭科技农业园区水质改善工程等。

7.11　城市生活小区水体水质改善

——以深圳市万科生活小区生活污水和景观水体水质改善工程为例

　　小区是人们生活、居住和活动的主要场所,是城市的重要组成部分。水是城市小区不可缺少的重要构成要素,它不仅满足人们的生存和生活需要,还可美化环境,营造景观,造福居民,保护自然。作为社会的一个构成单元,城市小区目前也面临着复杂的水环境和生态问题:生活污水的处理,绿化用水的补给,小区景观水体水质的保持,小区绿化的普及等。

　　对于小区生活污水,传统小区一般采用简单的化粪池处理,然后就近排放。如集中到城市污水处理厂进行处理，需要强大的管网收集，工程庞大，造价太高，而且会增加市政排水管网负荷。近年来，也陆续有对小区污水进行就地处理的工艺研究，如地埋式污水厌氧处理池、地埋式厌氧-兼性-好氧工艺、二级生化＋混凝沉淀＋过滤消毒的处理工艺、一体式 MBR、氧化沟法等，但总体讲来存在运行费用过高、景观效果差、环境扰动大、净化效果不理想等问题。小区的人工湖泊、人工河道等景观水体不仅是房地产升值的砝码，也是居民追求美好环境的需求。主要来自雨水的汇集或自来水的补充，如果不采取一定的维护手段，水质会不断恶化，不仅不能形成舒适的环境和怡人景观，还会有碍观瞻。对于景观水体水质的改善和保持，常规措施有换水、曝气、滤床、植物床或生态沟等。

鉴于此，亟待发展一种能集合园林绿化与景观的生态型水处理与回用技术。在此，本工程将景观化生态型人工湿地应用于小区水环境与生态治理，尝试将生态建设、水处理、水回用和景观绿化有机结合。

7.11.1　工程背景

深圳市万科房地产有限公司投资开发的大梅沙度假区，为了充分利用当地的自然风光，将其建成风光秀丽的度假胜地，除在设计上依山就势充分利用自然地形与景观外，还在区内规划了人工湖、绿地、小桥流水等景观，利用区内东、北、西三面山坡自然形成的五条山溪沟，将高山流水汇集于区内中部的人工湖。为了体现度假区青山绿水的主题，万科公司对人工湖的水质要求较高，修建了一套湖水循环处理系统，以稳定湖水水质。同时，从保护环境、节约水资源的角度出发，在生活小区修建了人工湿地污水处理系统，将小区内的生活污水处理后，作为人工湖的补充用水和绿化用水。

7.11.2　工艺流程

本工程采用的工艺流程见图 7.29 和图 7.30。

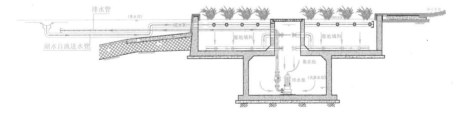

图 7.29　万科东海岸人工湿地湖水循环净化工艺流程

Fig. 7.29　The technology process of constructed wetland system for water recycling in eastern beach of Wanke

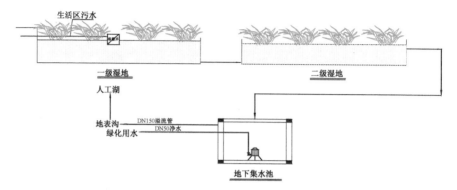

图 7.30　万科东海岸小区生活污水人工湿地系统工艺流程

Fig. 7.30　The sections of constructed wetland system for
sewage water treatment in eastern beach of Wanke

7.11.3　工程参数

　　湖水循环净化系统规模为 500m³/d，湿地面积为 500m²，工程投资为 20 万元。生活污水处理系统，污水处理规模为 30m³/d，湿地面积为 120m²，工程投资为 9 万元。

　　工程相关图片见图 7.31。

图 7.31　万科东海岸湖水循环净化及生活污水处理人工湿地

Fig. 7.31　The pictures of constructed wetland system in eastern beach of Wanke

图 7.31 （续）

Fig. 7.31 （Continued）

7.11.4 工程效果

该系统于 2003 年 12 月竣工并通过验收，目前运行稳定，出水水质良好。湖水循环系统出水完全满足景观用水水质要求，出水被成功回用于小区草地灌溉。因其净化、生态、环境等效果显著，万科集团现将该技术在全国各地所属万科小区进行大力推广应用。

类似用于城市小区水处理的人工湿地工程有：武汉百步亭生活小区人工湿地工程、深圳万科东海岸生活污水人工湿地处理工程、深圳梅山苑生活污水处理及回用工程、深圳招商泰格公寓人工湿地污水处理工程、深圳招商花园城人工湿地污水处理工程、东莞新世纪上河居人工湿地工程、广州金地增城荔湖城人工湿地工程、东莞万科住宅人工湿地工程等。

7.12 奥林匹克公园水质改善工程

——北京市奥林匹克森林公园人工湿地水质改善工程

我国是水资源较为短缺的国家。在一些缺水的城市，如北京等，开始将污水处理厂的中水为各种行业回用。中水（本章节中称之为再生水）是指城市污水经处理设施深度净化处理后的水，其水质介于自来水与排入管道内污水之间。中水回用有各种级别，初级回用可用来灌溉草地、树木等；中级回用可用于工业生产的冷却水；高级回用，其水质最低应达到我国杂用水的水平，可用于市政公众场合中的花木喷灌、蔬菜生产基地、冲厕、洗车等，甚至是景观用水。

对于景观用水等高级回用水，水质的要求相当高，需达到地表水Ⅲ类标准，且卫生三项指标与自来水的指标是一致的。因此对于一些水质尚达不到标准的中水，还需进一步深度处理方能回用。本节介绍将 IVCW 技术应用于水体的深度处理，一方面是对中水的进一步处理，即对污水处理厂的尾水进行深度处理，达标后作为奥运人工湖的补水；另一方面是作为湖泊循环水的水质保障，即对奥运人工湖的湖水进行处理，保证其维持景观用水的水质标准。

7.12.1　工程背景

2008 年 8 月，举世瞩目的奥林匹克运动会在北京举行，其中网球、曲棍球、射箭等项目在一座横跨北京北五环、占地 680hm² 、以"山形水系"为主的人工园林——奥林匹克森林公园中举行。

奥林匹克森林公园位于北京市朝阳区，城市中轴线的北端，属于 2008 年奥运会的核心区域。她不仅是一个向世界展示北京生态城市内涵的窗口，也是北京市居民休闲游憩的重要场所。奥林匹克森林公园是一个生态纽带，是北京中心地区与外围边缘集团之间绿色屏障的一部分，是改善城市环境、调节城市气候、增加城市魅力的重要亮点。

水系（图 7.32）是奥林匹克森林公园的重要组成部分，由奥林匹克主湖、清河导流渠及连通水体的景观生态沟渠组成。为了节省天然水资源，除了奥运会期间，平常公园补水水源为再生水。由于再生水不能满足水体的功能需求，须采取相应的措施进行处理。此外，作为封闭性的主湖，也需要采取合理、有效的措施来保障公园水系的日常水质与景观效果。

人工湿地系统是奥林匹克森林公园水质改善、生态自然净化系统的重要组成部分，主要功能是深度处理再生水，保障主湖循环湖水水质，并与其他水质改善措施协同作用，保持整个水系水质，同时创造独特的湿地生态景观。

中国科学院水生生物研究所联合北京市水利规划设计研究院等单位承担了北京市奥林匹克森林公园人工湿地水质改善工程的设计，并负责施工、调试、运行管理等方面的技术指导工作。

图 7.32　奥林匹克森林公园龙形水系俯瞰（远景是"鸟巢"和"水立方"）

Fig. 7.32　Bird eye's view of the waterbody in Beijing Olympic Forest Park

(Background is Bird Nest and Water Cube National Stadium)

7.12.2　工艺流程

根据《奥林匹克森林公园水系水质模拟和维护系统设计》及总体规划，奥林匹克森林公园人工湿地处理包括清河污水处理厂和北小河污水处理厂深度处理的再生水和奥运湖循环水在内的两类水体。其水质指标见表 7.20、表 7.21。

表 7.20　再生水水质

Tab. 7.20　Water quality of wastewater treatment plant effluent

指标 Parameter	COD_{Cr}	TN	NH_3-N	TP
浓度 Concentration/(mg/L)	30	8	1.5	0.3

表 7.21　循环湖水入湿地水质(仅南区)

Tab. 7.21　Water quality of recycling lake water (in south area)

指标 Parameter	COD_{Cr}	TN	NH_3-N	TP
浓度 Concentration/(mg/L)	20	1.5	0.8	0.1

依据国家《地表水环境质量标准》（GB3838—2002），可以得出湿地再生水进水 TN 指标远高出国家规定的Ⅳ类水标准，而循环湖水的指标介于《地表水环

境质量标准》（GB3838—2002）Ⅲ～Ⅳ类。人工湿地主要污染物质的去除对象为TN。而N是造成湖泊富营养化的重要因子之一，因此本工程应该重点考虑N的去除。选择复合垂直流湿地工艺（方案一）、水平潜流湿地工艺（方案二）、自由表面流湿地工艺（方案三）作为本次奥运湿地森林公园污水处理工艺的备选方案，分别进行技术、经济比较。充分考虑三种湿地的净化功能、污染负荷、占地面积等因素，同时结合本设计所属地理位置和来水含氮高的特点，优先选择中国科学院水生生物研究所研发的专利技术——复合垂直流人工湿地工艺。工艺流程如图 7.33 和图 7.34 所示。

对于南区人工湿地，处理对象为再生水和循环湖水两部分，所采用的工艺为1号或2号单独处理再生水，剩余单元用于处理主湖循环湖水（图 7.33）。

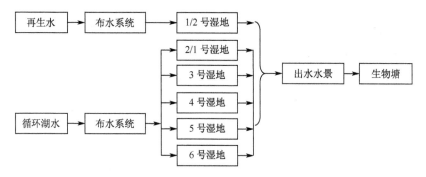

图 7.33　奥林匹克森林公园南区人工湿地工程工艺流程图

Fig. 7.33　The technology process of constructed wetland system
in Olympic Park southern area，Beijing City

对于北区人工湿地，处理对象为再生水，流程见图 7.34。

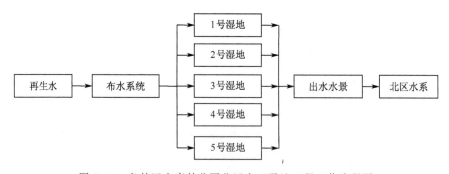

图 7.34　奥林匹克森林公园北区人工湿地工程工艺流程图

Fig. 7.34　The technology process of constructed wetland system
in Olympic Park northern area，Beijing City

7.12.3　设计参数

奥林匹克森林公园人工湿地系统以北五环路为界，分为南、北两个区域。南区湿地位于温室教育展示区以东，奥运湖以西，清河导流渠以南，北辰西路以东，湿地总面积（含道路、绿化等）为 41 500m²，处理水量为 2600m³/d 的再生水和 20 000m³/d 奥运湖循环水；北区湿地位于白庙村路以东，清河岸线以南，清河退水渠以西，清河导流渠以北，建设面积（含道路、绿化等）约为 15 600m²，处理 7430m³/d 的再生水。

南区湿地并联分为 6 个单元，面积分别为：1 号湿地 6400m²（包含 1a、1b 两个面积相等并联单元），2 号湿地 7700m²（包含 2a、2b 两个面积相等并联单元），3 号湿地 6400m²（包含 3a、3b 两个面积相等并联单元），4 号湿地 7000m²，5 号湿地 7000m²，6 号湿地 7000m²。每个单元由下行流池与上行流池串联构成。

北区湿地并联分为 5 个单元，每个单元面积为 3000m²。每个单元由下行流池与上行流池串联构成。

湿地植物选择耐污能力强、净化效果好、根系发达、经济和观赏价值高的湿地植物。在保证净化效果的前提下，尽可能兼顾景观，选择一些观花观叶植物。此外还应考虑气候因素，以地方种为主。本次湿地选取的植物有芦苇、香蒲、菖蒲、红蓼（*Polygonum orientale*）、泽泻、鸢尾、千屈菜等。

7.12.4　工程效果

南区人工湿地已于 2006 年 12 月开始施工建设，于 2007 年 8 月建成投入试运行。建成后，从净化功能上讲，出水达到《奥林匹克森林公园水系水质模拟和维护系统设计》的模拟分析水质目标，即大部分水质指标在《地表水环境质量标准》（GB3838—2002）Ⅲ～Ⅳ类。从景观上讲，在奥运公园中形成独特的湿地景观，丰富公园的景观多样性，为运动员和游客提供良好的休闲空间。建造好的湿地既与景观很好结合，又隐含水生所特色的鱼形图案：污水从鱼嘴进入，经过不同层级的湿地单元净化，清水最终从鱼尾流入主湖，向人们演示水由浊变清、由死变活的生命过程。

北区人工湿地施工正在准备中。

图 7.35～图 7.43 为复合垂直流人工湿地施工前、施工过程中、竣工以及运行时的照片。

图 7.35　奥林匹克森林公园北区人工湿地所在地

Fig. 7.35　Location of northern area constructed wetland

图 7.36　奥林匹克森林公园南区人工湿地施工中

Fig. 7.36　The southern area constructed wetland under construction

图 7.37　设计人员现场指导施工

Fig. 7.37　Designers supervision for wetland construction

图 7.38　奥林匹克森林公园南区人工湿地施工中

Fig. 7.38　The southern area constructed wetland under construction

图 7.39　奥林匹克森林公园南区人工湿地栽种植物

Fig. 7.39　The southern area constructed wetland under planted

图 7.40　奥林匹克森林公园南区人工湿地部分竣工单元

Fig. 7.40　Completed units of southern area constructed wetland

图 7.41　奥林匹克森林公园人工湿地（远景为"鸟巢"）

Fig. 7.41　Integrated vertical flow constructed wetland in Beijing Olympic Forest Park（Background is Bird Nest Stadium）

图 7.42　奥林匹克森林人工湿地近景

Fig. 7.42　Close shot of the constructed wetland in Beijing Olympic Forest Park

图 7.43　奥林匹克森林人工湿地俯瞰（远景是奥运村）

Fig. 7. 43　Bird eye's view of the constructed wetland

in Beijing Olympic Forest Park（Background is Olympic Village）

第8章 结 语

湿地素有"地球之肾"的美誉，在生态系统中发挥着重要作用。人工湿地是在自然湿地降解污水的基础上发展起来的一种污水处理生态工程技术，它是由人工建造并监督控制的、与沼泽地类似的地面，通过生态系统中的物理、化学和生物的作用三者协同来实现对污水的净化。

自20世纪90年代初中期以来，中国科学院水生生物研究所联合中欧多家单位成功申请并组织实施了欧洲联盟重大国际科技合作项目"热带与亚热带区域水质改善、回用与水生态系重建的生物工艺学对策研究"，提出并验证了复合垂直流人工湿地等新工艺，对人工湿地的工艺结构流程设计、净化效果、净化机制等进行了比较系统的研究。通过小试、中试、半生产性示范工程和大规模工程等多种规模的研究与示范，促进了人工湿地研究和应用更广泛地进行，产生了显著的环境和社会效益。

本书参考了国内外人工湿地研究领域的最新资料，根据已有的人工湿地设计指导，总结了湿地实际设计过程中的单元、单体、进出水等的设计经验，在已开展的表面流湿地、潜流湿地、垂直流湿地等各类型人工湿地设计和运行效果的基础上，以提高污染物的净化效率，特别是对氮、磷的净化效率为主要目标，研究了下行流-上行流复合水流方式的复合垂直流人工湿地（IVCW）的工艺设计，提出了新型的复合垂直流人工湿地的设计技术，研发了以复合垂直流人工湿地为基本模式的生态工程系列，提出了不同条件下湿地处理系统的构建模式。在此基础上，深入研究了IVCW的净化效果，系统探讨了IVCW的作用机制，特别是对于人工湿地中微生物、植物等的作用机制进行了深入研究，并取得了一系列研究成果。

城市污水处理的常规方法为二级生化处理，污水通过一级沉淀等物理处理后，进入曝气池，经活性污泥生物处理，再絮凝、排放。这些处理方法建设、运行、维持费用过高，需建设水池、管网、泵站等设施，运行能耗高，保养、维持费用昂贵，且必须有完善的污水收集管网。传统的氧化塘等生态工程存在占地面积大、出水水质不稳定等弱点。与上述方法相比，IVCW技术的主要特点在于：净化功能强，对微污染水体有明显的净化作用，出水水质可以达到较高要求；适应范围广，规模可大可小，可集中亦可分散处理，主要适应于生活污水、城市综合污水、农业、养殖、矿山等废水及受污染的地面水体；常年运行比较稳定；建设运转费用较低，尤其是运转费低；维护管理简单；与景观建设相结合，具有净化美化环境的效果。

1. IVCW 的设计

复合垂直流人工湿地首次采用了主滤层以下行-上行流为主要单元的复合垂直流人工湿地污水处理系统工艺。系统由下行流、上行流两个单元串联而成，两池中间隔开，底部相通。下行流池表面有布水管，污水经布水管快速、均匀投配到池中，在重力作用下垂直下行，然后经过底部连通层到达上行流池，之后垂直上行。在上行流池表面有收集管，将处理后的水收集排出处理系统。两池中均有植物。下行池填料高于上行池 10cm。

IVCW 的底部倾斜度为 0.3%～1.5%、有机负荷 14～96 kg BOD/（hm² · d）、75～256 kg COD$_{Cr}$/（hm² · d）。

2. IVCW 的净化效果

IVCW 使水流更加充分地流过整个处理基质层，基本解决了以往渗滤湿地"短路"的问题，其独特的下行流-上行流结构、间歇进水的运行方式，使出水流量、水位曲线呈现脉冲式特点，配水时间短，基质淹水时间短，促进了系统基质复氧，有利于系统净化功能的发挥。IVCW 系统形成了好氧与厌氧条件并存的复合净化结构，显著提高了对污染物的净化效率，劣 V 类地面水经处理后出水水质可达 III～IV 类。该系统能有效去除污水中的悬浮物、有机污染物、氮、磷及重金属等，尤其对氮、磷的去除效果较明显；其对病原菌、藻类、藻毒素、酞酸酯类物质也有较理想的去除效果。此外，IVCW 对进水中浮游动物的种类和组成有一定的生态调节作用，对大型浮游动物的去除效果强于小型浮游动物。系统常年运行稳定，即使在冬季也有较好的净化效果。

自 1997 年开始对复合垂直流人工湿地中试系统进行了长达 10 年的监测，结果表明，以富营养化严重的湖泊水为进水时，该系统对 BOD$_5$ 的平均去除率为 89.1%，对 COD$_{Cr}$ 的平均去除率为 74.7%，对 TSS 的平均去除率为 77.1%，对总氮、总磷的平均去除率分别为 62.2% 和 43.2%，对总大肠杆菌、粪大肠杆菌及细菌等病原菌去除率的平均值分别为 91.5%、96.1% 和 80.7%。

稳定、良好的净化效果是 IVCW 得以推广的前提和基础。人工湿地作为一种生态工程，其净化效果会受到诸多因素的影响，本书研究了季节变换、水力负荷和运行阶段等因素对 IVCW 运行效果的影响。研究结果表明：① IVCW 的运行基本稳定，净化效果随季节出现一定的波动，冬季的去除效果略低于其他季节。当进水污染物浓度维持在较高水平时，出水水质均能达到 III～IV 类地表水水平，说明 IVCW 作为二级、三级处理设备有其很好的适用性和稳定性。② 在不同的水力负荷条件下，IVCW 小试系统和中试系统对污水的处理效果都能达到较好的效果；但随着水力负荷的过度增大，处理效果会相应下降。③ IVCW 对氮、BOD$_5$、TSS 等的去除效果受系统运行状态的影响较小，湿地建成一年和三年后对这些指标的去除效果相差不明显；而系统对磷和COD_{Cr}的去除效果在系统运行初期明显优于运行后期。

IVCW 与其他工艺的组合试验结果表明，IVCW 系统在实际工程中的具体工艺宜结合处理规模、处理要求、地形等各方面的具体情况进行确定，或单独采用，或运用单一下行流，或与氧化塘、推流床湿地等其他工艺相组合，以期达到预期的处理效果。

3. 净化机制

关于人工湿地净化污水机制的研究已有不少报道，但人工湿地中相关的生物学、水力学、化学过程等还未得到全面的了解和掌握，"黑箱"现象依然存在。本书对 IVCW 湿地植物气体代谢、微生物学、酶学、生物膜、水力动力学等方面进行了研究，有助于揭示 IVCW 的净化机制。

在 IVCW 系统中高等植物是重要的生物组分，湿地植物的重要性不仅表现在通过吸收作用可去除氮、磷等营养元素，而更在于为微生物提供了一个良好的生境，大大增强了微生物的作用。对植物根系不同部位 ODR 的测定发现，氧气扩散速率最大的区域在根尖区，愈往上部愈小，在根的基部，氧气扩散速率几乎为零；新生根氧气扩散速率较大，氧化活力较强，而老根氧气扩散速率相对较小，氧化活力较弱；有植物系统微生物数量显著高于对照系统。

在 IVCW 系统净化污水的过程中，下行流池发挥了主要作用；人工湿地基质中微生物类群的数目与污水中的 KN 及 COD_{Cr} 的去除率显著相关，说明微生物类群的活动是它们去除的主要途径；人工湿地基质中的微生物类群数目与 TSS、BOD_5 及 TP 的去除率没有明显的相关性，这可能说明 TSS、BOD_5 及 TP 的去除有其他途径。

IVCW 中基质生物膜的发育可以达到较高的程度，基质生物膜的空间分布与好氧微生物和湿地植物根系的分布有关，可反映基质对污染物的净化空间和净化效能。IVCW 中不同层次间基质生物膜厚度差异显著，表层 0～5cm 层次的生物膜厚度 2～3 倍于 10cm 以下层次。人工湿地基质最表层的生物膜厚度为最佳厚度的 3～4 倍，大量生物膜的积累不仅不利于处理效率的提高，反而易造成人工湿地的堵塞。

在本系统中，系统结构以及运行的特殊性是导致上行流池和下行流池酶活性差别的主要原因。因为下行流池高出上行流池 10cm，致使两池中水位、氧含量等都有所不同，而且系统营养丰富的原水先经过下行流池，使得两池土壤理化性质不同。因为湿地系统植物根系主要分布在距地面 0～25cm 的根际区，具有独特的物理、化学和生物学特性，其中的 O_2 浓度、Eh、微生物、根系分泌物以及 pH 等都与非根际区不同，有其独特的根际效应，这些因素直接或间接地影响着基质土壤酶的活性。不同植物的根区基质酶活性不相同，甚至不同月份的酶活性也不相同；不同深度基质中的酶活性也不相同；基质磷酸酶的活性与复合垂直流人工湿地对污水中总磷（TP）、无机磷（IP）以及化学需氧量（COD_{Cr}）的去除率有很显著的相关关系；基质脲酶的活性与凯氏氮（KN）的去除率极显著相关。

运用监测电导率的示踪剂试验方法得到了污水实测停留时间，该值在 $0.2\sim0.8m^3/(m^2 \cdot d)$ 的水力负荷时均保持在 17h 以上，有效地避免了其他类型湿地易出现的污水"短路"现象，同时也证实了实测停留时间与通常湿地设计中采用的停留时间理论计算值间存在偏差。

根据示踪剂试验所得的停留时间分布（RTD）曲线可以判断人工湿地中水流流态，并由此确定 IVCW 的实际流态不呈理想推流状态，而是介于理想推流与完全混合流之间。

在非理想反应器模型中，通过比较发现离散流模型比串联完全混合式（CSTR）模型更为准确。由模型还得到 IVCW 水流的 Peclect 准数为 11～19，由此得知新型人工湿地 IVCW 较以往的表面流和潜流湿地更接近理想推流状态，促进了污染物净化效率的提高。

4. 适用范围及应用前景

IVCW 系统比较适用于处理有机负荷较低、悬浮物低的受污染富营养化水体。由于其单体面积小，进出口可与其他处理工艺相结合。IVCW 无论是在污水深度处理或者在减免下游接纳水体富营养化因子方面，均能发挥其独特的作用，特别在多数水体富营养化和自来水厂水源受到藻类疯长危害的情况下，IVCW 较强的除藻功能使之具有广泛的应用前景。与活性污泥法相比，其具有较高的 N、P 去除率；与其他类型湿地相比，其面积负荷较高，单位面积处理量大，处理效果更优。此外，由于 IVCW 对重金属有一定的去除能力，该处理单元也适合于处理某些工业污水，保护水生生态系统，在以地下水为饮用水源的富重金属地段，可作为饮用水的预处理措施，保证饮用水生产的安全。

IVCW 系统的应用范围较为广泛，目前已涉及受污染地表水、生活污水、养殖水体、景观用水、湖泊水体修复、医疗废水、城市面源污染、城镇综合废水、无公害农业灌溉用水等；应用的规模按工程要求有大有小，从每天几吨到十几万吨不等；应用方式结合进水水质、出水要求等因素综合考虑，因地制宜，灵活多变，既可直接采用下行-上行复合垂直流，也可单独使用下行流单元，还可结合其他前处理工艺串联使用或添加后置修饰工艺串联使用。

IVCW 系统选用花卉型植物，池体结合生态设计，避免了人工构筑物与周围环境的不协调，将湿地系统和周边的景观建设和净化能力提高到同等重要地位，使二者有机结合，实现了"净"与"美"的和谐统一。有的单元变化为地埋式后，上层覆盖草皮绿地可与周围景观协调，更适合在城区绿化带建设。

5. 展望

虽然研究人员在湿地的净化机制方面进行了有益的探索和尝试，但直到目前，对湿地净化的机制仍然没有一个系统的结论，尤其是湿地生物因素方面的研究仍需进一步加强；水力学模型及传质模型缺乏系统模型；由于工程规模 IVCW 系统的运行时间较短，安全长效运行管理方面的经验积累较少，对实际应用的指导作用略显薄弱；目前 IVCW 的工程应用范围主要分布于我国较温暖地区，如上海、深圳、武汉等地，在北方寒冷地区的应用刚刚开始，如何克服低温对生物的影响使 IVCW 长期稳定的发挥作用，还需通过实际工程规模的研究进行探索。

总之，IVCW 是一种全新的潜流型人工湿地，历经 10 余年，得到不断改进和发展。研究人员通过小试、中试、工程规模的系统实验，在植物选择、工艺设计、工艺组合、净化效果、净化机制等方面都进行了卓有成效的系统性、前瞻性研究。随着该技术体系的逐渐完善和作用机制的进一步深入研究，复合垂直流人工湿地技术将在更大范围和更大规模尺度上得到全面推广应用，有望成为污水处理、面源污染控制以及富营养化水体修复的重要手段。

主要参考文献

白晓慧，陈英旭. 2000. 一体式膜生物反应器处理医药化工废水的试验. 环境污染与防治，22（6）：
　19～21

白晓慧，王宝贞，余敏等. 1999. 人工湿地污水处理技术及其发展应用. 哈尔滨建筑大学学报，32（6）：
　88～92

毕慈芬，王富贵，赵光耀. 2001. 发展沟道人工湿地，改善基岩产沙区生态. 中国水土保持，（5）：6～7

边银丙，周茂繁. 1996. 湿地松感染松色二孢菌后过氧化物酶同工酶的测定. 华中农业大学学报，15
　（3）：225～228

曹向东，王宝贞，蓝云兰等. 2000. 强化塘-人工湿地复合生态塘系统中氮和磷的去除规律. 环境科学研
　究，13（2）：15～19

潮洛蒙，俞孔坚. 2003. 城市湿地的合理开发与利用对策. 规划师，19（7）：75～77

陈波，徐冬梅，刘广深等. 2006. 异丙甲草胺对芹菜根际与非根际生物活性的影响. 应用生态学报，17
　（5）：925～928

陈德强，吴振斌，成水平，付贵萍，贺锋. 2003. 不同湿地组合工艺净化污水效果的比较. 中国给水排
　水，19（9）：12～15

陈德强，吴振斌，成水平，付贵萍，贺锋. 2004. 人工湿地-氧化塘工艺组合对氮和磷去除效果研究. 四
　川环境，23（6）：4～6

陈冠雄，商曙辉，于克伟. 1990. 植物释放 N_2O 的研究. 应用生态学报，1（1）：94～96

陈能场，童庆宣. 1994. 根际环境在环境科学中的地位. 生物学杂志，13（3）：45～52

陈耀元. 1994. 人工湿地污水处理方法在广州抽水蓄能电站中的应用. 西北水电，（3）：12～14

陈英文，范俊，夏明芳，邹敏，胡永红，沈树能. 2003. 一体式膜——活性污泥工艺处理高浓度农药废
　水. 南京工业大学学报（自然科学版），25（2）：23～26

陈勇生，庄源益，戴树桂. 1997. 氯代芳香化合物的微生物降解研究. 环境科学进展，5（2）：17～26

陈韫真，叶纪良. 1996. 深圳白泥坑、雁田人工湿地污水处理场. 电力环境保护，12（1）：47～51

成水平，Wolfgang Grosse，吴振斌，Friedhelm Karrenbrock，Manfred Thoennessen. 2001. 垂直流人工湿
　地去除重金属的研究. 见：周培疆，甘复兴，严国安. 21世纪可持续发展之环境保护（上卷）. 武汉：
　武汉大学出版社. 392～397

成水平，况琪军，夏宜琤. 1997. 香蒲、灯心草人工湿地的研究（I）——净化污水的效果. 湖泊科学，9
　（4）：351～358

成水平，吴振斌，况琪军. 2002. 人工湿地植物研究. 湖泊科学，14（2）：179～184

成水平，吴振斌，夏宜琤. 1999. 人工湿地污水净化空间的研究. 长江流域资源与环境，8（3）：
　270～275

成水平，吴振斌，夏宜琤. 2003. 水生植物的气体交换与输导代谢. 水生生物学报，27（4）：413～417

成水平，夏宜琤. 1998a. 香蒲、灯心草人工湿地的研究（II）——净化污水的空间. 湖泊科学，10（1）：
　62～66

成水平，夏宜琤. 1998b. 香蒲、灯心草人工湿地的研究（III）——净化污水的机理. 湖泊科学，10（2）：
　66～71

程树培. 1989. 应用人工湿地生态系统处理中小城市排放废水. 城市环境与城市生态, 2 (1)：35~37

迟延智, 陈风伦. 2003. 人工湿地处理污水的实践. 中国给水排水, 19 (4)：82~83

崔保山, 刘兴土. 2001. 湿地生态系统设计的一些基本问题探讨. 应用生态学报, 12 (1)：145~150

崔理华, 朱夕珍. 2003. 煤渣—草炭基质垂直流人工湿地系统对城市污水的净化效果. 应用生态学报,
    14 (4)：597~600

崔学刚, 程焕龙, 张连新, 王勇. 2002. 膜生物反应器处理化工废水. 中国给水排水, 18 (10)：73~74

崔玉波, 宋铁红. 2002. 潜流人工湿地设计与经济分析. 吉林建筑工程学院学报, 19 (3)：9~11

戴树桂, 赵凡, 金朝辉等. 1997. 香蒲植物提取物的抑藻作用及其分离鉴定. 环境化学, 16 (3)：
    268~271

邓家齐, 詹发萃, 吴振斌, 张甬元. 1995. 不同类型的污水生态系统生态功能的比较研究. 水生生物学
    报, 19 (增刊)：75~81

丁疆华, 舒强. 2000. 人工湿地在处理污水中的应用. 农业环境保护, 19 (5)：320

丁廷华. 1992. 污水芦苇湿地处理系统示范工程的研究. 环境科学, 13 (2)：8~13

董哲仁. 2004. 试论生态水利工程的基本设计原则. 水利学报, 10：1~6

冯久鸿. 2003. 高效膜生物反应器处理采油污水试验研究. 石油规划设计, 14 (3)：14~17

付贵萍, 吴振斌, 任明迅, 贺锋, Alex Pressl, Reinhard Perfler. 2001a. 垂直流人工湿地污水处理系统
    水流规律的研究. 环境科学学报, 21 (6)：726~731

付贵萍, 吴振斌, 任明迅, 贺锋, 成水平, Alex Pressl, Reinhard Perfler. 2001b. 复合垂直流湿地反应
    动力学及水流流态的研究. 中国环境科学, 21 (6)：535~539

付贵萍, 吴振斌, 任明迅, 贺锋, Alex Pressl, Reinhard Perfler. 2002. 反应器理论在复合垂直流构建湿
    地水流流态研究中的应用. 环境科学, 23 (4)：76~80

付贵萍, 吴振斌, 张晟, 成水平, 贺锋. 2004. 构建湿地堵塞问题的研究. 环境科学, 25 (3)：144~149

傅金祥, 苏锦明, 周晴, 赵玉华. 2005. 温度对 PAC-MBR 组合工艺的影响. 膜科学与技术, 25 (6)：
    55~58

付国楷, 周琪等. 2007. 潜流人工湿地深度净化二级处理出水研究. 中国给水排水, 27 (13)：31~35

高红武. 1998. 模拟人工湿地盆栽实验对城市污水除磷研究. 昆明理工大学学报, 23 (6)：1~74

高俊发, 乔华. 2000. 污水生物处理活化剂的研制与开发. 陕西环境, 7(3)：41~43

高素勤. 2000. 人工湿地在水产养殖废水处理中的应用前景. 长春渔业, (2)：21~22

高廷耀, 顾国维. 1999. 水污染控制工程下册（第二版）. 北京：高等教育出版社

高雪峰, 张功, 卢萍. 2006. 短花针茅草原土壤的酶活性及其生态因子的季节动态变化研究. 内蒙古师
    范大学学报, 35 (2)：226~228

高云霓, 吴晓辉, 邓平, 成水平, 贺锋, 吴振斌. 2007. 人工湿地-池塘复合养殖系统中浮游藻类生态特
    征. 农业环境科学学报, 26 (4)：1230~1234

高拯民, 李宪法, 王绍堂等. 1991. 城市污水土地处理利用设计手册. 北京：中国标准出版社. 242

耿琰, 周琪, 屈计宁. 2002. SMSBR 反应器去除焦化废水中的氨氮. 中国给水排水, 18 (7)：8~11

谷孝鸿. 1994. 不同养殖类型池塘浮游生物群落结构的初步分析. 湖泊科学, 6 (3)：276~283

郭明, 陈红军, 王春蕾. 2000. 四种农药对土壤脱氢酶活性的影响. 环境化学, 9(6)：523~527

国家环境保护局华南环境科学研究所. 1995. 八五"国家重点科技攻关项目——人工湿地污水处理系统研
    究报告"

国家环境保护局科技标准司. 1997. 城市污水土地处理技术指南. 北京：中国环境科学出版社

国家自然科学基金委员会. 1997. 生态学. 北京：科学出版社. 84~116

哈兹耶夫. 1990. 土壤酶活性. 北京：科学出版社

韩勤有，徐雅娟，高升平. 2003. 生物塘——人工湿地处理制浆造纸废水工程实践. 陕西环境，（3）：
　　12～13

何斌，刘运华，陆志科等. 2004. 肉桂人工林土壤速效养分与酶活性的季节变化. 经济林研究，22（3）：
　　1～4

何池全，叶居新. 1999. 石菖蒲（*Acorus tatarinowii*）克藻效应的研究. 生态学报，19（5）：754～758

何均发. 1999. 生态文化的交融——四川成都府南河活水公园评价. 时代建筑，3：58～60

何起利，梁威，贺锋，成水平，吴振斌. 2008. 复合垂直流人工湿地基质氧化还原酶活性研究. 应用与环
　　境生物学报，14（1）：94～98

贺锋，陈辉蓉，吴振斌. 1999. 植物间的相生相克. 植物学通报，16（1）：19～27

贺锋，吴振斌. 2003. 水生植物在污水处理和水质改善中的应用. 植物学通报，20（6）：641～647

贺锋，吴振斌，成水平，付贵萍. 2004. 复合垂直流人工湿地对氮的净化效果. 中国给水排水，20（10）：
　　18～21

贺锋，吴振斌，付贵萍，陈辉蓉，成水平，熊丽，邱东茹，金建明，李玉元. 2002a. 复合构建湿地运行
　　初期理化性质及氮的变化. 长江流域资源与环境，11（3）：279～283

贺锋，吴振斌，邱东茹. 2002b. 东湖围隔中菹草与藻类生化他感作用的初步研究. 水生生物学报，26
　　（4）：421～424

贺锋，吴振斌，陶菁，成水平，付贵萍. 2005. 复合垂直流人工湿地污水处理系统硝化与反硝化作用研
　　究. 环境科学，26（1）：47～50

洪嘉年. 2007. 对《室外排水设计规范》修订的若干思考（下）. 给水排水，33（8）：122～126

侯红娟，王洪洋，周琪. 2005. 进水 COD 浓度及 C/N 值对脱氮效果的影响. 中国给水排水，21（12）：
　　19～23

胡焕，王桂珍. 1997. 人工湿地处理矿山炸药污水. 环境科学与技术，（3）：17～18

胡康萍. 1991. 人工湿地设计中的水力学问题研究. 环境科学研究，4（5）：8～12

胡康萍，许振成，朱彤等. 1991. 人工湿地污水处理系统初步研究. 上海环境科学，10（9）：41～46

胡勇有，王鑫，张太平等. 2006. 用低浓度生活污水筛选适于华南人工湿地的植物. 华南理工大学学报
　　（自然科学版），34（9）：111～116

黄淦泉，杨昌凤，靳立军等. 1993. 人工湿地处理重金属 Pb、Cd 污水的机理探讨. 应用生态学报，4
　　（4）：456～459

黄进良，蔡述明. 1995. 湿地分类探讨. 中国湿地研究. 长春：吉林科学技术出版社. 42～47

黄民生，邱立俊. 2002. 营养源对活性艳红脱色降解体系的影响研究. 上海环境科学，21（7）：419～422

黄时达，冷冰. 1993. 污水的人工湿地系统处理技术，四川环境，12（2）：48～51

黄时达. 2000. 从成都市活水公园看人工湿地系统处理工艺，四川环境，19（2）：8～12

黄时达，杨有仪，冷冰，钱骏，任勇，李国文，任朝晖. 1995. 人工湿地植物处理污水的试验研究. 四川
　　环境，（3）：5～7

黄益宗，冯宗炜，张福珠. 1999. 化感物质对土壤硝化反应影响的研究. 土壤与环境，8（3）：203～207

黄智，李时银，刘新会等. 2002. 苯噻草胺对土壤中过氧化氢酶活性及呼吸作用的影响. 环境化学，21
　　（5）：481～484

籍国东，孙铁珩，常士俊等. 2001. 自由表面流人工湿地处理超稠油废水. 环境科学，22（4）：95～99

况琪军，吴振斌，夏宜玲. 2000. 人工湿地生态系统的除藻研究. 水生生物学报，24（6）：655～658

况琪军，夏宜玲，吴振斌. 1994. 综合生物塘中的藻类研究 II. 水生生物学报，18（2）：97～106

况琪军, 夏宜琤, 吴振斌, 邱东茹. 1998. 人工模拟生态系统中水生植物与藻类的相关性研究. 水生生物学报, 21 (1): 90~93

李谷, 吴振斌, 侯燕松. 2004. 养殖水体氨氮污染生物修复技术研究. 大连水产学院学报, 19 (4): 281~286

李谷, 吴振斌, 侯燕松, 吴晓辉. 2006a. 养殖水体氮的生物转化及其相关微生物研究进展. 中国生态农业学报, 14 (1): 11~15

李谷, 钟非, 成水平, 付贵萍, 贺锋, 吴振斌. 2006b. 人工湿地-养殖池塘复合生态系统构建及初步研究. 渔业现代化, (1): 12~14

李辉华, 朱学宝. 2000. 人工湿地在水产养殖废水处理中的应用前景. 北京水产, (5): 10~11

李今, 马剑敏, 张征, 张金莲, 贺锋, 吴振斌. 2006. 复合垂直流人工湿地中基质生物膜的特性. 长江流域资源与环境, 15 (1): 54~57

李久义, 左华, 栾兆坤等. 2002. 不同基质条件对生物膜细胞外聚合物组成和含量的影响. 环境化学, 21 (6): 546~551

李军, 杨秀山, 彭永臻. 2002. 微生物与水处理工程. 北京: 化学工业出版社. 380~381

李科德, 胡正嘉. 1995. 芦苇床系统净化污水的机理. 中国环境科学, 15 (2): 140~144

李善征, 方伟. 2004. 人工湿地工程实例简介. 北京水利科技, (1): 54~56

李时银, 张晓昆, 冯建昉等. 2002. 氰戊菊酯及代谢物对土壤过氧化氢酶活性的影响. 中国环境科学, 22 (2): 154~157

李淑娴, 陈幼生. 1996. 湿地松种子活力测定方法的研究. 南京林业大学学报, 20 (3): 16~19

李炜, 徐孝平. 2001. 水力学. 武汉: 武汉出版社

李亚治. 2000. 水葫芦-水草人工湿地系统在再生浆造纸废水处理中的应用研究. 环境工程, 18 (6): 15~16

梁威, 吴振斌. 2000. 人工湿地对污水中氮磷的去除机制研究进展. 环境科学动态, 3: 32~37

梁威, 吴振斌, 周巧红, 成水平, 付贵萍. 2002a. 构建湿地基质微生物与净化效果及相关分析. 中国环境科学, 22 (3): 282~285

梁威, 吴振斌, 周巧红, 詹发萃, 邓家齐. 2002b. 复合垂直流构建湿地基质微生物类群及酶活性的空间分布. 云南环境科学, 21 (1): 5~8

梁威, 吴振斌, 周巧红, 成水平, 付贵萍, 詹发萃, 邓家齐. 2003. 构建湿地去除酞酸酯的基质微生物和酶机制研究. 长江流域资源与环境, 12 (3): 254~258

梁威, 胡洪营. 2003. 人工湿地污水净化过程中生物因素作用的研究进展. 中国给水排水, 19 (10): 28~31

梁威, 吴振斌, 詹发萃, 邓家齐. 2004. 季节变化对人工湿地植物根区微生物与净化效果的影响. 湖泊科学, 16 (4): 312~317

梁文举, 张晓珂, 姜勇等. 2005. 根分泌的化感物质及其对土壤生物产生的影响. 地球科学进展, 20 (3): 330~337

梁永超, 马同生. 1989. 水稻土的研究. 南京农业大学学报, 12 (1): 77~82

廖晓数, 贺锋, 吴振斌. 2007. 人工湿地中污染物质的迁移. 环境污染与防治 (网络版), 29 (8): 1~6

廖晓数, 贺锋, 成水平, 吴振斌. 2008a. 选定因素下湿地基质中氨氮释放的正交实验研究. 农业环境科学学报, 27 (1): 312~317

廖晓数, 贺锋, 徐栋, 成水平, 梁威, 王成林, 吴振斌. 2008b. 选定因素下湿地基质释放氮的正交实验研究. 中国给水排水, 24 (5): 81~85

廖新弟，梁敏．1997．美国养猪业粪污的处理利用．家畜生态，18（2）：27～30

林鹏，林光辉．1985．九龙江口红树林研究（Ⅳ）——秋茄群落的氮、磷的积累和循环．植物生态学与植物学丛刊，9（1）：21～31

林铁雄．2003．高雄市生态工法推广研究——生态工法研习手册．25

刘爱芬，吴晓辉，贺锋，成水平，吴振斌．2007．人工湿地组合工艺对水体中浮游动物群落结构的影响．环境科学，28（2）：309～314

刘保元，邱东茹，吴振斌．1997．富营养浅湖水生植被重建对底栖动物的影响．应用与环境生物学报，3（4）：323～327

刘碧云，周培疆，吴振斌．2004．超临界水氧化技术处理有机废水的研究．环境科学与技术，27（B08）：156～158

刘超翔，胡洪营，张健等．2002．人工复合生态床处理低浓度农村污水．中国给水排水，18（7）：1～4

刘春常，夏汉平，简曙光等．2005．人工湿地处理生活污水研究——以深圳石岩河人工湿地为例．生态环境，14（4）：536～539

刘红玉，赵志春．1999．中国湿地资源及其保护研究．资源科学，21（6）：34～37

刘厚田．1995．湿地的定义和类型划分．生态学杂志，14（4）：73～77

刘厚田．1996．湿地生态环境．生态学杂志，15（1）：75～78

刘剑彤，丘昌强，陈珠金．1998．复合生态系统工程中高效去除磷、氮植被植物的筛选研究．水生生物学报，22（1）：2～8

刘剑彤，丘昌强，黄毅．1999．垄沟和漫灌单元处理污水效果的研究．水生生物学报，23（1）：11～17

刘文祥．1997．人工湿地在农业面源污染控制中的应用研究．环境科学研究，10（4）：15～19

刘旭东，王恩德．2004．应用膜生物反应器处理屠宰废水的中试研究．环境保护科学，30（2）：16～18

刘应迪，曹同，向芬等．2001．高温胁迫下两种藓类植物过氧化物酶活性的变化．广西植物，21（3）：255～258

刘雨，赵庆良，郑兴灿．2000．生物膜法污水处理技术．北京：中国建筑工业技术出版社．100～102

刘云国，李小明．2000．环境生态学导论．长沙：湖南大学出版社．187

刘真，章北平．2003．人工湿地污水处理系统的分析与优化，华中科技大学学报（城市科学版），20（4）：64～67，107

鲁萍，郭继勋，朱丽．2002．东北羊草草原主要植物群落土壤过氧化氢酶活性的研究．应用生态学报，13（6）：675～679

陆健健，王伟．2007．湿地恢复的主要模式——湿地公园建设，湿地科学与管理，3（2）：28～31

马瑞霞．1999．化感物质对硝酸还原酶活性影响的研究．环境科学，20（1）：80～83

马世骏．1990．现代生态学透视，北京：科学出版社

麦克哈格，芮经纬．1992．设计结合自然，北京：中国建筑工业出版社．136

缪绅裕，陈桂珠，黄凤仪．1999．人工污水中磷在模拟秋茄湿地系统中的分配与循环．生态学报，19（2）：236～241

聂国朝．2003．胞外聚合物（EPS）在藻菌生物膜去除污水中 Cd 的作用．中南民族大学学报（自然科学版），22（4）：16～19，24

欧阳敏，陈道印．1999．鄱阳湖团头鲂肌肉营养分析．江西农业学报．11（2）：6～9

庞金钊，孙永军，杨宗政，郝建东，郭彤斌．2003．优势菌膜生物反应器处理洗车废水的研究．天津大学学报，36（3）：383～386

彭超英，朱国洪，尹国等．2000．人工湿地处理污水的研究．重庆环境科学，22（6）：43～45

彭焘，徐栋，贺锋，吴振斌. 2007. 人工湿地系统在寒冷地区的运行及维护. 给水排水（增刊），33：82～87

齐恩山，刘期松，杨桂芬等. 1984. 凤眼莲等水生植物对灌溉重金属污水净化作用的初步研究. 生态学杂志，（1）：14～18

秦华，林先贵，陈瑞蕊等. 2005. DEHP对土壤脱氢酶活性及微生物功能多样性的影响. 土壤学报，42（5）：829～834

邱东茹，吴振斌，周元祥，严国安，李益健. 1995. 武汉东湖水生植物生态学研究 I. 水生植被现状与演替动态. 水生生物学报，19（增刊）：103～114

邱东茹，吴振斌. 1996. 富营养化浅水湖泊的退化与生态恢复. 长江流域资源与环境，5（4）：355～361

邱东茹，吴振斌. 1997. 富营养化浅水湖泊沉水水生植物的衰退与恢复. 湖泊科学，9（1）：82～88

邱东茹，吴振斌. 1998a. 生物操纵，营养级联反应和下行影响. 生态学杂志，17（5）：27～32

邱东茹，吴振斌. 1998b. 武汉东湖水生植被生态学研究 III. 沉水植被重建的可行性研究. 长江流域资源与环境，7（1）：42～48

邱东茹，吴振斌，邓家齐，詹发萃. 1997a. 武汉东湖湖水和底泥对黄丝草生长的影响. 植物资源与环境，6（4）：45～49

邱东茹，吴振斌，刘保元，严国安，周远捷. 1997b. 武汉东湖水生植被的恢复试验研究. 湖泊科学，9（2）：168～174

邱东茹，吴振斌，刘保元，周易勇，况琪军. 1997c. 武汉东湖水生植物生态学研究 II. 后湖水生植被动态与水体性质. 武汉植物学研究，15（2）：123～130

邱东茹，吴振斌，况琪军，邓家齐. 1998. 不同生活型大型植物对浮游植物群落的影响. 生态学杂志，17（6）：22～27

任明迅. 2001. 复合垂直流人工湿地水力学特征研究. 中国科学院硕士学位研究生学位论文

桑军强，张锡辉，周浩晖等. 2003. 外加磷源对陶粒滤池生物膜特性的影响研究. 环境科学学报，23（4）：417～421

沈德中. 2002. 污染环境的生物修复. 北京：化学工业出版社. 295～310

沈耀良，杨铨大. 1996. 新型废水处理技术——人工湿地. 污染防治技术，9（1～2）：1～8

沈耀良，王宝贞. 1997. 人工湿地系统的除污机理. 江苏环境科技，10（3）：1～6

盛连喜. 2002. 环境生态学导论. 北京：高等教育出版社. 255

苏国成，陈水土，虞天龙. 2000. 斑节对虾淡化养殖水质特点和管理. 台湾海峡，19（1）：11～16

孙文浩，余叔文. 1992. 相生相克效应及其应用. 植物生理学通讯，28（2）：81～87

孙振龙，陈绍伟，吴志超. 2003. 一体式平片膜生物反应器处理抗生素废水研究. 工业用水与废水，34（1）：33～36

唐述虞. 1996. 铁矿废水的人工湿地处理. 环境工程，（4）：3～7

唐运平. 1992. 芦苇湿地滤床处理城市污水的研究. 环境工程，2：1～5

陶敏，贺锋，徐栋，何起利，梁威，吴振斌. 2008. 复合垂直流人工湿地氧化还原特征及不同功能区净化作用研究. 长江流域资源与环境，17（3）：291～294

佟凤勤，刘兴土. 1995. 中国湿地生态系统研究的若干建议. 陈宜瑜. 中国湿地研究. 长春：吉林科学技术出版社. 10～14

童宗煌，郑正. 2004. 城市滨水环境规划设计若干问题初探. 90（5）：14～19

万登榜，丘昌强，刘剑彤等. 1999. 污水稳定塘除藻的可行性技术研究. 应用与环境生物学报，5（增刊）：84～87

王宝贞，王琳. 2004. 水污染治理新技术——新工艺、新概念、新理论. 北京：科学出版社

王海燕，蒋展鹏. 2002. 化感作用及其在环境保护中的应用. 环境污染治理技术与设备，3（6）：86～89

王磊，陈晓东. 2007. 北方人工湿地植物的筛选与配置技术研究. 黑龙江生态工程职业学院学报，20
（02）：15～17

王凌，罗述金. 2004. 城市湿地景观的生态设计，中国园林，1：39～41

王敏，雷易. 2003. 一体式膜生物反应器处理中药废水. 中国给水排水，19（12）：88～89

王庆安，黄时达，钱竣等. 2000a. 人工湿地系统处理技术在成都活水公园中的应用. 科学中国人，（6）：
27～29

王庆安，黄时达，孙铁珩. 2000b. 湿地植物光合作用向水体供氧能力的试验研究. 生态学杂志，19（5）：
45～51

王圣瑞，年跃刚. 2004. 人工湿地植物的选择. 湖泊科学，16（1）：91～96

王世和，王薇. 2003. 水力条件对人工湿地处理效果的影响. 东南大学学报：自然科学版，（3）：
359～362

王薇，俞燕，王世和. 2001. 人工湿地污水处理工艺与设计. 城市环境与城市生态，14（1）：59～62

王宪礼，李秀珍. 1997. 湿地的国内外研究进展. 生态学杂志，16（1）：58～62

王宜明. 2000. 人工湿地净化机理和影响因素探讨. 昆明冶金高等专科学校学报，16（2）：1～6

王有乐，敬宪科，高建力等. 2001. 工业废水土地快速渗滤系统设计参数试验研究. 环境工程，19（1）：
20～22

吴灵琼，成水平，杨立华，吴振斌. 2007. Cd^{2+} 和 Cu^{2+} 对美人蕉的氧化胁迫及抗性机理研究. 农业环境
科学学报，26（4）：1365～1369

吴晓磊. 1994. 污染物质在人工湿地中的流向. 中国给水排水，10（1）：40～43

吴晓磊. 1995. 人工湿地废水处理机理. 环境科学，16（3）：83～86

吴振斌，陈德强，邱东茹，刘保元. 2003a. 武汉东湖水生植被现状调查及群落演替分析. 重庆环境科学，
25（8）：1～6

吴振斌，丘昌强，夏宜琤，王德铭. 1987a. 凤眼莲净化燕山石油化工废水的研究 I. 动态模拟试验. 水生
生物学报，11（2）：139～150

吴振斌，夏宜琤，丘昌强，王德铭. 1987b. 凤眼莲净化燕山石油化工废水的研究 II. 静态净化试验. 水
生生物学报，11（4）：299～309

吴振斌，夏宜琤，丘昌强，王德铭. 1988. 石化废水中酚对凤眼莲生长的影响. 水生生物学报，12（2）：
125～132

吴振斌，丘昌强，夏宜琤，王德铭. 1990. 石化废水盐分对凤眼莲生长及净化效率的影响. 水生生物学
报，14（3）：239～246

吴振斌，夏宜琤，张甬元，邓家齐，陈锡涛. 1993. 综合生物塘工艺设计与运转效果. 见：国家环保局.
水污染防治及城市污水资源化技术. 北京：科学出版社. 613～621

吴振斌，詹发萃，邓家齐，陈锡涛，夏宜琤，张甬元. 1994. 综合生物塘处理城镇污水研究. 环境科学学
报，14（2）：223～228

吴振斌，陈辉蓉，雷腊梅，宋立荣，付贵萍，金建明，贺锋，何振荣. 2000a. 人工湿地系统去除藻毒素
研究. 长江流域资源与环境，9（2）：242～247

吴振斌，贺锋，程旺元，成水平，Darwent Marcus，Armstrong Bill，Armstrong Jean. 2000b. 极谱法测
定无氧介质中根系氧气输导. 植物生理学报，26（3）：177～180

吴振斌，陈辉蓉，贺锋，成水平，付贵萍，金建明，邱东茹. 2001a. 人工湿地对污水磷的净化效果. 水

生生物学报，25（1）：28～35

吴振斌，成水平，付贵萍，贺锋. 2001b. 垂直流人工湿地的设计及净化功能研究. 见：周培疆，甘复兴，严国安. 21世纪可持续发展之环境保护（上卷）. 武汉：武汉大学出版社. 397～403

吴振斌，梁威，成水平，贺锋，付贵萍，陈辉蓉，邓家齐，詹发萃. 2001c. 人工湿地植物根区土壤酶活性与污水净化效果及相关分析. 环境科学学报，21（5）：622～624

吴振斌，邱东茹，贺锋，刘保元，邓家齐，詹发萃. 2001d. 水生植物对富营养水体水质净化作用. 武汉植物学研究，19（4）：299～303

吴振斌，任明迅，付贵萍，贺锋，Alex Pressl. 2001e. 垂直流人工湿地水力学特点对污水净化效果的影响. 环境科学，22（5）：45～49

吴振斌，成水平，贺锋，付贵萍，金建明，陈辉蓉. 2002a. 垂直流人工湿地的设计及净化功能初探. 应用生态学报，13（6）：715～718

吴振斌，梁威，成水平，周巧红，邓家齐，詹发萃. 2002b. 复合垂直流构建湿地净化污水机制研究（I）——微生物类群和土壤酶. 长江流域资源与环境，11（2）：179～183

吴振斌，梁威，邱东如，周巧红，成水平，付贵萍，贺锋. 2002c. 复合垂直流构建湿地基质酶活性与污水净化效果. 生态学报，22（7）：1012～1017

吴振斌，赵文玉，周巧红，贺锋，成水平，付贵萍. 2002d. 复合垂直流构建湿地对邻苯二甲酸二丁酯的净化效果. 环境化学，21（5）：495～499

吴振斌，邱东茹，贺锋，付贵萍，成水平，马剑敏. 2003b. 沉水植物重建对富营养水体氮磷营养水平的影响. 应用生态学报，14（8）：1351～1353

吴振斌，詹德昊. 2003a. 复合垂直流构建湿地的设计方法及净化效果. 武汉大学学报：工学版，（1）：12～16，41

吴振斌，詹德昊，张晟，成水平，付贵萍，贺锋. 2003c. 复合垂直流构建湿地的设计方法及净化效果. 武汉大学学报（工学版），36（1）：12～16

吴振斌，周巧红，贺锋，成水平，付贵萍. 2003d. 构建湿地中试系统基质剖面微生物活性的研究. 中国环境科学，23（4）：422～424

吴振斌，徐光来，周培疆，贺锋，成水平，付贵萍，马剑敏. 2004a. 复合垂直流人工湿地对不同氮污水的净化. 环境科学与技术，27（B08）：30～32，54

吴振斌，徐光来，周培疆，张兵之，成水平，付贵萍，贺锋. 2004b. 复合垂直流人工湿地污水氮的去除效果研究. 农业环境科学学报，23（4）：757～760

吴振斌，邓平，吴晓辉，成水平，付贵萍，贺锋. 2005a. 人工湿地小试系统藻类去除效果的变化研究. 长江流域资源与环境，14（2）：229～232

吴振斌，李今，成水平，付贵萍，贺锋. 2005b. 复合垂直流构建湿地中生物膜的空间分布、特性和降解性能. 武汉大学学报（理学版），51（2）：204～208

吴振斌，邓平，吴晓辉，成水平，付贵萍，贺锋. 2006a. 人工湿地中试系统基质中藻类组成的研究. 应用与环境生物学报，12（2）：207～209

吴振斌，李谷，付贵萍，贺锋，成水平. 2006b. 基于人工湿地的循环水产养殖系统工艺设计及净化效能. 农业工程学报，22（1）：129～133

吴振斌，王亚芬，周巧红，梁威，贺锋. 2006c. 利用磷脂脂肪酸表征人工湿地微生物群落结构. 中国环境科学，26（6）：737～741

吴振斌，吴晓辉，付贵萍，成水平，贺锋，邓平. 2006d. 不同生态工程及其组合系统除藻效率的比较研究. 环境科学，27（2）：242～245

吴振斌，刘爱芬，吴晓辉，贺锋，成水平．2007a．人工湿地循环处理的养殖水体中浮游动物动态变化．应用与环境生物学报，13（5）：668～673

吴振斌，张晟，张金莲，成水平，贺锋．2007b．人工湿地组合系统除磷的净化空间研究．环境科学与技术，30（11）：77～80

吴振斌，张世羊，高云霓，刘爱芬，梁威．2007c．循环水养殖池中浮游生物的群落结构及其动态研究．华中农业大学学报，26（1）：90～94

夏柳荫，孙永利，李鑫钢等．2006．五氯苯酚对原生动物群落的毒性研究．生态毒理学报，1（3）：221～227

夏宜琤，况琪军，詹发萃，陈军建，周易勇，吴振斌．1994．综合生物塘中的水生生物和藻类光合放氧研究．应用生态学报，5（1）：78～82

项学敏，宋春霞，李彦生，孙祥宇．2004．湿地植物芦苇和香蒲根际微生物特性研究．环境保护科学，（04）：35～38

肖笃宁，胡远满，王宪礼等．1995．The ecological and environmental characteristic and protection of the littoral wetland in Northern China．*In*：陈宜瑜．中国湿地研究．长春：吉林科学技术出版社．217～221

肖恩荣，梁威，贺锋，成水平，吴振斌．2007．膜生物反应器稳定运行的操作条件优化研究．中国给水排水，23（5）：26～29

肖恩荣，梁威，吴振斌．2006．污水处理中的人工湿地强化技术研究．环境污染治理技术与设备，7（7）：118～123

谢德体，陈绍兰，魏朝富等．1994．水田不同耕作方式下土壤酶活性及生化特性的研究．土壤通报，25（5）：196～198

谢立民，林小涛，许忠能等．2003．不同类型虾池的理化因子及浮游藻类群落的调查．生态科学．22（1）：034～037

谢小龙，吴振斌，徐栋，贺锋，成水平，梁威．2008．复合垂直流人工湿地处理养殖废水的 TSS 动态研究．农业环境科学学报，27（1）：291～294

熊浩仲，王开运，杨万勤．2004．川西亚高山冷杉林和白桦林土壤酶活性季节动态．应用与环境生物学报，10（4）：416～420

熊丽，谢丽强，生秀梅，吴振斌，夏宜琤．2003．湿地中的藻类生态学研究进展．应用生态学报，14（6）：1007～1011

徐栋，成水平，付贵萍，贺锋，梁威，吴振斌．2006．受污染城市湖泊景观化人工湿地处理系统的设计．中国给水排水，22（12）：40～44

徐琦．2005．人工湿地：污水处理新出路．环境经济，13-14（1）：78～80

徐元勤，丛广治，刘德滨，崔学刚，韩宏大．2003．膜生物反应器用于城市污水处理与回用的试验研究．膜科学与技术，23（3）：46～48

许保玖，龙腾锐．2000．当代给水与废水处理原理．北京：高等教育出版社．337

许春华，周琪，宋乐平．2001．人工湿地在农业面源污染控制方面的应用．重庆环境科学，23（3）：70～72

许光辉，郑洪元．1986．土壤微生物分析方法手册．北京：农业出版社．251～291

严国安，马剑敏，邱东茹，吴振斌．1997．武汉东湖水生植物群落演替的研究．植物生态学报，21（4）：319～327

严素珠，梁东，彭秀娟．1990．八种水生植物对污水中重金属-铜的抗性及净化能力的探讨．中国环境科学，10（3）：166～170

阳承胜,蓝崇钰等,2000. 宽叶香蒲人工湿地对铅/锌矿废水净化效能的研究. 深圳大学学报. (理工版),17 (2):51~57

杨昌凤,夏盛林,马卫军. 1993. 模拟人工湿地去除富营养化湖水中藻类. 水处理技术,19 (3):158~161

杨昌凤,谢其明. 1991. 模拟人工湿地处理污水的试验研究. 应用生态学报,2 (4):350~354

杨频,高飞. 2000. 生物无机化学原理(上册). 北京:高等教育出版社. 9~12

杨丽萍,田宁宁,褚福春. 1999. 土壤毛管渗滤污水净化绿地利用研究,城市环境与城市生态,12 (3):4~7

杨琦,文湘华,孟耀斌,钱易. 2000. 膜生物反应器处理丙烯腈废水试验. 环境科学,21 (2):85~87

杨秀山,汪洪杰,石晓东等. 1995. 厌氧-缺氧-好氧工艺去除废水中COD、氮和磷的研究,中国环境科学,15 (4):298~301

尹军,周春生,韩相奎等. 1995. 流化式反应器生物膜特性的研究. 水处理技术,21 (5):305~308

尹炜,李培军,叶闽,韩小波,余秋梅,雷阿林. 2006. 复合潜流人工湿地处理城市地表径流研究. 中国给水排水,22 (1):5~8

于涛,吴振斌,徐栋,詹德昊. 2006. 潜流型人工湿地堵塞机制及其模型化. 环境科学与技术,29 (6):74~76

于涛,成水平,贺锋,钟非,张世羊,吴振斌. 2008. 基于复合垂直流人工湿地的循环水养殖系统净化养殖效能与参数优化. 农业工程学报,24 (2):188~193

余智杰,傅义龙,康升云等. 2000. 斑点叉尾鲴苗种培育试验. 江西水产科技,(4):36~37

俞孔坚,李迪华. 2001. 湿地及其在高科技园区中的营造. 中国园林,2:26~28

俞琉馨,吴国庆,孟宪庭. 1990. 环境工程微生物检验手册. 北京:中国环境科学出版社. 163~165

袁东海,景丽洁等. 2004. 几种人工湿地基质净化磷素的机理. 中国环境科学,24 (5):614~617

袁光林,马瑞霞,刘秀芬,孙思恩. 1998. 化感物质对土壤脲酶活性的影响. 环境科学,19 (2):55~57

曾锋,傅家谟,盛国英等. 1999. 邻苯二甲酸酯类有机污染物生物降解性研究进展. 环境科学进展,7 (4):1~13

曾锋,傅家谟,盛国英等. 2000. 不同菌源的微生物对邻苯二甲酸二乙酯生物降解性的比较. 环境科学,21 (1):62~65

詹德昊,吴振斌,徐光来. 2003a. 复合垂直流构建湿地中有机质积累与基质堵塞. 中国环境科学,23 (5):457~461

詹德昊,吴振斌,张晟,成水平,付贵萍,贺锋. 2003b. 堵塞对复合垂直流湿地水力特征的影响. 中国给水排水,19 (2):1~4

詹发萃,邓家齐,夏宜玲,吴振斌. 1993. 凤眼莲根区异养细菌的群落特征与异养活性的研究. 水生生物学报,17 (2):150~156

张兵之,吴振斌,徐光来. 2003. 人工湿地的发展状况和面临的问题. 环境科学与技术,26 (增刊):87~90

张崇邦,施时迪. 2001. 退化草原碱蓬土壤微生物生物量的季节动态模型. 应用与环境生物学报,7 (6):588~592

张丹桔,宫渊波. 2006. 北美水禽管理计划(NAWMP)及其对中国湿地生态环境建设的启示,生态学杂志,25 (8):989~993

张虹,王臻,张振家. 2004. 膜生物反应器处理糖蜜酒精废水的试验研究. 环境科学与技术,27 (3):20~23

张鸿，陈光荣，吴振斌，邓家齐. 两种构建湿地中氮、磷净化率与细菌分布关系的初步研究. 华中师范大学学报（自然科学版），1999，33（4）：575～578

张甲耀，夏盛林，邱克明等. 1999. 潜流型人工湿地污水处理系统氮去除及氮转化细菌的研究. 环境科学学报，19（3）：323～327

张甲耀，夏盛林，熊凯，金显春. 1998. 潜流型人工湿地污水处理系统的研究. 环境科学，1998，19（4）：36～39

张金莲，吴振斌. 2007. 水环境中生物膜的研究进展. 环境科学与技术，30（11）：102～106

张金莲，贺锋，梁威，吴振斌. 2008a. Zn^{2+}、Co^{2+}和Mn^{2+}对人工湿地基质生物膜的影响. 中国环境科学，28（2）：158～162

张金莲，张晟，彭熹，李今，吴振斌. 2008b. 营养元素对人工湿地基质生物膜酶活性和多糖含量的影响. 吉林大学学报（理学版），46（2）：376～380

张丽莉，陈利军，刘桂芬等. 2003. 污染土壤的酶学修复研究进展. 应用生态学报，14（12）：2342～2346

张晟，贺锋，成水平，梁威，吴振斌. 2008. 八种不同工艺组合人工湿地系统除磷效果研究. 长江流域资源与环境，17（3）：295～300

张树国，李咏梅译. 2003. 膜生物反应器污水处理技术. 北京：化学工业出版社

张蔚文. 2004. 美国湿地政策的演变及其启示，农业经济问题，11：71～74

张翔凌，张晟，贺锋，袁丽英，成水平，吴振斌. 2007. 不同填料在高负荷垂直流人工湿地系统中净化能力的研究. 农业环境科学学报，26（5）：1905～1910

张毅敏，张永春. 1998. 利用人工湿地治理太湖流域小城镇生活污水可行性探讨. 农业环境保护，17（5）：232～234

张甬元，陈锡涛，谭渝云，孙美娟，庄德辉. 1983a. 鸭儿湖污染治理研究. 水生生物学集刊，1（3）：242～249

张甬元，孙美娟，谭渝云. 1981a. 水环境中六六六的转移和归趋. 环境科学学报，1（3）：242～249

张甬元，谭渝云，孙美娟. 1981b. 水生态系统中有机磷农药生物净化的研究. 环境科学学报，1（2）115～125

张甬元，庄德辉，孙美娟，谭渝云，张全正，李建秋. 1982. 有机磷农药废水氧化塘处理的静态和动态模拟试验. 水生生物学集刊，7（4）489～498

张咏梅，周国逸，吴宁. 2004. 土壤酶学的研究进展. 热带亚热带植物学报，12（1）：83～90

张雨葵，杨扬. 2006. 人工湿地植物的选择及湿地植物对污染河水的净化能力. 农业环境科学学报，25（5）：1318～1323

赵桂瑜，秦琴等. 2006. 几种人工湿地基质对磷素的吸附作用研究. 环境科学与技术，29（6）：84～85

赵文玉，吴振斌. 2002. 新型厌氧处理反应器的发展及应用. 四川环境，21（1）：32～36

赵文玉，吴振斌，成水平，付贵萍，贺锋. 2002. 复合垂直流构建湿地净化酞酸酯的初步研究. 应用与环境生物学报，8（4）：430～434

赵文玉，吴振斌，成水平，付贵萍，贺锋. 2004. 复合垂直流构建湿地系统净化水体中的痕量有机物. 给水排水，30（8）：21～23

郑雅杰. 1995. 人工湿地系统处理污水新模式的探讨. 环境科学进展，3（6）：1～8

中国科学院南京土壤研究所微生物室. 1985. 土壤微生物研究法. 北京：科学出版社

中华人民共和国建设部. 2005. 城市湿地公园规划设计导则（试行）. 建城［2005］97号

中华人民共和国建设部. 2006. 室外排水设计规范. GB50014～2006

钟非，刘保元，贺锋，梁威，成水平，左进城，吴振斌. 2007. 水生态修复对莲花湖底栖动物群落底影响. 应用与环境生物学报，13（1）：55～60

周巧红，吴振斌，贺锋，付贵萍，成水平. 2003. 投加酞酸酯的构建湿地基质微生物活性的研究. 水生生物学报，27（5）：445～450

周巧红. 2005. 复合垂直流构建湿地微生物类群多样性及其活性研究. 中国科学院研究生院博士学位论文

周巧红，吴振斌，付贵萍，成水平，贺锋. 2005. 人工湿地基质中酶活性和细菌生理群的时空动态特征. 环境科学，26（2）：108～112

周泽江，杨景辉. 1984. 水葫芦在污水生态处理系统中的作用及其利用途径，生态学杂志，3（5）：36～40

朱金城. 1989. 环境污染化学原理及模拟实验. 大连：大连理工大学出版社. 116～117

朱南文，闵航，陈美慈等. 1996. TTC-脱氢酶测定方法的探讨. 中国沼气，14（2）：3～5

朱彤，许振成，胡康萍等. 1991. 人工湿地污水处理系统应用研究. 环境科学研究，4（5）：17～22

朱夕珍，崔理华. 2003. 不同基质垂直流人工湿地对城市污水的净化效果. 农业环境科学学报，22（4）：454～457

诸惠昌，Stevens D K. 1996. 用人工湿地处理乳制品厂废水的研究. 环境科学，17（5）：30～31

Abaye D A，Lawlor K，Hirsch P R et al. 2004. Changes in the microbial community of an arable soil caused by long-term metal contamination. European Journal of Soil Science，56：93～102

Ahn W Y，Kang M S，Yim S K，Choi K H. 1999. Nitrification of leachate with submerged membrane bioreactor-Pilot Scale. IWA Conference：Membrane Technology in Environmental Management，Tokyo，Japan，432～435

Akiyoshi O，Hideki H A. 1996. Novel concept for evaluation of biofilm adhension strength by applying tensile force and shear force. Water Science and Technology，34：201～211

Aliotta G，Greca N D，Monaco P et al. 1990. In viro algal trowth inhibition by phytotoxins of Typha latifloia. Journal of Chemical Ecology，16：2637～2646

Allen M F. 1989. Mycorrhizae and rehabilitation of disturbed arid soils：processes and practices. Arid Soil Research，3：229～241

Andrews G，Trapasso R. 1995. The optimal design of fluidized bed bioreactors. Journal of Water Pullution Control Federation，57：136～139

Aoyama M，Angers D A，N'Dayegamiye A，Bissonnette N. 2000. Metabolism of ^{13}C-labeled glucose in aggregates from soils with manure application. Soil Biology & Biochemistry，32（3）：295～300

Ariyawathie G W，Takao S，Yasushi K. 1987. Removal of nitrogen，phosphorus and COD from waste water using sand filtration system with Phragmite australis. Water Research，21（10）：1217～1224

Armstrong W. 1967. The use of polarography in the assay of oxygen diffusing from roots in anaerobic media. Physiologia Plantarum，20：540～553

Armstrong W. 1979. Aeration in Higher Plants. In：Woolhouse. Advances in Botanical Research，London Academic Press，7：225～332

Armstrong J，Armstrong W. 1988. Phragmites australis-a preliminary study of soil-oxidizing sites and gas transport pathways. New Phytologist，108：373～382

Armstrong J，Armstrong W. 1990. Light-enhanced convective through flow increases oxygenation in rhizomes and rhizosphere of Phragmites australis（Cav.）Trin. ex Steud. New Phytologist，114：121～128

Armstrong W，Armstrong J，Beckett P M. 1990. Measurement and Modeling of Oxygen Release from

Roots of *Phragmites australis*. *In*: Cooper P F, Findlater B C. Constructed Wetlands in Water Pollution Control. London: Pergamon. 41~51

Armstrong J, Armstrong W, Wu Z B, Zobayed F. 1996. A role for phytotoxins in the *Phragmites* die-back syndrome. Folia Geobotanica et Phytotaxonomica, 31: 127~142

Armstrong J, Armstrong W. 2001. An overview of the effects of phytotoxins on Phragmites australis in relation to die-back. Aquatic Botany, 69: 251~268

Ashraf M. 2001. Relationships between growth and gas exchange characteristics in some salt-tolerant amphidiploid Brassica species in relation to their diploid parents. Environmental and Experimental Botany, 45: 155 ~ 163

Avnimelech Y, Nevo Z. 1964. Biological clogging of sands. Soil Science, 98: 222~226

Baath E, Frostegard A, Fritze H. 1992. Soil bacterial biomass, activity, phospholipid fatty acid pattern, and ph tolerance in an area polluted with alkaline dust deposition. Applied and environmental microbiology, 58 (12): 4026~4031

Bachand P A M, Horne A J. 2000. Denitrification in constructed free-water surface wetlands: I. Very high nitrate removal rates in a macrocosm study. Ecological Engineering, 14: 9~15

Barrow N J, Shaw T C. 1975. The slow reaction between soil and anions: 2. Effect of time and temperature on the decrease in phosphate concentration in the soil solution. Soil Sci, 119: 167~172

Barrow N J. 1983. A mechanistic model for describing the sorption and desorption of phosphate by soil. European Journal of Soil Science, 34: 733~750

Bavor J Schuz. 1993. Sustainable suspended solids and nutrient removal in large scale, solid matrix, constructed wetland systems. *In*: Moshiri G A. Constructed wetlands for water Quality Improvement Lewis Pub Boca Raton, 219~226

Behmann H, Husain H, Buisson H, Payraudeau M. 2000. Submerged membrane bioreactor. Patent number: WO 00/37369

Bendix M, Tornbjerg T, Brix H. 1994. Internal gas transport in *Typha latifolia* L. and *Typha angustifolia* L. 1. Humidity-induced pressurization and convective through-flow. Aquatic Botany, 49: 75~89

Berge N D, Reinhart D R, Dietz J D, Townsend T. 2007. The impact of temperature and gas-phase oxygen on kinetics of in situ ammonia removal in bioreactor landfill leachate. Water Research, 41 (9): 1907~1914

Bertin C, Yang X, Weston L A. 2003. The role of root exudates and allelochemicals in the rhizosphere. Plant and Soil, 256: 67~83

Bhamidimarri R, Shilton A, Armstrong I et al. 1991. Constructed wetlands for wastewater treatment: the New Zealand Experice. Water Science & Technology, 24 (5): 247~253

Blazejewski R, Murat-Blazejewska S. 1997. Soil clogging phenomena in constructed wetlands with subsurface flow. Water Science and Technology, 35: 183~188

Blöcher C, Bunse U, Sebler B, Chmiel H, Dieter Janke H. 2004. Continuous regeneration of degreasing solutions from electroplating operations using a membrane bioreactor. Desalination, 162 (10): 315~326

Bolund P, Hunhammar S. 1999. Analysis Ecosystem services in urban areas. Ecological conomics, (29): 293~301

Boopathy R. 2000. Factors limiting bioremediation technologies. Bioresource Technology, 74: 63~67

Bossio D A, Scow K M, Gunapala N et al. 1998. Determinants of Soil Microbial Communities: Effects of

Agricultural Management, Season, and Soil Type on Phospholipid Fatty Acid Profiles. Microbial Ecology, 36: 1~12

Bouchard R, Higgins M, Roch C. 1995. Using constructed wetland-pond systems to treat agricultural run off: A watershed perspective. Lake Reserve Manage, 11: 29~36

Bouwer H. 1974. Design and operation of land treatment systems for minimum contamination of ground water. Ground Water, 12: 140~147

Braun M. 1991. Use of natural abundance stable nitrogen isotope-ratio measurements to investigate mechanisms of nitrogen loss in the Hidden Valley Wildlife Ponds. Riverside, 12

Brdjanovic D, Logemann S Van Loosdrechf MCM, Hooijmans CM, Alaerts G J, Heijnen J J. 1998. Influence of temperature on biological phosphorus removal: process and molecular ecological studies. Water Research, 32 (4): 1034~1047

Breen P F. 1990. A mass balance method for assessing the potential of artificial wetlands for wastewater treatment. Water Research, 24: 689~697

Breeuwsma A, Lyklema J.. 1973. Physical and Chemical Adsorption of Ions in the Electrical Double Layer on Hematite. J Coll Interface Sci, 43: 437

Brix H. 1987. Treatment of wastewater in the rhizosphere of the wetland plants-the root zone method. Water Science and Technology, 19: 107~118

Brix H. 1989. Gas exchange through dead culms of reed, *Phragmites australis* (Cav.) Trin. Ex Steud. Aquatic Botany, 35: 81~89

Brix H. 1994. Functions of macrophytes in constructed wetlands. Water Science and Technology, 29: 71~78

Brix H, Schierup H H. 1990. Soil oxygenation in constructed reed beds: The role of macrophyte and soil atmosphere interface oxygen transport. In: Cooper, P. F. & Findlater, B. C., Editors: Constructed Wetlands in Water Pollution Control, pp 53-66. Pegamn Press, London

Brix H, Sorrell B K, Orr P T. 1992. Internal pressurization and convective gas flow in some emergent freshwater macrophytes. Limnol Oceanogr, 37: 1420~1433

Brix H. 1997. Do macrophytes play a role in constructed wetlands treatment? Water Science and Technology, 35: 11~17

Brix H, Arias C A. 2005. The use of vertical flow constructed wetlands for on-site treatment of domestic wastewater: New Danish guidelines. Ecological Engineering, 25 (25): 491~500

Brown M T, Schaefer J et al. 1987. Buffer zones for water, wetlands and wildlife. Center for Wetlands. University of Florida. Gainesville, FL. 163 pp., plus appendices

Cawley W. 1980. Treatability Manual. Vol. 1. Treatability Data. USEPA 600-8-80-042-a

Cerezo R, Suarez M L, Vidal-Abarca M R. 2001. The performance of a multi-stage system of constructed wetlands for urban wastewater treatment in a semiarid region of SE Spain. Ecological Engineering, 16: 501~517

Chan E, Bursztynsky T A, Hantzsche N et al. 1982. The use of wetlands for water pollution control. Municipal Environmental Research Laboratory, U. S. EPA-600/2-82-086

Cheng S P, Grosse W, Karrenbrock F and Thoennessen M. 2002. Efficiency of constructed wetlands in decontamination of water polluted by heavy metals. Ecological Engineering, 18: 317~325

China National Natural Sciences Fund Committee (国家自然科学基金委员会). 1997. Ecology. Beijing:

Science Press. 84~116 (in Chinese)

Cicerone R J, Shetter J D. 1981. Sources of atmospheric methane: measurements in rice paddies and a discussion. Journal of Geophysical Research, 86: 7203~7209

Comin F A. 1997. Nitrogen removal and cycling in restored wetlands used as filters of nutrients for agricultural runoff. Water Science and Technology, 35: 255~261

Coneley L M, Dick R, Lion L W et al. 1991. An assessment of the root zone method of wastewater treatment. Research Journal of Water Pollution Control Federation, 63: 239~247

Conway W C. 1937. Studies in the Autecology of Cladium mariscus R. Br. III. The aeration of the subterranean parts of the plant. New Phytologist, 36: 64~96

Cooper P, Breen B. 1994. Reed bed treatment systems for sewage treatment in the United Kingdom-the first 10 years experience. In: Proceedings of the 4th IAWQ Conference on Wetland Systems in Water Pollution Control, 6. -10, 11, Guangzhou. 58~67

Cooper P F, Boon A G. 1987. The use of phragmites for wastewater treatment by the root zone method. In: Reddy K R, Smith W H. Aquatic plants for water treatment and resource recovery. Magnolia Publishing Orlando. 153~174

Cooper P F et al. 1989. Constructed wetlands for wastewater treatment: Municipal, Industrial, and Agriculture. In: Hammer D A. Chelsea, Michigan. Lewis Publishers InC. 153~172

Cornwell W K, Bedford B L, Chapin C T. 2001. Occurrence of arbuscular mycorrhizal fungi in a phosphorus-poor wetland and mycorrhizal response to phosphorus fertilization. American Journal of Botany, 88 (10): 1824~1829

Cote P, Thompson D. 2000. Wastewater treatment using membranes: the North American experience. Water Science and Technology, 41 (10, 11): 209~215

Craft C B. 1997. Dynamics of nitrogen and phosphorus retention during wetland ecosystem succession. Wetlands Ecological Manage. 4 (3): 177~187

Crites R W. 1994. Design criteria and practice for constructed wetlands. Water Science and Technology, 29: 1~6

Crites R W, Dombeck G D, Watson R C et al. 1997. Removal of metals and ammonia in constructed wetlands, Water Environment Research, 69: 132~135

Dacey J W H, Klug M J. 1979. Methane efflux from lake sediments through waterlilies. Science, 203: 1253~1255

Dacey J W H. 1981. Pressurized ventilation in the yellow waterlily. Ecology, 62: 1137~1147

Dale S N. 1983. Capacity of natural wetlands to removal nutrients from wastewater. Journal of Water Pollution Control Federation, 55: 495~505

Darrin B. 1994. Stairs and James A. Moore, Flow Characteristics of Constructed Wetlands: Tracer Studies of the Hydraulic Regime, 4th International Conference on Wetland Systems for Water Pollution Control. 6-10, Nov. Guangzhou, China. 742~751

David R T, Harish B, Ronald R, Jiho S. 2002. Constructed wetlands as recirculation filters in large-scale shrimp aquaculture. Aquacultural Engineering, 26 (2): 81~109

DeBusk W F, Reddy K R. 1987. Removal of floodwater nitrogen in cypress swamp receiving primary wastewater effluent. Hydrobiologia, 153: 79~86

DeBusk T A, Reddy K R, Hayes T D et al. 1989. Performance of a pilot-scale water hyacinth-based secondary treatment system, Journal of Water Pollution Control Federation, 61: 1217~1224

De Herralde F, Biel C, Savé R et al. 1998. Effect of water and salt stresses on the growth, gas exchange and water relations in Argyranthemum coronopifolium plants. Plant Science, 139: 9~17

Den Hartog C, Kvet J, Sukopp H. 1989. Reed. A common species in decline. Aquatic Botany, 35: 1~4

De Vries J. 1972. Soil filtration of wastewater effluent and the mechanism of pore clogging. Journal of Water Pollution Control Federation, 44: 565~573

Dellagreca M, Isidori M, Lavorgna M, Monaco P, Previtera L and Zarrelli A, 2004. Bioactivity of Phenanthrenes from *Juncus acutus on Selenastrum capricornutum*. Journal of Chemical Ecology, 30 (4): 867 ~879

Drijbera R A, Doran J W, Parkhurst A M, Lyon D J. 2000. Changes in soil microbial community structure with tillage under long-term wheat-fallow management. Soil Biology & Biochemistry, 32: 1419~1430

Drizo A, Frost C A, Grace J. 1999. Physico-chemecal screening of phosphate-removing substrates for use in constructed wetland system. Water Science and Technology, 33: 3595~3602

Ebersberger D, Niklaus P A, Kandeler E. 2003. Long term CO_2 enrichment stimulates N-mineralization and enzyme activities in calcareous grassland. Soil Biology and Biochemistry, 35: 965~972

Edward L, Marsteiner, Anthong G et al. 1996. The influence of Macrophytes on subsurface flow wetland hydraulics, 5th international conference on wetland systems for water pollution control. Vienna. Conference preprint Book1, II/2-1~7

Edwards G S. 1992. Root distribution of soft-stem bulrush (*Scirpus validus*) in a constructed wetland. TVA. Coop. For. Stud. Program, TVA. Foresty Bulid. Norris, TN37828, USA. 29054194G, 239~243

Ejlertsson J, Alnervik M, Jonsson S et al. 1997. Influence of water solubility, side-chain degradability, and side-chain structure on the degradation of phthalic acid esters under methanogenic conditions. Environmental Science and Technology, 31: 2761~2764

Elefsiniotis P, Li D. 2006. The effect of temperature and carbon source on denitrification using volatile fatty acids. Biochemical Engineering Journal, (28): 148~155

Ellis J B, Revitt D M. 1991. Drainage from roads: Control and Treatment of highway Runoff. National River. Authority (NRA) Report 43804 /MID. 012. Commissioned by Thames NRA. Technical Services Administration, UK

Ellis K V, Aydin M E. 1995. Penetration of solids and biological activity into slow sand filters. Water Research, 29: 1333~1341

Ergun S. 1952. Fluid flow through packed column. Chemical Engineering Progress, 48: 89

Ergun, 刘少宁. 1991. 一种经济、有效、简便、可靠的污水处理技术——人造湿地系统. 环境工程, 9 (2): 6~10

Faulkner S P, Richardson C J, 1989. Physical and chemical characteristics of reshwater wetland soils. pp. 41-72. In: Hamner, D. A. (ed.), Constructed Wetlands for Wastewater Treatment Lewis Publishers. Chelsea, MI. pp 831

Fennessy M S. 1989. Treating Coal Mine Drainage with and Artificial Wetland. Journal of Water Pollution Control Federation, 61: 11~12

Flemming H C, Wingender J. 2001. Relevance of microbial extracellular polymeric substances (EPSs) - Part 1: structural and ecological aspects. Water Science and Technology, 143 (6): 1~8

Fontenot Q, Bonvillain C, Kilgen M, Boopathy R. 2007. Effects of temperature, salinity, and carbon: nitrogen ratio on sequencing batch reactor treating shrimp aquaculture wastewater. Bioresource Technology, 98 (9): 1700~1703

Freeman C, Lock M A, Reynolds B. 1993. Climatic change and the release of immobilized nutrients from Welsh riparian wetland soils. Eco Eng, 2 (4): 367~373

Froelich P N. 1988. Kinetic control of dissolved phosphate in natural rivers and estuaries: A primer on the phosphate buffer mechanism. Limnol Oceanogr, 33: 649~668

Frostegard A, Tunlid A, Baath E. 1993. Phospholipid fatty acid composition, biomass, and activity of microbial communities from two soil types experimentally exposed to different heavy metals. Applied and Environmental Microbiology, 59 (11): 3605~3617

Gearheart R A. 1992. Use of constructed wetlands to treat domestic wastewater, city of Arcata, California. Water Science, 26 (7, 8): 1625~1637

Gerritse R G. 1993. Prediction of travel times of phosphate in soils at a disposal site for wastewater. Water Research, 27: 263~267

Gersberg R M, Elkins B V, Goldman C R. 1984. Use of artificial wetlands to remove nitrogen from wastewater. Journal of Water Pollution Control Federation, 56: 152~156

Gersberg R M, Elkins B V, Lyon SR et al. 1986. Role of aquatic plants in wastewater treatment by artificial wetland. Water Research, 20: 363~368

Goodrich N. 1996. Constructed wetland treatment systems applied research program at the Electric Power Research Institute. Water, Air and Soil Pollution, 90: 205~217

Gopal B. 1990. Natural and constructed wetlands for wastewater treatment: potential and problems. Water Science and Technology, 40: 27~35

Grayston S J, Campbell C D, Bardgett R D, Mawdsley J L, Clegg C D, Ritz K, Griffiths B S, Rodwell J S, Edwards S J, Davies W J, Elston D J, Millard P. 2004. Assessing shifts in microbial community structure across a range of grasslands of differing management intensity using CLPP, PLFA and community DNA techniques. Applied Soil Ecology, 25: 63~84

Green M, Safray L, Agaui M et al. 1996. Constructed wetlands for river reclamation: Experimental design, start-up and preliminary results. Bioresource Technology, 55: 157~162

Grosse W, Mevi-Schutz J. 1987. A Beneficial Gas Transport System in *Nymphoides peltata*. American Journal of Botany, 74: 947~952

Grosse W, Buchel H B, Tiebel H. 1991. Pressurized ventilation in wetland plants. Aquatic Botany, 39: 89~98

Gschloszl T, Steinmann C, Schleypen P et al. 1998. Constructed wetlands for effluent polishing of lagoons. Water Research, 32: 2639~2645

Guardo M, Fink L, Fontaine T, Newman S, Chimney M, Bearzotti R, Goforth G. 1995, Large scale constructed wetlands for nutrient removal from stormwater runoff: An Everglades restoration project. Environment Management, 19: 879~889

Haberl J, Perfler R. 1991. Nutrient removal in a reed bed system. Water Science and Technology. 23: 729~737

Hackl E, Pfeffer M, Donat C et al. 2005. Composition of the microbial communities in the mineral soil under different types of natural forest. Soil Biology and Biochemistry, 37: 661~671

Hagopian D S, Riley J G, 1998. A closer look at the bacteriology of nitrification. Aquacultural Engineering, 18 (4): 223~244

Halcrow W. 1993. Environmental Services. Good Roads Guide: The water environment. Sir William Halcrow &·Peter Brett Associates, Swindon

Hammer D A. 1989. Constructed Wetlands for Wastewater Treatment: Municipal, Industrial, and Agricultural. Chelsea, MI: Lewis Publishers. 5~20

Harremoes P. 1998. The challenge of managing water and material balances in relation to eutrophication. Water Science and Technology, 37: 9~17

Harrison A F. 1983. Relationship between intensity of phosphatase activity and physicochemical properties of woodland soils. Soil Bio Biochem, 15: 93~99

Harter R D. 1968. Adsorption of phosphorus by lake sediments. Soil Sci Soc Am Proc, 32: 514

Hascoet M C, Florentz M, Granger P. 1985. Biochemical aspects of enhanced biological phosphorus removal from wastewater. Water Science Technology, 17: 23~41

Herskowitz J, Black S, Lewandowski W. 1987. Listowel artificial marsh treatment project. *In*: Reddy K R, Smith W H. Aquatic Plants for Water Treatment and Resource Recovery. Orlando, FL: Magnolia Publishing Inc. 247~254

Hingston F J, Posner A M, Quirk J P. 1972. Anion adsorption by goethite and gibbsite. I. The role of the proton in determining adsorption envelopes. J Soil Sci, 23 (2): 177~192

Hoeppner H, Guenther T, Fritshe W *et al*. 1997. Biological principles for the elimination of organic pollution in constructed wetland water treatment systems. Wasser-Boden, 49: 18~21

House C H, Broome S W, Hoover M T. 1994. Treatment of nitrogen and phosphorus by a constructed upland-wetland wastewater treatment system. Water Sci. Tech. 29 (4): 177~184

Huang J C, Liu Y C. 1993. Relationship between oxygen flux and biofilm performance. Water Science and Technology, 7: 153~158

Hume N P, Fleming M S, Horne A J. 2002. Plant carbohydrate limitation on nitrate reduction in wetland microcosms. Water Research, 36: 577~584

Ibekwe A M, Kennedy A C, Frohne P S *et al*. 2002. Microbial diversity along a transect of agronomic zones. FEMS Microbiology Ecology, 39: 183~191

Inderjit. 2001. Soil: environmental effects on allelochemical activity. Agronany Journal, 93: 79~84

Jahn A, Nielsen P H. 1998. Cell biomass and exopolymer compositions in sewer biofilm. Water Science and Technology, 37 (1): 17~24

Jefferson B, Burgess J E, Pichon A. 2001. Nutrient addition to enhance biological treatment of greywater. Water Research, 35 (11): 2702~2710

Jensen C R, Jacobsen S E, Andersen M N *et al*. 2000. Leaf gas exchange and water relation characteristics of field quinoa (Chenopodium quinoa Willd.) during soil drying. European Journal of Agronomy, 13: 11~25

Jewski R B, Murat-Blazejewska S. 1997. Soil clogging phenomena in constructed wetlands with subsurface flow. Water Science and Technology, 35: 183~188

Jones J H, Taylor G S. 1965. Septic tank effluent percolation through sands under laboratory conditions. Soil Science, 99: 301~309

Kadlec R H. 1993. Flow patterns in constructed wetlands in Hydraulic Engineering, vol 1. Shen H W, Su

S T, Wen F. American Society of Civil Engineers. New York

Kadlec R H. 1994a. Detention and mixing in free water wetlands, Ecological engineering, 3: 345~380

Kadlec R H. 1994b. Overview: surface flow constructed wetlands. 4th International Conference on Wetland Systems for Water Pollution Control. Guangzhou, P R, China

Kadlec R H, Knight R L. 1996. Treatment Wetlands. Florida: Lewis Publishers

Kamaludeen S P, Megharaj M, Naidu R et al. 2003. Microbial activity and phospholipid fatty acid pattern in long-term tannery waste-contaminated soil. Ecotoxicology and Environmental Safety, 56: 302~310

Kang H J, Freeman C, Lee D et al. 1998. Enzyme activities in constructed wetlands: implication for water quality amelioration. Hydrobiologia, 368: 231~235

Karamanev D G, Samson R. 1998. High-rate biodegradation of pentachlorophenol by biofilm developed in the immobilized soil bioreactor. Environmental Science and Technology, 32: 994~999

Kickuth R. 1983. A low cost process for purification of municipal and industrial waste water. Dertropenlandwirt, 83: 141~154

Kickuth R. 1970. Okochemische leistungenttohere pflanzen. Naturwiss, 57: 55~61

Kivaisi A K. 2001. The potential for constructed wetlands for wastewater treatment and reuse in developing countries: a review. Ecological Engineering, 16: 545~560

Klarer D M, Millie D F. 1992. Aquatic macrophytes and algae at Old Woman Creek Estuary and other Great Lakes coastal wetlands. J. Great Lakes Res. , 18: 622~633

Knapp A K, Yavitt J B. 1995. Gas exchange characteristics of *Typha latifolia* L. from nine sites across North America. Aquatic Botany, 49: 203~215

Knight R L. 1990. Wetlands systems, In Natural Systems for wastewater Treatment, Manual of Practice FD-16. Alexandria, VA: Water Pollution Control Federation. 211~260

Knight R L, McKim T W, Kohl H R. 1987. Performance of a natural wetland treatment system for wastewater management. J WPCF, 59: 746~754

Koottatep T, Polprasert C. 1987. Role of plant uptake on nitrogen removal in constructed wetlands located in the tropics. Water quality conservation in Asia, Lee-S E. 36: 385

Koottatep T, Polprasert C. 1997. Role of plant uptake on nitrogen removal in constructed wetlands located in the tropics. Water Science and Technology, 36: 1~8

Kozdroj J, Van Elsas J D. 2001. Structural diversity of microorganisms in chemically perturbed soil assessed by molecular and cytochemical approaches. Journal of Microbiological Methods, 43 (3): 197~212

Kristiansen R. 1981. Sand filter trenches for purification of septic tank effluent. Part 1. The clogging mechanism and soil physical environment. Journal of Environmental Quality, 10: 353~364

Kristiansen R. 1982. The Soil as a Renovation Medium-Clogging of Infiltrative Surfaces. Proceedings of the Conference on Alternative Wastewater Treatment, Low-Cost Small Systems, Research and Development. P. 105~120

Kunst S, Flasche K. 1995. Untersuchungen zur Betriebssicherheit und reingungsleistung von kleinklaranlagan mit besondeere Besruckichigung der bewachsenen Boden filter. Forschungsvorhaben AZ 32-201-00091, Instituit fur die Siedlungswasserwirtsdhaft und Abfalltechnik. Universitst, Hanover. Cited by Plazer, C

Laak R. 1986. Wastewater Engineering Design for Unsewered Areas. Technomic Publ A G.

Lancaster-Basel

Laber J, Haberl R, Perfer R et al. 2000. Influence of substrate clogging on the treatment capacity of a vertical-flow constructed wetland system. Proceeding of 7th international conference on wetland systems for water pollution control. 11~16 Nov. Floria

Lakatos G, Kiss M K, Kiss M et al. 1997. Application of constructed wetlands for wastewater treatment in Hungary. Water Science and Technology, 35: 331~336

Liang W, Wu Z B, Zhan F C, Deng J Q. 2004. Root zone microbial populations, urease activities and purification efficiency for a constructed wetland. Pedosphere, 14 (3): 401~404

Li G, Wu Z B, Cheng S P, Liang W, He F, Fu G P, Zhong F. 2007. Application of constructed wetlands on wastewater treatment for aquaculture ponds. Wuhan University Journal of Natural Sciences, 12 (6): 1131~1135

Li M, Jones M B. 1995. CO_2 and O_2 transport in the aerenchyma of *Cyperus papyrus* L. Aquatic Botany, 52: 93~106

Lin Yingfeng, Jing Shuren, Lee Deryuan et al. 2005. Performance of a constructed wetland treating intensive shrimp aquaculture wastewater under high hydraulic loading rate. Environmental Pollution, 134 (3): 411~421

Li X B, Wu Z B, He G Y. 1995. Effects of low temperature and physiological age on superoxide dismutase in water hyacinth (Eichhornia crassipes Solms). Aquatic Botany, 50: 193~200

Li X Y, Chu H P. 2003. Membrane bioreactor for the drinking water treatment of polluted surface water supplies. Water Research, 37 (19): 4781~4791

Lund L J, Horne A J, Williams A E. 2000. Estimation denitrification in a large constructed wetland using stable nitrogen isotope ratios. Ecological Engineering, 14: 67~76

Luostarinen S, Luste S, Valentin L et al. 2006. Nitrogen removal from on-site treated anaerobic effluents using intermittently aerated moving bed biofilm reactors at low temperatures. Water Research, (40): 1607~1615

Lupwayi N Z, Arshad M A, Rice W A, Clayton G W. 2001. Bacterial diversity in water-stable aggregates of soils under conventional and zero tillage management. Appl Soil Ecol, 16: 251~261

Machate T, Noll H, Behrens H, Kettrup A. 1997. Degradation of Phenanthrene and hydraulic characteristics in a constructed wetland. Wat Res, 31 (3): 554~560

Madan R, Pankhurst C, Hawke B, Smith S. 2002. Use of fatty acids for identification of AM fungi and estimation of the biomass of AM spores in soil. Soil Biology & Biochemistry, 34 (1): 125~128

Mandi L. 1994. Marrakesh wastewater purification experiment using vascular aquatic plants *Eichornia crassipes* and *Lemna gibba*. Water Science and Technology, 29 (4): 283~287

Mann R A, Bavor H J. 1993. Phosphorus removal in constructed wetlands using gravel and industrial waste substrate. Water Science and Technology, 27: 107~113

Mantovi P, Marmitoli M, Maestri E et al. 2003. Application of a horizontal subsurface flow constructed wetland on treatment of dairy parlor waste water. Bioresource Technology, 88: 85~94

Manyln T, Williains F M, Stark L R. 1997. Effects of iron concentration and flow rate on treatment of coal mine drainage in wetland mesocosms: An experimental approach to sizing of constructed wetlands. Ecological Engineering, 9: 177~185

Marcote I, Hernandez T, Garcia C et al. 2001. Influence of one or two successive annual applications of organic fertilizes on the enzyme activity of a soil under barley cultivation. Bioresource Technology, 79: 147~154

Margesin R, Schinner F. 1997. Bioremediation of diesel-oil-contaminated alpine soils at low temperatures. Applied Microbiology and Biotechnology, 47: 462~468

Margesin R, Walder G, Schinner F. 2000a. The impact of hydrocarbon remediation (diesel oil and polycyclic aromatic hydrocarbons) on enzyme activities and microbial properties of soil. Acta Biotechnologica, 20: 313~333

Margesin R, Zimmerbauer A, Schinner F. 2000b. Monitoring of bioremediation by soil biological activities. Chemosphere, 40: 339~346

Marilly L, Hartwig U A, Aragno M. 1999. Influence of an elevated atmospheric CO_2 content on soil and rhizosphere bacterial communities beneath lolium perenne and trifolium repens under field conditions. Microbiology Ecology, 28: 39~49

Mars R, Mathew K, Ho G. 1999. The role of the submerged macrophytes *Triglochin huegelii* in domestic greywater treatment. Ecological Engineering, 12: 57~66

Mashauri D A, Kayombo S. 2002. Application of the two coupled models for water quality management: facultative pond cum constructed wetland models. Physics and Chemistry of the Earth, Parts A/B/C, 27: 773~781

Megharaj M, Singleton I, Kookana R *et al*. 1999. Persistence and effects of fenamiphos on native algal populations and enzymatic activities in soil. Soil Biology & Biochemistry, 31: 1549~1553

Miller M, Dick R P. 1995a. Dynamics of soil C and microbial biomass in whole soil and aggregates in two cropping systems. Applied Soil Ecology, 2: 253~261

Miller M, Dick R P. 1995b. Thermal stability and activities of soil enzymes as influenced by crop rotations. Soil Biology and Biochemistry, 27: 1161~1166

Mitsch W J. 1992. Ecological indicators for ecological engineering in wetlands. *In*: Daniel H, Mckenzie D, Hyatt E. Ecological Indicators. Barking: Elsevier Science Publisher Ltd. 573~558

Mitsch W J, Gosselink J G. 1993. Wetlands, 2nd Ed. John Wiley & Sons (formerly Van Nostrand Reinhold), New York. pp 722

Mitsch W J, Wise K M. 1998. Water quality, fate of metals, and predictive model validation of a constructed wetland treating acid mine drainage. Water Research, 32 (6): 1888~1900

Mitsch W J, Wu X Y, Nairn R W. 1998. Ceating and restoring wetlands. Biological Sciences, 48: 1019~1030

Mitsch W J , Gosselink J G. 2000. Wetlands. New York: Van Nostrand Reinhold Company Inc

Mitsch W J, Jorgensen S E. 2004. Ecological Engineering and Ecosystem Restoration. Published by John Wiley & Sons , Inc. Hoboken, New Jersey, USA

Molish H. 1937. Der Einfluss einer Pflanze auf die andere-Allelopathie. Fischer, Jena

Monreal C M, Kodama H. 1997. Influence of aggregate architecture and minerals on living habitats and soil organic matter. Canadian Journal of Soil Science, 77 (3): 367~377

Moorhead K K, Reddy K R. 1988. Oxygen transport through selected aquatic macrophytes. Journal of Environmental Quality, 17: 138~142

Morris M, Herbert R. 1996. The design and performance of a vertical flow reed bed for the treatment of high ammonia /low suspended solid organic effluents. 5th international conference on wetland systems for water pollution control. 15~19 Sept. Vienna. Conference preprint Book1, IV/2-1~IV2-7

Mousfafa M Z. 1997. Graphical representation of nutrient removal in constructed wetlands. Wetlands, 17 (4): 403~501

Munz G, Gori R, Mori G, Lubello C. 2007. Powdered activated carbon and membrane bioreactors (MBR-PAC) for tannery wastewater treatment: long term effect on biological and filtration process performances. Desalination, 207 (1~3): 349~360

Nelson M, Alling A, Dempster W F et al. 2003. Advantages of using subsurface flow constructed wetlands for wastewater treatment in space applications: Ground-based mars base prototype. Advances in Space Research, 31 (7): 1799~1804

Nichols D S. 1983. Capacity of natural wetlands to removal nutrients from wastewater. Journal of Water Pollution Control Federation, 55: 495~505

Odum H T. 1989. Ecological engineering and self-organization. In: Mitsch W J, Jorgensen S E. Ecological Engineering : An Introduction to Ecotechnology. New York: Wiley. 79~101

Ohtonen R, Fritze H, Pennanen T, Jumpponen A and Trappe J. 1999. Ecosystem properties and microbial community changes in primary succession on a glacier forefront. Oecologia, 119: 239~246

Okubo T, Matsumoto J. 1983. Biological clogging of sand and changes of organic constituents during artificial recharge. Water Research, 17 (7): 813~822

Olsson P A. 1999. Signature fatty acids provide tools for determination of the distribution and interactions of mycorrhizal fungi in soil. FEMS Microbiology Ecology, 29 (4): 303~310

Otis R J. 1984. Design and construction of conventional and mound systems. Alternative Wastewater Treatment (Proceedings of the Conference held at Oslo, Norway September 7-10, 1981)

Owusu-Bennoah E, Acquaye D K. 1989. Phosphate sorption characteristics of selected major Ghanaian soil. Soil Science, 148: 53~58

Parfitt R L, Atkinson R J, Smart R S C. 1975. The mechanism of phosphate fixation by iron oxides. Soil Sci Soc Am Proc, 39: 837~841

Perfler R, Laber J, Langergraber G et al. 1999. Constructed wetlands for rehabilitation and reuse of surface waters in tropical and subtropical areas. Water Science and Technology, 40: 155~162

Peys K, Diels L, Leysen R et al. 1997. Development of a membrane biofilm reactor for the degradation of chlorinated aromatics. Water Science and Technology, 36: 205~214

Platzer C, Mauch K. 1996. Evaluations concerning soil clogging in vertical flow reed beds mechanisms, parameters, consequences and solution. 5th international conference on wetland systems for water pollution control. 15~19 Sept. Vienna. Conference preprint Book1, IV/2-1~10

Platzer C, Mauch K. 1997. Soil clogging in vertical flow reed beds—mechanism, parameters, consequences and solutions. Water Science and Technology, 35: 175~181

Platzer C. 2000. Development of Reed Bed Systems-a European Perspective. In proceeding of 7th international conference on wetland systems for water pollution control. 11~16 Nov. Floria

Polprasert C, Kemmadamrong P, Tran F. 1992. Anaerobic baffle reactor (ABR) process for treating a slaughterhouse wastewater. Environmental Technology, 13, 857~865

Qiu D R, Wu Z B, Yan G A, Li Y J, Zhou Y J. 1997. Study of the ecological restoration of aquatic macrophytes in a eutrophic shallow lake. Chinese Journal of Oceanography and Limnology, 15 (1): 52~60

Qiu D R, Wu Z B, Liu B Y, Deng J Q, Fu G P, He F. 2001. The restoration of aquatic macrophytes for improvement water quality in a hypertrophic shallow lake in Hubei Province, China. Ecological Engineering, 18: 147～156

Ragusa S R, McNevin D, Qasem S, Mitchell C. 2004. Indicators of biofilm development and activity in constructed wetlands microcosms. Water Research, 38 (12): 2865～2873

Rai U N, Sinha S, Tripathi R D et al. 1995. Wastewater treat ability potential of some aquatic macrophytes: Removal of heavy metals. Ecological Engineering, 5: 5～12

Rajan S. 1975. Adsorption of divalent phosphate on hydrous aluminum oxide. Nature, 253: 434

Rajendran N, Matsuda O, Imamura N, Urushigawa Y. 1992. Variation in microbial biomass and community structure in sediments of eutrophic bays as determined by phospholipid esterlinked fatty acids. Applied and Environmental Microbiology, 58 (2): 562～571

Rajendran N, Matsuda O, Rajendran R, Urushigawa Y. 1997. Comparative description of microbial community structure in surface sediments of eutrophic bays. Marine Pollution Bulletin, 34 (1): 26～33

Reddy K R. 1981. Diel variations in certain physico-chemical parameters of water in selected aquatic systems. Hydrobiologia, 85: 201～207

Reddy K R. 1983. Fate of nitrogen and phosphorus in a wastewater retention reservoir containing aquatic macrophytes. J Environ Quality, 12: 137～141

Reddy K R, DeBusk W F. 1985. Nutrient removal potential of selected aquatic macrophytes. Journal of Environmental Quality, 14: 459～462

Reddy K R, Patrick W H, Lindau C W. 1989. Nitrification-denitrification at the plant root-sediment interface in wetlands. Limnol Oceanogr, 34: 1004～1013

Reddy K R, D'Angelo E M. 1996. Biogeo-chemical indicators to evaluate pollutant removal efficiency in constructed wetlands. In: 5th International Conference on Wetland Systems for Water Pollution Control. Vienna

Reed S, Bastian R. 1984. Wetlands for wastewater treatment in cold climates. Proceedings of Water Reuse Symposium III, San Diego, Calif, AWWA Research Foundation, Denver, Colo

Reed S C. 1992. Constructed wetland design- the first generation. Water Environmental Research, 64: 776～781

Reed S C, Brown D. 1995. Subsurface flow wetlands-a performance evaluation. Water Environmental Research, 67: 244～248

Reed S C, Crites R W, Middlebrooks E J. 1995. Natural systems for waste management and treatment. Second ed. New York: McGraw-Hill

Reilly J F, Horne A J, Miller C D. 2000. Nitrogen removal from a drinking water supply with large free-surface constructed wetlands prior to groundwater recharge. Eco Eng, 14: 33～47

Reinelt L. 1998. Impacts of urbanization on palustrine (depressional freshwater) wetlands research and management in the Puget region. Urban Ecosystems, (2): 219～236

Reuter J E, Djohan T, Goldman C R. 1992. The use of wetlands for nutrient removal from surface runoff in a cold climate region of California-results from a newly constructed wetland at Lake Tahoe. J Env Manage, 36 (1): 35～53

Rice E I. 1974. Allelopathy. NewYork: Academic Press

Richardson C J. 1985. Mechanisms controlling phosphorus retention capacity in freshwater wetlands. Science, 228: 1424～1427

Richardson J L, Vepraskas M J. 2001. Wetland soils: genesis, hydrology, landscapes and classification. Florida: CRC Press

Rodgers J H, Dunn A. 1992. Developing design guidelines for constructed wetlands to remove pesticides from agricultural runoff. Ecological Engineering, 1: 83~95

Rogers B F, Tate R L. 2001. Temporal analysis of the soil microbial community along a toposequence in pineland soils. Soil Biology & Biochemistry, 33: 1389~1401

Rogers K H, Breen P F, Chick A J. 1993. Nitrogen removal in experimental wetland treatment systems: evidence for the role of aquatic plants. Res J Water Pollut Control Fed, 63: 934~941

Rogser D J, Mckersie S A, Fisher P J et al. 1987. Sewage treatment using aquatic plants and artificial wetlands. Water (Aust.), 14: 20~24

Roques H, Nugroho-judy L, Lobugle A. 1991. Phosphorus removal from wastewater by half burned dolomite. Water Research, 25 (8): 959~965

Rosenberger S, Krüger U, Witzig R, Manz W, Szewzyk U, Kraume M. 2002. Performance of a bioreactor with submerged membranes for aerobic treatment of municipal waste water. Water Research, 36 (2): 413~420

Ross D J, Speir T W, Ketiles H A et al. 1995. Soil microbial biomass and N mineralization and enzyme activities in a hill pasture: Influence of season and slow-release P and S fertilizer. Soil Biology and Biochemistry, 27: 1431~1443

Rudd J W H, Hamilton R D. 1978. Methane cycling in a eutrophic shield lake and its effects on whole lake metabolism. Limnology and Oceanography, 23: 337~348

Russell R C. 1999. Constructed wetlands and mosquitoes: Health hazards and management options. Ecological Economics, (12): 107~124

Ryden J C, Mclaughlin J R, Syers J K. 1977. The mechanism of phosphate sorption by soil and hydrous ferric oxide gel. J Soil Sci, 28: 72~92

Sakadevan K, Bavor H J. 1998. Phosphate adsorption characteristics of soils, slags and zeolite to be used as substrates in constructed wetland systems. Water Research, 32: 393~399

Sakadevan K, Bavor H J. 1999. Nutrient removal mechanisms in constructed wetlands and sustainable water management. Water Science and Technology, 40: 121~128

Salomonová S, Lamačová J, Rulík M, Rolčík J L, Bednáč P, Barták P. 2003. Determination of phospholipid fatty acids in sediments. Chemica, Acta Universitatis Palackianae Olomucensis Facultas rerum Naturalium, 42: 39~49

Salt D E, Blaylock M, Kumar N P B A et al. 1995. Phytoremediation: a novel strategy for the removal of toxic metals from the environment using plants. Biotechnology, 13: 468~474

Schoeberl P, Brik M, Bertoni M, Braun R, Fuchs W. 2005. Optimization of operational parameters for a submerged membrane bioreactor treating dyehouse wastewater. Separation and Purification Technology, 44 (1): 61~68

Schorer M, Eisele M. 1997. Accumulation of inorganic and organic pollutants by biofilms in the aquatic environment. Water, Air and Soil Pollution, 99: 651~659

Schutter M E, Dick R P. 2002. Microbial community profiles and activities among aggregates of winter fallow and cover-cropped soil. Soil Sci Soc Am J, 66: 142~153

Sczepanska W. 1971. Allelopathy among the aquatic plants. Pol Arch Hydrobiol, 18 (1): 17~30

Seidel K. 1964. Abgau von baSterium coli durch hohere wasserpflanzen. Naturwiss, 51: 395

Seidel K. 1966. Reinigung von Gewassern durch hohere pflanzen. Naturwiss, 53: 289~297

Seidel K, Happel H, Graue G. 1978. Contributions to revitalization of waters 2nd ed. Stiftung Limnologische Aebeitsgruppe Dr. Seidele V. Krefeld (Germany). 1~62

Seidel K. 1996. Reinigung von Gerwassern durch hohere pflanzen. Deutsche Naturwissm, 12: 297、298

Shackle V J, Freeman C, Reynolds B. 2000. Carbon supply and the regulation of enzyme activity in constructed wetlands. Soil Biology and Biochemistry, 32: 1935~1940

Sharma S S, Gaur J P. 1995. Potential of Lemna polyrhiza for removal of heavy metals. Ecological Engineering, 4: 37~43

Shaw S P, Fredine C G. 1956. Wetlands of the United States, their extent, and their value for waterfowl and other wildlife, U. S. Department of Interior, fish and wildlife service, circular 39, Washington, D. C., 67

Shimp J F, Tracy J C, DavisL C et al. 1993. Beneficial effects of plants in the remediation of soil and groundwater contaminated with organic materials- Critical Reviews. Environ Sci Technol, 23 (1): 41~47

Shutes R B E. 1996. The treatment of urban runoff by wetland systems, 5th international conference on wetland systems for water pollution control. 15-19 Sept. 1996. Vienna. Conference preprint Book1, Keynote address 3-1~7

Siegrist R L, Boyle W C. 1987. Wastewater induced soil clogging development. Journal of Environmental *Engineering*, 113: 550~566

Simi Anne L, Mitchell C A. 1999. Design and hydraulic performance of a constructed wetland treating oil refinery wastewater. Water Science and Technology, 40: 301~307

Singh S, Singh J S. 1995. Microbial biomass associated with water-stable aggregates in forest, savanna and cropland soils of a seasonally dry tropical region, India. Soil Biology &. Biochemistry, 27 (8): 1027~1033

Song H G, Bartha R. 1990. Effects of jet fuel on the microbial community of soil. Applied and Environmental Microbiology, 56: 646~651

Spangler F L, Sloey W E, Fetter C W. 1976. Experimental use of emergent vegetation for the biological treatment of municipal wastewater in Wisconsin. In Biological Control of Water Pollution (Edited by Tourbier J. and Pierson), Philadelphia: University of Pennsylvania Press. 161~171

Spieles D J, Mitsch W J. 1999. The effects of season and hydrologic and chemical loading on nitrate retention in constructed wetlands: a comparison of low- and high-nutrient riverine systems. Ecological Engineering , 14 (1~2): 77~91

Stephenson T, Judd S, Jefferson B, Brindle K. 2000. Membrane bioreactors for wastewater treatment. London: IWA Publishing

Stottmeister U, Wiebner A, Kuschk P et al. 2003. Effects of plants and microorganisms in constructed wetlands for wastewater treatment. Biotechnology Advances, 22: 93~117

Sullivan K F, Atlas E L, Giam C S. 1982. Adsorption of phthalic acid esters from seawater. Environmental Science and Technology, 16: 428~432

Syers J K, Harris R F, Armstrong D E. 1973. Phosphate chemistry in lake sediments, J Environ Qual, 2 (1): 1~14

Tam N F Y. 1998. Effects of wastewater discharge on microbial populations and enzyme activities in mangrove soils. Environmental Pollution, 102: 233~242

Tang S. 1993. Experimental study of a constructed wetland for treatment of acidic wastewater from an iron mine in China. Ecological Engineering, 2: 253~259

Tanner C C, Clayton J S, Upsdell M P. 1995. Effect of loading rate and planting on treatment of dairy farm wastewater in constructed wetland. -I. Removal of oxygen demand, suspended solids and faecal coliforms. Water Research, 29: 17~26

Tanner C C. 1996. Plant for constructed wetland treatment systems-a comparison of the growth and nutrient uptake of eight emergent species. Ecological Engineering, 7: 59~83

Tanner C C, Sukias J P S, Upsdell M P. 1998. Organic matter accumulation during maturation of a gravel-bed constructed wetlands treating farm dairy wastewaters. Water Research, 32: 3046~3054

Tanner C C. 1999. Effect of water level fluctuation on nitrogen removal from constructed wetland mesocosms. Ecological Engineering, 12: 67~92

Taylor R W, Ellis B G. 1978. A mechanism of phosphate adsorption on soil and anion exchange resin surfaces. Soil Sci Soc An J, 42: 432~436

Teal J M, Kanwisher J W. 1966. Gas transport in the marsh grass Spartina alterniflora. Journal of Experimental Botany, 17: 355~361

Theis T L, McCabe P J. 1998. Retardation of sediment phosphorus release by fly ash application. Journal of Water Pollution Control Federation, 50: 2666~2676

Tilton D L, Kadlec R H, Richardson C J. 1976. Freshwater wetlands and sewage effluent disposal. Michigan: University of Michigan, Ann Arbor

Tisdall J M, Oades J M. 1982. Organic matter and water-stable aggregates in soils. Journal of Soil Science, 33 (2): 141~163

Tornberg T, Bendix M, Brix H. 1994. Internal gas transport in *Typha latifolia* L. and *Typha angustifolia* L. 2. Convective through-flow pathways and ecological significance. Aquatic Botany, 49: 91~105

Turner B L, Hopkins D W, Haygarth P M et al. 2002. β-glucosidase activity in pasture soils. Applied Soil Ecology, 20: 157~162

Ueda T, Hata K, Kikuoka Y. 1996. Treatment of domestic sewage from rural settlements by a membrane bioreactor. Water Science and Technology, 34 (9): 189~196

USEPA. 1988. Design manual—constructed wetlands and aquatic plant systems for municipal wastewater treatment. USEPA 625/11-88/022, 1988

USEPA. 1993. Subsurface Flow Constructed Wetlands for Wastewater Treatment. USEPA 832-R-93-008

USEPA. 1999. Constructed Wetlands Treatment of Municipal Wastewater. EPA/625/R-99/010

Victor Matamoros, Jaume Puigagut J, Joan García et al. 2007. Behavior of selected priority organic pollutants in horizontal subsurface flow constructed wetlands: A preliminary screening. *Chemosphere*, 69: 1374~1380

Van Aller R T, Pessoney G F, Rogers V A et al. 1985. Oxygenated fatty acids: a class of allelochemicals from aquatic plants. *In*: The Chemistry of Allelopathy Biochemical Interactions Among Plants, AC Thompons. American Chemical Society. 387~400

Verhoeven J T A, Meuleman A F M. 1999. Wetlands for wastewater treatment: Opportunities and limitations. Ecological Engineering, 12 (1-2): 5~12

Vermaat J E, Hanif M K, 1998. Performance of common duckweed species (*Lemnaceae*) and the waterfern *Azolla fuliculoides* on different types of waste water. Water Research, 32: 2576~2576

Vestal J R, White D C. 1989. Lipid analysis in microbial ecology—quantitative approach to the study of microbial communities. BioScience, 39 (8): 535~541

Vrhovsek D, Kukanja V, Bulc T. 1996. Constructed wetland for industrial waste treatment. Water Research, 30: 2287~2292

Vymazal J, Brix H, Cooper P F, Green M B *et al*. 1998. Constructed wetlands for wastewater Treatment in Europe. Leiden: Buckhuys Publishers

Vymazal J. 2005. Horizontal sub-surface flow and hybrid constructed wetlands systems for wastewater treatment. Ecological Engineering, 25 (5): 478~490

Wada H, Combos Z, Murata N. 1990. Enhancement of chilling tolerance of a cyanobacterium by genetic manipulation of fatty acid desaturation. Nature, 347 (6289): 200~203

Wallace S. 2001. Cold climate wetlands: design and performance. Water Science and Technology, 44: 259~265

Wang J L, Liu P. 1995. Microbial degradation of di-n-butyl phthalate. Chemosphere, 31: 4051~4056

Wang J L, Liu P, Shi H C *et al*. 1997. Biodegradation of phthalic acid ester in soil by indigenous and introduced microorganisms. Chemosphere, 35: 1747~1754

Wang J L, Chen L J, Shi H C *et al*. 2000. Microbial degradation of phthalic acid esters under anaerobic digestion of sludge. Chemosphere, 41: 1245~1248

Wang Y, Huang X, Yuan Q P. 2005. Nitrogen and carbon removals from food processing wastewater by an anoxic/aerobic membrane bioreactor. Process Biochemistry, 40 (5): 1733~1739

Watson J T, Reed S C, Kadlec R H *et al*. 1989. Constructed wetlands for wastewater treatment: Municipal, industrial, and agriculture. D. A. Hammer. Chelsea, Michigan. Lewis Publishers Inc. 379~391

Welander U, Mattiasson B. 2003. Denitrification at low temperatures using a suspended carrier biofilm process. Water Research, 37 (10): 2394~2398

Wen X, Ding H, Huang X, Liu R. 2004. Treatment of hospital wastewater using a submerged membrane bioreactor. Process Biochemistry, 39 (11): 1427~1431

Whipps J M. 1985. Effects of CO_2 concentration on growth, carbon distribution and loss of carbon from the roots of maize. J Exp Bot, 36: 644~651

White D C, Ringelberg D B, Palmer R J. 1996. Biofilm ecology: on-line methods bring new insights into mic and microbial biofouling. Biofouling, 10: 3~16

Wile I, Miller G, Black S. 1985. Design and Use of Artificial Wetlands, in Ecological Considerations in Wetlands Treatment of Municipal Wastewater, pp 22-37, Kayner, E. , Pelczarski, S. & Benfardo, J. (eds), Van Nostrand Reinhold, NY.

Wilke B M. 1991. Effects of single and successive additions of cadmium, nickel and zinc on carbon dioxide evolution and dehydrogenase activity in a sandy luvisol. Biology and Fertility of Soils, 11: 34~37

Williams J D H, Syers J K, Harris R F, Armstrong D E. 1970. Adsorption and desorption of inorganic phosphorus by lake sediments in a 0. 1M Nacl System, Environ. Sci Technol, 4 (6): 517~519

Winding A. 1994. Fingerprinting bacterial soil communities using Biolog microtitre plates. Chichester UK, John Wiley and Sons. 85~94

Wolverton B C. 1987. Aquatic plants for wastewater treatment: An overview. In: K. R. Reddy and W. H. Smith (eds.) Aquatic plants for water tratment and resource recovery. Orlando, FL: Magnolia Publishing, pp. 3~15

Wolverton B C. 1989. Aquatic plant/microbial filters for treating septic tank effluent. *In*: Hammer D A. Constructed wetland for wastewater treatment. MI: Lewis Publishers. 173~178

Wood R B, McAtamney C F. 1994. Constructed wetlands for waste treatment: The use of Laterite in the bed medium in phosphorus and heavy metal removal. 9th. Int. Symp. on Aquatic Weeds. Publin (Ireland)

Wu Z B, Xia Y C, Deng J Q, Kuang Q J, Zhan F C, Chen X T. 1991a. Studies on wastewater treatment by means of integrated biological system. Proceedings of International Conference on Appropriate Waste management Technologies. Perth, Australia, 2: 175~183

Wu Z B, Xia Y C, Kuang Q J. 1991b. Studies on coordination and inhibition of macrophytes and algae in wastewater treatment system. Australia: Proceedings of Waste Treatment by Algae Cultivation, Murdoch University. 27~33

Wu Z B, Xia Y C, Deng J Q. 1993a. Studies on wastewater treatment by means of integrated biological pond system: Design and function of macrophytes. Water Science and Technology, 27 (1): 97~105

Wu Z B, Xia Y C, Zhang Y Y, Deng J Q, Chen X T, Zhan F C, Wang D M. 1993b. Studies on the purification and reclamation of wastewater from a medium-sized city by an integrated biological pond system. Water Science and Technology, 28 (7): 209~216

Wu Z B, Xia Y C. 1994. Purification and reclamation of wastewater by an integrated biological pond system. Journal of Environmental Sciences, 6 (1): 13~20

Wu Z B. 1998. Studies on wastewater purification by constructed wetlands. 2nd International Symposium on Ecotoxicology and Water Quality Management, April 8~9, Wuhan, China

Wu Z B. 1999. Constructed wetland for East Lake water improvment. International workshop "Constructed Wetlands for Waterchain Management in Tropical and Subtropical Climates" in Koeln, August 29~31, Germany

Wu Z B, Grosse W. 1998. Aquatic ecosystems of water reuse and treatment for tropic and subtropic area. Conference on Urban Enviromental management, September 10, Beijing, China

Wu Z B, He F, Cheng S P, Darwent M J. 1999. Vegetation mediated import of oxygen into water-saturated soil of constructed wetlands for water quality improvements. XVI International Botanical Congress. St. Louis, MO, USA

Wu Z B, Cheng S P, Fu G P, He F, Xiong L, Liang W. 2000. Design and Preformance of A Novel Constructed Wetland for Wastewater Purification. Treatment Wetlands for Water Quality Improvement, Quebec 2000 Conference, August, 6~12

Wu Z B, Deng P, Wu X H, Luo S, Gao Y N. 2007a. Allelopathic effects of the submerged macrophyte *Potamogeton malaianus* on *Scenedesmus obliquus*. Hydrobiologia, 592: 465~474

Wu Z B, Zhang S, Cheng S P, He F. 2007b. Performance and mechanism of phosphorus removal in an integrated vertical constructed wetland treating eutrophic lake water. Fresenius Environmental Bulletin, 16 (8): 934~939

Wu Z B, Zhang S H, Wu X H, Cheng S P, He F. 2007c. Allelopathic interactions between *Potamogeton maackianus* and *Microcystis aeruginosa*. Allelopathy Journal, 20 (2): 327~338

Wu Z B, Zhang Z, Cheng S P, He F, Fu G P, Liang W. 2007d. Nonylphenol and octylphenol in urban eutrophic lakes of the subtropical china. Fresenius Environmental Bulletin, 16 (3): 227~234

Wu Zhen-bin, Xiao En-rong, Liang Wei, Cheng Shui-ping, He Feng. 2007e. Optimization of operational condition of a submerged membrane bioreactor, Fresenius Environmental Bulletin, 16 (6): 654~659

Yamada H, Kayama M, Saito K et al. 1987. Suppression of phosphate liberation by using iron slag. Water Research, 21 (3): 325~333

Yamamoto K, Win K M. 1991. Tannery wastewater treatment using a sequencing batch membrane reactor. Water Science and Technology, 23 (7~9): 1639~1648

Yamasaki S. 1984. Role of plant aeration in zonation of *Zizania latifolia* and *Phragmites australis*. Aquatic Botany, 18: 287~297

Zachritz W H, Lundie L L, Wang H. 1996. Benzoic acid degradation by small, pilot-scale artificial wetlands filter (AWF) systems. Ecological Engineering, 7: 105~116

Zelles L. 1999. Fatty acid patterns of phospholipids and lipopolysaccharides in the characterisation of microbial communities in soil: a review. Biol Fertil Soils, 29: 111~129

Zelles L, Bai Q Y, Beck T, Beese F. 1992. Signature fatty acids in phospholipids and lipopolysaccharides as indicators of microbial biomass and community structure in agricultural soils. Soil Biology and Biochemistry, 24 (4): 317~323

Zhang G, Reardon K F. 1990. Parametric study of diethyl phthalate biodegradation. Biotechnology Letters, 12: 699~704

Zhang J, Ferdinand J A, Vanderheyden D J et al. 2001. Variation of gas exchange within native plant species of Switzerland and relationships with ozone injury: an open-top experiment. Environmental Pollution, 113: 177~185

Zhao W Y, Wu Z B, Zhou Q H et al. 2004. Removal of dibutyl phthalate by a staged, vertical-flow constructed wetland. Wetlands, 24 (1): 202~206

Zhao Y, Sun G. 2004. Purification capacity of a highly loaded laboratory scale tidal flow reed bed system with effluent recirculation. Science of The Total Environment 330 (1-3): 1~8

Zhou Q H, Wu Z B, Cheng S P, He F, Fu G P. 2005. Enzymatic activities in constructed wetlands and Dinbutyl phthalate (DBP) biodegradation. Soil Biology and Biochemistry, 37: 1454~1459

Zirschky J, Reed S C. 1998. The use of duckweed for wastewater treatment. Journal of Water Pollution Control Federation, 60: 1253~1258

若干相关文件资料目录

1. 欧盟国际科技合作项目投标文件（申请书）"Biotechnological Approach to Wastewater Quality Improvement in Tropical and Subtropical Areas for Reuse and Rehabilitation of Aquatic Ecosystems"（编号：CEC DG XII-B4，RTD INCO-DC，Part C 1. 1. 2. b. 1995 年）

2. 欧盟国际科技合作项目"Biotechnological Approach to Wastewater Quality Improvement in Tropical and Subtropical Areas for Reuse and Rehabilitation of Aquatic Ecosystems"合同书（含欧盟与合同人单位中国科学院水生生物研究所的合同书，水生生物研究所与副合同人单位的副合同书，各参加单位合作协议书，项目实施方案。合同编号：EU-Contract No. ERBIC18CT960059，1996 年）

3. 复合垂直流人工湿地专利证书：一种污水处理方法与装置（专利号：ZL00114693.9。受理申请 2000 年）

4. 欧盟国际科技合作项目"热带、亚热带区域水质改善、回用与水生态系统重建的生物工艺学对策研究"成果鉴定证书（中科成鉴字 [2001] 第 24 号，2001 年）

5. 欧盟中国简讯，2002，第一期：世界最大的污水净化复合垂直流构建湿地投入使用。EU-CHINA NEWS，2002，No. 1：The World's Largest Integrated Wetland for Wastewater Cleaning Goes in Operation（2002 年）

6. 国家环境保护总局文件，环发 [2002] 103 号：2002 年国家重点环境保护实用技术示范工程名单：深圳市洪湖人工湿地系统水质净化工程（2002 年）

7. 北京奥林匹克森林公园人工湿地设计合同书（2006 年）

8. 北京奥林匹克森林公园人工湿地设计书（含初步设计和施工图设计等。中国科学院水生生物研究所等单位编，2006 年）

9. 北京奥林匹克森林公园人工湿地工程施工质量验收标准（北京市工程建设技术标准：编号 JQB-125-2007。中国科学院水生生物研究所等单位编，2007 年）

后　记

　　书稿终于接近完成，使我想起与之相关的诸多往事，还有许多可亲可敬的人。

　　十五年前，是中国科学院和水生生物研究所给我提供出国进修和工作的机会。此前，我一直在水生生物研究所学习工作，受益匪浅。我怀着复杂的心情远赴欧洲，既有自信和期盼，也有疑惑和迷茫。新型生态工程当时仍处于我们的构想之中，其概念还很模糊。感谢英国赫尔大学的 William Armstrong 教授夫妇的理解、支持和指导。工作之余进行欧盟国际科技合作项目的申请并非一帆风顺。此前，我就曾与德国科隆大学的 Wolfgang Grosse 教授一起组织申请过欧盟项目，但到最后时刻却因一个合作者的资料未能及时送交而功败垂成。这次，一切又得从头开始。选择合适的合作者，尤其是欧洲合作者是申请成功的关键环节。Wolfgang Grosse 教授为欧方合作者的协调和项目申请做了大量工作。奥地利维也纳农业大学的 Reinhard Perfler 博士和德国波恩湖沼学研究所的 Friedrich Wissing 所长贡献了他们在人工湿地和植物生态研究方面的丰厚积累和宝贵经验。我与他们用当时所能采用的各种方式进行交流。为节省时间，我们曾在伦敦等第三地飞行聚会，派从未见面的家人星夜飞驰递送资料。超高频率的长途电话、传真、电子邮件和特快专递更是司空见惯。难忘那段忙碌、艰辛而充实的岁月。与欧盟官员和合作者沟通交流，研读招标文件和各类资料，申请文件十数次易稿，废弃的资料草稿堆积如山。模糊、清晰，肯定、否定，多次反复，设想中的科研项目和新型人工湿地的基本结构、工艺流程、运行方式及其验证研究计划才得以初步形成。后来，国内的深圳环境科学研究所和杭州大学（现浙江大学）应邀作为水生所的副合同人单位也加入到研究团队中来，四国八方之间资料文件传输也颇为费时费力。当时我还年轻，所经历的困难和付出的辛劳也许只有陪读在旁任劳任怨的妻子才知道。当申请标书最后完成送达欧盟总部时，距截止时间还不到一小时。

　　在众多的投标竞争中，经过严酷的多轮淘汰，我们申请的项目以较大优势一举中标。其间，我作为中方和项目代表，也是当年发展中国家的唯一代表与欧盟官员和专家进行技术经济谈判。谈判就得据理力争，难免唇枪舌剑，甚至面红耳赤。很高兴能为项目尤其为中方合作者争得若干重要权益。我与这些官员专家在交流中逐渐相互了解、理解和尊重，后来都成为很好的合作者和朋友。2000 年以后，我还连续多次应邀担任欧盟国际科技合作项目评审专家（中国两名），这是一项非常具有挑战性的工作，也是非常好地了解比较和学习的机会，从中我进一步了解到我们当年的申请标书还被认为是编写得最好的标书之一。

上述欧盟项目主要针对中国等发展中国家的水污染状况和水环境问题开展研究，探索水的净化、回用和水生态系重建的生物工艺学对策。主要的实验研究和工程示范在中国进行。复合垂直流人工湿地是该项目研发的核心技术。记得当年曾多次带领中欧合作者在武汉、深圳、杭州的市区和城郊四处考察选择湿地实验场地。后来的事实说明其中两处起到了特别重要的作用：深圳市洪湖公园见证了复合垂直流人工湿地从小试、中试到一期、二期、三期大规模生态工程的全过程；更为重要的是，项目综合研究实验基地设在风景优美、寸土寸金的水生所园区内。按项目计划，中欧共有三十几套小试装置，其中就有二十几套建在这里。这里还建造了世界上第一座半生产性复合垂直流人工湿地中试工程。这些研究设施一直连续试验运转到现在。感念这片热土！这里研究处理的对象是各类污水，在净化变成清泉之前，污水肮脏混浊，异味难闻。冬天水冷刺骨，夏天高温难耐，有时温室内温度高达四五十度。许多试验还需要多个昼夜连续进行。花草间蚊叮虫咬，在那些年轻人稚嫩的皮肤上留下许多红疱。有古诗新解：未经净化难为水，除却汗雨不是云，叶间花丛频回顾，半缘眩晕半缘蚊。暑往寒来，花开花落，各种困难和艰辛不可胜数。水生生物研究所老中青几代科研人员，一届又一届的研究生认真试验，辛勤工作，十数年如一日，取得了大量实验数据和研究结果，撰写报告数十本，发表论文一百多篇，验证和充实了有关复合垂直流人工湿地的构想和设计。这里取得的研究成果是欧盟项目各阶段报告和最终验收鉴定报告的主要部分，也是构成本书的主要部分。

本书各章的执笔人和协助者分别是：梁威、于涛（第1章）；徐栋、付贵萍（第2章）；周巧红、成水平、贺锋、吴晓辉、邓平、刘爱芬、张晟、张兵之、王亚芬（第3章）；成水平、梁威、周巧红、李今、付贵萍、贺锋、张金莲、何启利、陶敏（第4章）；李今、张翔凌（第5章）；成水平、钟非、肖恩荣、周巧红、李谷、张世羊、高云霓、侯燕松（第6章）；贺锋、徐栋（第7章）；吴晓辉、梁威（第8章）。图表由于涛、张晟、肖惠萍等制作，照片由贺锋、李今、吴娟、李强等提供。统稿事务协助前期由付贵萍负责，后期由成水平负责。此外，邱东茹在项目申请和实施初期做了大量工作，为实验基地和研究条件建设、试验研究和总结付出了艰辛劳动。詹德昊、徐栋、张翔凌、贺锋、马剑敏、谢小龙、佘丽华、彭泰、廖晓数等分担了部分湿地工程的设计工作。况琪军、张丽萍和历届研究生陈辉蓉、熊丽、任明迅、赵文玉、陈德强、陶菁、赵强、张征、左进城、宋慧婷、张胜花，王启烁、杜诚、李明、王红强、王成林、袁莉英、吴灵琼、武俊梅、罗莎、朱俊英、王静、杨立华、谢红艳、姜丽娟、孔令为、曹湛清、葛芳杰、胡陈艳、王莹、王荣、董金凯、王谦、常军军、魏华等，还有流动研究人员李家儒、杨扬、金建明、夏世斌、刘碧云、梁震、任锋、谢玲玲、张莉华、徐光来、肖瑾、胡胜华、赵红、黎一斌、王全求等分别参与了相关研究工作，从不同侧面提供了有参考价值的研究结果和科学资料，或承担湿地研究的水质和水生生物分析测定等工作。深圳环境科学研究所的雷志洪高工和杭州大学的常杰教授在欧盟项目实施期间努力工作，较为出色地完成了交予的各项研究和国际交流任务。雷志洪虽未直接参与本书的写作，但在人工湿地的推广应用方面做出了显著成绩，并提供了部分应用实例的资料。

我们的工作得到了许多老专家的关怀和指导。著名淡水生态学家、水生生物研究所名誉所长刘建康院士对生态工程和人工湿地研究给予了热情支持和诸多指导。著名动物地理学家、中国科学院前副院长、国家自然科学基金委员会主任陈宜瑜院士从我们欧盟项目申请，研究计划制定，课题阶段评估、项目验收成果鉴定到本书的写作出版，每逢关键环节都给予明确指点和宝贵支持，还多次亲临现场给予热情鼓励和具体指导。著名微生物学家王德铭先生是我国环境生物学的主要奠基者。王先生是我攻读硕士学位研究生的导师，也是我从事环境科学研究的第一个引路人。王老德高望重，著作等身，仍然笔耕不辍，关心指导我们的研究工作并为本书审稿。著名遗传学家、国家自然科学基金委员会副主任朱作言院士在我开始选择国外学校时就给予指点。在欧盟项目启动阶段，我们面临重重困难，难忘他作为所长给予的热情鼓励和坚定支持。已故著名藻类生态学家夏宜琤教授，毕生致力于水环境科学研究。他造诣精深，成果卓著，尤其关怀奖掖后学。生前曾参与指导欧盟项目的申请和组织实施。他鞠躬尽瘁，死而后已，以带病之躯，多次亲临研究和工程现场指导，为人工湿地研究和示范贡献心力。他的足迹留在众多湖泊河流和湿地间。在此谨向夏先生致以深深的敬意！此外，在水生生物学和生态工程领域各有建树的刘保元、张甬元、邓家齐、詹发萃、谭渝云、庄德辉、施之新、陈受忠等知名老专家一直在指导我们研究工作，协助指导研究生。他们勤勤恳恳，无私奉献。我们取得的每一点成绩都凝聚了老一辈科学家的心血。

欧洲科研人员也为上述欧盟项目和复合垂直流人工湿地研究做出了重要贡献。他们在人工湿地的结构设计、净化机制、湿地植物筛选、人工湿地净化效率和数学模型等方面进行了大量研究。用人工湿地进行了湖泊恢复、村镇生活污水和城市综合污水处理实验，取得了显著成绩。欧方合作者多次来华进行项目交流和合作研究，Wolfgang Grosse 教授由于他深厚的学术造诣和多年来卓有成效的合作被水生所特聘为为数极少的外籍客座教授，Friedrich Wissing 所长为推广湿地技术不辞劳苦到欧洲和亚洲各地奔忙，Reinhard Perfler 博士甚至在腿骨骨折后仍拄着拐杖来华参加项目会议与合作研究，令人感动。此外，英国赫尔大学的 Marcus Darwent 博士、德国科隆大学的 Renate Forssman 小姐、维也纳农业大学的 Alexander Pressl 先生、Florian Kretschmer 先生等专家来水生所进行为期数月的学习及合作研究。另一方面，中方研究人员共二十多人次赴欧洲进修与合作研究。项目进行期间，我曾被欧盟指定为中国区联系人陪同协助欧盟负责科技研发的第十二总司 Ivene Ferrao 女士等检查有关欧盟科技项目。欧盟驻华科技参赞 Jurgen Sanders 等官员多次到水生所和研究示范工程现场考查并对项目研究成果给予充分肯定。在欧盟项目基础上，我们又成功进行了中德、中奥、中科院—马普学会等多项合作课题。中欧科研人员精诚合作，取得了显著成绩，曾作为中欧科技合作重要成果受到表扬。欧洲同行专家敬业严谨，成绩斐然，在人工湿地等领域代表了当今国际先进水平。记得在科隆举行的项目总结会上，中欧有关科技官员到会热情祝贺项目取得成功。有关专家和官员认为这是尚不多见的中国科研单位和中方专家起主导作用的欧盟科技项目之一。当我作报告时，屏幕上出现了祝我生日快乐的字幕，欧洲出席者起立鼓掌，其情景使我感到意外，至今难忘。更让我欣慰的是，欧洲合作者一致表示，鉴于我从项目申请、组织实施到研究示范全过程中的独特作用和中方合作者卓有成效的工作，项目研发的复合垂直流人工湿地等主要成果的知识产权归水生生物研究所等中方所有。从中，我更多感受到的是作为中国人的自豪，还有欧洲专家诚实谦逊的学风和宽阔的胸襟。

当初，我曾热切盼望复合垂直流人工湿地等技术能尽快得到应用，并希望首先能在武汉等附近地区推广，也曾为此奔走呼号，但没有立即如愿。那时，社会对人工湿地的认识远没有现在这样广泛和重视。恩格斯说过，社会的需求比十所大学更能推动科学的进步。大规模复合垂直流人工湿地最初在深圳建成，这当然与我们深圳合作者的出色工作分不开，更重要的可能与社会经济发展状况和人们尤其是政府官员对环境保护的认识有关。随后，上海、武汉等地的大规模人工湿地陆续建成运行。尤其是 2001 年欧盟项目成果鉴定会召开，由陈宜瑜、刘鸿亮院士等十多位知名学者组成的专家组对项目研究成果给予了充分肯定以及中央电视台等媒体的多次专题介绍，为人工湿地更大规模的推广应用起了重要的促进作用。十几年来，关注和研究湿地的人越来越多，尤其是近几年来人工湿地的规模、类型和应用范围都有很大发展。现在京、津、沪、汉、深等中心城市都有大规模垂直流人工湿地在运行。预计本书出版之际，正值我们设计的规模宏大的北京奥林匹克森林公园南区人工湿地建成试运行，这又是一个典型的复合垂直流人工湿地，希望它能为即将在北京举行的绿色奥运增添亮色。更多的人工湿地在全国许多地方运行、建造、设计或规划之中。2004 年，我们主办了首届"水环境保护与水污染治理"国际培训班，向来自欧洲、亚洲、非洲的学员讲授了复合垂直流人工湿地等生态工程技术，引起他们的浓厚兴趣。现在，湿地已受到比较普遍的关注和重视。对此我由衷感到高兴，并为自己在此过程中尽了绵薄之力而感到欣慰。然而，面对目前某种程度的"湿地热"，我们也应该清醒地认识到，水环境治理是一项长期、艰巨而复杂的任务。作为一项单项技术，人工湿地不可能成为包治百病的灵丹妙药。复合垂直流人工湿地像许多其他技术一样，有优点和长处，也有适应的范围和局限性。人工湿地在技术上还有许多问题没有完全解决，如堵塞机制与防治、高效长期运行、与其他技术有效结合等。研究解决人工湿地尚存和可能新出现的技术问题，使其在水质净化、水生态系统优化和环境美化中发挥更大的作用，是我们新的任务。

本书首次对复合垂直流人工湿地的研究成果进行了较为全面的总结，对其推广应用进行了典型介绍，对人工湿地技术的优缺点进行了比较客观的阐述。2008年夏天，筹备已久的第一届海峡两岸人工湿地研讨会将在水生所召开。希望此书能为人工湿地研究人员提供借鉴，算是抛砖引玉。也希望能为该技术进一步推广应用提供一定的参考和帮助。复合垂直流人工湿地还是一项不断改进的技术，在我们的早期论文和同行研究者的报告中，曾用过不同的名称。由于作者水平及时间条件限制，本书可能存在不足和错误。诚恳希望有关专家、学者和关心湿地的同行和读者批评指正。

我们的研究工作还得到了国家"十五"重大科技专项、国家杰出青年基金、中国科学院百人计划和知识创新工程重要方向项目等课题的资助。

一本小书不可能完整地反映那么多年来、那么多人的劳动和奉献。一篇再长的后记也难以表达对所有参与、指导、帮助和关心我们工作的人的衷心谢意。

吴振斌

2008 年春于武汉